詳解と演習
大学院入試問題〈数学〉
― 大学数学の理解を深めよう ―

海老原　円・太田　雅人　共著

数理工学社

サイエンス社・数理工学社のホームページのご案内
http://www.saiensu.co.jp
ご意見・ご要望は suuri@saiensu.co.jp まで．

まえがき

　本書は，理工系の大学院入学試験に出題された数学の問題を題材として，それを実際に解きつつ，大学の数学をより深く理解していただこうという意図のもとに書かれている．

　一口に理工系の大学院といっても，その数は非常に多い．当然のことながら，出題された問題も多岐にわたる．ここでは，その中から重要かつ標準的な問題をピックアップした．特に，いわゆる頻出問題については，優先的に紙数を割いて解説している．一方，専門性の強い問題については，取扱いの度合いを軽くしている．

　というのも，本書は広範な読者層を想定しているからである．実際に大学院の受験を考えている大学生にはもちろん読んでいただきたいが，そうでない方—例えばすでに大学院を修了されている方や，あるいは，より一般に，数学に興味をお持ちの方—にも是非本書を読んでいただいて，みずからの「数学」をブラッシュアップしていただきたいと考えている．

　著者たちの目指すところは，単なる入試問題の解説にとどまらず，それを通じて，数学に関する読者の素養の質を高めることにある．したがって，問題の解答に付随して，背景となる数学の理論や，出題者もしくは解答者の立場に立ったコメントなどを，比較的自由に書いた．いろいろな角度から問題を眺めることが，その問題の持つ数学的な内容の重層的な把握につながると信ずるからである．

　入学試験は，受験生が人生を賭して立ち向かう場である．数学の入試問題には作題者の数学観のようなものが色濃く現れる．また，解答には解答者の数学に対する考え方やセンスがにじみ出る．これは，数学というものをめぐる，人間同士の濃密なコミュニケーションであるといってよい．本書は，そういう真剣勝負の，いわば実況解説書である．

　　2014 年師走　　　　　　　　　　　　　　　　　　　　　　著者記す

　本書の［例題 PART］は月刊誌「数理科学」（発行：サイエンス社）の連載記事『大学院入試問題からみた大学の数学』（2012～14 年）をまとめたものです．

目 次

第1章 数え上げと整数　1
- 1.1 集合と写像 …………………………………………… 1
- 1.2 順列・組合せ ………………………………………… 4
- 1.3 整数の基本的な性質 ………………………………… 5
- 1.4 合 同 式 ……………………………………………… 8
- 例題 PART 1.1 知識と思考力の関係について ………… 11
- 演 習 問 題 …………………………………………………… 19

第2章 線形代数　23
- 2.1 ベクトルと行列 ……………………………………… 23
- 2.2 行列の基本変形と階数 ……………………………… 26
- 2.3 連立1次方程式 ……………………………………… 28
- 2.4 ベクトルの内積 ……………………………………… 30
- 2.5 行 列 式 ……………………………………………… 31
- 2.6 平面ベクトルと空間ベクトル ……………………… 35
- 2.7 線形空間と線形写像 ………………………………… 37
- 2.8 計量線形空間 ………………………………………… 41
- 2.9 対 角 化 ……………………………………………… 42
- 2.10 対角化—計量線形空間上で …………………………… 44
- 2.11 2 次 形 式 …………………………………………… 45
- 2.12 ジョルダン標準形 …………………………………… 46
- 例題 PART 2.1 行列の対角化 …………………………… 48
- 例題 PART 2.2 行列の基本変形をめぐって …………… 56
- 例題 PART 2.3 ベクトルの内積と行列 ………………… 65
- 例題 PART 2.4 線形独立性・基底・次元—あるいは解法の探求 …… 74
- 例題 PART 2.5 2次形式とジョルダン標準形 ………… 83
- 演 習 問 題 …………………………………………………… 92

第3章　微積分 — 100

- 3.1　1変数関数の微積分 100
- 3.2　多変数関数の微積分 106
- 3.3　一様連続と一様収束 109
- 3.4　級数 110
- 3.5　極限の順序交換 111
- 例題 PART 3.1　ガウス積分と微分・積分の順序交換 113
- 例題 PART 3.2　累次積分の順序変更 121
- 例題 PART 3.3　極値問題，一様収束と一様連続 131
- 演習問題 140

第4章　微分方程式 — 146

- 4.1　常微分方程式 146
- 4.2　偏微分方程式 148
- 例題 PART 4.1　常微分方程式 150
- 例題 PART 4.2　偏微分方程式 159
- 演習問題 168

第5章　複素解析 — 172

- 5.1　正則関数 172
- 5.2　複素積分 173
- 5.3　関数の展開 174
- 5.4　孤立特異点と留数 174
- 例題 PART 5.1　複素積分と定積分の計算 176
- 例題 PART 5.2　様々な特殊関数 186
- 演習問題 195

第6章　ベクトル解析 — 198

- 6.1　基本的な微分演算 198
- 6.2　線積分と面積分 199
- 6.3　積分定理 199
- 例題 PART 6.1　空間の微積分 200
- 演習問題 209

第7章 ラプラス変換　　212

　7.1　定義と基本的な性質 212
　7.2　定数係数線形常微分方程式への応用 213
　例題 PART 7.1　常微分方程式・差分方程式への応用 214
　演 習 問 題 223

第8章 フーリエ解析　　226

　8.1　フーリエ級数 226
　8.2　フーリエ変換 227
　例題 PART 8.1　フーリエ級数とフーリエ変換 229
　演 習 問 題 238

第9章 確　率　　244

　9.1　事象と確率 244
　9.2　確率変数と確率分布 247
　9.3　多次元の確率変数と確率分布 248
　9.4　確率変数の期待値と分散 249
　例題 PART 9.1　不確実な現象をとらえる 251
　演 習 問 題 260

演習問題解答　　265

　第 1 章の解答 265
　第 2 章の解答 272
　第 3 章の解答 296
　第 4 章の解答 307
　第 5 章の解答 313
　第 6 章の解答 318
　第 7 章の解答 321
　第 8 章の解答 326
　第 9 章の解答 332

参考文献	**344**
索　引	**345**

章末の演習問題において数学専攻などの難しい問題には♯をつけました．

第1章 数え上げと整数

1.1 集合と写像

●**集合とその記法**● ものの集まりを**集合**といい，集合を構成する要素を**元**という．
集合の表し方：$X = \{1, 2, 3, 6\}$; $X = \{x \in \mathbb{N} \mid x \text{ は } 6 \text{ の約数}\}$ などと表す．

> $\mathbb{N}$：自然数（1 以上の整数）全体の集合．
> $\mathbb{Z}$：整数（0 や負の整数も含む）全体の集合．
> $\mathbb{Q}$：有理数全体の集合．
> $\mathbb{R}$：実数全体の集合．
> $\mathbb{C}$：複素数全体の集合．
>
> $x \in X$ $(X \ni x) \Leftrightarrow$「$x$ が集合 X の元である」$\Leftrightarrow$「x は X に**属する**」．
> $x \notin X$ $(X \not\ni x) \Leftrightarrow$「$x$ が X の元でない」．
>
> 元をまったく含まない集合を**空集合**とよび，$\emptyset$ と表す．
> $A \subset B$ $(B \supset A) \Leftrightarrow$「集合 A の任意の元が集合 B に属する」
> $ \Leftrightarrow$「$A$ は B の**部分集合**である」
> $ \Leftrightarrow$「$A$ は B に**含まれる**（B は A を**含む**）」．
> 空集合は任意の集合の部分集合である．
> $A \not\subset B \Leftrightarrow$「$A \subset B$ でない」．
> $A = B \Leftrightarrow$「$A \subset B$ かつ $B \subset A$」$\Leftrightarrow$「集合 A と集合 B が**等しい**」．
> $A \neq B \Leftrightarrow$「$A = B$ でない」．

集合 X と Y の両方に属する元全体の集まりを $X \cap Y$ と表し，X と Y の**共通部分**（**交わり**）とよぶ．X と Y のどちらか一方もしくは両方に属する元全体の集まりを $X \cup Y$ と表し，X と Y の**合併集合**（**和集合**）とよぶ．3 つ以上の集合の交わりや和集合も同様に定義する．

集合 X には属するが Y には属さない元全体の集まりを $X \setminus Y$ あるいは $X - Y$ と表し，X, Y の**差集合**とよぶ．

集合 Λ の各元 λ に対して集合 A_λ が与えられているとき，**集合族** $(A_\lambda)_{\lambda \in \Lambda}$ が与えられているという．集合 X の部分集合の族 $(A_\lambda)_{\lambda \in \Lambda}$ について，その交わり $\bigcap_{\lambda \in \Lambda} A_\lambda$

および和集合 $\cup_{\lambda \in \Lambda} A_\lambda$ を

$$\bigcap_{\lambda \in \Lambda} A_\lambda = \{x \in X \mid 任意の \lambda \in \Lambda に対して x \in A_\lambda\},$$

$$\bigcup_{\lambda \in \Lambda} A_\lambda = \{x \in X \mid ある \lambda \in \Lambda に対して x \in A_\lambda\}$$

と定める.

$X \times Y = \{(x, y) \mid x \in X, y \in Y\}$: X と Y との**直積集合** (直積).

3つ以上の集合の直積も同様に定義する. 集合 X の n 個の直積

$$\underbrace{X \times X \times \cdots \times X}_{n \text{個}}$$

を特に X^n と表す: $X^n = \{(x_1, x_2, \cdots, x_n) \mid x_1, x_2, \cdots, x_n \in X\}$.

集合 X のすべての部分集合からなる集合を X の**べき集合**とよび, $\mathcal{P}(X)$ あるいは 2^X などと表す.

●**写像**● X, Y は集合とする. X の各元に Y の元を対応させるとき, この対応を X から Y への**写像**という. f が集合 X から Y への写像であることを

$$f : X \to Y$$

と表す. また, 写像 $f : X \to Y$ によって集合 X の元 x に対応する Y の元を $\boldsymbol{f}$ による $\boldsymbol{x}$ の**像**とよび, $f(x)$ と表す. $y = f(x)$ であることを

$$f : x \mapsto y \quad \text{あるいは単に} \quad x \mapsto y$$

と表す.

$f : X \to Y, g : Y \to Z$ は写像とする. $x \in X$ に対して $g(f(x)) \in Z$ を対応させる写像を f と g の**合成写像**とよび, 記号 $g \circ f$ で表す:

$$g \circ f(x) = g(f(x)) \quad (x \in X).$$

写像 $f : X \to Y$ が**単射**
$\Leftrightarrow$「$x_1, x_2 \in X$ が $f(x_1) = f(x_2)$ を満たすならば $x_1 = x_2$」
$\Leftrightarrow$「$x_1, x_2 \in X$ が $x_1 \neq x_2$ を満たすならば $f(x_1) \neq f(x_2)$」.

f が**全射** $\Leftrightarrow$「任意の $y \in Y$ に対して, ある $x \in X$ が存在して, $f(x) = y$」.

f が**全単射** $\Leftrightarrow$「f が単射かつ全射」.

1.1 集合と写像

写像 $f : X \to Y$ が全単射であるとき，Y の元 y に対して，$f(x) = y$ を満たすような X の元 x を対応させる写像を f の**逆写像**とよび，記号 $f^{-1} : Y \to X$ で表す．

$f : X \to Y$ は写像とし，$A \subset X, B \subset Y$ とする．このとき，f による A の**像** $f(A)$ を次のように定める：

$$f(A) = \{y \in Y \mid \text{ある } a \in A \text{ が存在して } y = f(a) \text{ を満たす}\}.$$

f による B の**逆像** $f^{-1}(B)$ を次のように定める：

$$f^{-1}(B) = \{x \in X \mid f(x) \in B\}.$$

B がただ 1 つの元からなる集合 $\{c\}$ であるとき，逆像 $f^{-1}(\{c\})$ を $f^{-1}(c)$ と記し，f による c の逆像とよぶ．

集合 X の各元 x に対して x 自身を対応させる X から X への写像を**恒等写像**とよび，$\mathrm{id} : X \to X$ などと表す．Y が X の部分集合であるとき，Y の各元 y に対して y 自身（を X の元と考えたもの）を対応させる Y から X への写像を**包含写像**とよぶ．

●**有限集合の元の個数の数え上げと包除原理**● 集合 X が有限個の元からなるとき，X は**有限集合**であるという．有限集合でない集合を**無限集合**という．

> 有限集合 X の元の個数を $\#(X), |X|$ などと表す．
> 有限集合 X から有限集合 Y への単射が存在するとき，$\#(X) \leq \#(Y)$ である．
> 有限集合 X から有限集合 Y への全射が存在するとき，$\#(X) \geq \#(Y)$ である．
> 有限集合 X から有限集合 Y への全単射が存在するとき，$\#(X) = \#(Y)$ である．
> 有限集合 X の部分集合 Y_1, Y_2 に対して次が成り立つ．
> $$\#(Y_1 \cup Y_2) = \#(Y_1) + \#(Y_2) - \#(Y_1 \cap Y_2),$$
> $$\#(X \setminus (Y_1 \cup Y_2)) = \#(X) - (\#(Y_1) + \#(Y_2)) + \#(Y_1 \cap Y_2).$$

より一般に，有限集合 X の n 個の部分集合 $Y_1, Y_2, \cdots, Y_n$ が与えられているとする．$[n] = \{1, 2, \cdots, n\}$ とおく．$[n]$ の部分集合 $I = \{i_1, i_2, \cdots, i_k\}$ に対して

$$Y_I = Y_{i_1} \cap Y_{i_2} \cap \cdots \cap Y_{i_k}$$

とおく（$k \leq n$）．ただし，$Y_\emptyset = X$ とする．このとき

$$\#\left(X \setminus \left(\bigcup_{i=1}^{n} Y_i\right)\right) = \sum_{I \subset [n]} (-1)^{\#(I)} \#(Y_I)$$

が成り立つ．これを**包除原理**という．ここで，右辺のシグマ記号は，I が $[n]$ のすべての部分集合にわたることを意味する．

$X = Y_1 \cup Y_2 \cup \cdots \cup Y_n$ であり，かつ，$Y_1, Y_2, \cdots, Y_n$ が互いに共通部分をもたない（共通部分が空集合である）とき，X は $Y_1, Y_2, \cdots, Y_n$ の**非交和** (disjoint union) であるという．有限集合 X が $Y_1, \cdots, Y_n$ の非交和であるとき次が成り立つ．

$$\#(X) = \#\left(\bigcup_{i=1}^{n} Y_i\right) = \sum_{i=1}^{n} \#(Y_i).$$

1.2 順列・組合せ

●**順列**● n 個の相異なるものから r 個とって並べる並べ方を**順列**といい，その総数を記号 ${}_n\mathrm{P}_r$ で表す $(r \leq n)$．

$$_n\mathrm{P}_r = \frac{n!}{(n-r)!} = n(n-1)(n-2)\cdots(n-r+1).$$

●**同じものを含む総順列**● n 個のもののうち，m_1 個，m_2 個，$\cdots$，m_k 個がそれぞれ同じ種類のものであるとき $(n = m_1 + m_2 + \cdots + m_k)$，これら n 個で作られる総順列の数は

$$\frac{n!}{m_1! \, m_2! \cdots m_k!}$$

で与えられる．

●**重複順列**● n 個の相異なるものから重複を許して r 個取り出して並べる並べ方を**重複順列**という．その総数は n^r である．

●**組合せ**● n 個のものから r 個をとる**組合せ**の総数を，記号 $\binom{n}{r}$ または ${}_n\mathrm{C}_r$ で表す $(r \leq n)$．

$$\binom{n}{r} = \frac{n!}{r! \, (n-r)!}$$

である．$\binom{n}{0} = 1$ と約束する．次の等式が成り立つ．

(1) $\binom{n}{r} = \binom{n}{n-r}$.

(2) $\binom{n}{r} = \binom{n-1}{r} + \binom{n-1}{r-1}$ $(r < n)$.

●**重複組合せ**● n 個のものから重複を許して r 個取り出す組合せを**重複組合せ**といい，その総数を記号 ${}_n\mathrm{H}_r$ で表す．

$$ {}_n\mathrm{H}_r = \binom{n+r-1}{r} = \frac{(n+r-1)!}{r!\,(n-1)!}. $$

●**二項定理**● $n \in \mathbb{N}$ とするとき，次の恒等式が成り立つ（**二項定理**）．

$$ (x+y)^n = \sum_{k=0}^{n} \binom{n}{k} x^k y^{n-k}. $$

●**多項定理**● $n \in \mathbb{N}$ とするとき，次の恒等式が成り立つ（**多項定理**）．

$$ (x_1 + x_2 + \cdots + x_k)^n = \sum \frac{n!}{i_1!\,i_2!\cdots i_k!} x_1^{i_1} x_2^{i_2} \cdots x_k^{i_k}. $$

ただし，右辺の $\sum$ は，

$$ i_1 + i_2 + \cdots + i_k = n $$

を満たすすべての非負整数の組 $(i_1, i_2, \cdots, i_k)$ にわたる総和を表す．

1.3 整数の基本的な性質

●**約数，倍数など**● a, b は整数とし，$b \neq 0$ とするとき，

$$ a = qb + r \quad (0 \leq r < |b|) $$

を満たす整数 q, r が一意的に存在する．$r = 0$ のとき，「a は b で**割り切れる**」，「a は b の**倍数**である」，「b は a の**約数**である」などといい，$b|a$ という記号で表す．

0 は任意の整数の倍数である．1 は任意の整数の約数である．

●**公約数，公倍数，最大公約数，最小公倍数**● 整数 $a_1, a_2, \cdots, a_k$ の共通の約数を**公約数**という．共通の倍数を**公倍数**という．正の公約数のうち，最大のものを**最大公約数**という．正の公倍数のうち，最小のものを**最小公倍数**という．公約数は最大公約数の約数である．公倍数は最小公倍数の倍数である．$a_1, a_2, \cdots, a_k$ の最大公約数を記号 $(a_1, a_2, \cdots, a_k)$ で表す．a と b の最大公約数が 1 であるとき，a と b は**互いに素**であるという．

a と b の最大公約数が d，最小公倍数が m であるとき，関係式

$$ dm = |ab| $$

が成り立つ．

1 数え上げと整数

●**ユークリッドの互除法**● 2 個の正整数 a, b の最大公約数を次のように求めることができる．$a = r_0, b = r_1$ とおき，次のように順次割って余りを出す操作を，余りが出なくなるまで続ける．

$$r_0 = q_1 r_1 + r_2 \qquad (q_1, r_2 \in \mathbb{Z},\ 0 < r_2 < r_1),$$
$$r_1 = q_2 r_2 + r_3 \qquad (q_2, r_3 \in \mathbb{Z},\ 0 < r_3 < r_2),$$
$$\cdots,$$
$$r_{k-2} = q_{k-1} r_{k-1} + r_k \qquad (q_{k-1}, r_k \in \mathbb{Z},\ 0 < r_k < r_{k-1}),$$
$$r_{k-1} = q_k r_k \qquad (q_k \in \mathbb{Z}).$$

このとき，a と b の最大公約数は r_k である．

●**最大公約数の基本的な性質**● 整数 $a_1, a_2, \cdots, a_k$ の最大公約数を d とするとき，

$$d = x_1 a_1 + x_2 a_2 + \cdots + x_k a_k$$

を満たす整数 $x_1, x_2, \cdots, x_k$ が存在する．

このことより，次の事実も従う：

「整数 a, b, c が $c|ab$ かつ $(a, c) = 1$ を満たすならば，$c|b$」．

●**素数とその性質**● 1 より大きい整数 p が**素数**であるとは，p の正の約数が 1 と p 以外に存在しないことである．1 より大きい整数 m が素数でないとき，m は**合成数**であるという．

a, b は整数とし，p は素数とするとき，

「$p|ab$ ならば，$p|a$ または $p|b$」

が成り立つ．

素数は無限に存在する．

●**素因数分解**● 1 より大きい任意の整数 n は，次のように素数の積として表される：

$$n = p_1^{e_1} p_2^{e_2} \cdots p_k^{e_k}. \tag{1.1}$$

ただし，$p_1, p_2, \cdots, p_k$ は相異なる素数，$e_1, e_2, \cdots, e_k$ は 1 以上の整数である．このような分解を**素因数分解**とよぶ．素因数分解の仕方は，積の順序を除いて一意的である．

● **約数の個数，約数の総和** ●　n が (1.1) のように素因数分解されているとき，n は $(e_1+1)(e_2+1)\cdots(e_k+1)$ 個の正の約数を持ち，それらの総和は

$$\frac{p_1^{e_1+1}-1}{p_1-1}\frac{p_2^{e_2+1}-1}{p_2-1}\cdots\frac{p_k^{e_k+1}-1}{p_k-1}$$

である．

● **オイラー関数とメビウス関数** ●　1 より大きい整数 n に対して，n より小さく，n と互いに素である正の整数の個数を $\varphi(n)$ と表す．また，$\varphi(1)=1$ と定める．この φ を**オイラー**（Euler）**関数**とよぶ．オイラー関数は次の性質を持つ．

(1) $\sum_{d|n}\varphi(d)=n$ である．ここで，左辺のシグマ記号は，d が n のすべての正の約数にわたることを意味する．
(2) $(n_1,n_2)=1$ のとき，$\varphi(n_1 n_2)=\varphi(n_1)\varphi(n_2)$ が成り立つ．
(3) p は素数とし，e は正の整数とするとき，$\varphi(p^e)=p^e-p^{e-1}$ である．
(4) n が上述の (1.1) のように素因数分解されるとき，次が成り立つ．

$$\begin{aligned}\varphi(n)&=\left(p_1^{e_1}-p_1^{e_1-1}\right)\left(p_2^{e_2}-p_2^{e_2-1}\right)\cdots\left(p_k^{e_k}-p_k^{e_k-1}\right)\\&=n\left(1-\frac{1}{p_1}\right)\left(1-\frac{1}{p_2}\right)\cdots\left(1-\frac{1}{p_k}\right).\end{aligned}$$

1 より大きい整数 n が上述の (1.1) のように素因数分解されているとき，$\mu(n)$ を

$$\mu(n)=\begin{cases}(-1)^k & (e_1=e_2=\cdots=e_k=1\text{ のとき}),\\ 0 & (\text{それ以外のとき})\end{cases}$$

と定める．さらに $\mu(1)=1$ と定める．この μ を**メビウス**（Möbius）**関数**とよぶ．メビウス関数は次の性質を持つ．

(1) $\sum_{d|n}\mu(d)=\begin{cases}1 & (n=1\text{ のとき}),\\ 0 & (n\neq 1\text{ のとき})\end{cases}$ である．
(2) $(n_1,n_2)=1$ のとき，$\mu(n_1 n_2)=\mu(n_1)\mu(n_2)$ が成り立つ．
(3) $\varphi(n)=\sum_{d|n}\frac{n}{d}\mu(d)$ が成り立つ．ここで，φ はオイラー関数である．
(4) 自然数全体の集合 $\mathbb{N}$ 上で定義された関数 f,g が $g(n)=\sum_{d|n}f(d)$ を満たすとすると，$f(n)=\sum_{d|n}g\left(\frac{n}{d}\right)\mu(d)=\sum_{d|n}g(d)\mu\left(\frac{n}{d}\right)$ が成り立つ（**反転公式**）．

1.4 合 同 式

●**合同式の定義**● $a, b, m \in \mathbb{Z}$ に対して，$a-b$ が m の倍数であることを

$$a \equiv b \pmod{m}$$

と表し，「a と b は m を法として**合同**であるという．また，このような式を**合同式**という．

●**合同式の基本的な性質**●　合同式は同値関係を定める．すなわち：

(1)　$a \equiv a \pmod{m}$　（**反射律**）．
(2)　$a \equiv b \pmod{m} \Rightarrow b \equiv a \pmod{m}$　（**対称律**）．
(3)　$a \equiv b \pmod{m}$ かつ $b \equiv c \pmod{m} \Rightarrow a \equiv c \pmod{m}$　（**推移律**）．

　$a \equiv a' \pmod{m}, b \equiv b' \pmod{m}$ のとき
(4)　$a + b \equiv a' + b' \pmod{m}$．
(5)　$a - b \equiv a' - b' \pmod{m}$．
(6)　$ab \equiv a'b' \pmod{m}$．

　また，$ca \equiv cb \pmod{m}$ のとき
(7)　$(c, m) = 1$ ならば $a \equiv b \pmod{m}$．
(8)　$(c, m) = d$ とし，$m' = \frac{m}{d}$ とおくとき，$a \equiv b \pmod{m'}$．

●**オイラーの定理，フェルマの小定理**●　$(a, m) = 1$ ならば，

$$a^{\varphi(m)} \equiv 1 \pmod{m}$$

が成り立つ．ここで，φ はオイラー関数である（**オイラーの定理**）．特に，$p = m$ が素数のときは，**フェルマ**（Fermat）**の小定理**とよばれる：

　「p が素数で，$(a, p) = 1$ ならば，$a^{p-1} \equiv 1 \pmod{p}$ である．」

●**ウィルソンの定理**●　m が素数であることと，$(m-1)! \equiv -1 \pmod{m}$ が成り立つこととは同値である（**ウィルソン**（Wilson）**の定理**）．

●**合同式の整数解**●　合同式 $ax \equiv b \pmod{m}$ の整数解 x は次のように与えられる．

(1)　$(a, m) = 1$ のとき，$ax \equiv 1 \pmod{m}$ の解は，$x \equiv a^{\varphi(m)-1} \pmod{m}$ で与えられる．ここで，φ はオイラー関数を表す．
(2)　$(a, m) = 1$ のとき，$ax \equiv b \pmod{m}$ の解は，$x \equiv ba^{\varphi(m)-1} \pmod{m}$．

(3) $(a, m) = d$ のとき,$ax \equiv b \pmod{m}$ が整数解を持つための必要十分条件は,$d|b$ で与えられる.

(4) $(a, m) = d$ とし,$a' = \frac{a}{d}, b' = \frac{b}{d}, m' = \frac{m}{d}$ とおくと,

$$ax \equiv b \pmod{m} \Leftrightarrow a'x \equiv b' \pmod{m'}$$

であり,$(a', m') = 1$ であるので,上記の (2) の場合に帰着する.

●**中国剰余定理と連立合同式**● $m_1, m_2, \cdots, m_k$ はどの 2 つも互いに素であるとし,$M = m_1 m_2 \cdots m_k$ とおく.このとき,連立合同式

$$\begin{cases} x \equiv a_1 \pmod{m_1}, \\ x \equiv a_2 \pmod{m_2}, \\ \cdots, \\ x \equiv a_k \pmod{m_k} \end{cases} \tag{1.2}$$

は整数解を持ち,それらは M を法として互いに合同である(**中国剰余定理**).解は

$$x \equiv \left(\frac{M}{m_1}\right)^{\varphi(m_1)} a_1 + \left(\frac{M}{m_2}\right)^{\varphi(m_2)} a_2 + \cdots + \left(\frac{M}{m_k}\right)^{\varphi(m_k)} a_k \pmod{M}$$

で与えられる.ここで,φ はオイラー関数を表す.

●**合同式の解法:補足その 1**● $m_1, m_2, \cdots, m_k$ が大きいとき,上記の解の公式は実用的でない.

$k = 2$,かつ,m_1 と m_2 が互いに素の場合,次のようにして連立合同式を解く.

まず,$sm_1 + tm_2 = 1$ となる $s, t \in \mathbb{Z}$ を求める.m_1 と m_2 の最大公約数が 1 であるので,ユークリッドの互除法により

$$\begin{aligned} m_1 &= q_1 m_2 + r_3, \\ m_2 &= q_2 r_3 + r_4, \\ &\cdots, \\ r_{p-1} &= q_{p-1} r_p + r_{p+1}, \\ r_p &= q_p r_{p+1} + 1 \end{aligned}$$

となるが,最後の式を変形すれば,

$$1 \cdot r_p + (-q_p) r_{p+1} = 1 \tag{1.3}$$

が得られる.最後から 2 番目の式を変形すると $r_{p+1} = r_{p-1} - q_{p-1} r_p$ となるが,こ

れを (1.3) に代入すれば，r_{p-1} と r_p の整数係数の 1 次結合によって 1 を作ることができる．順次繰り返せば，m_1 と m_2 の 1 次結合によって 1 を作ることができる．$sm_1 + tm_2 = 1$ となる $s, t \in \mathbb{Z}$ が得られたら，

$$x \equiv a_2 s m_1 + a_1 t m_2 \pmod{m_1 m_2}$$

が連立合同式 (1.2)（$k=2$ の場合）の解を与える．

●**合同式の解法：補足その 2**● 連立合同式 (1.2) において，k が 3 以上であって，$m_1, m_2, \cdots, m_k$ がどの 2 つも互いに素であるとき，最初の 2 つの式だけを連立合同式とみて解き，その解と残りの式とを連立させることにより，式の数を 1 つ減らすことができる．式の本数を順次減らして，最終的に $k=2$ の場合に帰着させることができる．

●**合同式の解法：補足その 3**● 連立合同式 (1.2) において，「$m_1, m_2, \cdots, m_k$ がどの 2 つも互いに素」という仮定がない場合は，m_i ($i=1,2,\cdots,k$) を素因数分解したときに現れるすべての素数を $p_1, p_2, \cdots, p_l$ とし，

$$m_i = p_1^{e_{i1}} p_2^{e_{i2}} \cdots p_l^{e_{il}} \quad (i=1,2,\cdots,k)$$

とする．さらに，$f_j = \max\{e_{1j}, e_{2j}, \cdots, e_{kj}\}$ ($j=1,2,\cdots,l$) とし，$e_{s(j)j} = f_j$ となる $s(j)$ を 1 つずつ選ぶ．このとき，連立合同式

$$\begin{cases} x \equiv a_{s(1)} \pmod{p_1^{f_1}}, \\ x \equiv a_{s(2)} \pmod{p_2^{f_2}}, \\ \cdots, \\ x \equiv a_{s(l)} \pmod{p_l^{f_l}} \end{cases} \tag{1.4}$$

は整数解を持つ．連立合同式 (1.2) が解を持てば，その解は連立合同式 (1.4) の解でもあるので，連立合同式 (1.4) の解は，(1.2) の解の候補を与える．しかし，連立合同式 (1.4) の解は，必ずしも (1.2) の解ではない．

●**合同式の解法：補足その 4**● $(a, m) = 1$ のとき，$sa + tm = 1$ を満たす $s, t \in \mathbb{Z}$ を求めれば，合同式 $ax \equiv b \pmod{m}$ の解は，

$$x \equiv bs \pmod{m}$$

で与えられる．

例題 PART 1.1　知識と思考力の関係について

小手調べ——思考力を問うということ

「数える」という行為は，人類が数学的な思考を獲得するに至る道程の出発点をなす．数えることから整数の概念が生ずる．例えばドイツ語で 'zahlen' といえば「数える」ことを意味し，'Zahl' は「整数」を意味する．

ここでは，「数え上げ」と「整数」に関する問題を取り上げる．

ここで，単に「数える」といわず，「数え上げる」という言葉を用いる場合は，何らかの工夫をこらして，過不足なく，要領よく，見通しよく数える，という意味合いが込められている．そのような工夫こそ，数学的な思考の萌芽である．すなわち，数え上げと整数の問題は，数学の原点といっても過言ではない．

まず，小手調べとして，次の問題を取り上げよう．

例題 1.1（東京大学大学院工学研究科システム量子工学専攻（当時））
$mn - 3m - 2n = 0$ を満たす正の自然数 m, n の組をすべて求めよ．

解答例　与えられた関係式は $(m-2)(n-3) = 6$ と変形できる．したがって，$m-2$ と $n-3$ の値の組合せ $(m-2, n-3)$ は

$$(6,1), (3,2), (2,3), (1,6), (-6,-1), (-3,-2), (-2,-3), (-1,-6)$$

のいずれかである．m, n が正整数であることを考え合わせれば，これらの組合せは $(m, n) = (8, 4), (5, 5), (4, 6), (3, 9)$ の 4 通りであることが分かる．　　　**解答終わり**

この問題は「論理的思考能力を見るための数理的問題」として出題されている．つまり，特に予備知識を必要とせず，その場で考えて解けるということであろう．確かにこの問題は，特別な予備知識を必要としないが，一方において，類似する問題を過去に解いたことがあるかどうかということが，解答の成否や解答時間を大きく左右するということもまた事実である．一般に，この種の問題は，特有のコツが必要であることが多い．そのようなコツを会得するためには，やはりある程度の経験が必要である．

次も同じところからの出題である．

例題 1.2（東京大学大学院工学研究科システム量子工学専攻（当時））
ある長方形を n 本の直線でできるだけ多くの小片に分割する．その小片の数を求めよ．

解答例　n 本の直線によって分割される長方形の小片の個数の最大値を a_n とおく．

1本の直線によって長方形は2個の小片に分割されるので，$a_1 = 2$ である．k は自然数とし，k 本の直線によって長方形が a_k 個の小片に分割されているとする．ここに $(k+1)$ 本目の直線を引いたとき，さらに小片がどのくらい増えるかを考察する．$(k+1)$ 本目の直線は，それまでに引かれた k 本の直線と，長方形内で最大 k 個の交点を持つ．このとき，$(k+1)$ 本目の直線自体が，長方形の中で $(k+1)$ 本の線分に分割される．それらの線分の一つ一つが，その線分が貫く小片をさらに分割するので，線分の数だけ長方形の小片が増えることになる．つまり，長方形の小片は，最大で $(k+1)$ 個増えることになり，

$$a_{k+1} = a_k + k + 1 \quad (k = 1, 2, \cdots)$$

という漸化式が得られる．よって，

$$a_n = a_1 + \sum_{k=1}^{n-1}(k+1) = \frac{1}{2}(n^2 + n + 2).$$ **解答終わり**

　この問題も，初見で解くのと，以前に解いたことがあって再びそれにあたるのとでは，やはり解答の成否や解答時間に大きく違いが出ると思われる．この問題は数え上げの問題としては有名なものの部類に属するので，受験生の中には，すでにこれを知っている者も相当数いるであろう．そう考えると，この問題が純粋に思考力を問う問題であるのか，それとも，以前にこの問題を見たことがあるかどうかという経験や知識を問う問題であるのか，実際のところは判然としない．

　筆者は決してこの問題の意義を否定しているのではない．「思考力を問う」という行為がいかに難しいかということに思いを馳せているだけである．そもそも，思考力とは何か？我々が漠然と「思考力」と名づけるところの能力は，それまでの思考の経験の蓄積と強い相関関係がある．経験の蓄積によって後天的に獲得されたものを，広い意味で「知識」とよぶとすれば，「思考力」が「知識」と表裏一体をなしていることは疑いようがない．そうでなければ，「思考力のトレーニング」などという言葉は，それ自体，矛盾をはらんでいるということになってしまう．例えば数学オリンピックに出場する選手は，合宿などを通じてトレーニングを行い，大会に備える．それは，経験を積むことによって思考力を鍛えることができる，ということを我々が知っている——あるいは，うすうす感じているからにほかならない．

　我々は，「考える力」と「知識」とを対極のものとしてとらえる二元論的な分析法をこそ疑うべきかもしれない．「知識よりも考える力を大事にすべきだ」という，一見もっともらしい言説の裏に漂う微妙な欺瞞にこそ敏感になるべきかもしれない．

　…話が横道にそれたようである．

数え上げの問題

数え上げの問題の典型例として，ここでは二項定理を取り上げる．

例題 1.3 （東京工業大学大学院理工学研究科有機・高分子物質専攻）
二項定理
$$(x+a)^n = x^n + {}_nC_1 a x^{n-1} + {}_nC_2 a^2 x^{n-2} + \cdots + {}_nC_r a^r x^{n-r} + \cdots + a^n$$
に関して次の問いに答えよ．
(1) $f(x) = (x+a_1)(x+a_2)\cdots(x+a_n)$
$= x^n + A_1 x^{n-1} + A_2 x^{n-2} + \cdots + A_r x^{n-r} + \cdots + A_n$
の $A_1, A_2, \cdots, A_n$ を求め，A_r はいくつの項を含むかを考えた後，$a_1 = a_2 = \cdots = a_n = a$ として二項定理を証明せよ．
(2) 二項定理を用いて次の等式を証明せよ．
$${}_nC_0 + {}_nC_2 + {}_nC_4 + \cdots = {}_nC_1 + {}_nC_3 + \cdots = 2^{n-1}.$$

解答例 (1) 集合 B を $B = \{1, 2, \cdots, n\}$ と定め，B の部分集合 I に対して $a_I = \prod_{i \in I} a_i$ と定めることにする．これは，I に属するすべての元 i にわたって a_i の積をとることを意味する．ただし，$a_\emptyset = 1$ と定める．このとき，
$$A_r = \sum_{\substack{I \subset B \\ \#(I) = r}} a_I$$
である．ここで，$\#(I)$ は，集合 I に属する元の個数を表すものとする．上の式のシグマ記号は，集合 B の部分集合 I であって，その元の個数が r であるものすべてにわたって a_I の和をとることを意味する．

実際，$\#(I) = r$ とするとき，$f(x)$ の展開にあたって，I に属する番号 i に対応する部分から a_i を選び，残りの部分から x を選んでかけ合わせれば $a_I x^{n-r}$ が得られ，それらを足し合わせたものが $A_r x^{n-r}$ であることに注意すれば，上の式が成り立つことが分かる．

B の部分集合 I であって，その元の個数が r であるものは，全部で ${}_nC_r$ 個存在する．なぜならば，そのような部分集合 I を選ぶことは，n 個の数字 $1, 2, \cdots, n$ から r 個を取り出すことにほかならないからである．したがって，A_r を $a_1, a_2, \cdots, a_n$ の多項式とみた場合，${}_nC_r$ 個の項を含むことになる．

ここで $a_1 = a_2 = \cdots = a_n = a$ とすれば，$\#(I) = r$ なる I に対して $a_I = a^r$ であるので，$A_r = {}_nC_r a^r$ が得られる．したがって次が示される．

$$(x+a)^n = x^n + {}_nC_1 a x^{n-1} + {}_nC_2 a^2 x^{n-2} + \cdots + {}_nC_r a^r x^{n-r} + \cdots + a^n.$$

(2) $X = {}_nC_0 + {}_nC_2 + {}_nC_4 + \cdots$, $Y = {}_nC_1 + {}_nC_3 + \cdots$ とおく．このとき，
$$X + Y = {}_nC_0 + {}_nC_1 + \cdots + {}_nC_n$$
であるが，これは二項定理の式において $x = a = 1$ とおいたものにほかならない．したがって
$$X + Y = (1+1)^n = 2^n \tag{1.5}$$
が得られる．また $X - Y = {}_nC_0 - {}_nC_1 + {}_nC_2 - \cdots + (-1)^n {}_nC_n$ であるが，これは二項定理の式において $x = 1, a = -1$ とおいたものにほかならない．したがって
$$X - Y = (1-1)^n = 0 \tag{1.6}$$
が得られる．(1.5) および (1.6) より $X = Y = 2^{n-1}$ が従う． **解答終わり**

　二項定理は数え上げの問題としては非常に基本的な問題であり，すでに高等学校で学んでいるものである．それでもなお，このような問題を大学院の入試問題として出題することには一定の意義があると思われる．

　この問題は，基本的ではあるものの，いざ解答を書こうとするとなかなか書きづらいと感じる受験者も多かろう．解答例の中にあるような記号の使い方は，数学を専門とする者にとっては慣れ親しんだものである．しかし，そうでない者にとっては，理工系の学生といえども，なじみが薄いのではなかろうか．

　「数え上げる」ということは，ある集合の元の個数を何らかの方法で調べることであるので，その過程を記述しようと思えば，集合や写像といった概念を駆使するのがやはり便利である．そのような概念に不慣れな者が，自分なりの言葉を用いて，しかも採点者に分かるような客観性をその言葉に持たせようとすれば，かなり工夫を凝らさなくてはなるまい．数学を専攻としない大学院の入試問題にこのような問題が出題されるとすれば，出題者は受験者のそういう工夫を見ようとしている，と想像できる．

　言語を操ることは思考の基盤をなす．書くことは考えることである．書かれたものを読めば，それを書いた者の思考が手に取るように分かる．思考力を測りたければ，受験者に記述させればよい（もっとも，採点は難しいであろう．例えば受験者の思考が混沌としている場合，答案の文章もまた混沌として理解しがたいものになっている可能性が大いにある）．

　受験者の立場に立ってみると，このような問題に対処するための特別な方策というものはないのであるが，ただ，普段から自分の力でしっかり考えて数学を学ぶようにしていただきたい．できれば，数学に「感動」していただきたい．程度の差こそあれ，苦しい思考の末に感動をもって理解した事柄は，強く印象に残り，生きた知識として定着する．知識と思考力は対立するものではない．感動とともに得た知識は，思考力の貴重な糧である．

　…また話が横道にそれたようである．

整数に関する問題

次に整数に関する問題を取り上げる．

ここでも，どのような知識を前提とするかが問題になる．大学の理工系の学部における数学のカリキュラムは，例えば線形代数や微積分の基礎などについては，ある程度共通のものが存在するが，整数に関していえば，そのような共通の基盤はないように思われる．したがって，整数に関する問題を出題する場合，どの程度の予備知識を受験生の常識として仮定するか，悩ましいことになる．

> **例題 1.4**（名古屋大学大学院情報科学研究科計算機数理科学専攻）
> (1) 0 でない整数 m, m', n, n' が
> $$mm' + nn' = 1$$
> を満たすとき，任意の整数 a, b に対して，次の連立合同式
> $$\begin{cases} x \equiv a \pmod{m}, \\ x \equiv b \pmod{n} \end{cases}$$
> を満たす整数 x は法 mn の下で $ann' + bmm'$ と合同であることを証明せよ．
> (2) 素数 p に対して，$x^2 \equiv 1 \pmod{p}$ を満たす整数 x を法 p の下ですべて求めよ．
> (3) 互いに異なる素数 p, q に対して，整数 p', q' が $pp' + qq' = 1$ を満たすとき，$x^2 \equiv 1 \pmod{pq}$ を満たす x を法 pq の下ですべて求めよ．

解答例 (1) $x \equiv a \pmod{m}$ より $x - a$ は m の倍数である．よって，$nn'(x-a) = nn'x - nn'a$ は mnn' の倍数であり，特に mn の倍数であるので，

$$nn'x \equiv ann' \pmod{mn} \tag{1.7}$$

が成り立つ．また，$x \equiv b \pmod{n}$ より $x - b$ は n の倍数である．よって，$mm'(x-b) = mm'x - mm'b$ は $mm'n$ の倍数であり，特に mn の倍数であるので，

$$mm'x \equiv bmm' \pmod{mn} \tag{1.8}$$

が成り立つ．(1.7) と (1.8) を辺々加え，$mm' + nn' = 1$ を用いれば

$$x \equiv ann' + bmm' \pmod{mn}$$

が成り立つことが分かる．

逆に $x \equiv ann' + bmm' \pmod{mn}$ であるとすると，ある整数 k が存在して

$$x = ann' + bmm' + kmn \qquad (1.9)$$

が成り立つ．このとき，$nn' = 1 - mm'$ を (1.9) に代入すれば

$$x = a - amm' + bmm' + kmn = a + m(-am' + bm' + kn)$$

となるので

$$x \equiv a \pmod{m}$$

が成り立つ．また，$mm' = 1 - nn'$ を (1.9) に代入すれば

$$x = ann' + b - bnn' + kmn = b + n(an' - bn' + km)$$

となるので

$$x \equiv b \pmod{n}$$

が成り立つ．

(2) $x^2 \equiv 1 \pmod{p}$ とすると，$x^2 - 1 = (x-1)(x+1)$ は p の倍数である．p が素数であることより，$x-1, x+1$ のどちらかが p の倍数であることが分かる．よって，$x \equiv 1 \pmod{p}$ または $x \equiv -1 \pmod{p}$ が成り立つ．

逆に，素数 p に対して，$x \equiv 1 \pmod{p}$ または $x \equiv -1 \pmod{p}$ が成り立つとき，$x-1$ または $x+1$ が p の倍数であることより，$(x-1)(x+1) = x^2 - 1$ は p の倍数となり，$x^2 \equiv 1 \pmod{p}$ が成り立つ．

したがって，求める x は

$$x \equiv 1 \pmod{p} \quad \text{または} \quad x \equiv -1 \pmod{p}$$

を満たすものである．

(3) p, q を素数とし，$pp' + qq' = 1$ が成り立つとき，小問 (1) の結果より，合同式

$$x^2 \equiv 1 \pmod{pq}$$

は，連立合同式

$$x^2 \equiv 1 \pmod{p} \quad \text{かつ} \quad x^2 \equiv 1 \pmod{q}$$

と同値である．実際，小問 (1) において，$m = p, m' = p', n = q, n' = q', a = 1, b = 1$ とおき，x の代わりに x^2 を考えれば，連立合同式

$$\begin{cases} x^2 \equiv 1 \pmod{p}, \\ x^2 \equiv 1 \pmod{q} \end{cases}$$

と，合同式

$$x^2 \equiv 1 \cdot qq' + 1 \cdot pp' (= 1) \pmod{pq}$$

とは同値であることが分かる．

ここで，小問 (2) の結果より，$x^2 \equiv 1 \pmod{p}$ を満たす x は

$$x \equiv 1 \pmod{p} \quad \text{または} \quad x \equiv -1 \pmod{p}$$

を満たす．同様に，$x^2 \equiv 1 \pmod{q}$ を満たす x は

$$x \equiv 1 \pmod{q} \quad \text{または} \quad x \equiv -1 \pmod{q}$$

を満たす．

ここで，4 つの場合に分けて考える．

(i) $x \equiv 1 \pmod{p}$ かつ $x \equiv 1 \pmod{q}$ のとき，再び小問 (1) の結果を用いれば

$$x \equiv pp' + qq' (= 1) \pmod{pq}$$

となる．

(ii) $x \equiv 1 \pmod{p}$ かつ $x \equiv -1 \pmod{q}$ のとき，小問 (1) の結果より

$$x \equiv -pp' + qq' \pmod{pq}$$

となる．

(iii) $x \equiv -1 \pmod{p}$ かつ $x \equiv 1 \pmod{q}$ のとき，小問 (1) の結果より

$$x \equiv pp' - qq' \pmod{pq}$$

となる．

(iv) $x \equiv -1 \pmod{p}$ かつ $x \equiv -1 \pmod{q}$ のとき，小問 (1) の結果より

$$x \equiv -pp' - qq' (= 1) \pmod{pq}$$

となる．

以上のことをまとめれば

$$x \equiv \pm pp' \pm qq' \pmod{pq}$$

（複号は任意）が得られたことになる．

逆に，$x \equiv pp' + qq' (= 1) \pmod{pq}$ ならば，$x^2 \equiv 1 \pmod{pq}$ となり，$x \equiv -pp' - qq' (= 1) \pmod{pq}$ ならば，$x^2 \equiv (-1)^2 (= 1) \pmod{pq}$ となる．また，$x \equiv pp' - qq' \pmod{pq}$ または $x \equiv -pp' + qq' \pmod{pq}$ のときは

$$x^2 \equiv (pp' - qq')^2 \pmod{pq}$$

となるが，右辺は

$$(pp' - qq')^2 = (pp' + qq')^2 - 4pp'qq' = 1 - 4pp'qq' \equiv 1 \pmod{pq}$$

を満たすので，やはり $x^2 \equiv 1 \pmod{pq}$ が得られる．

したがって，$x^2 \equiv 1 \pmod{pq}$ を満たす x は

$$x \equiv \pm pp' \pm qq' \pmod{pq}$$

（複号は任意）を満たすものである．

解答終わり

初等整数論を題材とした出題であるが，予備知識がほとんどなくても解答できるように誘導がつけられている．とはいうものの，もちろん，合同式や素数について，ある程度の知識は必要である．詳しくは，例えば高木貞治著『初等整数論講義第2版』（共立出版）[1]や遠山啓著『初等整数論』（日本評論社）[2]などを参照していただきたいが，以下に，それらに関する基本的な事柄をまとめておく．

m は自然数とし，a, b は整数とする．$a - b$ が m の倍数であるとき，**a と b は m を法として合同である**といい，次のように表す．この式を**合同式**とよぶ．

$$a \equiv b \pmod{m}.$$

素数についてはあらためて説明の必要もあるまいが，上の解答例で用いたのは次の基本的な命題である．

> **命題** p は素数とし，a, b は整数とする．ab が p の倍数ならば，a または b の少なくともどちらか一方は p の倍数である．

また，次の命題も例題 1.4 と深い関連がある．

> **命題** a, b は整数とし，d は a と b の最大公約数とする．このとき，ある整数 x, y が存在して次が成り立つ．
> $$d = xa + yb$$

最後に述べた命題は，初等整数論の中でも非常に重要なものであるので，受験生としては知っておいたほうがよいと思われる．一方，出題者の側に立つと，これを受験者の予備知識として仮定してよいかどうかは微妙なところである（例題 1.4 は，この命題との関連を意図的に断ち切って作られている）．

■ **ま と め**

この例題 PART では数え上げと整数の問題を取り扱ったが，知識と思考力の関係についても大いに考えさせられた．

第 1 章　演習問題 A

A.1 （北海道大学大学院情報科学研究科システム情報科学専攻）

$\mathbb{R}$ を実数全体の集合とし，$x \in \mathbb{R}$ について命題 $p(x), q(x)$ をそれぞれ

$p(x)$：「x は $x^2 - 1 \geq 0$ を満たす．」

$q(x)$：「x は $x^2 + 2x - 8 = 0$ を満たす．」

としたとき，以下の命題 (a), (b), (c) についてそれぞれ真偽を答え，またその理由も述べよ．

(a) $\exists x \in \mathbb{R}$ に対し，$p(x)$ が成立する．

(b) $\forall x \in \mathbb{R}$ に対し，$q(x)$ が成立する．

(c) $\forall x \in \mathbb{R}$ に対し，$p(x) \to q(x)$ が成立する．

A.2 （名古屋大学大学院情報科学研究科計算機数理科学専攻）

$n \geq k$ を満たす自然数 n, k に対して，次の各問に答えよ．なお，$\binom{a}{b}$ は二項係数を表す（${}_a\mathrm{C}_b$ とも書く）．

(1) $n > k$ のとき，
$$\binom{n}{k} = \binom{n-1}{k-1} + \binom{n-1}{k}$$

が成り立つことを示せ．

(2)
$$\sum_{j=k}^{n} \binom{j}{k} = \binom{n+1}{k+1}$$

が成り立つことを示せ．

(3) 非負整数 l に対して，方程式
$$x_1 + \cdots + x_k = l$$

の異なる非負整数解の個数を求めよ．

(4) 不等式
$$x_1 + \cdots + x_n \leq n$$

の異なる非負整数解の個数を求めよ．

A.3 （東京大学大学院工学系研究科電気工学・電子工学専攻）

カエルが n 段の階段を昇ることを考える（ただし $n \geq 1$ とする）．カエルの移動には以下のような制限がある．

(a) 移動方向は上方のみであり，後戻りはできない．

(b) カエルは 1 段または 2 段ずつ昇るものとする．

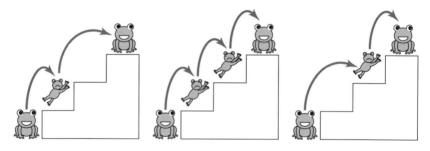

例えば $n=3$ のとき，図のように 3 通りの昇り方がある．

ここで，2 段昇りには記号 $+$ を，1 段昇りには記号 $-$ を対応させる簡易表記法を採用することにする．また，n 段の階段に対する昇り方の数を $S(n)$ とする．次の問いに答えよ．

(1) $n=4$ のとき，すべての昇り方を簡易表記で表示せよ．
(2) $S(5)$ と $S(6)$ の値を求めよ．
(3) $S(n)$ が満たす漸化式を求めよ．
(4) 二項係数 ${}_n C_k = \dfrac{n!}{(n-k)!\, k!}$ を用いた以下の式が成り立つことを示せ．

$$S(n) = {}_nC_0 + {}_{n-1}C_1 + {}_{n-2}C_2 + \cdots + {}_{Trunc[(n+1)/2]}C_{Trunc[n/2]}$$

ただし $Trunc[x]$ は x の小数点以下を切り捨てる関数である．

(5) 右図の線のようにパスカルの三角形を右上がりに斜めに加えることを考える．例えば最初の 6 つの和は，

$$a(1) = 1,$$
$$a(2) = 1,$$
$$a(3) = 1+1,$$
$$a(4) = 1+2,$$
$$a(5) = 1+3+1,$$
$$a(6) = 1+4+3$$

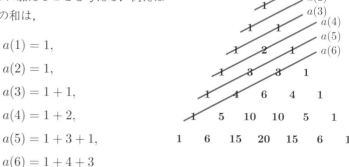

となる．このような数列 $a(n)$ の一般項を，$S(n)$ を用いて表せ．

A.4 (東京大学大学院工学系研究科システム創成学専攻)

100 人の学生が 100 点満点のテストを受けた．全学生の合計点が 4900 点だったとき，同じ点数を取った学生がいることを示せ．ただし，点数は非負の整数とする．

A.5（東京大学大学院工学系研究科システム創成学専攻）

6^{2011} を 100 で割った余りを求めよ．

A.6（東京大学大学院工学系研究科（旧）環境海洋工学専攻）
 (1) 656 のすべての正の約数はいくつあるか？ また，すべての正の約数の和を求めよ．ただし，「すべての正の約数」とは，1 および 656 を含むものとする．
 (2) 2^n-1 が素数ならば，$2^{n-1}(2^n-1)$ のすべての正の約数の和は，$2^n(2^n-1)$ になることを証明せよ．ただし，「すべての正の約数」とは，1 および $2^{n-1}(2^n-1)$ を含むものとする．

第 1 章 演習問題 B

B.1（名古屋工業大学大学院工学研究科）

集合演算に関する (1) から (3) の等式について，成り立つ場合は証明を，成り立たない場合は反例を示せ．ただし A, B, C は集合を，$\times$ は直積，$-$ は差集合の各演算を，2^A は A のべき集合を表す．
 (1) $A \cap (B-C) = (A \cap B) - C$
 (2) $2^A \times 2^B = 2^{(A \times B)}$
 (3) $A \times (B-C) = (A \times B) - (A \times C)$

B.2#（東京大学大学院工学系研究科（旧）環境海洋工学専攻）

次の問いにすべて答えよ．
 (1) 正八面体の各面に 1～8 の数字を 1 つずつ書き込んでできる八面体さいころは何種類できるか．ただし，回転して同一になるものは同じとみなす．
 (2) その中で，どの頂点についても，そこに会する 4 面につけられた数字の和が同一の値になるようなものがあるか．もしあれば，そのような配列の一例を示せ．

B.3#（名古屋大学大学院情報科学研究科計算機数理科学専攻）

次の問いに答えよ．

(問 1) 次の連立合同式を満たす整数 x を求めよ．
$$\begin{cases} x \equiv 2 \pmod{9}, \\ x \equiv 8 \pmod{10}, \\ x \equiv 2 \pmod{12}, \\ x \equiv 2 \pmod{21}. \end{cases}$$

(問 2) 合同式 $x^2 \equiv 1 \pmod{n}$ が，n を法とする剰余類として次の個数の解を持つような n の例を挙げよ．ただし，n が存在しない場合はその理由を述べよ．
  (a) 2 個 (b) 3 個 (c) 4 個

B.4# （名古屋大学大学院情報科学研究科計算機数理科学専攻）

整数 a, b $(b \neq 0)$ を，整数 q, r を用いて

$$a = qb + r$$

と表す．次の問いに答えよ．

(1)
$$(a, b) = (b, r)$$

を証明せよ．ただし，(x, y) は整数 x, y の最大公約数を意味する．

(2) r にどのような条件を付ければ，上の操作の繰返しで最大公約数が求まるか答えよ．

(3)
$$a\mathbb{Z} + b\mathbb{Z} = b\mathbb{Z} + r\mathbb{Z}$$

を証明せよ．ただし，$x\mathbb{Z}$ は整数 x の倍数全体の集合を意味し，$X, Y \subset \mathbb{Z}$ に対して，$X + Y = \{x + y \mid x \in X, y \in Y\}$ とする．

(4) $(a, b) = d$ のとき，

$$a\mathbb{Z} + b\mathbb{Z} = d\mathbb{Z}$$

を証明せよ．

第2章 線形代数

2.1 ベクトルと行列

●**ベクトルとその演算**● n 個の数の組 $\boldsymbol{x} = \begin{pmatrix} x_1 \\ x_2 \\ \vdots \\ x_n \end{pmatrix}$ を n 次元縦ベクトル，あるいは単に**ベクトル**という．x_j を $\boldsymbol{x}$ の**第 j 成分**という．成分がすべて実数であるベクトルを**実ベクトル**，成分が複素数であるベクトルを**複素ベクトル**という．第 j 成分が x_j であるベクトル $\boldsymbol{x}$ を $\boldsymbol{x} = (x_j)$ と表すこともある．

ベクトル同士の加法・減法は成分ごとに行う．スカラー倍は，すべての成分に一斉にスカラーを掛ける．

すべての成分が 0 であるベクトルを**零ベクトル**とよび，記号 $\boldsymbol{0}$ で表す：

$$\boldsymbol{0} + \boldsymbol{x} = \boldsymbol{x}.$$

横ベクトルは縦ベクトルの転置 ${}^t\boldsymbol{x}$ と考える：

$${}^t\boldsymbol{x} = (x_1, x_2, \cdots, x_n).$$

$\sum_{i=1}^{k} c_i \boldsymbol{x}_i$ の形のベクトルを $\boldsymbol{x}_1, \boldsymbol{x}_2, \cdots, \boldsymbol{x}_k$ の**線形結合（1次結合）**という．

1つの成分が 1 であり，その他の成分がすべて 0 である n 次元ベクトルを**基本ベクトル**，あるいは**単位ベクトル**とよぶ．任意のベクトルはいくつかの基本ベクトルの線形結合である．

●**線形独立，線形従属**●

ベクトル $\boldsymbol{a}_1, \boldsymbol{a}_2, \cdots, \boldsymbol{a}_k$ が**線形独立（1次独立）**
$\Leftrightarrow$ 「$c_1, c_2, \cdots, c_k$ が $c_1 \boldsymbol{a}_1 + c_2 \boldsymbol{a}_2 + \cdots + c_k \boldsymbol{a}_k = \boldsymbol{0}$ を満たすならば $c_1 = c_2 = \cdots = c_k = 0$ が成り立つ．」

ベクトル $\boldsymbol{a}_1, \boldsymbol{a}_2, \cdots, \boldsymbol{a}_k$ が**線形従属（1次従属）**
$\Leftrightarrow$ 「少なくとも 1 つは 0 でない $c_1, c_2, \cdots, c_k$ が存在して $c_1 \boldsymbol{a}_1 + c_2 \boldsymbol{a}_2 + \cdots + c_k \boldsymbol{a}_k = \boldsymbol{0}$ が成り立つ．」

●**行列の定義**●
$$A = \begin{pmatrix} a_{11} & a_{12} & \cdots & a_{1n} \\ a_{21} & a_{22} & \cdots & a_{2n} \\ \vdots & \vdots & \ddots & \vdots \\ a_{m1} & a_{m2} & \cdots & a_{mn} \end{pmatrix}$$

を (m, n) **型行列**, あるいは $m \times n$ **行列**, m **行** n **列行列**などという. 行列の横の並びを**行** (row) といい, 縦の並びを**列** (column) という. a_{ij} を i **行** j **列成分**, あるいは (i, j) **成分**などという. 成分がすべて実数である行列を**実行列**とよび, 成分が複素数である行列を**複素行列**とよぶ. (i, j) 成分が a_{ij} である行列 A を $A = (a_{ij})$ と表すこともある. A の第 j 列を $\boldsymbol{a}_j$ と表すとき, 行列 A を $A = (\boldsymbol{a}_1\,\boldsymbol{a}_2\cdots\boldsymbol{a}_n)$ とも表す.

●**行列のベクトルへの作用**● (m, n) 型行列 $A = (a_{ij})$ および n 次元ベクトル $\boldsymbol{x} = (x_j)$ に対し, m 次元ベクトル $A\boldsymbol{x} = (y_i)$ を
$$y_i = \sum_{j=1}^{n} a_{ij} x_j \quad (1 \leq i \leq m)$$
と定める.

●**行列の演算**● 2 つの (m, n) 型行列の加法・減法は成分ごとに行う. 行列のスカラー倍は, すべての成分に一斉にスカラーを掛ける. すべての成分が 0 である行列を**零行列**といい, 記号 O で表す: $A + O = O + A = A$.

(l, m) 型行列 $A = (a_{ij})$, (m, n) 型行列 $B = (b_{ij})$ の積 $AB = (c_{ij})$ を
$$c_{ij} = \sum_{k=1}^{m} a_{ik} b_{kj} \quad (1 \leq i \leq l, 1 \leq j \leq n)$$
と定める. AB は (l, n) 型行列である. 積については結合法則 $(AB)C = A(BC)$ が成り立つ. 一般に, 積の交換法則は成り立たない.

(n, n) 型行列を特に n **次正方行列**とよぶ.

(i, j) 成分がクロネッカーのデルタ δ_{ij} ($i = j$ のとき 1, $i \neq j$ のとき 0) に等しい n 次正方行列を**単位行列**といい, 記号 E_n で表す. (m, n) 型行列 A に対して $AE_n = E_m A = A$ が成り立つ.

●**複素共役**● 複素数 $z = x + \sqrt{-1}\,y$ ($x, y \in \mathbb{R}$) の**共役**(**複素共役**) $\bar{z}$ を $\bar{z} = x - \sqrt{-1}\,y$ と定める. 複素行列 $A = (a_{ij})$ の**共役行列** $\overline{A}$ を $\overline{A} = (\overline{a_{ij}})$ により定める.

●**転置行列**● (m, n) 型行列 $A = (a_{ij})$ の**転置行列** ${}^t\!A = (b_{ij})$ を $b_{ij} = a_{ji}$ により定める. ${}^t\!A$ は (n, m) 型行列である. ${}^t(AB) = {}^t\!B\,{}^t\!A$ が成り立つ.

2.1 ベクトルと行列

●**行列の区分け（ブロック分け）**● 行列を縦横に区切ってブロックに分けて，小さな行列が縦横に並んだものと考え，演算を行うことができる．例えば

$$\begin{pmatrix} A_{11} & A_{12} \\ A_{21} & A_{22} \end{pmatrix} \begin{pmatrix} B_{11} & B_{12} \\ B_{21} & B_{22} \end{pmatrix} = \begin{pmatrix} A_{11}B_{11}+A_{12}B_{21} & A_{11}B_{12}+A_{12}B_{22} \\ A_{21}B_{11}+A_{22}B_{21} & A_{21}B_{12}+A_{22}B_{22} \end{pmatrix}$$

という計算ができる．区切り方はいろいろあるが，左の行列の列の区切りと右の行列の行の区切りが一致している必要がある．それから，上の式において，積の順序は乱してはならない．

ブロック分けの特別な場合として，次の式もよく使われる．

$$A(\boldsymbol{b}_1\,\boldsymbol{b}_2\cdots\boldsymbol{b}_n) = (A\boldsymbol{b}_1\,A\boldsymbol{b}_2\cdots A\boldsymbol{b}_n).$$

特に，行列 A に基本ベクトルを掛けると A の列ベクトルが得られる．

●**正則行列と逆行列**● n 次正方行列 A に対して $AX=XA=E_n$ を満たす n 次正方行列 X が存在するとき，A は**正則行列**であるといい，X は A の**逆行列**という．逆行列は常に存在するとは限らないが，存在すれば一意的である．A の逆行列を記号 A^{-1} で表す．

A, B が n 次正則行列であるとき，$(A^{-1})^{-1}=A$, $(AB)^{-1}=B^{-1}A^{-1}$ が成り立つ．

●**正方行列の多項式への代入**● n 次正方行列 A を k 回掛け合わせた行列を A^k と表す．$A^0=E_n$ と定める．多項式

$$f(x) = a_k x^k + a_{k-1} x^{k-1} + \cdots + a_1 x + a_0$$

に A を代入した行列 $f(A)$ を

$$f(A) = a_k A^k + a_{k-1} A^{k-1} + \cdots + a_1 A + a_0 E_n$$

と定める．

●**対角行列**● n 次正方行列 $A=(a_{ij})$ において，$a_{11}, a_{22}, \cdots, a_{nn}$ を**対角成分**とよぶ．対角成分以外の成分がすべて 0 である行列を**対角行列**という．対角成分が $\alpha_1, \alpha_2, \cdots, \alpha_n$ である対角行列を $\mathrm{diag}(\alpha_1, \alpha_2, \cdots, \alpha_n)$ と表すこともある．乗法は次のようになる．

$$\mathrm{diag}(\alpha_1, \alpha_2, \cdots, \alpha_n) \cdot \mathrm{diag}(\beta_1, \beta_2, \cdots, \beta_n) = \mathrm{diag}(\alpha_1\beta_1, \alpha_2\beta_2, \cdots, \alpha_n\beta_n),$$
$$\mathrm{diag}(\alpha_1, \alpha_2, \cdots, \alpha_n)^k = \mathrm{diag}(\alpha_1^k, \alpha_2^k, \cdots, \alpha_n^k).$$

2.2 行列の基本変形と階数

●**基本行列と基本変形**● 次の 3 種類の n 次正方行列 $P_n(i,j)$, $Q_n(i;c)$ $(c \neq 0)$, $R_n(i,j;c)$ を**基本行列**とよぶ.

$$P_n(i,j) = \begin{pmatrix} 1 & & \vdots & & \vdots & & \\ & \ddots & \vdots & & \vdots & & \\ \cdots & \cdots & 0 & \cdots & 1 & \cdots & \cdots \\ & & \vdots & \ddots & \vdots & & \\ \cdots & \cdots & 1 & \cdots & 0 & \cdots & \cdots \\ & & \vdots & & \vdots & \ddots & \\ & & \vdots & & \vdots & & 1 \end{pmatrix} \begin{matrix} \\ \\ \text{第}\,i\,\text{行} \\ \\ \text{第}\,j\,\text{行} \\ \\ \end{matrix} \qquad (i \neq j)$$

第 i 列　　第 j 列

$$Q_n(i;c) = \begin{pmatrix} 1 & & & \vdots & & & \\ & \ddots & & \vdots & & & \\ & & 1 & \vdots & & & \\ \cdots & \cdots & \cdots & c & \cdots & \cdots & \cdots \\ & & & \vdots & 1 & & \\ & & & \vdots & & \ddots & \\ & & & \vdots & & & 1 \end{pmatrix} \begin{matrix} \\ \\ \\ \text{第}\,i\,\text{行} \\ \\ \\ \end{matrix} \qquad (c \neq 0)$$

第 i 列

$$R_n(i,j;c) = \begin{pmatrix} 1 & & & \vdots & & & \\ & \ddots & & \vdots & & & \\ \cdots & \cdots & 1 & \cdots & c & \cdots & \cdots \\ & & & \ddots & \vdots & & \\ & & & & 1 & & \\ & & & & \vdots & \ddots & \\ & & & & \vdots & & 1 \end{pmatrix} \begin{matrix} \\ \\ \text{第}\,i\,\text{行} \\ \\ \\ \\ \end{matrix} \qquad (i \neq j)$$

第 j 列

基本行列は正則行列であり，その逆行列も基本行列である：

$$P_n(i,j)^{-1} = P_n(i,j),$$
$$Q_n(i;c)^{-1} = Q_n(i;1/c), \quad R_n(i,j;c)^{-1} = R_n(i,j;-c).$$

基本行列を掛けることにより生ずる変形を**基本変形**という．基本行列を左から掛けると行に関する変形（**左基本変形，行基本変形**）が生じ，右から掛けると列に関する変形（**右基本変形，列基本変形**）が生ずる．基本変形は次の 6 種類である．

$R_i \leftrightarrow R_j$	第 i 行と第 j 行を交換する	($P_m(i,j)$ を左から掛ける).
$C_i \leftrightarrow C_j$	第 i 列と第 j 列を交換する	($P_n(i,j)$ を右から掛ける).
$R_i \times c$	第 i 行を c 倍する $(c \neq 0)$	($Q_m(i;c)$ を左から掛ける).
$C_i \times c$	第 i 列を c 倍する $(c \neq 0)$	($Q_n(i;c)$ を右から掛ける).
$R_i + cR_j$	第 i 行に第 j 行の c 倍を加える	($R_m(i,j;c)$ を左から掛ける).
$C_j + cC_i$	第 j 列に第 i 列の c 倍を加える	($R_n(i,j;c)$ を右から掛ける).

ここで R_i, C_j はそれぞれ第 i 行，第 j 列を表す．

基本変形を逆にたどる変形もまた基本変形である．すなわち，<u>基本変形は可逆である</u>．

● **階数** ●　(m,n) 型行列 A に基本変形を繰り返し施して

$$\begin{pmatrix} E_r & O \\ O & O \end{pmatrix} = \begin{pmatrix} 1 & & & \\ & 1 & & \\ & & \ddots & \\ & & & 1 \end{pmatrix} \Bigg\} r \text{ 個}$$

の形に変形することができる．r は A のみによって定まる不変量である．この r を A の**階数**（**ランク**）といい，$\mathrm{rank}(A)$ と表す．

● **基本変形と正則行列** ●　n 次正方行列 A については，A が正則であることと，$\mathrm{rank}(A) = n$ であることは同値である．正則行列は，行基本変形だけを繰り返して単位行列に変形することができる．任意の正則行列はいくつかの基本行列の積として表される．

● **逆行列の計算** ●　n 次正則行列 A の逆行列の計算法：A の右に単位行列 E_n を並べて作った $(n, 2n)$ 型行列に**行基本変形**を施し，左側の部分を単位行列に変形する．このとき，右側に現れる行列が A^{-1} である：$(A|E_n) \to \cdots \to (E_n|A^{-1})$.

2.3 連立1次方程式

●**係数行列と拡大係数行列**● 未知数 $x_1, x_2, \cdots, x_n$ に関する連立1次方程式

$$\begin{cases} a_{11}x_1 + a_{12}x_2 + \cdots + a_{1n}x_n = c_1, \\ a_{21}x_1 + a_{22}x_2 + \cdots + a_{2n}x_n = c_2, \\ \cdots, \\ a_{m1}x_1 + a_{m2}x_2 + \cdots + a_{mn}x_n = c_m \end{cases}$$

は $A\bm{x} = \bm{c}$ という形に表せる.ここで,

$$A = \begin{pmatrix} a_{11} & a_{12} & \cdots & a_{1n} \\ a_{21} & a_{22} & \cdots & a_{2n} \\ \vdots & \vdots & \ddots & \vdots \\ a_{m1} & a_{m2} & \cdots & a_{mn} \end{pmatrix}, \bm{x} = \begin{pmatrix} x_1 \\ x_2 \\ \vdots \\ x_n \end{pmatrix}, \bm{c} = \begin{pmatrix} c_1 \\ c_2 \\ \vdots \\ c_m \end{pmatrix}$$

である.A は**係数行列**,$\bm{x}$ は**未知数ベクトル**,$\bm{c}$ は**定数項ベクトル**とよばれる.さらに

$$\widetilde{A} = (A\ \bm{c}) = \begin{pmatrix} a_{11} & a_{12} & \cdots & a_{1n} & c_1 \\ a_{21} & a_{22} & \cdots & a_{2n} & c_2 \\ \vdots & \vdots & \ddots & \vdots & \vdots \\ a_{m1} & a_{m2} & \cdots & a_{mn} & c_m \end{pmatrix}, \quad \widetilde{\bm{x}} = \begin{pmatrix} \bm{x} \\ -1 \end{pmatrix} = \begin{pmatrix} x_1 \\ x_2 \\ \vdots \\ x_n \\ -1 \end{pmatrix}$$

とおくと,

$$\widetilde{A}\widetilde{\bm{x}} = \bm{0}$$

と書き直せる.この $\widetilde{A}$ を**拡大係数行列**とよぶ.

●**基本変形による解法**● 拡大係数行列に行基本変形を施しても連立1次方程式の解集合は変わらない.また,未知数の取り替え $x_i \leftrightarrow x_j$ は拡大係数行列の最後の列以外の2つの列の交換 $C_i \leftrightarrow C_j$ を引き起こす.

$\widetilde{A} = (A\ \bm{c})$ に行基本変形および最後の列以外の列の交換を繰り返し施して,

$$\widetilde{B} = \left(\begin{array}{cccc|ccc|c} 1 & 0 & \cdots & 0 & b_{1,s+1} & \cdots & b_{1n} & d_1 \\ 0 & 1 & \cdots & 0 & b_{2,s+1} & \cdots & b_{2n} & d_2 \\ \vdots & \vdots & \ddots & \vdots & \vdots & \ddots & \vdots & \vdots \\ 0 & 0 & \cdots & 1 & b_{s,s+1} & \cdots & b_{sn} & d_s \\ \hline 0 & 0 & \cdots & 0 & 0 & \cdots & 0 & d_{s+1} \\ \vdots & \vdots & \ddots & \vdots & \vdots & \ddots & \vdots & \vdots \\ 0 & 0 & \cdots & 0 & 0 & \cdots & 0 & d_m \end{array}\right)$$

という形に変形できる．このとき，$s = \mathrm{rank}(A)$ である．このことは，適当な式変形，および，未知数の順序の入れ替えによって，与えられた方程式が

$$\begin{cases} x_1 + b_{1,s+1}x_{s+1} + \cdots + b_{1n}x_n = d_1, \\ x_2 + b_{2,s+1}x_{s+1} + \cdots + b_{2n}x_n = d_2, \\ \cdots, \\ x_s + b_{s,s+1}x_{s+1} + \cdots + b_{sn}x_n = d_s, \\ 0 = d_{s+1}, \\ \cdots, \\ 0 = d_m \end{cases}$$

という方程式に変形されたことを意味する．$d_{s+1}, \cdots, d_m$ の中に 0 でないものがあるときは，方程式は解を持たない．「$d_{s+1} = \cdots = d_m = 0$」は「$\mathrm{rank}(\widetilde{A}) = \mathrm{rank}(A)$」と同値であるが，この条件が成り立つときに限って方程式は解を持つ．一般解は

$$\begin{cases} x_1 = d_1 - b_{1,s+1}\alpha_{s+1} - \cdots - b_{1n}\alpha_n, \\ x_2 = d_2 - b_{2,s+1}\alpha_{s+1} - \cdots - b_{2n}\alpha_n, \\ \cdots, \\ x_s = d_s - b_{s,s+1}\alpha_{s+1} - \cdots - b_{sn}\alpha_n, \\ x_{s+1} = \alpha_{s+1}, \\ x_{s+2} = \alpha_{s+2}, \\ \cdots, \\ x_n = \alpha_n \end{cases}$$

である（$\alpha_{s+1}, \cdots, \alpha_n$ は任意定数）．

●**斉次連立 1 次方程式**● 定数項が 0 である連立 1 次方程式

$$A\boldsymbol{x} = \boldsymbol{0}$$

を**斉次連立 1 次方程式**という．$\boldsymbol{x} = \boldsymbol{0}$ は解である．これを**自明な解**とよぶ．

A が (m, n) 型行列であり，$\mathrm{rank}(A) = r$ であるとすると，この方程式の一般解は $(n - r)$ 個の特別な解の線形結合である．

未知数の個数が式の本数より多い斉次連立 1 次方程式は自明でない解を持つ．

A が n 次正方行列のとき，斉次連立 1 次方程式 $A\boldsymbol{x} = \boldsymbol{0}$ が自明でない解を持つことと，A が正則でないこととは同値である．

2.4 ベクトルの内積

●**内積の定義**● 2つの n 次元ベクトル $\boldsymbol{a} = (a_i)$, $\boldsymbol{b} = (b_i)$ の**内積** $(\boldsymbol{a}, \boldsymbol{b})$ を

$$(\boldsymbol{a}, \boldsymbol{b}) = \sum_{i=1}^{n} a_i \bar{b}_i = a_1 \bar{b}_1 + a_2 \bar{b}_2 + \cdots + a_n \bar{b}_n$$

と定める．ここで，$\bar{z}$ は複素数 z の**複素共役**を表す．上の定義において，実ベクトルの内積については，その複素共役は不要である．

●**内積の基本的性質**●

n 次元ベクトル $\boldsymbol{a}, \boldsymbol{a}', \boldsymbol{b}, \boldsymbol{b}'$ および数 c に対して次が成り立つ．
(1) $(\boldsymbol{a} + \boldsymbol{a}', \boldsymbol{b}) = (\boldsymbol{a}, \boldsymbol{b}) + (\boldsymbol{a}', \boldsymbol{b})$.
(2) $(c\boldsymbol{a}, \boldsymbol{b}) = c(\boldsymbol{a}, \boldsymbol{b})$.
(3) $(\boldsymbol{a}, \boldsymbol{b} + \boldsymbol{b}') = (\boldsymbol{a}, \boldsymbol{b}) + (\boldsymbol{a}, \boldsymbol{b}')$.
(4) $(\boldsymbol{a}, c\boldsymbol{b}) = \bar{c}(\boldsymbol{a}, \boldsymbol{b})$.
(5) $(\boldsymbol{b}, \boldsymbol{a}) = \overline{(\boldsymbol{a}, \boldsymbol{b})}$.
(6) $(\boldsymbol{a}, \boldsymbol{a})$ は 0 以上の実数である．さらに，$(\boldsymbol{a}, \boldsymbol{a}) = 0 \Leftrightarrow \boldsymbol{a} = \boldsymbol{0}$.

$\sqrt{(\boldsymbol{a}, \boldsymbol{a})}$ を $\boldsymbol{a}$ の**ノルム**といい，記号 $\|\boldsymbol{a}\|$ で表す．

$$\|c\boldsymbol{a}\| = |c| \|\boldsymbol{a}\|$$

が成り立つ．ここで $|c|$ は c の絶対値を表す：$|c| = \sqrt{c\bar{c}}$.

●**シュワルツ**（Schwarz）**の不等式と三角不等式**●

シュワルツの不等式：$|(\boldsymbol{a}, \boldsymbol{b})| \leq \|\boldsymbol{a}\| \cdot \|\boldsymbol{b}\|$ （等号成立 $\Leftrightarrow$ $\boldsymbol{a}$ と $\boldsymbol{b}$ が線形従属）．
三角不等式：$\|\boldsymbol{a} + \boldsymbol{b}\| \leq \|\boldsymbol{a}\| + \|\boldsymbol{b}\|$
（等号成立 $\Leftrightarrow$ 0 以上の実数 c が存在して $\boldsymbol{b} = c\boldsymbol{a}$，または $\boldsymbol{a} = \boldsymbol{0}$）．

●**随伴行列，エルミート**（Hermite）**行列，対称行列，ユニタリ行列，直交行列**●

(m, n) 型行列 A に対して ${}^t\bar{A}$ を A の**随伴行列**とよび，記号 A^* で表す．

n 次元ベクトル $\boldsymbol{x}$, m 次元ベクトル $\boldsymbol{y}$ に対して $(A\boldsymbol{x}, \boldsymbol{y}) = (\boldsymbol{x}, A^*\boldsymbol{y})$ が成り立つ．
n 次正方行列 A が**エルミート行列** $\Leftrightarrow A^* = A$.
実エルミート行列を特に（**実**）**対称行列**とよぶ．A が対称行列 $\Leftrightarrow {}^tA = A$.
n 次正方行列 A が**ユニタリ行列** $\Leftrightarrow A^*A = E_n$.
実ユニタリ行列を特に（**実**）**直交行列**とよぶ．A が直交行列 $\Leftrightarrow {}^tAA = E_n$.

n 次の複素正方行列（実正方行列）A に対して，次の 4 条件は同値である．
(1) A はユニタリ行列（直交行列）である．
(2) 任意の n 次元ベクトル $\boldsymbol{x}$ に対して $\|A\boldsymbol{x}\| = \|\boldsymbol{x}\|$ が成り立つ．
(3) 任意の n 次元ベクトル $\boldsymbol{x}, \boldsymbol{y}$ に対して $(A\boldsymbol{x}, A\boldsymbol{y}) = (\boldsymbol{x}, \boldsymbol{y})$ が成り立つ．
(4) $A = (\boldsymbol{a}_1\ \boldsymbol{a}_2 \cdots \boldsymbol{a}_n)$ とするとき，$(\boldsymbol{a}_i, \boldsymbol{a}_j) = \delta_{ij}\ (i, j = 1, 2, \cdots, n)$ が成り立つ（δ_{ij} はクロネッカーの記号を表す）．

2.5 行列式

●**行列式の幾何学的な意味**● A が 2 次（3 次）実正方行列のとき，平面（空間）内の図形に A を施したときの面積（体積）の拡大率を A の**行列式**と考える．ただし，図形が裏返った場合は，行列式は負の値をとるものとする．

●**置換とその符号**● 集合 $X = \{1, 2, \cdots, n\}$ から X 自身への全単射を n 文字の**置換**とよぶ．2 つの置換の**積**を，写像の合成として定義する．n 文字の置換全体の集合を S_n と表し，n 次**対称群**とよぶ．

1 から n までの文字のうち，2 つの文字を取り替え，その他の文字は固定する置換を，特に**互換**とよぶ．任意の置換はいくつかの互換の積として表される．その際に現れる互換の個数の偶奇は一定である．偶数（奇数）個の互換の積として表される置換を**偶置換**（**奇置換**）とよぶ．置換 σ の**符号** $\mathrm{sgn}(\sigma)$ を

$$\mathrm{sgn}(\sigma) = \begin{cases} 1 & (\sigma\ \text{が偶置換のとき}), \\ -1 & (\sigma\ \text{が奇置換のとき}) \end{cases}$$

と定める．

$\sigma, \tau \in S_n$ とするとき，次のことが成り立つ．
(1) $\mathrm{sgn}(\mathrm{id}) = 1$. ここで，id は恒等置換（恒等写像に対応する置換）を表す．
(2) $\mathrm{sgn}(\sigma\tau) = \mathrm{sgn}(\sigma)\mathrm{sgn}(\tau)$.
(3) $\mathrm{sgn}(\sigma^{-1}) = \mathrm{sgn}(\sigma)$.
(4) σ が互換ならば $\mathrm{sgn}(\sigma) = -1$.

●**行列式の定義**● n 次正方行列 $A = (a_{ij}) = (\boldsymbol{a}_1\ \boldsymbol{a}_2 \cdots \boldsymbol{a}_n)$ に対して，その**行列式** $\det A$ を

$$\det A = \sum_{\sigma \in S_n} \mathrm{sgn}(\sigma) a_{\sigma(1)1} a_{\sigma(2)2} \cdots a_{\sigma(n)n}$$

と定める．$\det A$ は $\det(\boldsymbol{a}_1, \boldsymbol{a}_2, \cdots, \boldsymbol{a}_n)$, $|A|$, $\begin{vmatrix} a_{11} & a_{12} & \cdots & a_{1n} \\ a_{21} & a_{22} & \cdots & a_{2n} \\ \vdots & \vdots & \ddots & \vdots \\ a_{n1} & a_{n2} & \cdots & a_{nn} \end{vmatrix}$ などとも表す．

● **行列式の基本的な性質** ●

(1) $\det({}^t A) = \det A$．

(2) 行列式 $\det(\boldsymbol{a}_1, \boldsymbol{a}_2, \cdots, \boldsymbol{a}_n)$ は列に関して**多重線形性**を持つ：

$$\det(\boldsymbol{a}_1, \cdots, \boldsymbol{a}_j + \boldsymbol{a}'_j, \cdots, \boldsymbol{a}_n) = \det(\boldsymbol{a}_1, \cdots, \boldsymbol{a}_j, \cdots, \boldsymbol{a}_n)$$
$$+ \det(\boldsymbol{a}_1, \cdots, \boldsymbol{a}'_j, \cdots, \boldsymbol{a}_n),$$
$$\det(\boldsymbol{a}_1, \cdots, c\boldsymbol{a}_j, \cdots, \boldsymbol{a}_n) = c \det(\boldsymbol{a}_1, \cdots, \boldsymbol{a}_j, \cdots, \boldsymbol{a}_n).$$

(2′) 行列式は行に関しても多重線形性を持つ．

(3) 行列式は列に関して**交代性**を持つ：

$$\det(\boldsymbol{a}_{\tau(1)}, \boldsymbol{a}_{\tau(2)}, \cdots, \boldsymbol{a}_{\tau(n)}) = \mathrm{sgn}(\tau) \det(\boldsymbol{a}_1, \boldsymbol{a}_2, \cdots, \boldsymbol{a}_n) \quad (\tau \in S_n).$$

特に，τ が互換のときに上の式を適用すれば

$$\det(\boldsymbol{a}_1, \cdots, \boldsymbol{a}_l, \cdots, \boldsymbol{a}_j, \cdots, \boldsymbol{a}_n) = -\det(\boldsymbol{a}_1, \cdots, \boldsymbol{a}_j, \cdots, \boldsymbol{a}_l, \cdots, \boldsymbol{a}_n).$$

すなわち，2 つの列を交換すると，行列式は (-1) 倍になる．特に，同一の列を含む行列式は 0 である．

(3′) 行列式は行に関しても交代性を持つ．

(4) ある列（行）に別の列（行）の何倍かを加えても行列式は変わらない（多重線形性と交代性からの帰結）．

(5) $A = \left(\begin{array}{c|c} a_{11} & {}^t\boldsymbol{b} \\ \hline \boldsymbol{0} & A' \end{array} \right)$ のとき $\det A = a_{11} \det A'$．

同様に，$A = \left(\begin{array}{c|c} a_{11} & {}^t\boldsymbol{0} \\ \hline \boldsymbol{c} & A'' \end{array} \right)$ の場合も $\det A = a_{11} \det A''$（第 1 行と第 2 行の間，第 1 列と第 2 列の間に仕切りを入れて区分けしている）．

(6) A の第 p 行と第 $(p+1)$ 行の間，第 p 列と第 $(p+1)$ 列の間に仕切りを入れて区分けしたとき，$A = \left(\begin{array}{c|c} A' & B \\ \hline O & A'' \end{array} \right)$ となるならば，$\det A = \det A' \det A''$ である．同様に，$A = \left(\begin{array}{c|c} A' & O \\ \hline C & A'' \end{array} \right)$ の場合も $\det A = \det A' \det A''$ である．

(7) **上三角行列** ($i>j$ ならば (i,j) 成分が 0 となる正方行列), **下三角行列** ($i<j$ ならば (i,j) 成分が 0 となる正方行列), **対角行列**の行列式は, その対角成分を掛け合わせたものに等しい. 特に**単位行列**の行列式は 1 である.

(8) $\det(AB) = \det A \det B$.

●**たすきがけ（サラスの規則）**● 2 次, 3 次の行列式については, たすきがけ, あるいは**サラス**（Sarrus）**の規則**とよばれる覚え方がある.

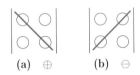

(a) ⊕   (b) ⊖

2 次の行列式のたすきがけ

上図 (a) の $(1,1)$ 成分と $(2,2)$ 成分を貫く斜線は, $(1,1)$ 成分と $(2,2)$ 成分の積に符号 '+' をつけることを表す. 一方, 上図 (b) の斜線は $(2,1)$ 成分と $(1,2)$ 成分の積に符号 '−' をつけることを意味する. 2 次の行列 $A = (a_{ij})$ の行列式は

$$\det A = a_{11}a_{22} - a_{21}a_{12}$$

で与えられる.

下図 (a) の 3 本の折れ線の貫く 3 個の成分の積に符号 '+' をつけ, 下図 (b) の折れ線の貫く 3 個の成分の積には符号 '−' をつけて得られた 6 個の項を足し合わせたものが 3 次の行列式である. 3 次の行列 $A = (a_{ij})$ の行列式は

$$\det A = a_{11}a_{22}a_{33} + a_{21}a_{32}a_{13} + a_{31}a_{12}a_{23}$$
$$- a_{11}a_{32}a_{23} - a_{21}a_{12}a_{33} - a_{31}a_{22}a_{13}$$

で与えられる.

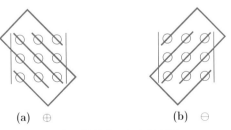

(a) ⊕   (b) ⊖

3 次の行列式のたすきがけ

4 次以上の行列式には, たすきがけは通用しない.

●掃き出し法による行列式の計算●
行列の基本変形を利用し，掃き出し法によって，行列式の計算を，より次数の低い行列式の計算に帰着することができる．

【例】

$$\begin{vmatrix} 0 & 3 & 2 & 2 \\ 2 & 0 & 1 & -3 \\ 2 & 6 & 3 & 0 \\ 4 & 3 & 3 & -2 \end{vmatrix} \stackrel{R_1 \leftrightarrow R_2}{=} - \begin{vmatrix} 2 & 0 & 1 & -3 \\ 0 & 3 & 2 & 2 \\ 2 & 6 & 3 & 0 \\ 4 & 3 & 3 & -2 \end{vmatrix}$$

$$\stackrel{R_3 - R_1}{\underset{R_4 - 2R_1}{=}} - \begin{vmatrix} 2 & 0 & 1 & -3 \\ 0 & 3 & 2 & 2 \\ 0 & 6 & 2 & 3 \\ 0 & 3 & 1 & 4 \end{vmatrix} = -2 \begin{vmatrix} 3 & 2 & 2 \\ 6 & 2 & 3 \\ 3 & 1 & 4 \end{vmatrix} = 30.$$

●行列式の展開と余因子行列●
n 次正方行列 $A = (a_{ij})$ から第 k 行と第 l 列を取り除いてできる $(n-1)$ 次正方行列を $A_{(k,l)}$ と表すとき，

$$(-1)^{k+l} \det A_{(k,l)}$$

を A の第 (k, l) **余因子**と呼び，記号 $\widetilde{a}_{kl}$ で表す．このとき，次の式が成り立つ．

> **(1)** $\det A = \sum_{i=1}^n a_{il} \widetilde{a}_{il} = a_{1l}\widetilde{a}_{1l} + a_{2l}\widetilde{a}_{2l} + \cdots + a_{nl}\widetilde{a}_{nl}.$
> **(2)** $\det A = \sum_{j=1}^n a_{kj} \widetilde{a}_{kj} = a_{k1}\widetilde{a}_{k1} + a_{k2}\widetilde{a}_{k2} + \cdots + a_{kn}\widetilde{a}_{kn}.$

(1) を**第 l 列に関する行列式 $\det A$ の展開**，(2) を**第 k 行に関する展開**とよぶ．

A の第 (k, l) 余因子を (l, k) 成分とする n 次正方行列を A の**余因子行列**とよび，記号 $\widetilde{A}$ で表す：

$$\widetilde{A} = \begin{pmatrix} \widetilde{a}_{11} & \widetilde{a}_{21} & \cdots & \widetilde{a}_{n1} \\ \widetilde{a}_{12} & \widetilde{a}_{22} & \cdots & \widetilde{a}_{n2} \\ \vdots & \vdots & \ddots & \vdots \\ \widetilde{a}_{1n} & \widetilde{a}_{2n} & \cdots & \widetilde{a}_{nn} \end{pmatrix}.$$

このとき，

$$\widetilde{A}A = A\widetilde{A} = (\det A) \cdot E_n$$

が成り立つ．特に，$\det A \neq 0$ ならば A は正則であり，

$$A^{-1} = \frac{1}{\det A} \widetilde{A}$$

である．A が正則であることと，$\det A \neq 0$ であることは同値である．

●**クラメールの公式**● x を未知数ベクトルとする連立 1 次方程式 $Ax = b$ ($A=(a_{ij})$ は n 次正則行列, $x=(x_i)$ および $b=(b_i)$ は n 次元ベクトル) の解は次で与えられる (**クラメール** (Cramer) **の公式**).

$$x_j = \frac{\det A_j}{\det A} \quad (j=1,2,\cdots,n).$$

ここで A_j は A の第 j 列を b で置き換えた行列である：

$$A_j = \begin{pmatrix} a_{11} & \cdots & a_{1,j-1} & b_1 & a_{1,j+1} & \cdots & a_{1n} \\ a_{21} & \cdots & a_{2,j-1} & b_2 & a_{2,j+1} & \cdots & a_{2n} \\ \vdots & \ddots & \vdots & \vdots & \vdots & \ddots & \vdots \\ a_{n1} & \cdots & a_{n,j-1} & b_n & a_{n,j+1} & \cdots & a_{nn} \end{pmatrix}.$$

●**小行列式と階数**● 一般に, (m,n) 型行列 $A=(a_{ij})$ を考える. A から p 個の行と p 個の列を取り出して作った p 次正方行列を p 次の**小行列**とよび, その行列式を**小行列式**とよぶ. このとき, A の階数 $\mathrm{rank}(A)$ は, A の 0 でない小行列式の最大次数に等しい.

2.6 平面ベクトルと空間ベクトル

●**平面 (空間) 内の点と位置ベクトル**● $\mathbb{R}^2$ の元 x は,

$$\overrightarrow{\mathrm{OP}} = x$$

となる平面内の点 P と対応させて考えることができる (O は原点). x を P の**位置ベクトル**とよぶ.

同様に $x \in \mathbb{R}^3$ は空間内の点と対応する.

●**平面内の直線**●

(1) $x = x_1 + ta$ ($a \neq 0$, t はパラメータ)：点 P_1 ($\overrightarrow{\mathrm{OP}_1} = x_1$) を通り, a を方向ベクトルとする直線のパラメータ表示.

(2) $(a, x) = c$ ($a \neq 0$ は法線ベクトル) も直線を表す.

x_0 を位置ベクトルとする点 P_0 と, 上の直線との距離は次の通り.

(1) の直線との距離： $\dfrac{\sqrt{\|a\|^2 \|x_0 - x_1\|^2 - (a, x_0 - x_1)^2}}{\|a\|}$.

(2) の直線との距離： $\dfrac{|(a, x_0) - c|}{\|a\|}$.

●**空間内の直線**● $a\ (\neq \boldsymbol{0})$ を方向ベクトルとし,点 $P_1\ (\overrightarrow{OP_1} = \boldsymbol{x}_1)$ を通る直線は

$$\boldsymbol{x} = \boldsymbol{x}_1 + t\boldsymbol{a}$$

で与えられる.$\boldsymbol{x}_0$ を位置ベクトルとする点 P_0 とこの直線との距離は

$$\frac{\sqrt{\|\boldsymbol{a}\|^2 \|\boldsymbol{x}_0 - \boldsymbol{x}_1\|^2 - (\boldsymbol{a}, \boldsymbol{x}_0 - \boldsymbol{x}_1)^2}}{\|\boldsymbol{a}\|}$$

で与えられる.

●**空間内の平面**● 空間内の平面の方程式は

$$(\boldsymbol{a}, \boldsymbol{x}) = c \quad (\boldsymbol{a} \neq \boldsymbol{0} \text{ は法線ベクトル})$$

で与えられる.

$\boldsymbol{x}_0$ を位置ベクトルとする点 P_0 とこの平面との距離は

$$\frac{|(\boldsymbol{a}, \boldsymbol{x}_0) - c|}{\|\boldsymbol{a}\|}$$

で与えられる.

●**空間ベクトルの外積**●
$\boldsymbol{a} = \begin{pmatrix} a_1 \\ a_2 \\ a_3 \end{pmatrix}, \boldsymbol{b} = \begin{pmatrix} b_1 \\ b_2 \\ b_3 \end{pmatrix}$ に対して,$\boldsymbol{a}$ と $\boldsymbol{b}$ の**外積**(ベクトル積)$\boldsymbol{a} \times \boldsymbol{b}$ を

$$\boldsymbol{a} \times \boldsymbol{b} = \begin{pmatrix} a_2 b_3 - a_3 b_2 \\ a_3 b_1 - a_1 b_3 \\ a_1 b_2 - a_2 b_1 \end{pmatrix}$$

と定める.外積は次の性質を持つ.

(1) $\boldsymbol{b} \times \boldsymbol{a} = -\boldsymbol{a} \times \boldsymbol{b}$.
(2) $(\boldsymbol{a} \times \boldsymbol{b}, \boldsymbol{a}) = (\boldsymbol{a} \times \boldsymbol{b}, \boldsymbol{b}) = 0$.
(3) $\boldsymbol{a}, \boldsymbol{b}$ が線形従属のとき,$\boldsymbol{a} \times \boldsymbol{b} = \boldsymbol{0}$.
(4) $\boldsymbol{a}, \boldsymbol{b}$ が線形独立のとき,$\|\boldsymbol{a} \times \boldsymbol{b}\| = \|\boldsymbol{a}\| \|\boldsymbol{b}\| \sin \theta$, ここで,$\theta$ は $\boldsymbol{a}$ と $\boldsymbol{b}$ のなす角を表す.すなわち,$\|\boldsymbol{a} \times \boldsymbol{b}\|$ は,$\boldsymbol{a}$ と $\boldsymbol{b}$ の作る平行四辺形の面積に等しい.
(5) 3 次実正方行列 A の第 i 列ベクトルを $\boldsymbol{a}_i\ (i = 1, 2, 3)$ とするとき

$$(\boldsymbol{a}_1 \times \boldsymbol{a}_2, \boldsymbol{a}_3) = \det A = \det(\boldsymbol{a}_1, \boldsymbol{a}_2, \boldsymbol{a}_3).$$

2.7 線形空間と線形写像

●**線形空間の定義**● $K = \mathbb{R}$ または $K = \mathbb{C}$ とする．空集合でない集合 V が次の 2 つの条件を満たすとき，V は K **上の線形空間**であるという．

(I) $\boldsymbol{x}, \boldsymbol{y} \in V$ に対して，**和** $\boldsymbol{x} + \boldsymbol{y} \in V$ が定まり，次を満たす．
 (1) $\boldsymbol{x}, \boldsymbol{y}, \boldsymbol{z} \in V$ に対して $(\boldsymbol{x} + \boldsymbol{y}) + \boldsymbol{z} = \boldsymbol{x} + (\boldsymbol{y} + \boldsymbol{z})$．
 (2) $\boldsymbol{x}, \boldsymbol{y} \in V$ に対して $\boldsymbol{x} + \boldsymbol{y} = \boldsymbol{y} + \boldsymbol{x}$．
 (3) **零元** $\boldsymbol{0} \in V$ が存在し，任意の $\boldsymbol{x} \in V$ に対して $\boldsymbol{x} + \boldsymbol{0} = \boldsymbol{0} + \boldsymbol{x} = \boldsymbol{x}$．
 (4) $\boldsymbol{x} \in V$ に対して，**逆元** $-\boldsymbol{x} \in V$ が存在し，$\boldsymbol{x} + (-\boldsymbol{x}) = (-\boldsymbol{x}) + \boldsymbol{x} = \boldsymbol{0}$．
(II) $c \in K, \boldsymbol{x} \in V$ に対して，$\boldsymbol{x}$ **の** c **倍** $c\boldsymbol{x} \in V$ が定まり，次を満たす．
 (1) $a, b \in K, \boldsymbol{x} \in V$ に対して $(a + b)\boldsymbol{x} = a\boldsymbol{x} + b\boldsymbol{x}$．
 (2) $a \in K, \boldsymbol{x}, \boldsymbol{y} \in V$ に対して $a(\boldsymbol{x} + \boldsymbol{y}) = a\boldsymbol{x} + a\boldsymbol{y}$．
 (3) $a, b \in K, \boldsymbol{x} \in V$ に対して $(ab)\boldsymbol{x} = a(b\boldsymbol{x})$．
 (4) $\boldsymbol{x} \in V$ に対して $1 \cdot \boldsymbol{x} = \boldsymbol{x}$．

線形空間は，**ベクトル空間**ともよばれる．K の元は**スカラー**とよばれる．$\mathbb{R}$ 上の線形空間（ベクトル空間）は**実線形空間**（**実ベクトル空間**）ともいう．$\mathbb{C}$ 上の線形空間（ベクトル空間）は**複素線形空間**（**複素ベクトル空間**）ともいう．

●**線形写像**● V, V' は K 上の線形空間とする．写像 $T : V \to V'$ が次の二つの性質 (1), (2) を満たすとき，T は K 上の**線形写像**であるという：

(1) 任意の $\boldsymbol{x}, \boldsymbol{y} \in V$ に対して $T(\boldsymbol{x} + \boldsymbol{y}) = T(\boldsymbol{x}) + T(\boldsymbol{y})$ が成り立つ．
(2) 任意の $c \in K, \boldsymbol{x} \in V$ に対して $T(c\boldsymbol{x}) = cT(\boldsymbol{x})$ が成り立つ．

$\mathbb{R}$ 上の線形写像を特に**実線形写像**とよび，$\mathbb{C}$ 上の線形写像を**複素線形写像**とよぶ．誤解のおそれのないときには単に**線形写像**とよぶ．

線形空間の間の線形写像 $T : V \to V'$ が全単射であるとき，T は**同型写像**であるという．V から V' への同型写像が存在するとき，V と V' は**同型**であるといい，記号

$$V \cong V'$$

で表す．

●**基底**● K 上の線形空間 V の元については，**線形結合，線形独立，線形従属**などの概念が，通常のベクトルの場合と同様に定義される．また，V が $\boldsymbol{a}_1, \boldsymbol{a}_2, \cdots, \boldsymbol{a}_k$ で**生成される**（**張られる**）とは，V の任意の元がこれらの線形結合として表されることをいう．

K 上の線形空間 V の元の組 $\langle \boldsymbol{e}_1, \boldsymbol{e}_2, \cdots, \boldsymbol{e}_n \rangle$ が次の 2 つの条件 (1), (2) を満たすとき，$\langle \boldsymbol{e}_1, \boldsymbol{e}_2, \cdots, \boldsymbol{e}_n \rangle$ は V の**基底**であるという．

(1) $\boldsymbol{e}_1, \boldsymbol{e}_2, \cdots, \boldsymbol{e}_n$ は線形独立である．
(2) V は $\boldsymbol{e}_1, \boldsymbol{e}_2, \cdots, \boldsymbol{e}_n$ で張られる．

V が有限個の元で生成されるとき，V は**有限生成（有限次元）**であるという．以下，有限次元線形空間のみを考える．

有限次元線形空間 V のいくつかの線形独立な元が与えられているとき，必要ならばそれらにいくつかの元を付け加えて，V の基底を作ることができる．V の任意の基底は一定個数の元からなる．その個数を V の**次元**とよび，

$$\dim V$$

と表す．

$\langle \boldsymbol{e}_1, \boldsymbol{e}_2, \cdots, \boldsymbol{e}_n \rangle$ が V の基底であるとき，n 次元ベクトル $\boldsymbol{x} = (x_i)$ に対して $\sum_{i=1}^n x_i \boldsymbol{e}_i$ を対応させる写像は K^n から V への同型写像を与える．したがって，任意の n 次元線形空間は K^n と同型である．

●**基底の変換行列**● V の 2 つの基底 $E = \langle \boldsymbol{e}_1, \cdots, \boldsymbol{e}_n \rangle$, $F = \langle \boldsymbol{f}_1, \cdots, \boldsymbol{f}_n \rangle$ の間に

$$\begin{cases} \boldsymbol{f}_1 = p_{11}\boldsymbol{e}_1 + p_{21}\boldsymbol{e}_2 + \cdots + p_{n1}\boldsymbol{e}_n, \\ \boldsymbol{f}_2 = p_{12}\boldsymbol{e}_1 + p_{22}\boldsymbol{e}_2 + \cdots + p_{n2}\boldsymbol{e}_n, \\ \cdots, \\ \boldsymbol{f}_n = p_{1n}\boldsymbol{e}_1 + p_{2n}\boldsymbol{e}_2 + \cdots + p_{nn}\boldsymbol{e}_n \end{cases}$$

という関係があるとき，

$$P = \begin{pmatrix} p_{11} & p_{12} & \cdots & p_{1n} \\ p_{21} & p_{22} & \cdots & p_{2n} \\ \vdots & \vdots & \ddots & \vdots \\ p_{n1} & p_{n2} & \cdots & p_{nn} \end{pmatrix}$$

を**基底 E から F への変換行列**とよぶ．P は正則行列であり，基底 F から E への変換行列は P^{-1} である．

●**線形部分空間**● K 上の線形空間 V の空でない部分集合 W が V の**線形部分空間（部分ベクトル空間）**であるとは，V の加法およびスカラー倍をそのまま W に制限して用いたときに W が K 上の線形空間になることである．

このことは，次の条件 (1), (2) が成り立つことと同値である．

(1) $x, y \in W$ ならば $x + y \in W$ である.
(2) $c \in K, x \in W$ ならば $cx \in W$ である.

$a_1, a_2, \cdots, a_k \in V$ とするとき,
$$W = \left\{ z \in V \mid \text{ある } c_i \in K \ (1 \leq i \leq k) \text{ が存在して } z = \sum_{i=1}^{k} c_i a_i \right\}$$
は V の線形部分空間である.

この W を, $a_1, a_2, \cdots, a_k$ によって**生成された**（**張られた**）V の線形部分空間とよぶ. このとき $\dim W \leq k$ である. $\dim W = k$ であることと, $a_1, a_2, \cdots, a_k$ が線形独立であることとは同値である.

V の線形部分空間 W_1, W_2 に対し, $W_1 \cap W_2$ も V の線形部分空間である. また, W_1 と W_2 の**和空間** $W_1 + W_2$ を
$$W_1 + W_2 = \{ x_1 + x_2 \mid x_i \in W_i \ (i = 1, 2) \}$$
と定める. $W_1 + W_2$ も V の線形部分空間である. このとき
$$\dim(W_1 + W_2) = \dim W_1 + \dim W_2 - \dim(W_1 \cap W_2)$$
が成り立つ. $W_1 + W_2 + \cdots + W_k$ も同様に定義する.

●**直和**● $W_1, W_2, \cdots, W_k$ は V の線形部分空間で, $V = W_1 + W_2 + \cdots + W_k$ を満たすものとする. V が $W_1, W_2, \cdots, W_k$ の**直和**であるとは, V の基底 $\langle e_1, \cdots, e_n \rangle$ および
$$0 = i_0 < i_1 < i_2 < \cdots < i_{k-1} < i_k = n$$
を満たす整数 $i_0, i_1, \cdots, i_k$ が存在して, $1 \leq j \leq k$ なる各 j について, $\langle e_{i_{j-1}+1}, \cdots, e_{i_j} \rangle$ が W_j の基底となることである. V が $W_1, W_2, \cdots, W_k$ の直和であることを
$$V = W_1 \oplus W_2 \oplus \cdots \oplus W_k$$
と表す. このことは, 次の 3 つの条件とも同値である.

(1) $\dim V = \dim W_1 + \dim W_2 + \cdots + \dim W_k$.
(2) $(W_1 + \cdots + W_j) \cap W_{j+1} = \{\mathbf{0}\}$ $(j = 1, 2, \cdots, k-1)$.
(3) V の任意の元 x は次の形に一意的に書き表すことができる.
$$x = x_1 + x_2 + \cdots + x_k \quad (x_i \in W_i, \ i = 1, 2, \cdots, k).$$

●**次元定理**● 線形空間の間の線形写像 $T : V \to V'$ に対して

$$\mathrm{Im}(T) = \{\boldsymbol{y} \in V' \,|\, \text{ある } \boldsymbol{x} \in V \text{ が存在して } \boldsymbol{y} = T(\boldsymbol{x})\}$$

を T の**像**とよぶ．$\mathrm{Im}(T)$ は V' の線形部分空間である．また

$$\mathrm{Ker}(T) = \{\boldsymbol{x} \in V \,|\, T(\boldsymbol{x}) = \boldsymbol{0}\}$$

を T の**核**とよぶ．$\mathrm{Ker}(T)$ は V の線形部分空間である．
このとき，次の等式が成り立つ（**次元定理**，**次元公式**）：

$$\dim V = \dim \mathrm{Ker}(T) + \dim \mathrm{Im}(T).$$

●**表現行列**● V, V' は K 上の線形空間とし，$T : V \to V'$ は線形写像とする．$E = \langle \boldsymbol{e}_1, \boldsymbol{e}_2, \cdots, \boldsymbol{e}_n \rangle$ を V の基底とし，$E' = \langle \boldsymbol{e}'_1, \boldsymbol{e}'_2, \cdots, \boldsymbol{e}'_m \rangle$ を V' の基底とする．

$$\begin{cases} T(\boldsymbol{e}_1) = a_{11}\boldsymbol{e}'_1 + a_{21}\boldsymbol{e}'_2 + \cdots + a_{m1}\boldsymbol{e}'_m, \\ T(\boldsymbol{e}_2) = a_{12}\boldsymbol{e}'_1 + a_{22}\boldsymbol{e}'_2 + \cdots + a_{m2}\boldsymbol{e}'_m, \\ \cdots, \\ T(\boldsymbol{e}_n) = a_{1n}\boldsymbol{e}'_1 + a_{2n}\boldsymbol{e}'_2 + \cdots + a_{mn}\boldsymbol{e}'_m \end{cases}$$

という関係が成り立つとき，

$$A = \begin{pmatrix} a_{11} & a_{12} & \cdots & a_{1n} \\ a_{21} & a_{22} & \cdots & a_{2n} \\ \vdots & \vdots & \ddots & \vdots \\ a_{m1} & a_{m2} & \cdots & a_{mn} \end{pmatrix}$$

を基底 E, E' に関する T の**表現行列**とよぶ．

●**基底の取り替えと表現行列**● $T : V \to V'$ は線形写像とする．E, F は V の基底とし，E', F' は V' の基底とする．基底 E, E' に関する T の表現行列を A とし，基底 F, F' に関する T の表現行列を B とする．また，V の基底 E から F への変換行列を P とし，V' の基底 E' から F' への変換行列を Q とする．このとき

$$B = Q^{-1}AP$$

が成り立つ．

●**線形写像の像の次元と表現行列の階数**● 線形写像 $T : V \to V'$ の像 $\mathrm{Im}(T)$ の次元は，T の任意の表現行列の階数と等しい．

行列 A の階数は，A の線形独立な列ベクトル（行ベクトル）の最大個数と等しい．

2.8 計量線形空間

●**計量線形空間の定義**● K 上の線形空間 V の元 a, b に対して，a と b の**内積** $(a, b) \in K$ が定まり，次の (1) から (6) を満たすとき，V は K 上の**計量線形空間**であるという．

(1) $(a + a', b) = (a, b) + (a', b)$.
(2) $(ca, b) = c(a, b)$.
(3) $(a, b + b') = (a, b) + (a, b')$.
(4) $(a, cb) = \overline{c}(a, b)$.
(5) $(b, a) = \overline{(a, b)}$.
(6) (a, a) は 0 以上の実数である．さらに，$(a, a) = 0$ であることと，$a = 0$ であることは同値である．

これら 6 つの条件を**内積の公理**という．$K = \mathbb{R}$ のときは，複素共役は不要である．$\sqrt{(a, a)}$ を a の**ノルム**（**長さ**）といい，記号 $\|a\|$ で表す．

●**シュワルツの不等式，三角不等式**● 計量線形空間の元についても，シュワルツの不等式と三角不等式が成り立つ．

●**計量同型写像**● 計量線形空間の間の同型写像 $T: V \to V'$ がさらに，

$$(T(x), T(y)) = (x, y) \quad (\forall x, y \in V)$$

を満たすとき，T は**計量同型写像**であるという．V から V' への計量同型写像が存在するとき，V と V' は**計量同型**であるという．

●**正規直交基底**● K 上の計量線形空間 V の基底 $E = \langle e_1, e_2, \cdots, e_n \rangle$ が

$$(e_i, e_j) = \delta_{ij} \quad (i, j = 1, 2, \cdots, n)$$

を満たすとき，E は V の**正規直交基底**であるという．

$\langle e_1, e_2, \cdots, e_n \rangle$ が V の正規直交基底であるとき，n 次元ベクトル $x = (x_i)$ に対して $\sum_{i=1}^{n} x_i e_i$ を対応させる写像は K^n から V への計量同型写像を与える．したがって，任意の n 次元線形空間は K^n と計量同型である．ただし，K^n には標準的な内積が与えられているものとする．

2 つの正規直交基底の間の変換行列は，**ユニタリ行列**（$K = \mathbb{C}$ の場合）あるいは**直交行列**（$K = \mathbb{R}$ の場合）である．

●**グラム–シュミットの直交化法**● 計量線形空間 V の基底 $\langle a_1, a_2, \cdots, a_n \rangle$ から次のようにして正規直交基底を作ることができる（**グラム–シュミット（Gram-Schmidt）の直交化法**）．

(1) $e_1 = \frac{1}{\|a_1\|} a_1$ とおくと，$\|e_1\| = 1$．
(2) $a_2' = a_2 - (a_2, e_1) e_1$ とおくと，$(a_2', e_1) = 0$, $a_2' \neq \mathbf{0}$．
(3) $e_2 = \frac{1}{\|a_2'\|} a_2'$ おくと，$\|e_2\| = 1$．
(4) $a_3' = a_3 - (a_3, e_1) e_1 - (a_3, e_2) e_2$ とおくと，
   $(a_3', e_1) = (a_3', e_2) = 0$, $a_3' \neq \mathbf{0}$．
(5) $e_3 = \frac{1}{\|a_3'\|} a_3'$ とおくと，$\|e_3\| = 1$．
(6) 以下同様．

●**直交補空間**● 計量線形空間 V の線形部分空間 W に対して

$$\{x \in V \mid W \text{ の任意の元 } y \text{ に対して } (x, y) = 0\}$$

を W の**直交補空間**とよび，記号 $W^\perp$ で表す．$W^\perp$ は V の線形部分空間であり，$V = W \oplus W^\perp$ となる．

2.9 対 角 化

●**線形変換とその表現行列**● $K = \mathbb{R}$ または $\mathbb{C}$ とし，V は K 上の線形空間とする．V から V 自身への線形写像 $T : V \to V$ を特に**線形変換**とよぶ．

E, F は V の基底とする．基底 E に関する T の表現行列を A，基底 F に関する T の表現行列を B とし，基底 E から F への変換行列を P とすると，

$$B = P^{-1} A P$$

が成り立つ．

●**線形変換の固有値と固有ベクトル，対角化**● V は K 上の線形空間とし，$T : V \to V$ は線形変換とする．$x \in V \setminus \{\mathbf{0}\}$ と $\alpha \in K$ が $T(x) = \alpha x$ を満たすとき，α を線形変換 T の**固有値**，x を固有値 α に対する T の**固有ベクトル**とよぶ．

V の基底 E が T の固有ベクトルによって構成されることと，E に関する T の表現行列が対角行列であることとは同値である．このとき，表現行列の対角成分は，T の固有値である．

このようなとき，T は**対角化可能である**という．

●**正方行列の固有値と固有ベクトル，対角化**● A は K の元を成分とする n 次正方行列とする．$\mathbf{0}$ でないベクトル x と $\alpha \in K$ が $A x = \alpha x$ を満たすとき，α を行列

A の**固有値**, $\boldsymbol{x}$ を固有値 α に対する A の**固有ベクトル**とよぶ.

n 個の線形独立な固有ベクトル $\boldsymbol{p}_1, \cdots, \boldsymbol{p}_n$ が存在するならば, $P = (\boldsymbol{p}_1 \cdots \boldsymbol{p}_n)$ は正則行列であり, $P^{-1}AP$ は A の固有値を対角成分とする対角行列になる.

逆に, ある正則行列 Q に対して $Q^{-1}AQ$ が対角行列となるならば, Q の n 個の列ベクトルは A の固有ベクトルとなり, それらは線形独立である.

このようなとき, A は**対角化可能である**という.

●**特性多項式（固有多項式）と固有値**● A は n 次正方行列とする. $\det(tE_n - A)$ を A の**特性多項式**（**固有多項式**）とよび, 方程式 $\det(tE_n - A) = 0$ を**特性方程式**（**固有方程式**）とよぶ.

A の固有値は特性方程式の根であるので, これを解けば固有値が求まり, 固有値 α が求まれば, 連立 1 次方程式 $A\boldsymbol{x} = \alpha\boldsymbol{x}$ を解くことにより固有ベクトル $\boldsymbol{x}$ が求まる.

$A = (a_{ij})$ の特性多項式は n 次多項式であり, t^n の係数は 1, t^{n-1} の係数は $-\mathrm{tr}(A) = -\sum_{i=1}^n a_{ii}$ ($\mathrm{tr}(A)$ を**トレース**とよぶ), 定数項は $(-1)^n \det A$ である.

特性方程式の根が重複を込めて $\alpha_1, \cdots, \alpha_n$ であるとき, $\det A = \prod_{i=1}^n \alpha_i$, $\mathrm{tr}(A) = \sum_{i=1}^n \alpha_i$ である.

●**固有空間**● 線形変換 $T : V \to V$ の固有値 $\alpha \in K$ に対して

$$W(\alpha) = \{\boldsymbol{x} \in V \mid T(\boldsymbol{x}) = \alpha\boldsymbol{x}\}$$

を固有値 α に対する T の**固有空間**とよぶ.

K の元を成分とする n 次正方行列 A の固有値 $\alpha \in K$ に対して

$$W(\alpha) = \{\boldsymbol{x} \in K^n \mid A\boldsymbol{x} = \alpha\boldsymbol{x}\}$$

を固有値 α に対する A の**固有空間**とよぶ.

●**対角化可能条件**● 線形変換 $T : V \to V$（または n 次正方行列 A）が対角可能であるための必要十分条件は, V（または K^n）が固有空間の直和であることである.

さらにそれは, T（または A）の特性方程式のすべての根が K 内にあり, かつ, その根（固有値）の重複度と, その固有値に対する固有空間の次元とが一致することとも同値である.

特に, n 次正方行列の特性方程式が K 内に相異なる n 個の根を持てば, A は対角化可能である.

相異なる固有値 $\alpha_1, \cdots, \alpha_k$ に対する固有ベクトル $\boldsymbol{p}_1, \cdots, \boldsymbol{p}_k$ は線形独立である.

●**行列のべき乗**● 正方行列 A が正則行列 P によって対角化されるとし, $P^{-1}AP = \mathrm{diag}(\alpha_1, \alpha_2, \cdots, \alpha_n)$ とすると, $A^k = P \mathrm{diag}(\alpha_1^k, \alpha_2^k, \cdots, \alpha_n^k) P^{-1}$ である.

2.10 対角化 — 計量線形空間上で

●**随伴変換**● V は K 上の計量線形空間とし，$T: V \to V$ は線形変換とする．任意の $\boldsymbol{x}, \boldsymbol{y} \in V$ に対して $(T(\boldsymbol{x}), \boldsymbol{y}) = (\boldsymbol{x}, T^*(\boldsymbol{y}))$ が成り立つような線形変換 T^* がただ 1 つ存在する．この T^* を T の**随伴変換**とよぶ．

●**正規変換，エルミート変換，対称変換，ユニタリ変換，直交変換**●

$T \circ T^* = T^* \circ T$ が成り立つとき，T は**正規変換**であるという．

$T^* = T$ が成り立つとき，T は**エルミート変換**（$K = \mathbb{C}$ のとき）または**対称変換**（$K = \mathbb{R}$ のとき）であるという．

T が全単射で，かつ，$T^* = T^{-1}$ が成り立つとき，T は**ユニタリ変換**（$K = \mathbb{C}$ のとき）または**直交変換**（$K = \mathbb{R}$ のとき）であるという．

n 次正方行列 A が $A^*A = A^*A$ が成り立つとき，A は**正規行列**であるという．

●**ユニタリ行列による正規行列の対角化**● V は複素計量線形空間とし，T は V の線形変換とする．T が正規変換のとき，また，そのときに限って，V のある正規直交基底に関する T の表現行列が対角行列になる．

A は n 次複素正方行列とする．あるユニタリ行列 P が存在して，$P^{-1}AP$ が対角行列になるための必要十分条件は，A が正規行列であることである．

正規行列 A をユニタリ行列によって対角化する方法は以下の通りである．

> **(1)** A の特性方程式を解き，固有値を求める．
> **(2)** それぞれの固有値に対する固有空間を求め，グラム–シュミットの直交化法などを利用して，固有空間の正規直交基底を求める．
> **(3)** それぞれの固有空間の正規直交基底をつなぎあわせると $\mathbb{C}^n$ の正規直交基底が得られるが，その基底を構成するベクトルを列ベクトルとして並べた行列 P を作れば，P はユニタリ行列であり，$P^{-1}AP$ は対角行列となる．

●**直交行列による対称行列の対角化**● V は実計量線形空間とし，T は V の線形変換とする．T が対称変換のとき，また，そのときに限って，V のある正規直交基底に関する T の表現行列が対角行列になる．

A は n 次実正方行列とする．ある直交行列 P が存在して，$P^{-1}AP$ が対角行列になるための必要十分条件は，A が対称行列であることである．

対称行列 A を直交行列によって対角化する方法は，正規行列をユニタリ行列によって対角化する方法と同様である．

2.11 2 次形式

●**2 次形式と対称行列**● 実数係数の n 変数斉次 2 次式（すべての項の次数が 2 であるような多項式）を **n 変数の（実）2 次形式**とよぶ．

n 次実対称行列 $A = (a_{ij})$ と n 次元ベクトル $\boldsymbol{x} = (x_i)$ に対して，${}^t\boldsymbol{x}A\boldsymbol{x}$ は n 変数の 2 次形式となる．

n 変数の 2 次形式 $f(x_1, x_2, \cdots, x_n)$ と n 次実対称行列 A は

$$f(x_1, x_2, \cdots, x_n) = {}^t\boldsymbol{x}A\boldsymbol{x}$$

という関係を通じて一対一に対応する．${}^t\boldsymbol{x}A\boldsymbol{x}$ を $A[\boldsymbol{x}]$ と表すこともある．

●**変数変換と標準形**● 2 次形式 $A[\boldsymbol{x}]$ に対して変数変換 $\boldsymbol{x} = P\boldsymbol{y}$（$P$ は実正則行列）を行うと

$$A[\boldsymbol{x}] = {}^t\boldsymbol{x}A\boldsymbol{x} = {}^t(P\boldsymbol{y})A(P\boldsymbol{y}) = {}^t\boldsymbol{y}\,{}^tPAP\boldsymbol{y} = {}^tPAP[\boldsymbol{y}]$$

となる．

直交行列 P を用いて A を対角化すると

$$P^{-1}AP = {}^tPAP$$

が対角行列になる．A の固有値のうち，正のものが p 個，負のものが q 個，残りの $(n-p-q)$ 個が 0 であるとし，

$$\alpha_1, \cdots, \alpha_p > 0; \quad \alpha_{p+1}, \cdots, \alpha_{p+q} < 0; \quad \alpha_{p+q+1} = \cdots = \alpha_n = 0$$

とする．$\beta_{p+1} = -\alpha_{p+1}, \cdots, \beta_{p+q} = -\alpha_{p+q}$ とおけば，変数変換 $\boldsymbol{x} = P\boldsymbol{y}$（$P$ は直交行列）により

$$B[\boldsymbol{y}] = \alpha_1 y_1^2 + \cdots + \alpha_p y_p^2 - \beta_{p+1} y_{p+1}^2 - \cdots - \beta_{p+q} y_{p+q}^2$$

が得られる．これを**直交標準形**とよぶ．

P として，直交行列に限らず，一般の正則行列を許せば

$$z_1^2 + \cdots + z_p^2 - z_{p+1}^2 - \cdots - z_{p+q}^2$$

の形にまで変形できる．これを**シルベスタ（Sylvester）標準形**とよぶ．

与えられた 2 次形式のシルベスタ標準形を求めるには，**平方完成**を用いる方法がある．これは，対称行列に対して行基本変形と列基本変形を対称に施して，対角行列が $1, -1, 0$ のいずれかであるような対角行列を得ること（対称な掃き出し法）に対応する．アルゴルズムの概略は以下の通りである．

(1) 対称行列 $A = (a_{ij})$ の対角成分がすべて 0 ならば，対角成分以外の 0 でない成分を探す．それが (i,j) 成分であるとき，基本変形 $R_i + R_j, C_i + C_j$ を施すことにより，(i,i) 成分が 0 でないようにする．
(2) (i,i) 成分が 0 でないとする．$i > 1$ ならば，$R_1 \leftrightarrow R_i, C_1 \leftrightarrow C_i$ により，$(1,1)$ 成分が 0 でないようにしてから行と列を掃き出す．
(3) 2 行目，2 列目以降も同様に掃き出すことにより，最終的に対角行列を得る．
(4) $R_i \times c, C_i \times c$ を適宜施すことにより，対角成分を $1, -1, 0$ のいずれかにする．

●**シルベスタの慣性法則**● シルベスタ標準形

$$z_1^2 + \cdots + z_p^2 - z_{p+1}^2 - \cdots - z_{p+q}^2$$

に現れる p, q は変数変換によらず一定であり，それぞれ A の正の固有値の個数，負の固有値の個数に等しい．これらの組合せ (p, q) を 2 次形式の**符号**とよぶ．

●**正定値 2 次形式**● 2 次形式 $f(\boldsymbol{x}) = f(x_1, \cdots, x_n)$ が，$\boldsymbol{0}$ でない任意の $\boldsymbol{a} \in \mathbb{R}^n$ に対して $f(\boldsymbol{a}) > 0 \ (\geq 0)$ を満たすとき，この 2 次形式 $f(\boldsymbol{x})$ は**正定値**（**半正定値**）であるという．また，$A[\boldsymbol{x}]$ が正定値（半正定値）であるとき，対称行列 A は**正定値**（**半正定値**）であるという．

$A[\boldsymbol{x}]$ が正定値（半正定値）であることと，A の固有値がすべて正（非負）であることとは同値である．

●**小行列式による正定値性の判定**● n 次対称行列 A の第 1 行から第 k 行まで，第 1 列から第 k 列までを取り出した k 次正方行列を A_k とするとき，$A[\boldsymbol{x}]$ が正定値であることと，$1 \leq k \leq n$ なる任意の k に対して $\det A_k > 0$ であることとは同値である．

2.12 ジョルダン標準形

●**正方行列の直和**● 正方行列 $A_1, A_2, \cdots, A_k$ の**直和** $A_1 \oplus A_2 \oplus \cdots \oplus A_k$ を次のように定める．

$$A_1 \oplus A_2 \oplus \cdots \oplus A_k = \begin{pmatrix} A_1 & O & \cdots & O \\ O & A_2 & \ddots & \vdots \\ \vdots & \ddots & \ddots & O \\ O & \cdots & O & A_k \end{pmatrix}.$$

2.12 ジョルダン標準形

●**ジョルダン細胞（ジョルダンブロック）とジョルダン行列**● n 次正方行列 $J(\alpha, n)$ $(\alpha \in \mathbb{C})$ を

$$J(\alpha, n) = \begin{pmatrix} \alpha & 1 & & & \\ & \alpha & 1 & & \\ & & \ddots & \ddots & \\ & & & \alpha & 1 \\ & & & & \alpha \end{pmatrix}$$

と定義する．$J(\alpha, n) = (a_{ij})$ とすれば，

$$a_{ii} = \alpha \quad (1 \leq i \leq n), \quad a_{i,i+1} = 1 \quad (1 \leq i \leq n-1)$$

であり，その他の成分はすべて 0 である．この $J(\alpha, n)$ を**ジョルダン（Jordan）細胞**あるいは**ジョルダンブロック**という．

いくつかのジョルダン細胞の直和

$$J(\alpha_1, n_1) \oplus J(\alpha_2, n_2) \oplus \cdots \oplus J(\alpha_k, n_k)$$

の形の行列を**ジョルダン行列**とよぶ．

●**ジョルダン標準形**● V は n 次元複素線形空間とし，$T: V \to V$ は V の線形変換とする．このとき，V の基底をうまく選べば，その基底に関する T の表現行列はジョルダン行列になる．このジョルダン行列は，ジョルダン細胞の並べ方を別とすれば一意的である．

任意の n 次複素正方行列 A に対して，n 次複素正則行列 P をうまく選べば，$P^{-1}AP$ はジョルダン行列になる．このジョルダン行列は，ジョルダン細胞の並べ方を別とすれば一意的である．このジョルダン行列を A の**ジョルダン標準形**とよぶ．

●**ケーリー–ハミルトンの定理，最小多項式**● n 次正方行列 A の特性多項式を $\Phi_A(t)$ とするとき，

$$\Phi_A(A) = O$$

が成り立つ（**ケーリー–ハミルトン（Cayley-Hamilton）の定理**）．

$f(A) = O$ を満たす多項式 $f(t)$ のうち，次数が最小のものを A の**最小多項式**とよぶ．

最小多項式は A のすべての固有値を根に持つ．最小多項式は特性多項式を割り切る．A が対角化可能であることと，最小多項式が重根を持たないこととは同値である．

例題 PART 2.1　行列の対角化

まずは対角化の問題から

この章のテーマは「線形代数」である．まず，その中の行列の対角化の問題，固有値と固有ベクトルの問題を取り上げる．次の問題を考えてみよう．

例題 2.1（大阪大学大学院工学研究科電気電子情報工学専攻）
次の行列 A に関する以下の問いに答えよ．
$$A = \begin{pmatrix} 1 & 2 & 0 \\ -1 & -2 & 1 \\ 0 & 0 & 1 \end{pmatrix}.$$
(1) 行列の固有値および各固有値に対応する固有ベクトルを求めよ．
(2) $P^{-1}AP$ が対角行列になるような正則行列 P と $(P^{-1}AP)^n$ を求めよ．さらに，A^n を求めよ．

解答例　(1) 行列 A の特性多項式（固有多項式）$\Phi_A(t) := \det(tE_3 - A)$ を計算すると

$$\Phi_A(t) = \begin{vmatrix} t-1 & -2 & 0 \\ 1 & t+2 & -1 \\ 0 & 0 & t-1 \end{vmatrix} = (t-1)t(t+1)$$

となるので，A の固有値は $1, 0, -1$ の 3 つである．ここで E_3 は 3 次の単位行列を表す．

固有値 1 に対する A の固有ベクトルを求めるために

$$(A - E_3)\boldsymbol{x} = \boldsymbol{0} \quad (\boldsymbol{x} = \begin{pmatrix} x \\ y \\ z \end{pmatrix}),$$

すなわち

$$\begin{pmatrix} 0 & 2 & 0 \\ -1 & -3 & 1 \\ 0 & 0 & 0 \end{pmatrix} \begin{pmatrix} x \\ y \\ z \end{pmatrix} = \begin{pmatrix} 0 \\ 0 \\ 0 \end{pmatrix}$$

を解くと $x = z, y = 0$ が得られるので，固有値 1 に対する固有ベクトルは $c_1 \begin{pmatrix} 1 \\ 0 \\ 1 \end{pmatrix}$ $(c_1 \neq 0)$ の形であることが分かる．

次に $A\boldsymbol{x} = \boldsymbol{0}$，すなわち

$$\begin{pmatrix} 1 & 2 & 0 \\ -1 & -2 & 1 \\ 0 & 0 & 1 \end{pmatrix} \begin{pmatrix} x \\ y \\ z \end{pmatrix} = \begin{pmatrix} 0 \\ 0 \\ 0 \end{pmatrix}$$

を解くと $x = -2y$, $z = 0$ が得られるので，固有値 0 に対する固有ベクトルは $c_2 \begin{pmatrix} 2 \\ -1 \\ 0 \end{pmatrix}$ $(c_2 \neq 0)$ の形である．

さらに $(A + E_3)\boldsymbol{x} = \boldsymbol{0}$, すなわち

$$\begin{pmatrix} 2 & 2 & 0 \\ -1 & -1 & 1 \\ 0 & 0 & 2 \end{pmatrix} \begin{pmatrix} x \\ y \\ z \end{pmatrix} = \begin{pmatrix} 0 \\ 0 \\ 0 \end{pmatrix}$$

を解くと $x = -y$, $z = 0$ が得られるので，固有値 -1 に対する固有ベクトルは $c_3 \begin{pmatrix} 1 \\ -1 \\ 0 \end{pmatrix}$ $(c_3 \neq 0)$ の形である．

(2) $\boldsymbol{p}_1 = \begin{pmatrix} 1 \\ 0 \\ 1 \end{pmatrix}$, $\boldsymbol{p}_2 = \begin{pmatrix} 2 \\ -1 \\ 0 \end{pmatrix}$, $\boldsymbol{p}_3 = \begin{pmatrix} 1 \\ -1 \\ 0 \end{pmatrix}$ とおく．これらはそれぞれ固有値 $1, 0, -1$ に対する固有ベクトルである．さらにこれらを列ベクトルとしてもつ正方行列を P とする：

$$P = \begin{pmatrix} 1 & 2 & 1 \\ 0 & -1 & -1 \\ 1 & 0 & 0 \end{pmatrix}.$$

相異なる固有値に対する固有ベクトルは線形独立（1 次独立）であるので，$\boldsymbol{p}_1, \boldsymbol{p}_2, \boldsymbol{p}_3$ は線形独立であり，したがって，これらを列ベクトルにもつ正方行列 P は正則行列である．さらに $B = P^{-1}AP$ とおけば，

$$B = \begin{pmatrix} 1 & 0 & 0 \\ 0 & 0 & 0 \\ 0 & 0 & -1 \end{pmatrix}$$

となる．このとき，

$$B^n = \begin{pmatrix} 1 & 0 & 0 \\ 0 & 0 & 0 \\ 0 & 0 & (-1)^n \end{pmatrix} \tag{2.1}$$

である．また

$$B^n = P^{-1}A^n P \tag{2.2}$$

が成り立つ．実際，$n = 1$ のとき，(2.2) は成り立つ．$n - 1$ に対して (2.2) が成り立つと仮定すると

$$B^n = B^{n-1}B = P^{-1}A^{n-1}PP^{-1}AP$$
$$= P^{-1}A^{n-1}AP = P^{-1}A^nP$$

となるので，任意の自然数 n に対して (2.2) が成り立つことが帰納的に示される．

(2.2) の両辺に左から P を，右から P^{-1} を掛けると

$$A^n = PB^nP^{-1} \tag{2.3}$$

が得られる．P の逆行列 P^{-1} を計算すると

$$P^{-1} = \begin{pmatrix} 0 & 0 & 1 \\ 1 & 1 & -1 \\ -1 & -2 & 1 \end{pmatrix}$$

であるので，

$$\begin{aligned}
A^n &= \begin{pmatrix} 1 & 2 & 1 \\ 0 & -1 & -1 \\ 1 & 0 & 0 \end{pmatrix} \begin{pmatrix} 1 & 0 & 0 \\ 0 & 0 & 0 \\ 0 & 0 & (-1)^n \end{pmatrix} \begin{pmatrix} 0 & 0 & 1 \\ 1 & 1 & -1 \\ -1 & -2 & 1 \end{pmatrix} \\
&= \begin{pmatrix} (-1)^{n+1} & 2\cdot(-1)^{n+1} & 1+(-1)^n \\ (-1)^n & 2\cdot(-1)^n & (-1)^{n+1} \\ 0 & 0 & 1 \end{pmatrix}
\end{aligned} \tag{2.4}$$

が得られる． **解答終わり**

最初に取り上げたのは，いわゆる**対角化**の問題である．これは<u>超頻出問題</u>であるので，受験生としては確実におさえておきたい問題である．

まず m 次正方行列 A の対角化の問題を解く手続きをまとめておこう（ここで m は自然数とする）．

(a) 特性方程式（固有方程式）$\Phi_A(t) = 0$ の根を求めれば，それが A の固有値である．

(b) 固有値 α が求まったら，連立 1 次方程式

$$(A - \alpha E_m)\boldsymbol{x} = \boldsymbol{0}$$

の $\boldsymbol{0}$ でない解を求めれば，それが固有値 α に対する A の固有ベクトルである．

(c) m 個の**線形独立**（**1 次独立**）な固有ベクトル $\boldsymbol{p}_1, \cdots, \boldsymbol{p}_m$ をとることができれば，それらを列ベクトルとしてもつ正方行列 $P = (\boldsymbol{p}_1 \cdots \boldsymbol{p}_m)$ は正則行列になり，$P^{-1}AP$ は A の固有値を対角成分とする対角行列になる．m 個の線形独立な固有ベクトルが存在しない場合は，A は対角化不可能である．

例題 PART 2.1 行列の対角化

技術的には，上の手続き (a) において特性方程式を求める際に，行列式の計算が必要になる．例題 2.1 の解答例では行列式の計算過程を省略しているが，行列式については別箇に取り扱うことにしよう．

行列 A が対角化できると，それを利用して A のべき乗 A^n が計算できる．上の例題でもそれを問うている．この場合，行列 P の逆行列を求めることが必要になってくる．解答例では，逆行列の計算過程も省略している．これもまたのちほど別箇に取り上げよう．

ところで，問題文には「$(P^{-1}AP)^n$ を求めよ」，あるいは「A^n を求めよ」とあるのみであるが，ここは常識的に，n が自然数であるものと解釈した．$n=0$ とすると $A^n (= A^0)$ は単位行列であるが，解答例にある A^n の計算結果に $n=0$ を代入しても単位行列にはならない（なぜこのようなことが起きるのであろうか？ それは読者に対する**クイズ**としておこう）．

A^n の計算結果であるが，次のように答えることもできる．

$$A^n = \begin{cases} \begin{pmatrix} 1 & 2 & 0 \\ -1 & -2 & 1 \\ 0 & 0 & 1 \end{pmatrix} & (n \text{ が奇数のとき}), \\ \begin{pmatrix} -1 & -2 & 2 \\ 1 & 2 & -1 \\ 0 & 0 & 1 \end{pmatrix} & (n \text{ が偶数のとき}). \end{cases}$$

実は，この問題の場合，A^n を求めるだけなら A^2 と A^3 を計算した段階で $A^3 = A$ に気づくので，あとは帰納的に A^n が求まる．一般に，$\{1, 0, -1\}$ を固有値として持つ 3 次正方行列は必ず $A^3 = A$ を満たすので，A^n は A と一致するか（n が奇数のとき），A^2 と一致するか（n が偶数のとき）のいずれかである（このことを確かめるのは，読者の課題とする）．

さて，受験生の立場からすると，この種の問題はミスなく計算することが何よりも大切である．そこで，検算の仕方について少しコメントしておこう．一般に，自分の解答をそのままなぞる形で検算してもその効果は薄い．無意識のうちに，せっかく書いた自分の解答を変えたくないという気持ちがはたらくからである．検算は，解答とは別の方法で，しかもなるべく短時間に済ませることがのぞましい．

例題 2.1 小問 (1) を解く際には，まず特性多項式 $\Phi_A(t)$ を正確に計算することが最初のステップである．$\Phi_A(t)$ がうまく因数分解できない場合は，どこかで計算ミスをしている可能性が高いので，もう一度 $\Phi_A(t)$ を慎重に計算し直す必要がある．そうなると時間のロスや心理的なダメージが大きい．最初から細心の注意を払って，計算の

小さなステップごとに確認作業を怠らず，ここは何としても一回で正確に計算するべきである．

固有値が求まったら，固有ベクトルの計算までは一気に進んでよいであろう．固有値 α とそれに対する固有ベクトル $\boldsymbol{x}$ が求まったら，次のステップに進む前に，$A\boldsymbol{x} = \alpha\boldsymbol{x}$ が実際に成り立つことを検算しておく．そのことが確認されれば，そこまでの計算は順調にきているとみてよい．

例題 2.1 小問 (2) については，まず P の逆行列 P^{-1} を計算した時点で，PP^{-1} を計算して，それが単位行列になることを確認しておきたい．この場合，$P^{-1}P$ を計算してもよいのであるが，その後で PB^nP^{-1} を計算することになるので，その順序にあわせて，あらかじめ PP^{-1} を計算しておくと，双方の計算には共通点があることから，A^n を計算する際の心理的ストレスを多少なりとも減らすことができる．

さらに，最終的に A^n が求まった段階で，少なくとも，得られた結果に $n = 1$ を代入したときに，問題文内で与えられた A と一致していることは確認すべきである．さらに時間の余裕があるならば，A^n の計算結果にさらに A を掛けてみて，その結果が自分の解答の n のところに $n+1$ を代入したものと一致していることを確認するとよい．ここまで確認できれば A^n の計算は正しい．

問題文の問いかけとその答え方に関しても言及しておこう．一般に，「ある性質を満たすものを求めよ」という問題文は，「その性質を満たすものをすべて求めよ」という意味に解釈するのが普通であるが，小問 (2) では「$P^{-1}AP$ が対角行列になるような正則行列 P」を一つだけ答えている．なぜそうするのかと問われると，いささか返答に苦しむのであるが，ここでは，$P^{-1}AP$ が対角行列になるという事実そのものが重要なのであって，文脈上，そのような P をすべて求める必然性はないと考えるのが普通であろう——これは暗黙の了解事項である．大学入試と違って，大学院の入学試験は，ある程度共通の土俵にいる受験生を対象にしていることから，狭いコミュニティー内でのそのような暗黙の了解を前提にした出題が少なくない．

しかし，そうはいっても，出題者としては受験生になるべく余計な不安を与えないようにしたい．解答者が何をどこまで答えるべきかを問題文の中で明確にしておくことは，公正な試験を行うための大前提である．例えば対角化の問題においても，無粋であることは承知の上で，「$P^{-1}AP$ が対角行列になるような正則行列 P を一つ求めよ」という問題文にしてみたりするなど，出題者はいろいろと苦労するものである．

手続きとしての解法を超えて

次の問題に移ろう.

> **例題 2.2** (東京大学大学院新領域創成科学研究科情報生命科学専攻：一部抜粋・改題)
> n 次正方行列 A について，次の問いに答えよ．
> (1) $A^2 = A$ が成り立つならば，A の固有値は 0 または 1 であることを示せ．
> (2) A が固有値 0 を持つならば，A は逆行列を持たないことを示せ．

解答例 (1) λ を A の固有値とすると，$\mathbf{0}$ でない n 次元ベクトル $\boldsymbol{x}$ であって $A\boldsymbol{x} = \lambda\boldsymbol{x}$ を満たすものが存在する．このとき

$$\lambda\boldsymbol{x} = A\boldsymbol{x} = A^2\boldsymbol{x} = A(\lambda\boldsymbol{x}) = \lambda A\boldsymbol{x} = \lambda^2\boldsymbol{x}$$

より $(\lambda - \lambda^2)\boldsymbol{x} = \mathbf{0}$ が得られるが，$\boldsymbol{x} \neq \mathbf{0}$ より $\lambda - \lambda^2 = 0$ である．したがって，$\lambda = 0$ または 1 である．

(2) A が固有値 0 を持つならば，$\mathbf{0}$ でない n 次元ベクトル $\boldsymbol{y}$ であって

$$A\boldsymbol{y} = \mathbf{0} \tag{2.5}$$

を満たすものが存在する．A が逆行列を持つならば，この (2.5) の両辺に左から A^{-1} を掛ければ $\boldsymbol{y} = \mathbf{0}$ が得られるが，これは $\boldsymbol{y} \neq \mathbf{0}$ であることに矛盾する．したがって，A は逆行列を持たない．　　　　　　　　　　　　　　　　　　　　　　**解答終わり**

固有値の定義が分かっていれば解ける問題である．ところが，実際に口頭試問などで受験生に質問してみると，固有値と固有ベクトルの定義が正確にいえる者は案外少ない．

「正方行列 A の固有値の定義は何ですか」と問うと，「特性方程式 $\varPhi_A(t) = 0$ の根です」という答えが返ってくることがあるが，これは（かなり善意に解釈したとしても）「定義」とはいい難い．このような受験生は，しかし，おうおうにして，例題 2.1 のような対角化の問題をすらすら解くことができる．これは，その受験生が，対角化の問題の「解法」を一つの「手続き」として身につけていることを示唆する．固有値が何物であるかは知らなくても，それが計算できればよい——このような便宜主義的な態度によって身につけた知識は，残念ながら，非常に脆弱である．

固有値の定義を問うたとき，「n 次正方行列 A がスカラー λ および n 次元ベクトル $\boldsymbol{x}$ に対して $A\boldsymbol{x} = \lambda\boldsymbol{x}$ を満たすとき，λ を A の固有値という」という答えが返ってくることもよくある．「それでいいんですか？」と聞くと「はい，いいです」と答える．「何か条件が抜けていませんか？」と聞いても，「いえ，これで大丈夫です」と答える．この段階にいたって，質問者は受験生が単なるケアレスミスを犯したのではな

いと知る．もちろん，この解答は間違いである．$x \neq \mathbf{0}$ という条件が抜けているからである．多くの場合，このようなミスは「ケアレスミス」ではなく，受験生の理解の底の浅さに起因する．固有値や固有ベクトルについてきちんと理解している者ならば，その定義から $x \neq \mathbf{0}$ という条件を抜いてしまうことがどれほど致命的な間違いであるかを知っているはずであろう．

余談であるが，本書を書くにあたっていくつか目を通した入試問題の問題文の中にも，$x \neq \mathbf{0}$ という条件の欠落した固有値・固有ベクトルの定義が書かれているものがあった．無論，ケアレスミスであろうが，気をつけたいものである．

さらに余談であるが，もとの問題は「$A^2 = A$ を満たし，逆行列を持つ n 次正方行列 A の固有値をすべて求めよ」となっていた．この場合は $A^2 = A$ の両辺に A^{-1} を掛ければ $A = E_n$ が得られるので，問題としては非常に簡単である．そこで，ここでは少し改変したものを取り上げた．

例題 2.2 を一般化したものを読者の演習問題としておく．

> **例題 2.2 の一般化**
> n 次正方行列 A について，次の問いに答えよ．
> (1) $f(t) = \sum_{i=0}^{m} a_i t^i$ $(a_i \in \mathbb{C}; i = 0, \cdots, m)$ は多項式とする．行列 A が $f(A) = O$ (O は n 次零行列) を満たすならば，A の固有値は $f(t) = 0$ の根であることを示せ．
> (2) λ が A の固有値ならば，$\lambda E_n - A$ は逆行列を持たず，$\det(\lambda E_n - A) = 0$ であることを示せ．

解答はつけないが，例題 2.2 の解答がヒントになるであろう．多項式 $f(t)$ に行列 A を代入するとき，定数項 a_0 は 0 次の項 $a_0 t^0$ と考え，そこに A を代入するので，その部分は $a_0 A^0 = a_0 E_n$ となることに注意されたい．

小問 (2) は固有値が特性方程式の根であることの根拠を与えている．

次の問題も固有値と固有ベクトルに関する問題である．

> **例題 2.3** (北海道大学大学院情報科学研究科生命人間情報科学専攻：一部抜粋)
> n 行 n 列の正方行列 A が k ($\leq n$) 個からなる異なる固有値 λ_j $(j = 1, \cdots, k)$ を持つ場合，それら固有値に対応する固有ベクトル x_j $(j = 1, \cdots, k)$ は 1 次独立であることを示せ．

解答例 k に関する帰納法により証明する．$k = 1$ の場合，ただ 1 個の $\mathbf{0}$ でないベクトル x_1 は 1 次独立である．そこで，$k \geq 2$ とし，$k - 1$ に対して問題文の結論が成り立つと仮定する．

いま，$c_j \in \mathbb{C}$ $(j = 1, \cdots, k)$ に対して

例題 PART 2.1 行列の対角化

$$c_1\boldsymbol{x}_1 + \cdots + c_{k-1}\boldsymbol{x}_{k-1} + c_k\boldsymbol{x}_k = \boldsymbol{0} \tag{2.6}$$

が成り立つと仮定する．(2.6) の両辺に行列 A を掛け，$A\boldsymbol{x}_j = \lambda_j \boldsymbol{x}_j$ $(j = 1, \cdots, k)$ であることに注意すれば

$$c_1\lambda_1\boldsymbol{x}_1 + \cdots + c_{k-1}\lambda_{k-1}\boldsymbol{x}_{k-1} + c_k\lambda_k\boldsymbol{x}_k = \boldsymbol{0} \tag{2.7}$$

が得られる．一方，(2.6) の両辺に λ_k を掛けると

$$c_1\lambda_k\boldsymbol{x}_1 + \cdots + c_{k-1}\lambda_k\boldsymbol{x}_{k-1} + c_k\lambda_k\boldsymbol{x}_k = \boldsymbol{0} \tag{2.8}$$

が得られる．(2.7) から (2.8) を辺々引けば

$$c_1(\lambda_1 - \lambda_k)\boldsymbol{x}_1 + \cdots + c_{k-1}(\lambda_{k-1} - \lambda_k)\boldsymbol{x}_{k-1} = \boldsymbol{0} \tag{2.9}$$

となるが，帰納法の仮定より $k-1$ 個のベクトル $\boldsymbol{x}_1, \cdots, \boldsymbol{x}_{k-1}$ は 1 次独立であるので

$$c_1(\lambda_1 - \lambda_k) = \cdots = c_{k-1}(\lambda_{k-1} - \lambda_k) = 0$$

が成り立つ．さらに，$j = 1, \cdots, k-1$ に対して $\lambda_j \neq \lambda_k$ であるので $c_1 = \cdots = c_{k-1} = 0$ が得られる．これを (2.6) に代入し，$\boldsymbol{x}_k \neq \boldsymbol{0}$ であることに注意すれば $c_k = 0$ であることも分かる．以上のことより $\boldsymbol{x}_j$ $(j = 1, \cdots, k)$ が 1 次独立であることが示された．

解答終わり

ややトリッキーな議論を用いるので，この問題を初めて見たとすれば，その場で考えて時間内に解答することは難しいかもしれない．しかし，相異なる固有値に対応する固有ベクトルが線形独立（1 次独立）であるという事実は，対角化の問題を論ずるにあたって基本的な命題である．ある行列の特性方程式が重根を持たなければその行列は対角化可能であるということが，この命題から導かれるからである．実際，例題 2.1 の解答の中でもこの事実を用いている．

大学院入試に例題 2.3 のような問題が出されるのは，受験生にきちんとした勉強をしてきてほしいと出題者が願うからであろう．きちんとした勉強とは何か？それは，定義をきちんと知り，命題の証明をきちんと追跡し，具体例をきちんと検証するという地道な作業をきちんと積み重ねていく勉強の仕方のことである．決して，「解法」を丸暗記することではない．

■ ま と め

この例題 PART では，線形代数の中でも特に出題頻度の高い行列の対角化の問題と，その理論的な土台である固有値と固有ベクトルに関する問題を取り扱った．対角化の問題の解法（手続き）を身につけることはもちろん大事なことであるが，もっと大事なことは，物事の成り立ちの仕組みを根本からしっかりと理解するということである．

例題 PART 2.2　行列の基本変形をめぐって

行列の基本変形

ここでは，行列の基本変形に関連する問題を取り扱う．

K は体とする．正確な定義は述べないが，しかるべき四則演算の運用ができる体系を**体**（field）という．ここでは $K = \mathbb{R}$ あるいは $K = \mathbb{C}$ と考えていただいて差し支えない．K の元を成分とする n 次元ベクトル全体の集合を K^n と表し，K の元を成分とする $m \times n$ 行列全体の集合を

$$M(m, n; K)$$

と記す．行列の成分の横の並びを行といい，縦のつらなりを列とよぶ．必要に応じて，行列の第 i 行を R_i，第 j 列を C_j と表記することにする．

行列の**基本変形**には行に関する変形と列に関するものがある．それは次のようなものである．

> **(1)** 2つの行（列）を交換する：
> 第 i 行と第 j 行の交換を「$R_i \leftrightarrow R_j$」，第 i 列と第 j 列の交換を「$C_i \leftrightarrow C_j$」という記号で表すことにする $(i \neq j)$．
> **(2)** ある行（列）に 0 でない定数を掛ける：
> 第 i 行（列）を c 倍する操作を「$R_i \times c$」（「$C_i \times c$」）とここでは表す $(c \neq 0)$．
> **(3)** ある行（列）に別の行（列）の定数倍を加える：
> 第 i 行（列）に第 j 行（列）の c 倍を加える変形を「$R_i + cR_j$」（「$C_i + cC_j$」）と略記しよう．

基本変形は，**基本行列**とよばれる行列を左または右から掛けることによって得られる．基本行列を左から掛ければ行の変形が生じ，右から乗ずれば列の変形が起こる．

行列の基本変形の仕組みそのものは，一種のパズルである．そのアルゴリズムは比較的単純であるが，活躍の舞台は広い．基本変形によって，連立1次方程式を解くことができ，行列の階数を求めることができ，逆行列を計算することができる．また，行列式の計算とも関連するので，しっかりマスターしておきたいところである．

行列の階数と連立 1 次方程式

まず，次の例題を見ることにしよう．

例題 2.4（名古屋大学大学院情報科学研究科計算機数理科学専攻）
$B = \begin{pmatrix} 1 & -s & 0 & -3 \\ 1 & -6 & t & 5 \\ 2 & -2 & 3 & s+2 \end{pmatrix}$ とおくとき，次の問いに答えよ．

(1) $\mathrm{rank}(B) = 2$ となるような実数 s, t の組をすべて求めよ．

(2) 小問 (1) の条件のもとで，x_1, x_2, x_3, x_4 を未知数とする連立 1 次方程式

$$B \begin{pmatrix} x_1 \\ x_2 \\ x_3 \\ x_4 \end{pmatrix} = \begin{pmatrix} 4 \\ 0 \\ 5 \end{pmatrix}$$

が解を持つような実数 s, t と，その場合のこの方程式の解を求めよ．

解答例 (1) 行列 B に基本変形を施す（どのような基本変形を施したのかが分かるような補足説明を矢印に添えておく）．

$$\begin{pmatrix} 1 & -s & 0 & -3 \\ 1 & -6 & t & 5 \\ 2 & -2 & 3 & s+2 \end{pmatrix} \xrightarrow[R_3-2R_1]{R_2-R_1} \begin{pmatrix} 1 & -s & 0 & -3 \\ 0 & s-6 & t & 8 \\ 0 & 2s-2 & 3 & s+8 \end{pmatrix}.$$

もし $s = 6$ ならば，右側の行列は $\begin{pmatrix} 1 & -6 & 0 & -3 \\ 0 & 0 & t & 8 \\ 0 & 10 & 3 & 14 \end{pmatrix}$ であるが，この行列から第 3 列を取り除いた 3 次の小行列の行列式が -80 となり，これが 0 でないことから，B の階数 $\mathrm{rank}(B)$ が 3 であることが分かる．よって $s \neq 6$ としてよい．

そこで，上で得られた行列に対して，さらに第 3 行から第 2 行の $2(s-1)/(s-6)$ 倍を引く変形を施すと

$$\begin{pmatrix} 1 & -s & 0 & -3 \\ 0 & s-6 & t & 8 \\ 0 & 0 & 3 - \dfrac{2(s-1)t}{s-6} & s+8 - \dfrac{16(s-1)}{s-6} \end{pmatrix}$$

が得られる．ここで $s-6 \neq 0$ に注意すれば，この行列の $(3,3)$ 成分および $(3,4)$ 成分がともに 0 であることが $\mathrm{rank}(B) = 2$ となるための必要十分条件を与えることが分かる．詳細は省略するが，高校数学程度の議論により，このような (s,t) は $(-2, 4)$ および $(16, 1)$ の 2 組であることが示される．

(2) 連立 1 次方程式の係数行列 B と定数項ベクトル $\begin{pmatrix} 4 \\ 0 \\ 5 \end{pmatrix}$ を並べて得られる拡大係数行列を $\widetilde{B}$ と表すことにする．連立 1 次方程式が解を持つことと，$\operatorname{rank}(\widetilde{B}) = \operatorname{rank}(B)$ であることとは同値である．

$(s, t) = (-2, 4)$ のとき，$\widetilde{B}$ に次のような行基本変形を施す．

$$\widetilde{B} = \begin{pmatrix} 1 & 2 & 0 & -3 & 4 \\ 1 & -6 & 4 & 5 & 0 \\ 2 & -2 & 3 & 0 & 5 \end{pmatrix} \xrightarrow[R_3 - 2R_1]{R_2 - R_1} \begin{pmatrix} 1 & 2 & 0 & -3 & 4 \\ 0 & -8 & 4 & 8 & -4 \\ 0 & -6 & 3 & 6 & -3 \end{pmatrix}$$

$$\xrightarrow{R_2 \times (-1/8)} \begin{pmatrix} 1 & 2 & 0 & -3 & 4 \\ 0 & 1 & -\dfrac{1}{2} & -1 & \dfrac{1}{2} \\ 0 & -6 & 3 & 6 & -3 \end{pmatrix} \xrightarrow[R_3 + 6R_2]{R_1 - 2R_2} \begin{pmatrix} 1 & 0 & 1 & -1 & 3 \\ 0 & 1 & -\dfrac{1}{2} & -1 & \dfrac{1}{2} \\ 0 & 0 & 0 & 0 & 0 \end{pmatrix}.$$

このことより $\operatorname{rank}(\widetilde{B}) = 2 = \operatorname{rank}(B)$ が分かるので，連立 1 次方程式は解を持つ．また，この方程式は

$$\begin{cases} x_1 + x_3 - x_4 = 3, \\ x_2 - \dfrac{1}{2} x_3 - x_4 = \dfrac{1}{2} \end{cases}$$

と同値であるので，一般解は

$$x_1 = 3 - \alpha + \beta, \quad x_2 = \dfrac{1}{2} + \dfrac{1}{2}\alpha + \beta, \quad x_3 = \alpha, \quad x_4 = \beta$$

(α, β は任意定数) と表される．

一方，$(s, t) = (16, 1)$ のとき

$$\widetilde{B} = \begin{pmatrix} 1 & -16 & 0 & -3 & 4 \\ 1 & -6 & 1 & 5 & 0 \\ 2 & -2 & 3 & 18 & 5 \end{pmatrix} \xrightarrow[R_3 - 2R_1]{R_2 - R_1} \begin{pmatrix} 1 & -16 & 0 & -3 & 4 \\ 0 & 10 & 1 & 8 & -4 \\ 0 & 30 & 3 & 24 & -3 \end{pmatrix}$$

$$\xrightarrow{R_3 - 3R_2} \begin{pmatrix} 1 & -16 & 0 & -3 & 4 \\ 0 & 10 & 1 & 8 & -4 \\ 0 & 0 & 0 & 0 & 9 \end{pmatrix}$$

と変形される．この場合は $\operatorname{rank}(\widetilde{B}) = 3 \neq \operatorname{rank}(B)$ であるので，方程式は解を持たない（最後に現れた行列の第 3 行は，もとの連立方程式を式変形して $0 = 9$ という不合理な式に到達したことを示している）． **解答終わり**

行列の階数と連立1次方程式に関する問題である．

詳しくは線形代数の教科書にあたって確認していただきたいが，行列 A が与えられたとき，その階数（ここでは $\operatorname{rank}(A)$ と記している）を知る方法がいくつかあるので，それを簡単にまとめておこう．

> **(1)** 基本変形を繰り返して行列を簡単な形（標準形）に直し，その形から階数を知ることができる．
> **(2)** A の線形独立な行ベクトル（列ベクトル）の最大個数が $\operatorname{rank}(A)$ である．
> **(3)** A の 0 でない小行列式の最大次数が $\operatorname{rank}(A)$ である．

上記の (1) については，どのような基本変形を用い，いかなる「標準形」を目指すのか，教科書によって多少の異同があるが，通底するのは次のような考え方である．

> **(1′)** <u>行列の階数は基本変形によって不変である</u>．したがって，行列 A に基本変形を繰り返し，その結果得られた行列の階数が，上述の方法 (2) あるいは (3) に照らして一目瞭然になったならば，そのとき A の階数を知ることができる．

次に，連立1次方程式について述べよう．n 個の未知数 $x_1, x_2, \cdots, x_n$ を含む m 個の式を連立させた連立1次方程式は，一般に

$$A\boldsymbol{x} = \boldsymbol{c}$$

と書くことできる．ここで $\boldsymbol{x}$ は x_1 から x_n を縦に並べたベクトルであり，A は係数を並べた $m \times n$ 行列（**係数行列**）であり，$\boldsymbol{c}$ は定数項を縦に並べた m 次元ベクトルである．A と $\boldsymbol{c}$ を並べた行列 $\widetilde{A} = (A\,\boldsymbol{c})$ は**拡大係数行列**とよばれる．

消去法により連立1次方程式 $A\boldsymbol{x} = \boldsymbol{c}$ を解く作業は，拡大係数行列 $\widetilde{A}$ に行基本変形を繰り返して行列を簡単にするという操作と対応する．解集合を不変に保ちつつ方程式を簡単にしてゆき，最終的な段階に至ったとき，方程式はすでにほとんど解けているといってよい状態になっている．そうしておいてから解を求める．これが消去法の要諦である．

係数行列や拡大係数行列の階数の持つ意味についても述べておこう．方程式 $A\boldsymbol{x} = \boldsymbol{c}$ が解を持つ（解集合が空集合でない）ための必要十分条件は，$\operatorname{rank}(\widetilde{A}) = \operatorname{rank}(A)$ で与えられる．さらにこのとき，一般解は $(n - \operatorname{rank}(A))$ 個の任意定数を持つ．ここで，$\operatorname{rank}(A)\ (= \operatorname{rank}(\widetilde{A}))$ は<u>本質的な意味での式の本数</u>を意味すると考えられる．このような見方をすれば

（一般解の任意定数の個数）＝（未知数の個数）−（本質的な意味での式の本数）

が成り立つことになり，これは我々の直観を裏づける．

逆行列の計算

次は逆行列の計算を取り上げる．

例題 2.5（京都大学大学院情報学研究科修士課程複雑系科学専攻）
行列 $A = \begin{pmatrix} 2 & 1 & 1 \\ 1 & 0 & -1 \\ 2 & 1 & 2 \end{pmatrix}$ の逆行列を求めよ．

解答例 3×6 行列 $(A \mid E_3)$ に行変形を繰り返し施す．左側の行列が単位行列に到達したとき，右側には A の逆行列 A^{-1} が現れる．

$$\begin{pmatrix} 2 & 1 & 1 & | & 1 & 0 & 0 \\ 1 & 0 & -1 & | & 0 & 1 & 0 \\ 2 & 1 & 2 & | & 0 & 0 & 1 \end{pmatrix} \xrightarrow{R_1 \leftrightarrow R_2} \begin{pmatrix} 1 & 0 & -1 & | & 0 & 1 & 0 \\ 2 & 1 & 1 & | & 1 & 0 & 0 \\ 2 & 1 & 2 & | & 0 & 0 & 1 \end{pmatrix}$$

$$\xrightarrow[R_3 - 2R_1]{R_2 - 2R_1} \begin{pmatrix} 1 & 0 & -1 & | & 0 & 1 & 0 \\ 0 & 1 & 3 & | & 1 & -2 & 0 \\ 0 & 1 & 4 & | & 0 & -2 & 1 \end{pmatrix}$$

$$\xrightarrow{R_3 - R_2} \begin{pmatrix} 1 & 0 & -1 & | & 0 & 1 & 0 \\ 0 & 1 & 3 & | & 1 & -2 & 0 \\ 0 & 0 & 1 & | & -1 & 0 & 1 \end{pmatrix}$$

$$\xrightarrow[R_2 - 3R_3]{R_1 + R_3} \begin{pmatrix} 1 & 0 & 0 & | & -1 & 1 & 1 \\ 0 & 1 & 0 & | & 4 & -2 & -3 \\ 0 & 0 & 1 & | & -1 & 0 & 1 \end{pmatrix}.$$

これより $A^{-1} = \begin{pmatrix} -1 & 1 & 1 \\ 4 & -2 & -3 \\ -1 & 0 & 1 \end{pmatrix}$ であることが分かる． **解答終わり**

これは**ガウス**（Gauss）の考案した方法とされる．n 次正則行列 A と単位行列 E_n を並べた $n \times 2n$ 行列 $(A \mid E_n)$ に対して行基本変形を繰り返し施し，左側の行列 A を単位行列に変形することができる．そのとき，右側に現れる行列を X とする：

$$(A \mid E_n) \longrightarrow (E_n \mid X).$$

行基本変形は左からある正則行列 P を掛けることによって得られるので，この場合 $PA = E_n$, $PE_n = X$ が成り立つ．このことより

$$P = A^{-1}, \quad X = P = A^{-1}$$

が得られるので，A の逆行列が実際に計算できる．行列 A の具体的な形が与えられている場合には，この方法で逆行列を求めるのが便利であることが多い．

行 列 式

例題 2.6 (京都大学大学院情報学研究科数理工学専攻：一部抜粋)
n を 2 以上のある自然数とし，**ヴァンデルモンド** (Vandermonde) **行列** V_n を

$$V_n = \begin{pmatrix} 1 & 1 & \cdots & 1 \\ x_1 & x_2 & \cdots & x_n \\ x_1^2 & x_2^2 & \cdots & x_n^2 \\ \vdots & \vdots & & \vdots \\ x_1^{n-1} & x_2^{n-1} & \cdots & x_n^{n-1} \end{pmatrix}$$

により導入する．また，

$$\Delta(x_1, x_2, \cdots, x_n) := \prod_{1 \leq i < j \leq n} (x_i - x_j)$$

とおく．このとき次を示せ．

$$\det V_n = (-1)^{\frac{n(n-1)}{2}} \Delta(x_1, x_2, \cdots, x_n).$$

解答例 n に関する帰納法により証明する．$n = 2$ のときは

$$\det V_2 = x_2 - x_1 = -\Delta(x_1, x_2)$$

であるので，上の式は成立している．そこで $n \geq 3$ とし，$n-1$ 以下のものについては上の式が成立していると仮定する．ここで，V_n の第 n 行から第 $(n-1)$ 行の x_n 倍を引く．次に第 $(n-1)$ 行から第 $(n-2)$ 行の x_n 倍を引く．同様の操作を順次行い，第 2 行から第 1 行の x_n 倍を引くところまで続ける．このようにしてもその行列式は変わらないので

$$\det V_n = \begin{vmatrix} 1 & 1 & \cdots & 1 & 1 \\ x_1 - x_n & x_2 - x_n & \cdots & x_{n-1} - x_n & 0 \\ x_1(x_1 - x_n) & x_2(x_2 - x_n) & \cdots & x_{n-1}(x_{n-1} - x_n) & 0 \\ \vdots & \vdots & & \vdots & \vdots \\ x_1^{n-2}(x_1 - x_n) & x_2^{n-2}(x_2 - x_n) & \cdots & x_{n-1}^{n-2}(x_{n-1} - x_n) & 0 \end{vmatrix}$$

が得られる．さらに第 n 列で展開すれば

$$\det V_n = (-1)^{n-1} \begin{vmatrix} x_1 - x_n & x_2 - x_n & \cdots & x_{n-1} - x_n \\ x_1(x_1 - x_n) & x_2(x_2 - x_n) & \cdots & x_{n-1}(x_{n-1} - x_n) \\ \vdots & \vdots & & \vdots \\ x_1^{n-2}(x_1 - x_n) & x_2^{n-2}(x_2 - x_n) & \cdots & x_{n-1}^{n-2}(x_{n-1} - x_n) \end{vmatrix}$$

が得られるが，行列式の多重線形性を利用して，第 i 列 $(i = 1, 2, \cdots, n-1)$ から $(x_i - x_n)$ をくくり出せば，右辺が

$$(-1)^{n-1} \prod_{i=1}^{n-1}(x_i - x_n) \begin{vmatrix} 1 & 1 & \cdots & 1 \\ x_1 & x_2 & \cdots & x_{n-1} \\ \vdots & \vdots & & \vdots \\ x_1^{n-2} & x_2^{n-2} & \cdots & x_{n-1}^{n-2} \end{vmatrix}$$

に等しいことが分かる．ここで帰納法の仮定を用いれば次が示される．

$$\det V_n = \left((-1)^{n-1} \prod_{i=1}^{n-1}(x_i - x_n)\right) \left((-1)^{\frac{(n-1)(n-2)}{2}} \prod_{1 \le i < j \le n-1}(x_i - x_j)\right)$$
$$= (-1)^{\frac{n(n-1)}{2}} \Delta(x_1, x_2, \cdots, x_n).$$

解答終わり

n 次正方行列 $A = (a_{ij}) \in M(n, n; K)$ の行列式 $\det A$ は

$$\det A = \sum_{\sigma \in S_n} \left(\mathrm{sgn}(\sigma) \prod_{j=1}^{n} a_{\sigma(j)j}\right)$$

で与えられる．ここで S_n は **n 次対称群**すなわち n 文字の置換全体を表し，$\mathrm{sgn}(\sigma)$ は置換 σ の**符号**を表す．

しかし，この定義式から直接，行列式を計算するのは得策でないことが多い．実際の計算にあたっては，多くの場合，行列式の多重線形性や交代性などの基本的な性質に基づいて，基本変形を施したり，展開したりすることによって行列式を求める．詳細はやはり線形代数の教科書にあたっていただきたいが，大まかにいえば，<u>より次数の小さな行列式の計算に帰着させることによって帰納的に計算を実行する</u>というのが，行列式を求める際の常道である．

例題 2.6 では**ヴァンデルモンドの行列式**とよばれるものを扱っている．この種の行列式はいろいろと存在するが，その中には，計算に職人技のようなテクニックを要するために試験の題材としては不適切なものも多い．ただし，<u>ヴァンデルモンドの行列式は常識として知っておいてほしい</u>と考える出題者は多いようである．

階数の本質

最後はふたたび行列の階数に関する例題である．

例題 2.7（北海道大学大学院情報科学研究科コンピュータサイエンス専攻）
行列の階数に関する次の問いに答えよ．
(1) i 行 j 列行列 A と j 行 k 列行列 B について
$$\mathrm{rank}(A) + \mathrm{rank}(B) - j \leq \mathrm{rank}(AB)$$
を示せ．
(2) j 次の正方行列 A, B, C において，$ABC = O$（O は零行列）のとき，
$$\mathrm{rank}(A) + \mathrm{rank}(B) + \mathrm{rank}(C) \leq 2j$$
を示せ．

解答例 (1) 実行列を考えるのか，それとも複素行列を取り扱うのかが分からないが，どちらの場合でも解答に変わりはない．ここでは K を体とし，$A \in M(i,j;K)$，$B \in M(j,k;K)$ であるものとして解く．いま，写像 $T_A : K^j \to K^i$ および $T_B : K^k \to K^j$ を
$$T_A(\boldsymbol{x}) = A\boldsymbol{x},\ T_B(\boldsymbol{y}) = B\boldsymbol{y} \quad (\boldsymbol{x} \in K^j, \boldsymbol{y} \in K^k)$$
により定める．このとき
$$\mathrm{rank}(AB) = \dim \mathrm{Im}(T_A \circ T_B)$$
$$= \dim \mathrm{Im}\bigl(T_A|_{\mathrm{Im}(T_B)} : \mathrm{Im}(T_B) \to K^i\bigr)$$
であるが，次元定理より，これは
$$\dim \mathrm{Im}(T_B) - \dim \mathrm{Ker}(T_A|_{\mathrm{Im}(T_B)})$$
と等しい．さらに $\mathrm{Ker}(T_A|_{\mathrm{Im}(T_B)}) \subset \mathrm{Ker}(T_A)$ に注意し[†]，T_A に対して次元定理を用いれば
$$\mathrm{rank}(AB) \geq \dim \mathrm{Im}(T_B) - \dim \mathrm{Ker}(T_A)$$
$$= \dim \mathrm{Im}(T_B) - \bigl(\dim K^j - \dim \mathrm{Im}(T_A)\bigr)$$
$$= \mathrm{rank}(B) - \bigl(j - \mathrm{rank}(A)\bigr)$$

[†] $T_A|_{\mathrm{Im}(T_B)} : \mathrm{Im}(T_B) \to K^i$ とあるのは，写像 T_A を $\mathrm{Im}(T_B)$ に**制限**した写像のことである．

となり，求める不等式が得られる．

(2) $A, B, C \in M(j,j;K)$ が $ABC = O$ を満たすとき，(1) の結果を用いれば

$$\begin{aligned}0 &= \mathrm{rank}(ABC) \\ &\geq \mathrm{rank}(AB) + \mathrm{rank}(C) - j \\ &\geq \bigl(\mathrm{rank}(A) + \mathrm{rank}(B) - j\bigr) + \mathrm{rank}(C) - j\end{aligned}$$

が得られ，これから求める不等式が従う． **解答終わり**

一般に，行列 $A \in M(i,j;K)$ に対して，線形写像 $T_A : K^j \to K^i$ ($T_A(\boldsymbol{x}) = A\boldsymbol{x}$) を考えるとき，

$$\mathrm{rank}(A) = \dim \mathrm{Im}(T_A)$$

が成り立つ．行列 A の階数は，線形写像 T_A の像の次元にほかならない．これは**階数の本質**に関わる基本的な命題である．この事実を用いることにより，例題 2.7 は見通しよく解ける．

ここではさらに，**次元定理**あるいは**次元公式**とよばれる次の定理が重要な役割を果たしている．

定理（次元定理） V, V' は K 上の有限次元線形空間とし，$T : V \to V'$ は K 上の線形写像とする．このとき

$$\dim \mathrm{Im}(T) = \dim V - \dim \mathrm{Ker}(T)$$

が成り立つ．ここで，$\mathrm{Im}(T), \mathrm{Ker}(T)$ はそれぞれ T の像および核を表す：

$$\mathrm{Im}(T) = \{\boldsymbol{y} \in V' \mid \text{ある } \boldsymbol{x} \in V \text{ に対して } \boldsymbol{y} = T(\boldsymbol{x})\},$$
$$\mathrm{Ker}(T) = \{\boldsymbol{x} \in V \mid T(\boldsymbol{x}) = \boldsymbol{0}\}.$$

■ **ま と め**

この例題 PART では，行列の基本変形に関連する問題を取り扱った．うち 3 問は計算問題である．最後の問題については，ここで示した解答例以外にも解法があるが，どのような解法を選ぶとしても，階数という概念をよく理解していることが求められる．

例題 PART 2.3　ベクトルの内積と行列

内積と正規直交基底

ここでは，線形代数の問題のうち，特にベクトルの内積が関わるものを取り上げる．

例題 2.8（京都大学大学院情報学研究科修士課程通信情報システム専攻）
3次元複素線形空間内で，e_1, e_2, e_3 が正規直交基底を成すものとする．e_3 を求めよ．ただし，e_1, e_2 は次のものとし，e_3 の第一成分は負の実数とする．$i = \sqrt{-1}$ である．

$$e_1 = \frac{1}{\sqrt{3}} \begin{pmatrix} 1 \\ -i \\ i \end{pmatrix}, \quad e_2 = \frac{1}{\sqrt{24}} \begin{pmatrix} 2+3i \\ i \\ 3-i \end{pmatrix}.$$

コメント　解答に入る前に，問題文についてコメントしておく．**複素線形空間**とは何か．詳しくは（一定レベル以上の）線形代数の教科書を参照していただきたいが，**加法**とよばれる演算と，複素数を「掛ける」作用（**スカラー乗法**）が定義され，しかるべき条件を満たす体系が複素線形空間である．例えば3次元複素ベクトル全体のなす集合において通常の加法とスカラー乗法とを考えたものは3次元複素線形空間の典型例であるが，もちろん，例はそれだけにとどまらない．

また，単に複素線形空間といった場合，**内積**は考慮に入れないので，**正規直交基底**という概念は存在しない．内積の定まった線形空間は，**計量線形空間**などとよばれる．例えば3次元複素ベクトル全体のなす複素線形空間において，通常の内積を考えたものは，複素計量線形空間の一例であるが，通常でない内積を与えることも可能である．

この問題に直面した受験生は，<u>ここで取り扱われているのが，3次元複素線形空間一般ではなくて，どうやら3次元複素ベクトル全体の集合 $\mathbb{C}^3$ に，通常の加法と通常のスカラー乗法と，さらに通常の内積とを入れた特別な複素計量線形空間であるらしいと判断して問題を解くほかはあるまい</u>．

実際問題としては，こうしたことに悩むのは，おうおうにして，線形空間についてきちんとした知識を持った優秀な受験者のみであって，多くの者は何も考えずにさっさと解答に取りかかるのかもしれない．しかし，真に優秀な学生を求めるのであれば，<u>賢者を惑わし愚者を利するような出題は避けたいところである</u>．

通常の内積についても一応確認しておこう．$\boldsymbol{x} = \begin{pmatrix} x_1 \\ x_2 \\ x_3 \end{pmatrix}, \boldsymbol{y} = \begin{pmatrix} y_1 \\ y_2 \\ y_3 \end{pmatrix} \in \mathbb{C}^3$ に対して，その内積（ここでは $(\boldsymbol{x}, \boldsymbol{y})$ と記す）を

$$(\boldsymbol{x},\boldsymbol{y}) = x_1\overline{y_1} + x_2\overline{y_2} + x_3\overline{y_3}$$

と定める．これが通常の内積である．**標準内積**ともよばれる．ここで，複素数 $z = x + \sqrt{-1}\,y$ $(x, y \in \mathbb{R})$ に対して，$\bar{z}$ はその複素共役を表す：$\bar{z} = x - \sqrt{-1}\,y$．

解答例その1 まず，正規直交基底の定義より直接求めてみる．ベクトル $\boldsymbol{x} = \begin{pmatrix} x \\ y \\ z \end{pmatrix}$ が $\boldsymbol{e}_1, \boldsymbol{e}_2$ のどちらとも直交するとする．$(\boldsymbol{x},\boldsymbol{e}_1) = (\boldsymbol{x},\boldsymbol{e}_2) = 0$ より，連立1次方程式

$$\begin{cases} x + iy - iz = 0, \\ (2-3i)x - iy + (3+i)z = 0 \end{cases}$$

を解いて $\boldsymbol{x} = c\begin{pmatrix} -1 \\ 1-2i \\ 1-i \end{pmatrix}$ $(c \in \mathbb{C})$ が得られる．$\boldsymbol{e}_3$ はこのような $\boldsymbol{x}$ のうちの一つであるが，そのノルム（長さ）が1であることより

$$|c|^2\left(|-1|^2 + |1-2i|^2 + |1-i|^2\right) = 1$$

が成り立つ．また，第一成分が負の実数であることより c は正の実数であることが分かるので，$c = \dfrac{1}{2\sqrt{2}}$ となり，$\boldsymbol{e}_3 = \dfrac{1}{2\sqrt{2}}\begin{pmatrix} -1 \\ 1-2i \\ 1-i \end{pmatrix}$ が得られる． **解答終わり**

注意 2つの複素ベクトルの内積を計算する際に，一方のベクトルの成分の複素共役をとることを忘れてしまうと，正しい答えが導き出せない．

また，「$\boldsymbol{e}_3$ の第一成分が負の実数である」という条件は，解答を一つにしぼるために出題者が設定したものと思われるが，このような要求にミスなく応じるためには，上の連立1次方程式を解く段階において，方程式を $ax + y = 0$, $bx + z = 0$ $(a, b \in \mathbb{C})$ という形に変形するのが得策である．こうしておけば，$x = -1, y = a, z = b$ という特殊解が得られ，それらを並べたベクトルはすでにその第一成分が負の実数になっているので，後はノルムを調整するために正の実数を掛ければよいことになる．

解答例その2 次に，**グラム–シュミットの直交化法**，あるいは**シュミットの直交化法**とよばれる方法を利用して解く．これは，正規直交系を帰納的に順次構成していく方法である．この問題においては，すでに $\boldsymbol{e}_1, \boldsymbol{e}_2$ が正規直交系をなしている．いま，$\boldsymbol{a} = \begin{pmatrix} 1 \\ 0 \\ 0 \end{pmatrix}$ とすると，3つのベクトル $\boldsymbol{e}_1, \boldsymbol{e}_2, \boldsymbol{a}$ は線形独立（1次独立）である（このことの確認は省略するが，さほど手間のかからない作業である）．さて，このとき $\boldsymbol{e}_1$ とも $\boldsymbol{e}_2$ とも直交するようなベクトル $\boldsymbol{b}$ を作り出すことができる．それには

例題 PART 2.3　ベクトルの内積と行列

$$b = a - (a, e_1)e_1 - (a, e_2)e_2$$

とすればよい．これがグラム–シュミットの直交化法の骨子である．実際に計算すれば

$$b = \frac{1}{8}\begin{pmatrix} 1 \\ -1+2i \\ -1+i \end{pmatrix}$$ が得られる．これに定数を掛けてノルムを1にし，かつ第一成

分が負の実数になるようにすれば，$e_3 = \dfrac{1}{2\sqrt{2}}\begin{pmatrix} -1 \\ 1-2i \\ 1-i \end{pmatrix}$ が得られる．**解答終わり**

注意　解答例その2においては，e_1, e_2, a が線形独立である限り，どのような a を選んでもよい（**クイズその1**：e_1, e_2, a が線形従属である場合にはどういうことが起きるか）．

解答者自ら計算を複雑にする必要はないので，a としては，できるだけ簡単なものを選ぶのがよい．例えば $\begin{pmatrix} 1 \\ 0 \\ 0 \end{pmatrix}, \begin{pmatrix} 0 \\ 1 \\ 0 \end{pmatrix}, \begin{pmatrix} 0 \\ 0 \\ 1 \end{pmatrix}$ のどれかを選べば，少なくとも1つの場合については e_1, e_2, a が線形独立になる（**クイズその2**：それはなぜか）．

2つの解答例を比較すると，計算の手間という意味では，実はさほど差がない．しかし，方程式を解くという作業を含むかどうかという点が決定的に異なる．グラム–シュミットの直交化法は，構成的な方法であるところにその特質がある．

例題2.8は原理的には比較的簡単な問題であるが，複素ベクトルの内積に慣れていないと足元をすくわれる可能性がある．

グラム–シュミットの直交化法に関する問題をもう一つ考える．

例題 2.9（筑波大学大学院博士前期課程システム情報工学研究科経営・政策科学専攻）
実数を係数とする n 次以下の多項式のなす線形空間 $\mathbb{R}[x]_n$ を考える．
(1) $\mathbb{R}[x]_n$ において，

$$p_0(x) = 1,\ p_1(x) = x,\ \cdots,\ p_n(x) = x^n$$

は基底の一つになっていることを示せ．

(2) 2つの多項式 $f, g \in \mathbb{R}[x]_1$ に対して，内積 (f, g) を

$$(f, g) = \int_0^1 f(x)g(x)dx$$

で定める．このとき，$p_0(x) = 1, p_1(x) = x$ の内積 (p_0, p_1) を求めよ．

(3) $\mathbb{R}[x]_1$ の基底の一つである $p_0(x) = 1, p_1(x) = x$ に対して，グラム–シュミットの直交化法を適用し，$\mathbb{R}[x]_1$ の正規直交基底を求めよ．

解答例 (1) $c_0, c_1, \cdots, c_n \in \mathbb{R}$ が
$$c_0 p_0(x) + c_1 p_1(x) + \cdots + c_n p_n(x) = 0$$
を満たすとすると，$c_0 + c_1 x + \cdots + c_n x^n$ が零多項式となるので，その係数がすべて 0 となり，$c_0 = c_1 = \cdots = c_n = 0$ が得られる．よって $p_0(x), p_1(x), \cdots, p_n(x)$ は線形独立である．

また，$\mathbb{R}[x]_n$ の任意の元 $f(x)$ をとると
$$f(x) = \alpha_0 + \alpha_1 x + \cdots + \alpha_n x^n = \alpha_0 p_0(x) + \alpha_1 p_1(x) + \cdots + \alpha_n p_n(x)$$
($\alpha_0\ \alpha_1, \cdots, \alpha_n \in \mathbb{R}$) と表されることより，$\mathbb{R}[x]_n$ は $p_0(x), p_1(x), \cdots, p_n(x)$ によって生成される（張られる）ことが分かる．

以上のことより，$p_0(x), p_1(x), \cdots, p_n(x)$ が $\mathbb{R}[x]_n$ の基底であることが示される．

(2) $(p_0, p_1) = \displaystyle\int_0^1 1 \cdot x\, dx = \dfrac{1}{2}$ である．

(3) $\|p_0\|^2 = (p_0, p_0) = \displaystyle\int_0^1 1^2\, dx = 1$ より $\|p_0\| = 1$ である．そこで
$$e_0(x) := \frac{1}{\|p_0\|} p_0(x) = p_0(x) = 1$$
とおく．次に
$$q_1(x) := p_1(x) - (p_1, e_0)\, e_0(x) = x - \frac{1}{2}$$
とおき，そのノルムを計算すれば
$$\|q_1\|^2 = \int_0^1 \left(x - \frac{1}{2}\right)^2 dx = \frac{1}{12}$$
より $\|q_1\| = \dfrac{1}{2\sqrt{3}}$ である．そこで
$$e_1(x) := \frac{1}{\|q_1\|} q_1(x) = 2\sqrt{3}\left(x - \frac{1}{2}\right)$$
とおけば，$\|e_0\| = \|e_1\| = 1$ かつ $(e_0, e_1) = 0$ を満たす．こうして，与えられた内積に関する正規直交基底
$$e_0(x) = 1, \quad e_1(x) = 2\sqrt{3}\left(x - \frac{1}{2}\right)$$
が求められた． **解答終わり**

<u>関数を元とする計量線形空間は，通常のベクトルのなす計量線形空間以外の計量線形空間の重要な例を与える</u>ので，ここで取り上げた．

直交行列・ユニタリ行列

ベクトルの内積に関連して，直交行列・ユニタリ行列に関する問題を次に取り上げる．n は自然数とする．n 次複素正方行列 A について，次の 4 つの条件は互いに同値であることが知られている．

(a) $A\,{}^t\bar{A} = {}^t\bar{A}A = E_n$．ここで E_n は n 次単位行列を表す．
(b) 任意のベクトル $\boldsymbol{x} \in \mathbb{C}^n$ に対して $\|A\boldsymbol{x}\| = \|\boldsymbol{x}\|$ が成り立つ．
(c) 任意のベクトル $\boldsymbol{x}, \boldsymbol{y} \in \mathbb{C}^n$ に対して $(A\boldsymbol{x}, A\boldsymbol{y}) = (\boldsymbol{x}, \boldsymbol{y})$ が成り立つ．
(d) $A = (\boldsymbol{a}_1 \boldsymbol{a}_2 \cdots \boldsymbol{a}_n)$ とするとき，任意の i, j $(i, j = 1, 2, \cdots, n)$ に対して

$$(\boldsymbol{a}_i, \boldsymbol{a}_j) = \delta_{ij} = \begin{cases} 1 & (i = j \text{ のとき}), \\ 0 & (i \neq j \text{ のとき}) \end{cases}$$

が成り立つ．

この 4 つの条件のうちのいずれか，よってすべてを満たす正方行列は**ユニタリ行列**とよばれる．また n 次実正方行列 A については，上の条件において ${}^t\bar{A}$ を ${}^tA$ に，$\mathbb{C}^n$ を $\mathbb{R}^n$ に変えたものを満たすとき，**直交行列**とよばれる．

例題 2.10 (名古屋大学大学院情報科学研究科複雑系科学専攻：一部抜粋・改題)
$n \times n$ 直交行列 A と B がある．
(1) AB が直交行列であることを示せ．
(2) A の行列式が 1 または -1 となることを示せ．

解答例 (1) A, B が直交行列であることより，$A\,{}^tA = {}^tAA = E_n$ および $B\,{}^tB = {}^tBB = E_n$ を満たすことを用いれば

$$(AB)\,{}^t(AB) = AB\,{}^tB\,{}^tA = AE_n\,{}^tA = A\,{}^tA = E_n,$$
$${}^t(AB)(AB) = {}^tB\,{}^tAAB = {}^tBE_nB = {}^tBB = E_n$$

が得られる．よって AB は直交行列である．
(2) 転置行列の行列式がもとの行列の行列式と等しいこと，および，行列の積の行列式がそれぞれの行列式の積に等しいことを用いれば

$$(\det A)^2 = \det A \cdot \det ({}^tA) = \det (A\,{}^tA) = \det E_n = 1$$

が得られる．A が実行列であるので $\det A$ は実数であり，$\det A = 1$ または $\det A = -1$ が成り立つ．

解答終わり

実は小問 (2) のもともとの問題文は「A の行列式が 1 となることを示せ」となっていた．これは明らかな誤りであるので，上記のように改めた．実際，鏡映行列

$$\begin{pmatrix} \cos\theta & \sin\theta \\ \sin\theta & -\cos\theta \end{pmatrix} \quad (\theta \in \mathbb{R})$$

は直交行列であり，その行列式は -1 である．

いろいろな大学院入試問題に目を通していると，時々間違いを見つける．ある入試問題には，直交行列が「直行行列」と書かれていた．学生の答案には時折見られる書き間違いであるが，入試問題にそれを発見するとは思わなかった．このように書かれると，何やらバーゲンセールに殺到する人の波のようなものを連想してしまう．

もう 1 題，同じところの入試問題を取り上げる．

例題 2.11（名古屋大学大学院情報科学研究科複雑系科学専攻：一部抜粋）
n 行 n 列（n は 2 以上の任意の自然数）の正方行列

$$A = \begin{pmatrix} 0 & \cdots & 0 & 1 \\ \vdots & \ddots & \ddots & 0 \\ 0 & \ddots & \ddots & \vdots \\ 1 & 0 & \cdots & 0 \end{pmatrix}$$

は直交行列であるか否かを，理由を述べて判定せよ．

解答例 A は直交行列である．
理由：A の n 個の列ベクトルは，そのノルムがすべて 1 であり，かつ，相異なる 2 個の列ベクトルが直交しているから． **解答終わり**

例題 2.10 と例題 2.11 においては，いずれも直交行列の定義や性質をきちんと知っていることが求められる．

大ざっぱにいえば，直交行列・ユニタリ行列は，ベクトルの長さやベクトル同士の角度を保つような線形変換を引き起こす．したがって，直交座標の間の座標変換を考えたり，剛体の運動を記述したりする際に自然に登場する．線形代数は，さまざまな局面で使われ，しかも，場面ごとに少しずつ異なる顔を持つ．特に，ノルムや内積が関わるところでは，直交行列・ユニタリ行列が非常に重要な役割を演ずる．

直交行列・ユニタリ行列による対角化

次に対角化の問題を考える．正則行列による行列の対角化については，すでに論じているが，ここでは，直交行列やユニタリ行列による対角化の問題を扱う．

例題 2.12（埼玉大学大学院理工学研究科博士前期課程数理電子情報系専攻・数学コース）
$$A = \begin{pmatrix} 2 & 1 & 1 \\ 1 & 2 & -1 \\ 1 & -1 & 2 \end{pmatrix}$$
とする．$P^{-1}AP$ が対角行列になるような 3 次の直交行列 P を一つ求め，そのときの $P^{-1}AP$ を求めよ．

解答例 A の特性多項式（固有多項式）
$$\Phi_A(t) := \det(tE_3 - A)$$
を計算すると，$\Phi_A(t) = t(t-3)^2$ となるので，A の固有値は 0 と 3 である．
$\boldsymbol{x} = \begin{pmatrix} x \\ y \\ z \end{pmatrix}$ とおいて，方程式 $A\boldsymbol{x} = \boldsymbol{0}$ を解くと，一般解は

$$\boldsymbol{x} = \begin{pmatrix} c \\ -c \\ -c \end{pmatrix} \quad (c \text{ は任意定数})$$

となる．ここで $\boldsymbol{q}_1 = \begin{pmatrix} 1 \\ -1 \\ -1 \end{pmatrix}$ とおけば，$\boldsymbol{q}_1$ は固有値 0 に対する A の固有空間の基底である．$\|\boldsymbol{q}_1\| = \sqrt{3}$ より $\boldsymbol{p}_1 := \dfrac{1}{\sqrt{3}} \begin{pmatrix} 1 \\ -1 \\ -1 \end{pmatrix}$ は同じ空間の正規直交基底となる（内積としては標準内積を考えている）．

一方，方程式 $A\boldsymbol{x} = 3\boldsymbol{x}$ の一般解は

$$\boldsymbol{x} = \begin{pmatrix} \alpha + \beta \\ \alpha \\ \beta \end{pmatrix} = \alpha \begin{pmatrix} 1 \\ 1 \\ 0 \end{pmatrix} + \beta \begin{pmatrix} 1 \\ 0 \\ 1 \end{pmatrix} \quad (\alpha, \beta \text{ は任意定数})$$

となるので，
$$\boldsymbol{q}_2 = \begin{pmatrix} 1 \\ 1 \\ 0 \end{pmatrix}, \quad \boldsymbol{q}_3 = \begin{pmatrix} 1 \\ 0 \\ 1 \end{pmatrix}$$

とおけば，この2つのベクトルは，固有値3に対する A の固有空間の基底をなす．そこでグラム–シュミットの直交化法を用いてこの空間の正規直交基底を求める．

$$q_3' := q_3 - \frac{(q_3, q_2)}{\|q_2\|^2} q_2 = \frac{1}{2} \begin{pmatrix} 1 \\ -1 \\ 2 \end{pmatrix}$$

とすれば，q_2 と q_3' とは直交するので，これらのベクトルを定数倍してノルムを1にすることにより

$$p_2 := \frac{1}{\sqrt{2}} \begin{pmatrix} 1 \\ 1 \\ 0 \end{pmatrix}, \quad p_3 := \frac{1}{\sqrt{6}} \begin{pmatrix} 1 \\ -1 \\ 2 \end{pmatrix}$$

が固有値3に対する A の固有空間の正規直交基底をなすことが分かる．

A が対称行列であることより，A の相異なる固有値に対する固有空間は互いに直交するので，3つの固有ベクトル p_1, p_2, p_3 は $\mathbb{R}^3$ の正規直交基底をなし，これらを並べて得られる行列

$$P := (p_1\, p_2\, p_3) = \begin{pmatrix} 1/\sqrt{3} & 1/\sqrt{2} & 1/\sqrt{6} \\ -1/\sqrt{3} & 1/\sqrt{2} & -1/\sqrt{6} \\ -1/\sqrt{3} & 0 & 2/\sqrt{6} \end{pmatrix}$$

は直交行列となり，

$$P^{-1}AP = \begin{pmatrix} 0 & 0 & 0 \\ 0 & 3 & 0 \\ 0 & 0 & 3 \end{pmatrix}$$

となる． **解答終わり**

一般に，<u>実正方行列 A に対して，$P^{-1}AP$ が対角行列となるような直交行列 P が存在するためには，A が対称行列であることが必要かつ十分である</u>．また，<u>複素正方行列 A に対して，$P^{-1}AP$ が対角行列となるようなユニタリ行列 P が存在するためには，A が正規行列であることが必要かつ十分である</u>．ここで，A が正規行列であるとは

$$A\,{}^t\overline{A} = {}^t\overline{A}\,A$$

が成り立つことをいう．

n 次の実対称行列あるいは正規行列が与えられたときに，直交行列あるいはユニタリ行列によってそれを対角化する方法をここでまとめておく．

(a) A の**特性多項式**（**固有多項式**）の根を求めることにより，A の**固有値**を求める．
(b) A の固有値 α に対して，方程式 $Ax = \alpha x$ を解くことにより，固有値 α に対する A の**固有空間** $\{x \in K^n \mid Ax = \alpha x\}$ の**基底**を求める．ここで，直交行

列によって対角化する場合は $K = \mathbb{R}$ とし，ユニタリ行列によって対角化する場合は $K = \mathbb{C}$ とする（斉次連立 1 次方程式の一般解は，特殊解の線形結合として表すことができる．例えば掃き出し法により一般解を求める操作を行えば，それはとりもなおさず，解空間の基底を求めていることになる）．

(c) **グラム–シュミットの直交化法**を用いて，それぞれの**固有空間の正規直交基底**を求める（正規直交基底の選び方は一通りではない）．

(d) A が実対称行列（正規行列）である場合は，相異なる固有値に対する固有空間は互いに直交するので，それぞれの固有空間の正規直交基底を集めたものは K^n の正規直交基底をなし，これらを並べて得られる行列 P は直交行列（ユニタリ行列）となり，さらに $P^{-1}AP$ は，A の固有値を対角成分とする対角行列になる．

上記の (c) についてであるが，A の特性多項式が重根を持たない場合は，それぞれの固有値に対する固有空間は 1 次元であるので，「グラム–シュミットの直交化法」などと大げさな言い方をするまでもなく，単に固有ベクトルのノルムを 1 にすればよい．

検算についてもコメントしておこう．

実対称行列に限っていえば，固有値はすべて実数である．したがって，もしその特性多項式が実数でない根を持つという結果が出たとしたら，それはそこまでの計算が間違っていることを意味する．

ユニタリ行列（直交行列）P については，

$$P^{-1} = {}^t\overline{P}$$

（直交行列の場合は複素共役は不要）が成り立つので，$P^{-1}AP$ は容易に計算できる．時間に余裕があれば，是非検算されたい．また，${}^t\overline{P}P$ が単位行列になることも確認しておくことをお勧めする．

まとめ

この例題 PART では，グラム–シュミットの直交化法や，直交行列（ユニタリ行列）による対角化の問題を中心に考察した．直交行列による対角化の応用として，**2 次形式**の問題があるが，ここでは取り上げなかった．

例題 PART 2.4　線形独立性・基底・次元—あるいは解法の探求

線形独立性

ここでは，ベクトルの線形独立性（1次独立性）や，線形空間の基底・次元に関する問題を取り上げる．

まず，線形独立性を判定する問題から考察する．

例題 2.13（筑波大学大学院博士課程システム情報工学研究科コンピュータサイエンス専攻博士前期課程）
次のベクトル a_1, a_2, a_3, a_4 について以下の問いに答えよ．

$$a_1 = \begin{pmatrix} 1 \\ 1 \\ 1 \\ a+1 \end{pmatrix}, \quad a_2 = \begin{pmatrix} a \\ -1 \\ a+1 \\ 1 \end{pmatrix}, \quad a_3 = \begin{pmatrix} 1 \\ a+1 \\ 1 \\ 1 \end{pmatrix}, \quad a_4 = \begin{pmatrix} a+1 \\ 1 \\ a \\ -1 \end{pmatrix}.$$

(1) $a = -2$ のとき，a_1, a_2, a_3 が線形独立となるか調べよ．
(2) $a = -2$ のとき，a_1, a_2, a_3, a_4 が線形独立となるか調べよ．
(3) a_1, a_2, a_3, a_4 が線形独立となるための a の必要十分条件を求めよ．

解答例　(1) ベクトル a_1, a_2, a_3 を並べた行列 $A = (a_1\ a_2\ a_3)$ を考える．$a = -2$ のとき，行列 A に基本変形を施す：

$$A = \begin{pmatrix} 1 & -2 & 1 \\ 1 & -1 & -1 \\ 1 & -1 & 1 \\ -1 & 1 & 1 \end{pmatrix} \xrightarrow[\substack{R_3 - R_1 \\ R_4 + R_1}]{R_2 - R_1} \begin{pmatrix} 1 & -2 & 1 \\ 0 & 1 & -2 \\ 0 & 1 & 0 \\ 0 & -1 & 2 \end{pmatrix} \xrightarrow[\substack{R_4 + R_2}]{R_3 - R_2} \begin{pmatrix} 1 & -2 & 1 \\ 0 & 1 & -2 \\ 0 & 0 & 2 \\ 0 & 0 & 0 \end{pmatrix}.$$

これより A の階数が 3 であることが分かる．これは A の 3 つの列ベクトルが線形独立であることを意味する．すなわち a_1, a_2, a_3 は線形独立である（以下，記号 $R_i + cR_j$ は行列の第 i 行に第 j 行の c 倍を加える変形を意味するものとする）．

(2) ベクトル a_1, a_2, a_3, a_4 を並べた行列 $B = (a_1\ a_2\ a_3\ a_4)$ を考える．$a = -2$ のとき，行列 B に上の小問 (1) と同様の基本変形を施すと，行列

$$\begin{pmatrix} 1 & -2 & 1 & -1 \\ 0 & 1 & -2 & 2 \\ 0 & 0 & 2 & -3 \\ 0 & 0 & 0 & 0 \end{pmatrix}$$

が得られる．このことより B の階数が 3 であることが分かる．よって，a_1, a_2, a_3, a_4 は線形独立でない．

(3) $B = (a_1\ a_2\ a_3\ a_4)$ の行列式を計算すると

$$\begin{vmatrix} 1 & a & 1 & a+1 \\ 1 & -1 & a+1 & 1 \\ 1 & a+1 & 1 & a \\ a+1 & 1 & 1 & -1 \end{vmatrix} \underset{\substack{R_2-R_1 \\ R_3-R_1 \\ R_4-(a+1)R_1}}{=} \begin{vmatrix} 1 & a & 1 & a+1 \\ 0 & -a-1 & a & -a \\ 0 & 1 & 0 & -1 \\ 0 & -a^2-a+1 & -a & -a^2-2a-2 \end{vmatrix}$$

$$\overset{(*)}{=} \begin{vmatrix} -a-1 & a & -a \\ 1 & 0 & -1 \\ -a^2-a+1 & -a & -a^2-2a-2 \end{vmatrix} \underset{R_3+R_1}{=} \begin{vmatrix} -a-1 & a & -a \\ 1 & 0 & -1 \\ -a(a+2) & 0 & -(a+1)(a+2) \end{vmatrix}$$

$$\overset{(**)}{=} -a \begin{vmatrix} 1 & -1 \\ -a(a+2) & -(a+1)(a+2) \end{vmatrix} = a(a+2)(2a+1)$$

が得られる．a_1, a_2, a_3, a_4 が線形独立であるための必要十分条件は，$\det B \neq 0$ となること，すなわち，a が $0, -2, -\dfrac{1}{2}$ のいずれとも異なることである（上の式変形において，$(*)$ の部分は第 1 列に関する展開，$(**)$ は第 2 列に関する展開を施している）．

解答終わり

まず，線形独立の定義を復習しておく．K は体とし，V は K 上の線形空間とする．V の元 $a_1, a_2, \cdots, a_k$ が次の条件 (P) を満たすとき，これらの元は**線形独立**であるという．

> **(P)**：$c_1, c_2, \cdots, c_k \in K$ が
>
> $$c_1 a_1 + c_2 a_2 + \cdots + c_k a_k = \mathbf{0}$$
>
> を満たすならば，$c_1 = c_2 = \cdots = c_k = 0$ である．

線形独立という概念は初学者にとって難しいようである．それは，この定義の文章 (P) が「(A) ならば (B)」という論理構造を持っているからであろう．直観的・視覚的なイメージのみに頼ってこれを理解しようとすると，うまくいかない．たとえて言うなら，それは，教員が「学生の顔を見る」という直観的・視覚的な方法で自分の授業の定着度を計ろうとしても，なかなかうまくいかないことに似ている．

教員はそこで**テスト**を行うことになる．テスト（仮定 (A)）に対する学生の回答が正答（結論 (B)）ならば合格というわけである．$a_1, \cdots, a_k$ を漫然と眺めていても，全くらちがあかないので，それらの線形結合を作ってそれが $\mathbf{0}$ になったと '仮定' することから出発し，「$c_1 = \cdots = c_k = 0$」という '結論' が出たならば，テストは合格，つまり，これらが線形独立であることが分かる，という仕組みになっている．

ところで，いま仮に，例題 2.13 の小問 (1) が「$a = -2$ のとき，a_1, a_2, a_3 は線形独立であることを示せ」という文面であったとしよう．読者が採点者なら，次の答案には何点与えるであろうか．

答案例—疑わしきは罰するか？

$$c_1\begin{pmatrix}1\\1\\1\\-1\end{pmatrix}+c_2\begin{pmatrix}-2\\-1\\-1\\1\end{pmatrix}+c_3\begin{pmatrix}1\\-1\\1\\1\end{pmatrix}=\begin{pmatrix}0\\0\\0\\0\end{pmatrix}$$

を満たす実数 c_1, c_2, c_3 は $c_1 = c_2 = c_3 = 0$ のみであるので，$\boldsymbol{a}_1, \boldsymbol{a}_2, \boldsymbol{a}_3$ は線形独立である．　　　　　　　　　　　　　　　　　　　　　　　　　**解答終わり**

善意に解釈すれば，$c_1 = c_2 = c_3 = 0$ を示すためには単に連立 1 次方程式を解くだけでよいので，細かい計算を省略したということであろう．しかし，実際には方程式を解かずに，当然予想される結論を書いただけかもしれない．

解答者の立場からすると，このような答案は，起点と終点とを単につなぎ合わせただけの「中抜きのキセル乗車」であると判定される可能性があるので，それを避けるためにも，長くなることをいとわず，計算の過程をきちんと書くべきである．

さて，最初に掲げた解答例においては，定義から直接示す方法をとっていない．例題 2.13 の (1), (2) については，次の命題を利用している．

> **命題** 行列 A の階数は，A の線形独立な列ベクトルの本数の最大値と一致する．A の線形独立な行ベクトルの本数の最大値とも一致する．

この命題によれば，ベクトル $\boldsymbol{a}_1, \boldsymbol{a}_2, \cdots, \boldsymbol{a}_k$ の線形独立性を判定するには，行列 $A = (\boldsymbol{a}_1\,\boldsymbol{a}_2\cdots\boldsymbol{a}_k)$ の階数を調べればよいことになる．A の階数が k ならば $\boldsymbol{a}_1, \boldsymbol{a}_2, \cdots, \boldsymbol{a}_k$ は線形独立であり，階数が k 未満ならば線形従属である．

階数の計算は，実際に方程式を解くよりも，答案をコンパクトにまとめられるのが強みである．連立 1 次方程式を解くための式変形から，その係数の並びの変遷だけを抜き出したものが，行列の行基本変形にほかならないからである．

小問 (3) については，$B = (\boldsymbol{a}_1\cdots\boldsymbol{a}_4)$ が**正方行列**であるので，その行列式を計算することによって，列ベクトルの線形独立性を調べている．これは次の命題に基づく．

> **命題** k 次**正方行列** $A = (\boldsymbol{a}_1\,\boldsymbol{a}_2\cdots\boldsymbol{a}_k)$ について，A の k 個の列（行）ベクトルが線形独立であることと，$\det A \neq 0$ であることとは同値である．さらにそれは，A が正則行列であることとも同値であり，A の階数が k であることとも同値である．

一般に，その成分が変数を含む正方行列の列ベクトルの線形独立性を判定するには，行や列を完全に掃き出して階数を調べるよりも，行や列をある程度掃き出しつつ，適宜，展開などもおこなって行列式を求めるほうが，計算はスムーズである．

線形独立性に関する問題をもう 1 題考えよう．

例題 PART 2.4　線形独立性・基底・次元—あるいは解法の探求　　77

例題 2.14（京都大学大学院情報学研究科修士課程複雑系科学専攻）
V を複素ベクトル空間とし，$\boldsymbol{x}_1, \boldsymbol{x}_2, \cdots, \boldsymbol{x}_n \in V$ が 1 次独立であるとする．α を複素数とするとき，$\boldsymbol{x}_1 - \alpha\boldsymbol{x}_2, \boldsymbol{x}_2 - \alpha\boldsymbol{x}_3, \cdots, \boldsymbol{x}_{n-1} - \alpha\boldsymbol{x}_n, \boldsymbol{x}_n - \alpha\boldsymbol{x}_1$ が V で 1 次独立であるための，α に関する必要十分条件を求めよ．

解答例　m を自然数とし，n 次正方行列 $A(\alpha, n, m) \in M(n, n; \mathbb{C})$ （$M(n, n; \mathbb{C})$ は n 次複素正方行列全体の集合）を

$$A(\alpha, n, m) = \begin{pmatrix} 1 & 0 & \cdots & 0 & -\alpha^m \\ -\alpha & 1 & \ddots & \vdots & 0 \\ 0 & -\alpha & \ddots & 0 & \vdots \\ \vdots & \ddots & \ddots & \ddots & 0 \\ 0 & \cdots & 0 & -\alpha & 1 \end{pmatrix}$$

と定める．すなわち，$1 \leq i, j \leq n$ なる自然数 i, j に対して

$$A(\alpha, n, m) \text{ の } (i, j) \text{ 成分} = \begin{cases} 1 & (i = j \text{ のとき}), \\ -\alpha & (i = j + 1 \text{ のとき}), \\ -\alpha^m & (i = 1, j = n \text{ のとき}), \\ 0 & (\text{それ以外の場合}) \end{cases}$$

と定める．また，$\boldsymbol{y}_1 = \boldsymbol{x}_1 - \alpha\boldsymbol{x}_2, \boldsymbol{y}_2 = \boldsymbol{x}_2 - \alpha\boldsymbol{x}_3, \cdots, \boldsymbol{y}_n = \boldsymbol{x}_n - \alpha\boldsymbol{x}_1$ とおくと，$\boldsymbol{x}_1$ から $\boldsymbol{x}_n$ までを形式的に横ベクトルのように並べたものと，$\boldsymbol{y}_1$ から $\boldsymbol{y}_n$ までを並べたものの間には，次のような関係式が成り立つ：

$$(\boldsymbol{y}_1, \cdots, \boldsymbol{y}_n) = (\boldsymbol{x}_1, \cdots, \boldsymbol{x}_n) A(\alpha, n, 1).$$

よって，複素数 $c_1, \cdots, c_n$ に対して

$$(\boldsymbol{y}_1, \cdots, \boldsymbol{y}_n) \begin{pmatrix} c_1 \\ \vdots \\ c_n \end{pmatrix} = (\boldsymbol{x}_1, \cdots, \boldsymbol{x}_n) A(\alpha, n, 1) \begin{pmatrix} c_1 \\ \vdots \\ c_n \end{pmatrix} \tag{2.10}$$

が成り立つ．これは $\boldsymbol{y}_1, \cdots, \boldsymbol{y}_n$ の線形結合を $\boldsymbol{x}_1, \cdots, \boldsymbol{x}_n$ の線形結合に変換する式であると考えることができる．

このとき，$\boldsymbol{y}_1, \cdots, \boldsymbol{y}_n$ が 1 次独立であることは，$A(\alpha, n, 1)$ が正則行列であることと同値である．

実際，$A(\alpha, n, 1)$ が正則行列でないならば，複素数 $c_1, \cdots, c_n$ であって，$\begin{pmatrix} c_1 \\ \vdots \\ c_n \end{pmatrix} \neq$

$\begin{pmatrix} 0 \\ \vdots \\ 0 \end{pmatrix}$ であり，かつ $A(\alpha, n, 1) \begin{pmatrix} c_1 \\ \vdots \\ c_n \end{pmatrix} = \begin{pmatrix} 0 \\ \vdots \\ 0 \end{pmatrix}$ となるものが存在するが，この $c_1, \cdots, c_n$ を上の (2.10) に代入すれば，右辺が $\mathbf{0}$ となることより，左辺も $\mathbf{0}$ である．すなわち，少なくともどれか1つは 0 でない複素数 $c_1, \cdots, c_n$ に対して

$$c_1 \boldsymbol{y}_1 + \cdots + c_n \boldsymbol{y}_n = \mathbf{0}$$

が成り立つことになる．これは $\boldsymbol{y}_1, \cdots, \boldsymbol{y}_n$ が1次従属であることを意味する．

一方，$A(\alpha, n, 1)$ が正則行列であるとするとき，複素数 $c_1, \cdots, c_n$ が $\sum_{i=1}^n c_i \boldsymbol{y}_i = \mathbf{0}$ を満たすならば，この $c_1, \cdots, c_n$ に対して (2.10) の左辺は $\mathbf{0}$ となるが，右辺 ($=\mathbf{0}$) が $\boldsymbol{x}_1, \cdots, \boldsymbol{x}_n$ の線形結合であり，さらに $\boldsymbol{x}_1, \cdots, \boldsymbol{x}_n$ が1次独立であることより，その係数はすべて 0 でなくてはならない．すなわち $A(\alpha, n, 1) \begin{pmatrix} c_1 \\ \vdots \\ c_n \end{pmatrix} = \begin{pmatrix} 0 \\ \vdots \\ 0 \end{pmatrix}$ が成り立つ．$A(\alpha, n, 1)$ は正則行列であるとしているので，このような $c_1, \cdots, c_n$ はすべて 0 でなくてはならない．よって $\boldsymbol{y}_1, \cdots, \boldsymbol{y}_n$ は1次独立である．

そこで $f(\alpha, n, m) = \det A(\alpha, n, m)$ とおくと，$n \geq 3$ のとき

$$f(\alpha, n, m) = \begin{vmatrix} 1 & 0 & \cdots & 0 & -\alpha^m \\ -\alpha & 1 & \ddots & \vdots & 0 \\ 0 & -\alpha & \ddots & 0 & \vdots \\ \vdots & \ddots & \ddots & \ddots & 0 \\ 0 & \cdots & 0 & -\alpha & 1 \end{vmatrix}$$

$$\stackrel{R_2 + \alpha R_1}{=} \begin{vmatrix} 1 & 0 & \cdots & 0 & -\alpha^m \\ 0 & 1 & \ddots & \vdots & -\alpha^{m+1} \\ 0 & -\alpha & \ddots & 0 & \vdots \\ \vdots & \ddots & \ddots & \ddots & 0 \\ 0 & \cdots & 0 & -\alpha & 1 \end{vmatrix} = f(\alpha, n-1, m+1)$$

が成り立つ（最後の式変形は第1列に関する展開を用いた）．よって，$n \geq 2$ のとき

$$\det A(\alpha, n, 1) = f(\alpha, n, 1) = f(\alpha, 2, n-1) = \begin{vmatrix} 1 & -\alpha^{n-1} \\ -\alpha & 1 \end{vmatrix} = 1 - \alpha^n$$

となる．よって $\boldsymbol{y}_1, \cdots, \boldsymbol{y}_n$ が1次独立であるための必要十分条件は，$\alpha^n \neq 1$ であること，すなわち $\alpha = \cos \frac{2k\pi}{n} + \sqrt{-1} \sin \frac{2k\pi}{n}$ ($k = 0, 1, \cdots, n-1$) の形でないことである．

解答終わり

例題 PART 2.4 線形独立性・基底・次元—あるいは解法の探求   79

基底・次元

　副題にもあるように，この例題 PART ではさまざまな解法の検討を試みている．「解法の探求」などと書くと，「数学の本質をないがしろにして，受験のためのテクニックのような低俗なものを語るのか？」といぶかる向きもあるかもしれない．しかし，「テクニック」は「物事の本質」から離れて存在するのではない．今回扱う線形独立性や基底・次元といった概念をめぐっては，いろいろなことがらが有機的に絡み合っている．それらを総合的に理解することによって生み出されるテクニックであれば，それは肯定的にとらえられてしかるべきであろう．
　次の問題に移ろう．

例題 2.15（名古屋工業大学大学院工学研究科）次の問いに答えよ．

(1) 写像 $F : \mathbb{R}^3 \to \mathbb{R}^2$ が $\begin{pmatrix} x \\ y \\ z \end{pmatrix} \mapsto \begin{pmatrix} 2x - 3z \\ 5x + y^2 \end{pmatrix}$ として与えられているとき，この写像は線形か．

(2) $\mathbb{R}^5$ の部分空間
$$V = \left\{ \begin{pmatrix} x \\ y \\ z \\ s \\ t \end{pmatrix} \in \mathbb{R}^5 \;\middle|\; \begin{array}{l} x - 2y + 2z + s - t = 0, \\ 2x - 4y + 5z + 4s - 3t = 0, \\ -3x + 6y - 4z + s + t = 0 \end{array} \right\}$$
の基底を 1 組挙げ，V の次元を述べよ．

(3) 小問 (2) で与えた $\mathbb{R}^5$ の部分空間 V を定義域とする線形写像 $G : V \to \mathbb{R}^3$ が $V \ni \begin{pmatrix} x \\ y \\ z \\ s \\ t \end{pmatrix} \mapsto \begin{pmatrix} 4x - 8y - 9s \\ z + 2s + 5t \\ 2z + s + 2t \end{pmatrix} \in \mathbb{R}^3$ として与えられているとき，この写像の核の次元を求めよ．

(4) 小問 (3) で与えられた線形写像 $G : V \to \mathbb{R}^3$ の像の次元を求めよ．

解答例 (1) $\boldsymbol{a} = \begin{pmatrix} 0 \\ 1 \\ 0 \end{pmatrix}$ とおくと，$F(\boldsymbol{a}) = \begin{pmatrix} 0 \\ 1 \end{pmatrix}$, $F(2\boldsymbol{a}) = \begin{pmatrix} 0 \\ 4 \end{pmatrix} \neq 2F(\boldsymbol{a})$ となるので，F は線形写像でない．

(2) $A = \begin{pmatrix} 1 & -2 & 2 & 1 & -1 \\ 2 & -4 & 5 & 4 & -3 \\ -3 & 6 & -4 & 1 & 1 \end{pmatrix}$ とおき，行基本変形を施す：

$$A \xrightarrow[R_3+3R_1]{R_2-2R_1} \begin{pmatrix} 1 & -2 & 2 & 1 & -1 \\ 0 & 0 & 1 & 2 & -1 \\ 0 & 0 & 2 & 4 & -2 \end{pmatrix} \xrightarrow[R_3-2R_2]{R_1-2R_2} \begin{pmatrix} 1 & -2 & 0 & -3 & 1 \\ 0 & 0 & 1 & 2 & -1 \\ 0 & 0 & 0 & 0 & 0 \end{pmatrix}.$$

ここで $B = \begin{pmatrix} 1 & -2 & 0 & -3 & 1 \\ 0 & 0 & 1 & 2 & -1 \end{pmatrix}$ とおけば, $\boldsymbol{x} \in \mathbb{R}^5$ に対して $A\boldsymbol{x}=\boldsymbol{0}$ と $B\boldsymbol{x}=\boldsymbol{0}$ は同値であるので, $V = \{\boldsymbol{x} \in \mathbb{R}^5 \mid B\boldsymbol{x}=\boldsymbol{0}\}$ である. そこで, 連立1次方程式 $B\boldsymbol{x}=\boldsymbol{0}$ を解くと, 紙面の関係で詳細は省略するが, 一般解が $\boldsymbol{x} = \alpha\boldsymbol{p} + \beta\boldsymbol{q} + \gamma\boldsymbol{r}$ で与えられることが分かる. ここで, α, β, γ は任意定数であり,

$$\boldsymbol{p} = \begin{pmatrix} 2 \\ 1 \\ 0 \\ 0 \\ 0 \end{pmatrix}, \boldsymbol{q} = \begin{pmatrix} 3 \\ 0 \\ -2 \\ 1 \\ 0 \end{pmatrix}, \boldsymbol{r} = \begin{pmatrix} -1 \\ 0 \\ 1 \\ 0 \\ 1 \end{pmatrix}$$

である. このことは, 空間 V が3つのベクトル $\boldsymbol{p}, \boldsymbol{q}, \boldsymbol{r}$ で張られる (生成される) ことを意味する. また, 検証は省略するが, これらの3つのベクトルは線形独立であるので, 3つのベクトル $\boldsymbol{p}, \boldsymbol{q}, \boldsymbol{r}$ は V の基底をなす. 特に V は3次元である.

(3) $C = \begin{pmatrix} 4 & -8 & 0 & -9 & 0 \\ 0 & 0 & 1 & 2 & 5 \\ 0 & 0 & 2 & 1 & 2 \end{pmatrix}, M = \begin{pmatrix} B \\ C \end{pmatrix}$ とおく. このとき, G の核 $\mathrm{Ker}(G)$ は

$$\begin{aligned}\mathrm{Ker}(G) &= \{\boldsymbol{x} \in V \mid C\boldsymbol{x}=\boldsymbol{0}\} \\ &= \{\boldsymbol{x} \in \mathbb{R}^5 \mid B\boldsymbol{x}=\boldsymbol{0} \text{ かつ } C\boldsymbol{x}=\boldsymbol{0}\} \\ &= \{\boldsymbol{x} \in \mathbb{R}^5 \mid M\boldsymbol{x}=\boldsymbol{0}\}\end{aligned}$$

と書き直すことができる. ここで, 行列 M の階数を求めると, これも詳細は省略するが, 階数が4であることが分かる.

よって

$$\dim \mathrm{Ker}(G) = 5 - \mathrm{rank}(M) = 1$$

である (ここで $\mathrm{rank}(M)$ は M の階数を表す).

(4) G の像の次元は,

$$\dim V - \dim \mathrm{Ker}(G) = 3 - 1 = 2$$

である.

解答終わり

例題 PART 2.4　線形独立性・基底・次元—あるいは解法の探求　　**81**

K は体とし，V, V' は K 上の線形空間とする．写像 $T : V \to V'$ が次の2つの条件を満たすとき，T は (K 上の) **線形写像**であるという：

(a)　任意の $\boldsymbol{x}, \boldsymbol{y} \in V$ に対して $T(\boldsymbol{x} + \boldsymbol{y}) = T(\boldsymbol{x}) + T(\boldsymbol{y})$．
(b)　任意の $c \in K$ および任意の $\boldsymbol{x} \in V$ に対して $T(c\boldsymbol{x}) = cT(\boldsymbol{x})$．

例題 2.15 の小問 (1) については，F による像のベクトルの第 2 成分に y^2 という項があることから，F が線形写像でないことが見てとれる．
<u>線形写像でない</u>ことを示すためには，上記の2条件のどちらか一方が成り立たない例を<u>一つ</u>提示すればよい．どのような例を挙げるかは自由であるが，なるべくなら簡単なものを選びたい．

小問 (2) については，V を連立 1 次方程式の解空間としてとらえるのがよい．<u>任意定数を無駄なく含むような一般解を求めることは，解空間の基底を求める作業にほかならないのである</u>が，そういう認識があるかないかは，受験者の理解の度合いによる．「連立 1 次方程式を解け」といわれれば難なく解答できる者でも，「V の基底を求めよ」と問われると手が止まってしまう，ということがおうおうにして起こる．

小問 (3) はもう少し複雑であるが，ここでは，$\mathrm{Ker}(G)$ を V の部分空間としてとらえるのではなくて，$\mathbb{R}^5$ の部分空間としてとらえ直すことにより解答している．<u>一般に，(m, n) 型行列 M に対して，空間 $\{\boldsymbol{x} \in \mathbb{R}^n \mid M\boldsymbol{x} = \boldsymbol{0}\}$ の次元は $n - \mathrm{rank}(M)$ に等しい</u>ので，解答は M の階数を求めることに帰着される．

小問 (4) は，小問 (3) の結果と次元定理（次元公式）

$$\dim V = \dim \mathrm{Ker}(G) + \dim \mathrm{Im}(G)$$

を用いることにより解答している．ここで $\mathrm{Im}(G)$ は G の像空間を表す．

小問 (3) を経由せずに (4) を解くことも可能である．以下に別解を示す．

例題 2.15 (3), (4) の別解　$\boldsymbol{p}, \boldsymbol{q}, \boldsymbol{r}$ は小問 (2) の解答例において求めた V の基底とする．一方，$\boldsymbol{e}_1 = \begin{pmatrix} 1 \\ 0 \\ 0 \end{pmatrix}, \boldsymbol{e}_2 = \begin{pmatrix} 0 \\ 1 \\ 0 \end{pmatrix}, \boldsymbol{e}_3 = \begin{pmatrix} 0 \\ 0 \\ 1 \end{pmatrix}$ とする．これは $\mathbb{R}^3$ の自然な基底をなす．写像 G による $\boldsymbol{p}, \boldsymbol{q}, \boldsymbol{r}$ の像を計算すると

$$G(\boldsymbol{p}) = 0 \cdot \boldsymbol{e}_1 + 0 \cdot \boldsymbol{e}_2 + 0 \cdot \boldsymbol{e}_3,$$
$$G(\boldsymbol{q}) = 3\boldsymbol{e}_1 + 0 \cdot \boldsymbol{e}_2 - 3\boldsymbol{e}_3,$$
$$G(\boldsymbol{r}) = -4\boldsymbol{e}_1 + 6\boldsymbol{e}_2 + 4\boldsymbol{e}_3$$

となるので，V の基底 $\langle \boldsymbol{p}, \boldsymbol{q}, \boldsymbol{r} \rangle$ および $\mathbb{R}^3$ の基底 $\langle \boldsymbol{e}_1, \boldsymbol{e}_2, \boldsymbol{e}_3 \rangle$ に関する G の表現行

列は

$$\begin{pmatrix} 0 & 3 & -4 \\ 0 & 0 & 6 \\ 0 & -3 & 4 \end{pmatrix}$$

である．この行列の階数が 2 であることより（その確認は省略），$\dim \mathrm{Im}(G) = 2$ が分かる．さらに，次元定理より

$$\dim \mathrm{Ker}(G) = \dim V - \dim \mathrm{Im}(G) = 3 - 2 = 1$$

である．

解答終わり

別解においてポイントとなるのは，次の命題である．

命題 線形写像 G の像の次元は，G の任意の表現行列の階数に等しい．

行列は線形写像の表現としてとらえることができる．表現行列そのものは線形空間の基底の選び方によって変わるが，その階数は基底によらず一定であり，それは線形写像の像空間の次元と等しい．したがって，任意に基底を選んで，その基底に関する表現行列を求め，その階数を求めれば，線形写像の像空間の次元を求めることができる．

例題 2.15 には解答例を 2 通り与えたが，どちらにも線形代数に関するさまざまな知識が使われているので，読者は是非じっくりと吟味していただきたい．

複数の解法をマスターしていると，一つの解法を別のやり方でチェックすることによってミスを減らすこともできる．ただし，この場合，問題文の数値の写し間違いには十分に注意しなければならない．これは，解法云々以前の，あまりにも初歩的なミスであるため，「複数の解法による見直し」をすり抜ける危険性がある．

■ ま と め

すべての試験問題は総合問題である．——これは一面において正しい命題であるが，この例題 PART は特にその様相が濃い．ここで取り上げた問題に関していえば，問題とその解法との間に，「この種の問題にはこの解法を」というような「一対一の対応」がつくわけではない．これまでも繰り返し述べてきたことであるが，結局は，真摯に深く物事を理解しようとする勉学態度こそが求められる．

例題 PART 2.5　2次形式とジョルダン標準形

2 次 形 式

ここでは，線形代数に関する問題のうち，**2次形式**と**ジョルダン標準形**に関する問題を取り上げる．まず，2次形式について考察する．

例題 2.16（大阪大学大学院基礎工学研究科システム創成専攻）
次の問いに答えよ．ただし，T は転置を意味するものとする．

(問1) $A = \begin{pmatrix} 1 & 0 & -1 \\ 0 & 1 & -1 \\ -1 & -1 & 0 \end{pmatrix}$ とする．$\boldsymbol{x}, \boldsymbol{y}$ は3次元実数ベクトルとする．

  (a) A の固有値，および各固有値に属する固有ベクトルを求めよ．

  (b) 直交行列 P を一つ定め，変数変換 $\boldsymbol{x} = P\boldsymbol{y}$ を用いることにより，$F = {}^t\boldsymbol{x}A\boldsymbol{x}$ を標準形にせよ．ただし，(a) の結果を利用してもよい．

(問2) n 次の実対称行列 A の固有値がすべて正のとき，かつそのときに限り，A は正定値となることを示せ．ただし，任意の非零な n 次元実数ベクトル $\boldsymbol{x}$ に対して，${}^t\boldsymbol{x}A\boldsymbol{x} > 0$ となるとき，A は正定値であるという．

(問3) $\lambda_{\max}, \lambda_{\min}$ をそれぞれ n 次の実対称行列 A の最大の固有値，最小の固有値とする．${}^t\boldsymbol{x}\boldsymbol{x} = 1$ を満たすとき，次の不等式が成り立つことを示せ．ただし，$\boldsymbol{x}$ は n 次元実数ベクトルとする．

$$\lambda_{\min} \leq {}^t\boldsymbol{x}A\boldsymbol{x} \leq \lambda_{\max}$$

解答例　(問1) (a) A の固有多項式（特性多項式）を $\Phi_A(t)$ とすると

$$\Phi_A(t) = \det(tE_3 - A) = \begin{vmatrix} t-1 & 0 & 1 \\ 0 & t-1 & 1 \\ 1 & 1 & t \end{vmatrix}$$

$$= (t-2)(t-1)(t+1)$$

である（ここで E_3 は3次の単位行列を表す）．よって A の固有値は 2, 1, -1 である．

次に，固有値 2 に属する固有ベクトルを求める．$A\boldsymbol{x} = 2\boldsymbol{x}$（$\boldsymbol{x}$ は3次元ベクトル）を連立1次方程式とみて解くことにより，固有値 2 に属する固有ベクトルは $c_1 \begin{pmatrix} 1 \\ 1 \\ -1 \end{pmatrix}$ ($c_1 \neq 0$) という形であることが分かる．同様に，固有値 1 に属する固有ベクトルは $c_2 \begin{pmatrix} 1 \\ -1 \\ 0 \end{pmatrix}$ ($c_2 \neq 0$)，固有値 -1 に属する固有ベクトルは $c_3 \begin{pmatrix} 1 \\ 1 \\ 2 \end{pmatrix}$ ($c_3 \neq 0$) の形である．

(b) A が実対称行列であるので,上で求めた 3 つの相異なる固有値に属する固有ベクトルは互いに直交する.そこで,

$$p_1 = \frac{1}{\sqrt{3}}\begin{pmatrix} 1 \\ 1 \\ -1 \end{pmatrix}, \quad p_2 = \frac{1}{\sqrt{2}}\begin{pmatrix} 1 \\ -1 \\ 0 \end{pmatrix}, \quad p_3 = \frac{1}{\sqrt{6}}\begin{pmatrix} 1 \\ 1 \\ 2 \end{pmatrix}$$

とおけば,これらのベクトルのノルム(長さ)は 1 であり,互いに直交する.さらに

$$P = (p_1\ p_2\ p_3) = \begin{pmatrix} \frac{1}{\sqrt{3}} & \frac{1}{\sqrt{2}} & \frac{1}{\sqrt{6}} \\ \frac{1}{\sqrt{3}} & -\frac{1}{\sqrt{2}} & \frac{1}{\sqrt{6}} \\ -\frac{1}{\sqrt{3}} & 0 & \frac{2}{\sqrt{6}} \end{pmatrix}$$

とおけば,P は直交行列であり,$B = P^{-1}AP$ とおくと,

$$B = {}^tPAP = \begin{pmatrix} 2 & 0 & 0 \\ 0 & 1 & 0 \\ 0 & 0 & -1 \end{pmatrix}$$

が得られる(P が直交行列であることより,$P^{-1} = {}^tP$ であることに注意する).そこで $x = Py$ と変数変換し,$y = \begin{pmatrix} y_1 \\ y_2 \\ y_3 \end{pmatrix}$ とおくと,

$$F = {}^txAx = {}^t(Py)A(Py)$$
$$= {}^ty\,{}^tPAPy = {}^tyBy$$
$$= 2y_1^2 + y_2^2 - y_3^2$$

が得られる.これが求める標準形である.

(問 2) n 次実対称行列 A の n 個の固有値を(重複を込めて)$\lambda_1, \lambda_2, \cdots, \lambda_n$ とする.このとき,ある直交行列 P が存在して

$$B = P^{-1}AP = {}^tPAP = \begin{pmatrix} \lambda_1 & & \\ & \ddots & \\ & & \lambda_n \end{pmatrix} \quad \text{(対角行列)}$$

となる.そこで,n 次元実数ベクトル x に対して $x = Py$ と変数変換し,$y = \begin{pmatrix} y_1 \\ \vdots \\ y_n \end{pmatrix}$ とおくと,

$${}^txAx = {}^tyBy = \sum_{i=1}^n \lambda_i y_i^2$$

という関係が成り立つ.

いま，すべての λ_i が正であると仮定する．$\boldsymbol{x} \neq \boldsymbol{0}$ のとき，$\boldsymbol{y} = P^{-1}\boldsymbol{x}$ も零ベクトルでないことに注意すれば，$y_1, \cdots, y_n$ のうち，少なくともどれか 1 つは 0 でないので，
$$ {}^t\boldsymbol{x} A \boldsymbol{x} = \sum_{i=1}^{n} \lambda_i y_i{}^2 > 0 $$
が得られる．よって A は正定値である．

次に，ある j $(1 \leq j \leq n)$ に対して $\lambda_j \leq 0$ であると仮定する．第 j 成分が 1 であり，残りの成分がすべて 0 であるようなベクトルを $\boldsymbol{e}_j$ とし，$\boldsymbol{z} = P\boldsymbol{e}_j$ とおくと，$\boldsymbol{z}$ は零ベクトルではなく，かつ ${}^t\boldsymbol{z} A \boldsymbol{z} = {}^t\boldsymbol{e}_j B \boldsymbol{e}_j = \lambda_j \leq 0$ であるので，A は正定値でない．

以上のことより，n 次の実対称行列 A の固有値がすべて正のとき，かつそのときに限り，A は正定値となることが示された．

(問 3) 上の問 2 の解答で用いた記号をここでも用いることにする．さらに ${}^t\boldsymbol{x}\boldsymbol{x} = 1$ が成り立つと仮定すると，$\boldsymbol{y} = P^{-1}\boldsymbol{x}$ および ${}^tP = P^{-1}$ に注意すれば
$$ \sum_{i=1}^{n} y_i{}^2 = {}^t\boldsymbol{y}\boldsymbol{y} = {}^t({}^tP\boldsymbol{x})({}^tP\boldsymbol{x}) = {}^t\boldsymbol{x} P\, {}^tP \boldsymbol{x} = {}^t\boldsymbol{x}\boldsymbol{x} = 1 $$
が得られる．このとき，
$$ {}^t\boldsymbol{x} A \boldsymbol{x} = \sum_{i=1}^{n} \lambda_i y_i{}^2 \leq \sum_{i=1}^{n} \lambda_{\max} y_i{}^2 = \lambda_{\max} \sum_{i=1}^{n} y_i{}^2 = \lambda_{\max} $$
となる．同様にして
$$ {}^t\boldsymbol{x} A \boldsymbol{x} \geq \sum_{i=1}^{n} \lambda_{\min} y_i{}^2 = \lambda_{\min} $$
も示される．

解答終わり

行列 X の転置行列を表す記号としては X^T も用いられる．

斉次 2 次式（1 次の項や定数項のない 2 次式）を **2 次形式**という．n 変数の 2 次形式 $F(x_1, \cdots, x_n)$ は，その 2 次形式の係数が属する体（**係数体**とよぶことにする）の標数が 2 でない場合は，n **次対称行列** A を用いて

$$ F(x_1, \cdots, x_n) = {}^t\boldsymbol{x} A \boldsymbol{x} \quad \left(\boldsymbol{x} = \begin{pmatrix} x_1 \\ \vdots \\ x_n \end{pmatrix} \right) $$

と表すことができる．したがって，対称行列の考察を通じて 2 次形式を理解することが可能である．こうしたことから，2 次形式の理論は，しばしば線形代数の一部として取り扱われる．ただし，多くの線形代数の教科書においては，係数体が実数体 $\mathbb{R}$ で

ある場合に限定して議論を進めているので，ここでもそのような 2 次形式，すなわち**実 2 次形式**のみを考察することにする．

実 2 次形式については，実対称行列が直交行列によって対角化できるという事実が有用である．実際，例題 2.16 の解答もその事実を用いている．このあたりの状況をまとめると，次のようになる．

(a) 実対称行列 A によって定まる 2 次形式 ${}^t\!xAx$ に対して，正則行列 P を用いて変数変換 $x = Py$ を施すと，
$$
{}^t\!xAx = {}^t\!yBy
$$
となる．ここで $B = {}^t\!PAP$ である．

(b) 実対称行列 A は，ある直交行列 Q を用いて対角化できる．すなわち，
$$
Q^{-1}AQ = {}^t\!QAQ
$$
が対角行列となる．

(c) したがって，(a) の変数変換に用いる正則行列 P として (b) の直交行列 Q を選べば，2 次形式は
$$
\lambda_1 y_1{}^2 + \lambda_2 y_2{}^2 + \cdots + \lambda_n y_n{}^2
$$
という形に変換される．ここで，$\lambda_1, \cdots, \lambda_n$ は A の固有値である（実対称行列の固有値はすべて実数である）．

このようにして得られた簡単な 2 次形式（**標準形**）は，**直交標準形**ともよばれる．直交標準形は，直交座標系における **2 次超曲面**（2 次式によって定義された図形）の考察などに役立つ．

一方，上述の (c) の変換に用いる行列 P を直交行列に限定せず，より一般の正則行列の中から選んで，2 次形式をより簡単にしようとする立場もあり得る．

(d) n 変数の実 2 次形式 ${}^t\!xAx$ に対して，正則行列 P をうまく選んで変数変換 $x = Py$ を施せば，
$$
{}^t\!xAy = y_1{}^2 + \cdots + y_p{}^2 - y_{p+1}{}^2 - \cdots - y_{p+q}{}^2
$$
という形に変形できる．ここで y_i は y の第 i 成分を表す．さらに，上の式に現れた p, q は，変数変換に用いる正則行列 P の選び方によらず一定であり（**シルベスタの慣性法則**），p は重複を込めて数えたときの A の**正の固有値の個数**，q は**負の固有値の個数**に等しい．

上記の (d) の中で得られた形は**シルベスタ標準形**とよばれ，p と q の組 (p,q) は，この 2 次形式の**符号**とよばれる．

直交標準形とシルベスタ標準形は，どちらもしばしば単に「標準形」とよばれ，用途に応じて使い分けられる．したがって，問題作成にあたっては，解答者にどちらの標準形を求めさせるのかを明示する必要がある．

さて，例題 2.16 は，その文脈から，直交標準形に関する問題であると判断されるが，仮に例題 2.16 の小問 (1) の行列 A に対して，「2 次形式 ${}^t\boldsymbol{x}A\boldsymbol{x}$ の符号を求めよ」という問題が与えられたとしたら，次のような解答もあり得る．

直交行列による対角化を経由せずに符号を求める解答例 例題 2.16 (1) の行列 A の定める 2 次形式を平方完成すると

$$x_1^2 + x_2^2 - 2x_1x_3 - 2x_2x_3 = (x_1 - x_3)^2 + (x_2 - x_3)^2 - 2x_3^2 \tag{2.11}$$

となる．そこで，

$$y_1 = x_1 - x_3, \quad y_2 = x_2 - x_3, \quad y_3 = \sqrt{2}x_3$$

と変数変換することにより，この 2 次形式は，シルベスタ標準形 $y_1{}^2 + y_2{}^2 - y_3{}^2$ に変形される．よって，この 2 次形式の符号は $(2,1)$ である． **解答終わり**

このような変形は，対称行列を行と列に関して同時に掃き出す操作に対応している．詳細な検討は読者にゆだねるが，例えばいまの場合，(2.11) における平方完成は，次のような行列の対称な掃き出しと対応している．

$$A = \begin{pmatrix} 1 & 0 & -1 \\ 0 & 1 & -1 \\ -1 & -1 & 0 \end{pmatrix} \xrightarrow[C_3+C_1]{R_3+R_1} \begin{pmatrix} 1 & 0 & 0 \\ 0 & 1 & -1 \\ 0 & -1 & -1 \end{pmatrix}$$

$$\xrightarrow[C_3+C_2]{R_3+R_2} \begin{pmatrix} 1 & 0 & 0 \\ 0 & 1 & 0 \\ 0 & 0 & -2 \end{pmatrix}.$$

対称行列 A に対して，基本行列 X を用いて ${}^tXAX$ を得る操作は，行と列に対して対称に基本変形を施すことにほかならないが，そのような変形を繰り返すことによって，シルベスタ標準形に対応する対角行列（対角成分が 1，-1，0 のいずれかである対角行列）に到達する．

ジョルダン標準形

次に，ジョルダン標準形に関する問題を取り上げる．

例題 2.17（東京大学大学院情報理工学系研究科）
次の行列を A とおく．
$$\begin{pmatrix} 1 & 0 & 0 & 0 \\ 1 & 0 & 0 & 1 \\ 0 & 1 & 0 & 0 \\ 0 & 0 & 1 & 0 \end{pmatrix}.$$

次の問いに答えよ．
(1) A^2, A^3, A^4 を求めよ．
(2) 前問の結果を一般化し，非負整数 n に対して $A^{3n}, A^{3n+1}, A^{3n+2}$ を求めよ．
(3) A の固有多項式は何か．
(4) A の最小多項式は何か．その理由も簡単に述べよ．（A の最小多項式とは，$m(A) = O$ を満たす多項式 $m(x)$ のうちで，次数が最小であり最大次数の項の係数が 1 のもののことである．）
(5) A のジョルダン標準形 J および $PJ = AP$ を満たす正則行列 P を求めよ．

解答例 (1) $A^2 = \begin{pmatrix} 1 & 0 & 0 & 0 \\ 1 & 0 & 1 & 0 \\ 1 & 0 & 0 & 1 \\ 0 & 1 & 0 & 0 \end{pmatrix}$, $A^3 = \begin{pmatrix} 1 & 0 & 0 & 0 \\ 1 & 1 & 0 & 0 \\ 1 & 0 & 1 & 0 \\ 1 & 0 & 0 & 1 \end{pmatrix}$, $A^4 = \begin{pmatrix} 1 & 0 & 0 & 0 \\ 2 & 0 & 0 & 1 \\ 1 & 1 & 0 & 0 \\ 1 & 0 & 1 & 0 \end{pmatrix}.$

(2) $A^{3n} = \begin{pmatrix} 1 & 0 & 0 & 0 \\ n & 1 & 0 & 0 \\ n & 0 & 1 & 0 \\ n & 0 & 0 & 1 \end{pmatrix}$, $A^{3n+1} = \begin{pmatrix} 1 & 0 & 0 & 0 \\ n+1 & 0 & 0 & 1 \\ n & 1 & 0 & 0 \\ n & 0 & 1 & 0 \end{pmatrix}$, $A^{3n+2} = \begin{pmatrix} 1 & 0 & 0 & 0 \\ n+1 & 0 & 1 & 0 \\ n+1 & 0 & 0 & 1 \\ n & 1 & 0 & 0 \end{pmatrix}$

であることを数学的帰納法により証明する．小問 (1) の結果より，$n = 0$ のときは正しい．非負整数 k に対して上の主張が正しいと仮定すると，

$$A^{3k+3} = A^{3k+2}A = \begin{pmatrix} 1 & 0 & 0 & 0 \\ k+1 & 0 & 1 & 0 \\ k+1 & 0 & 0 & 1 \\ k & 1 & 0 & 0 \end{pmatrix} \begin{pmatrix} 1 & 0 & 0 & 0 \\ 1 & 0 & 0 & 1 \\ 0 & 1 & 0 & 0 \\ 0 & 0 & 1 & 0 \end{pmatrix} = \begin{pmatrix} 1 & 0 & 0 & 0 \\ k+1 & 1 & 0 & 0 \\ k+1 & 0 & 1 & 0 \\ k+1 & 0 & 0 & 1 \end{pmatrix},$$

$$A^{3k+4} = A^{3k+3}A = \begin{pmatrix} 1 & 0 & 0 & 0 \\ k+2 & 0 & 0 & 1 \\ k+1 & 1 & 0 & 0 \\ k+1 & 0 & 1 & 0 \end{pmatrix},$$

$$A^{3k+5} = A^{3k+4}A = \begin{pmatrix} 1 & 0 & 0 & 0 \\ k+2 & 0 & 1 & 0 \\ k+2 & 0 & 0 & 1 \\ k+1 & 1 & 0 & 0 \end{pmatrix}$$

が得られる．これは $n=k+1$ に対しても上の主張が成り立つことを意味する．

(3) A の固有多項式を $\Phi_A(x)$ とすると

$$\Phi_A(x) = \det(xE_4 - A) = \begin{vmatrix} x-1 & 0 & 0 & 0 \\ -1 & x & 0 & -1 \\ 0 & -1 & x & 0 \\ 0 & 0 & -1 & x \end{vmatrix} = (x-1)\begin{vmatrix} x & 0 & -1 \\ -1 & x & 0 \\ 0 & -1 & x \end{vmatrix}$$

$$= (x-1)(x^3-1) = x^4 - x^3 - x + 1$$

である．ここで，E_4 は 4 次の単位行列を表す．また，計算の途中で，行列式の第 1 行に関する展開を用いている．

(4) 固有多項式を因数分解すると

$$\Phi_A(x) = (x-1)^2(x-\omega)(x-\omega^2)$$

である．ここで，$\omega = \frac{-1+\sqrt{-3}}{2}$ であり，$\omega^3 = 1$ を満たす．したがって，A の最小多項式は $(x-1)(x-\omega)(x-\omega^2) = x^3-1$ または $(x-1)^2(x-\omega)(x-\omega^2) = x^4-x^3-x+1$ のいずれかである．ところが，小問 (1) の結果より，<u>$A^3 - E_4$ は零行列でないので，最小多項式は x^3-1 ではあり得ない</u>．よって A の最小多項式 $m(x)$ は固有多項式と一致し，

$$m(x) = x^4 - x^3 - x + 1 = (x-1)^2(x-\omega)(x-\omega^2)$$

である．

(5) A の固有多項式が

$$\Phi_A(x) = (x-1)^2(x-\omega)(x-\omega^2)$$

であることより，A のジョルダン標準形 J は，ジョルダン細胞（ジョルダンブロック）の順序を別とすれば，$\begin{pmatrix} 1 & 1 & 0 & 0 \\ 0 & 1 & 0 & 0 \\ 0 & 0 & \omega & 0 \\ 0 & 0 & 0 & \omega^2 \end{pmatrix}$ または $\begin{pmatrix} 1 & 0 & 0 & 0 \\ 0 & 1 & 0 & 0 \\ 0 & 0 & \omega & 0 \\ 0 & 0 & 0 & \omega^2 \end{pmatrix}$ である．しかし，<u>対角化可能な行列の最小多項式は重根を持たない</u>ので，小問 (4) の結果を考え合わせれば，この場合，$J = \begin{pmatrix} 1 & 1 & 0 & 0 \\ 0 & 1 & 0 & 0 \\ 0 & 0 & \omega & 0 \\ 0 & 0 & 0 & \omega^2 \end{pmatrix}$ が得られる．

次に $PJ = AP$ となる正則行列 P の例を 1 つ求める．P の第 j 列を $\boldsymbol{p}_j$ とおく $(1 \le j \le 4)$: $P = (\boldsymbol{p}_1\,\boldsymbol{p}_2\,\boldsymbol{p}_3\,\boldsymbol{p}_4)$．このとき

$$PJ = (\boldsymbol{p}_1\,\boldsymbol{p}_2\,\boldsymbol{p}_3\,\boldsymbol{p}_4)\begin{pmatrix} 1 & 1 & 0 & 0 \\ 0 & 1 & 0 & 0 \\ 0 & 0 & \omega & 0 \\ 0 & 0 & 0 & \omega^2 \end{pmatrix} = (\boldsymbol{p}_1\;\boldsymbol{p}_1+\boldsymbol{p}_2\;\omega\boldsymbol{p}_3\;\omega^2\boldsymbol{p}_4),$$

$$AP = (A\boldsymbol{p}_1 \ A\boldsymbol{p}_2 \ A\boldsymbol{p}_3 \ A\boldsymbol{p}_4)$$

であるので，
$$\begin{cases} A\boldsymbol{p}_1 = \boldsymbol{p}_1, \\ A\boldsymbol{p}_2 = \boldsymbol{p}_1 + \boldsymbol{p}_2, \\ A\boldsymbol{p}_3 = \omega \boldsymbol{p}_3, \\ A\boldsymbol{p}_4 = \omega^2 \boldsymbol{p}_4 \end{cases}$$

が成り立つことが分かる．第1式，第3式，第4式をそれぞれ連立1次方程式とみて解くことにより $\boldsymbol{p}_1, \boldsymbol{p}_3, \boldsymbol{p}_4$ が得られ，さらに，第1式の解を第2式に代入して方程式を解けば $\boldsymbol{p}_2$ が得られる．これらの解は一意的ではないが，例えば

$$\boldsymbol{p}_1 = \begin{pmatrix} 0 \\ 1 \\ 1 \\ 1 \end{pmatrix}, \quad \boldsymbol{p}_2 = \begin{pmatrix} 3 \\ 2 \\ 1 \\ 0 \end{pmatrix}, \quad \boldsymbol{p}_3 = \begin{pmatrix} 0 \\ \omega^2 \\ \omega \\ 1 \end{pmatrix}, \quad \boldsymbol{p}_4 = \begin{pmatrix} 0 \\ \omega \\ \omega^2 \\ 1 \end{pmatrix}$$

とし，
$$P = (\boldsymbol{p}_1 \, \boldsymbol{p}_2 \, \boldsymbol{p}_3 \, \boldsymbol{p}_4) = \begin{pmatrix} 0 & 3 & 0 & 0 \\ 1 & 2 & \omega^2 & \omega \\ 1 & 1 & \omega & \omega^2 \\ 1 & 0 & 1 & 1 \end{pmatrix}$$

とすればよい．

解答終わり

ジョルダン標準形に関する基本事項をまとめておく．

(a) 2つの**複素** n 次正方行列 A, B に対して，ある複素 n 次正則行列 P が存在して $B = P^{-1}AP$ を満たすとき，A と B とは<u>相似</u>であるということにする．

(b) 一般に，正方行列は対角化可能であるとは限らない．しかし，任意の複素正方行列 A は，**ジョルダン標準形**とよばれる行列 J と相似である．J は**ジョルダン細胞（ジョルダンブロック）**とよばれる行列の**直和**である．また，ジョルダン細胞の並べ方を別とすれば，ジョルダン標準形 J は A に対して一意的に定まる．

(c) 2つの複素正方行列が相似であるとき，それらの**固有多項式（特性多項式）**は等しい．また，それらの**最小多項式**も等しい．

したがって，<u>ジョルダン標準形の固有多項式や最小多項式を調べることにより，一般の複素正方行列の固有多項式と最小多項式についてある程度知ることができる．また逆に，複素正方行列 A の固有多項式や最小多項式を調べれば，A のジョルダン標準形 J の形をある程度特定することができる．</u>

具体的には，例えば次のことが分かる．

(d) 複素 n 次正方行列 A の固有多項式 $\Phi_A(x)$ が

$$\Phi_A(x) = \prod_{i=1}^{s}(x-\alpha_i)^{n_i}$$

($\alpha_1, \cdots, \alpha_s$ は A の相異なる固有値) と分解されるとき，A の最小多項式 $m(x)$ は

$$m(x) = \prod_{i=1}^{s}(x-\alpha_i)^{m_i} \quad (1 \leq m_i \leq n_i;\ i=1,\cdots,s)$$

の形である．特に $\Phi_A(A) = O$ (O は零行列) が成り立つ (**ケーリー–ハミルトンの定理**)．

また，A が対角化可能であることと，A の最小多項式が $\mathbb{C}$ 内に重根をもたないこと (すなわち任意の i に対して $m_i = 1$ であること) とは同値である．

例題 2.17 の解答例においても，このことを利用してジョルダン標準形を特定している．ただし，最小多項式が分かったからといって，必ずしもジョルダン標準形が求められるわけではない．ジョルダン標準形が異なっていても，最小多項式が一致する場合があるからである．その場合は，例えば次のようなことが有用である．

(e) 上述の (d) のように n 次複素正方行列 A の固有多項式が分解されるとき，

$$\operatorname{rank}(A - \alpha_i E_n)^k \quad (i = 1, \cdots, s;\ 1 \leq k \leq n_i)$$

を調べれば，A のジョルダン標準形が完全に決定できる．ここで $\operatorname{rank}(X)$ は行列 X の階数を表し，E_n は n 次の単位行列を表す．

さて，A のジョルダン標準形 J の形が決まれば，$P^{-1}AP = J$ を満たす正則行列 P を求めることはそれほど難しくない．小問 (5) の解答例を参考にしていただきたい．

ジョルダン標準形については，その存在と一意性を証明するだけでかなりの労力を要するが，証明を追跡することと，理論の全容を理解することとは違う．学習にあたっては，基本的な定理の証明が済んだのちに，もう一度理論を振り返ってみることをお勧めする．そのことによって，全体が見通しよく整理される．

■ ま と め

この例題 PART では 2 次形式とジョルダン標準形に関して，それぞれ 1 問ずつ取り上げた．

第2章　演習問題A

A.1　(東京工業大学大学院理工学研究科有機・高分子物質専攻)

同一平面上の直線間の関係につき，次の問いに答えよ．

(1) 2直線
$$x - 4y = 1,$$
$$5x + 2y = 6$$

の交点を通って，直線
$$3x + 4y = 1$$

に垂直な直線の方程式を求めよ．

(2) 3直線
$$2x + ay = 8,$$
$$4x - y = 2,$$
$$ax - 5y + 7 = 0$$

が1点で交わるような a の値を求めよ．

A.2　(東京大学大学院工学系研究科(旧)環境海洋工学専攻)

次の行列 A を，対称行列 R ($R = {}^tR$) と交代行列 S ($S = -{}^tS$) の和で表せ．ここで ${}^tR, {}^tS$ は，それぞれ R, S の転置行列を表す．

$$A = \begin{pmatrix} 3 & -4 & -1 \\ 6 & 0 & -1 \\ -3 & 11 & -4 \end{pmatrix}.$$

A.3　(京都大学大学院情報学研究科通信情報システム専攻)

次の行列 A と自然数 n に対して A^n を求めよ．

$$A = \begin{pmatrix} a & b & d \\ 0 & a & c \\ 0 & 0 & a \end{pmatrix}.$$

A.4　(北海道大学大学院工学研究科環境社会工学系)

次の行列の逆行列を求めよ．

$$\begin{pmatrix} 2 & -1 & 0 \\ -1 & 2 & -1 \\ 0 & -1 & 1 \end{pmatrix}.$$

A.5 (東京大学大学院工学系研究科化学システム工学専攻)

次の行列式の値を求めよ．

(1) $\begin{vmatrix} 3 & 1 & 1 \\ 7 & 3 & 1 \\ 5 & 1 & 1 \end{vmatrix}$ (2) $\begin{vmatrix} 1 & 1 & 1 & 1 \\ -1 & 1 & 1 & -1 \\ -1 & -1 & 1 & 1 \\ -1 & 1 & -1 & 1 \end{vmatrix}$

A.6 (東京工業大学大学院理工学研究科土木工学専攻)

$A = \begin{pmatrix} 5 & 0 \\ 3 & 2 \end{pmatrix}, \boldsymbol{x} = \begin{pmatrix} 1 \\ 2 \end{pmatrix}$ とする．

(1) A の固有値とその固有ベクトルを求めよ．ただし固有ベクトルは正規化して示すこと．

(2) $\begin{pmatrix} \alpha \\ \beta \end{pmatrix} = A^m \boldsymbol{x}$ とする．$\displaystyle\lim_{m \to \infty} \frac{\alpha}{\beta}$ を求めよ．

A.7 (名古屋大学大学院情報科学研究科情報システム学専攻・メディア科学専攻)

行列 $A = \begin{pmatrix} 1 & 1 & 2 \\ 0 & 2 & 2 \\ -1 & 1 & 3 \end{pmatrix}$ について，次の問いに答えよ．

(1) A の固有値と，それに対応する固有ベクトルで長さが 1 のものを求めよ．

(2) A^2 を求めよ．

(3) $A^3 = c_2 A^2 + c_1 A + c_0 E$ を満たす実数 c_2, c_1, c_0 を求めよ．ただし，E は単位行列を表す．

A.8 (北海道大学大学院情報科学研究科メディアネットワーク専攻)

次の 3 つのベクトル $\boldsymbol{p}, \boldsymbol{q}, \boldsymbol{r}$ に関して，以下の問いに答えよ．

$$\boldsymbol{p} = \begin{pmatrix} 1 \\ 2 \\ a \end{pmatrix}, \quad \boldsymbol{q} = \begin{pmatrix} a \\ 2 \\ 4 \end{pmatrix}, \quad \boldsymbol{r} = \begin{pmatrix} 1 \\ 1 \\ a \end{pmatrix}.$$

(1) これらのベクトルが 1 次独立となるための条件を示せ．

(2) $a = 3$ のとき，次の等式を満たす行列 A を求めよ．

$$A\boldsymbol{p} = \begin{pmatrix} 1 \\ 0 \\ 1 \end{pmatrix}, \quad A\boldsymbol{q} = \begin{pmatrix} 1 \\ 1 \\ 0 \end{pmatrix}, \quad A\boldsymbol{r} = \begin{pmatrix} 0 \\ 1 \\ 1 \end{pmatrix}.$$

A.9 (北海道大学大学院情報科学研究科複合情報学専攻：改題)

実ベクトル空間 $\mathbb{R}^3$ における以下のベクトルを考える．

$$\boldsymbol{a}_1 = \begin{pmatrix} 0 \\ 1 \\ 1 \end{pmatrix}, \quad \boldsymbol{a}_2 = \begin{pmatrix} 1 \\ 0 \\ 1 \end{pmatrix}, \quad \boldsymbol{a}_3 = \begin{pmatrix} 2 \\ 2 \\ -1 \end{pmatrix}.$$

グラム–シュミットの直交化法に従って，これらのベクトルを a_1, a_2, a_3 の順序で正規直交化せよ．ただし，$\mathbb{R}^3$ には標準的な内積が与えられているものとする．

A.10 (北海道大学大学院理学院自然史科学専攻)

次の問いに沿って，行列 K を対角化せよ．ただし，i は虚数単位である．

$$K = \begin{pmatrix} 2i & 3+3i \\ -3+3i & 5i \end{pmatrix}.$$

(1) 行列 K の固有値を求めよ．
(2) 各固有値に対する固有ベクトルを求め，それらが互いに直交することを示せ．
(3) 正規化した固有ベクトルを列にして並べた行列 U を求めよ．
(4) $KU = U\Lambda$ を示せ．ただし，行列 Λ は対角行列で，その対角成分は小問 (1) で求めた K の固有値とする．
(5) 行列 U は正則行列であり，その逆行列 U^{-1} は随伴行列 U^* であることを示せ．さらに，小問 (4) の結果と合わせて，行列 K を対角化せよ．ただし，U^* は，行列 U の各成分の複素共役をとり，さらに転置した行列である．

A.11 (筑波大学大学院システム情報工学研究科経営・政策科学専攻・社会システム工学専攻)

2 次式

$$6x^2 - 4xy + 9y^2 = 10 \qquad ①$$

について，次の問いに答えよ．

(1) $\boldsymbol{x} = \begin{pmatrix} x \\ y \end{pmatrix}$ とするとき，

$$6x^2 - 4xy + 9y^2 = {}^t\boldsymbol{x} A \boldsymbol{x}$$

となる対称行列 A を求めよ．ただし，${}^t\boldsymbol{x}$ は $\boldsymbol{x}$ の転置である．

(2) 上の行列 A を対角化する直交行列 P を示し，A を P によって対角化せよ．
(3) 上で得られた P を用いて $\boldsymbol{x} = P\boldsymbol{x}'$，$\boldsymbol{x}' = \begin{pmatrix} x' \\ y' \end{pmatrix}$ とおいて，2 次形式

$$6x^2 - 4xy + 9y^2$$

の標準形を求めよ．

(4) 平面 $\mathbb{R}^2$ において，2 次式 ① で表される曲線を図示せよ．

第 2 章　演習問題 B

B.1 #（筑波大学大学院システム情報工学研究科経営・政策科学専攻・社会システム工学専攻）

平面 $\mathbb{R}^2$ 上の 3 点 $(x_1,y_1), (x_2,y_2), (x_3,y_3)$ は一直線上の点ではないとする. x_1, x_2, x_3 が互いに相異なる実数であるとき, 次の問いに答えよ.

(1) $\begin{vmatrix} x_1^2 & x_1 & 1 \\ x_2^2 & x_2 & 1 \\ x_3^2 & x_3 & 1 \end{vmatrix} \neq 0$ を示せ.

(2) $\begin{vmatrix} x_1 & y_1 & 1 \\ x_2 & y_2 & 1 \\ x_3 & y_3 & 1 \end{vmatrix} \neq 0$ を示せ.

(3) 3 点 $(x_1,y_1), (x_2,y_2), (x_3,y_3)$ を通る放物線
$$y = ax^2 + bx + c$$
が存在することを示せ.

B.2 #（京都大学大学院情報学研究科数理工学専攻：改題）

3 次実正方行列 A を列ベクトル $\boldsymbol{a}, \boldsymbol{b}, \boldsymbol{c}$ を用いて $A = (\boldsymbol{a}\,\boldsymbol{b}\,\boldsymbol{c})$ のように表す. 次の問いに答えよ. ただし, $\boldsymbol{a} \times \boldsymbol{b}$ は $\boldsymbol{a}$ と $\boldsymbol{b}$ の外積, $(\boldsymbol{a},\boldsymbol{b})$ は $\boldsymbol{a}$ と $\boldsymbol{b}$ の内積, $\|\boldsymbol{a}\|$ は $\boldsymbol{a}$ のノルムを表す.

(1) $(\boldsymbol{a} \times \boldsymbol{b}, \boldsymbol{c}) = \det A$ を示せ.

(2) 不等式
$$|\det A| \leq \|\boldsymbol{a}\|\|\boldsymbol{b}\|\|\boldsymbol{c}\|$$
を証明せよ. また, 等号が成り立つのはどのような場合か.

B.3（北海道大学大学院情報科学研究科複合情報学専攻）

実ベクトル空間 $\mathbb{R}^4$ における以下のベクトルを考える.

$$\boldsymbol{b}_1 = \begin{pmatrix} 1 \\ 0 \\ 3 \\ 2 \end{pmatrix}, \quad \boldsymbol{b}_2 = \begin{pmatrix} 2 \\ 1 \\ 0 \\ 3 \end{pmatrix}, \quad \boldsymbol{b}_3 = \begin{pmatrix} 0 \\ 3 \\ 2 \\ 1 \end{pmatrix}, \quad \boldsymbol{b}_4 = \begin{pmatrix} 3 \\ 2 \\ 1 \\ 0 \end{pmatrix}.$$

これらのベクトルから生成される部分空間 W の次元を求めよ.

B.4 #（名古屋大学大学院情報科学研究科計算機数理科学専攻）

s, t を実数とし, $A = \begin{pmatrix} s & -3 & 0 \\ 1 & 0 & 2 \\ 1 & t & 2t \end{pmatrix}$ とする. $f : \mathbb{R}^3 \to \mathbb{R}^3$ を $f(\boldsymbol{x}) = A\boldsymbol{x}$ $(\boldsymbol{x} \in \mathbb{R}^3)$ により定める. また, $\mathbb{R}^3$ の部分空間 W を

$$W = \left\{ \begin{pmatrix} x \\ y \\ z \end{pmatrix} \in \mathbb{R}^3 \ \middle|\ x+y-2z=0 \right\}$$

で定義する．このとき，次の問いに答えよ．

(1) $f(W) \subset W$ であるとき，s, t の値を求めよ．

以下，s, t は小問 (1) で求めた値とする．

(2) A の行列式を求めよ．

(3) $\mathbb{R}^3$ に自然な内積を考えるとき，W の直交補空間 $W^\perp$ の基底となるベクトル $\boldsymbol{v}$ を 1 つあげよ．

(4) 小問 (3) の $\boldsymbol{v}$ について，$f(\boldsymbol{v})$ の $W^\perp$ への正射影は $\boldsymbol{v}$ の何倍か．

(5) f を W に制限して得られる W 上の線形変換の行列式を求めよ．

B.5 （筑波大学大学院数理物質科学研究科物理学専攻・物質創成先端科学専攻：改題）

次の行列 A に関し，以下の問いに答えよ．ただし，a, b は実数とする．

$$A = \begin{pmatrix} a & -a & 0 \\ -b & 2b & -b \\ 0 & -a & a \end{pmatrix}.$$

(1) A の固有値を求めよ．

(2) 上の固有値に対する固有ベクトルを求めよ．

(3) 3 つの固有ベクトルを選んで直交系とすることができるための条件を示せ．

(4) 3 つの固有ベクトル $\boldsymbol{u}_1, \boldsymbol{u}_2, \boldsymbol{u}_3$ を選び，行列 $P \equiv (\boldsymbol{u}_1\ \boldsymbol{u}_2\ \boldsymbol{u}_3)$ を用いて A を対角化することができるための条件を求めよ．さらに，対角化可能な場合は対角化せよ．

(5) $A^3 - 2(a+b)A^2 + a(a+2b)A$ を求めよ．

B.6# （東京大学大学院新領域創成科学研究科先端エネルギー工学専攻）

(1) 次の行列 A の固有値と固有ベクトルを求めよ．

$$A = \begin{pmatrix} 0 & 1 & 0 \\ -2 & -3 & 1 \\ 0 & 0 & -\frac{1}{2} \end{pmatrix}.$$

(2) 小問 (1) の行列 A の固有値を $\lambda_1, \lambda_2, \lambda_3$，固有ベクトルを $\boldsymbol{t}_1, \boldsymbol{t}_2, \boldsymbol{t}_3$ と表したとき，行列 $T = (\boldsymbol{t}_1\ \boldsymbol{t}_2\ \boldsymbol{t}_3)$ を用いると，ある対角行列 Λ に対して

$$T^{-1}AT = \Lambda$$

が成り立つことを証明し，Λ を求めよ．

(3) 次の n 次正方行列 B の固有多項式 $|tE_n - B|$ を求めよ．ここで，$|\ |$ は行列

式，t は変数，E_n は単位行列，a_i $(i=1,\cdots,n)$ は実数である．

$$B = \begin{pmatrix} 0 & 1 & 0 & \cdots & \cdots & \cdots & \cdots & 0 \\ 0 & 0 & 1 & 0 & & & & 0 \\ \vdots & \vdots & \ddots & \ddots & \ddots & & \vdots & \vdots \\ & & & \ddots & \ddots & \ddots & & \\ \vdots & \vdots & & & \ddots & \ddots & \ddots & \vdots \\ 0 & 0 & \cdots & \cdots & \cdots & 0 & 1 & 0 \\ 0 & 0 & \cdots & \cdots & \cdots & 0 & 0 & 1 \\ -a_1 & -a_2 & \cdots & \cdots & \cdots & \cdots & -a_{n-1} & -a_n \end{pmatrix}.$$

(4) 小問 (3) の行列 B に関し，固有値を λ_i $(i=1,\cdots,n)$ と表したとき，

$$|B| = \prod_{i=1}^{n} \lambda_i = (-1)^n a_1, \quad \mathrm{tr}(B) = \sum_{i=1}^{n} \lambda_i = -a_n$$

であることを示せ．ここで，tr はトレースである．

(5) 小問 (3) の行列 B において，固有値が $\lambda_i \neq \lambda_j$ $(i,j=1,\cdots,n; i \neq j)$ のとき，行列 B は次のヴァンデルモンド行列 V で対角化されることを示せ．

$$V = \begin{pmatrix} 1 & 1 & \cdots & 1 \\ \lambda_1 & \lambda_2 & \cdots & \lambda_n \\ \lambda_1^2 & \lambda_2^2 & \cdots & \lambda_n^2 \\ \vdots & \vdots & & \vdots \\ \lambda_1^{n-1} & \lambda_2^{n-1} & \cdots & \lambda_n^{n-1} \end{pmatrix}.$$

(6) 以上の結果を用いて，小問 (1) の行列 A に対して，ある正則行列 Q をとり，$Q^{-1}AQ$ が小問 (3) の行列 B の形になるようにせよ．

B.7# (京都大学大学院情報学研究科数理工学専攻)

3 次実正方行列 X と実パラメータ t に対して

$$\det(tE_3 - X) = t^3 - \varphi_1(X)t^2 + \varphi_2(X)t - \varphi_3(X)$$

とおいて，関数 $\varphi_j(X)$ $(j=1,2,3)$ を定める．次の等式を示せ．

$$\varphi_1(X) = \mathrm{tr}(X), \quad \varphi_2(X) = \sum_{k=1}^{3} \det\left(X^{(k,k)}\right), \quad \varphi_3(X) = \det X.$$

ただし，det は正方行列の行列式を表し，E_3 は単位行列である．また，tr は正方行列のトレースであり，$X^{(i,j)}$ は行列 X から第 i 行と第 j 列を取り除いてできる 2 次正方行列を表すものとする．

B.8 (名古屋大学大学院情報科学研究科複雑系科学専攻:改題)

n は 2 以上の自然数とする.実線形空間 V に 1 次独立な元 $\boldsymbol{v}_1, \boldsymbol{v}_2, \cdots, \boldsymbol{v}_n$ があるとする.次の問いに答えよ.

(1) $\boldsymbol{v}_i$ と $\boldsymbol{v}_j$ の内積 $(\boldsymbol{v}_i, \boldsymbol{v}_j)$ が

$$(\boldsymbol{v}_i, \boldsymbol{v}_j) = \delta_{ij} = \begin{cases} 1 & (i = j) \\ 0 & (i \neq j) \end{cases} \quad (i, j = 1, 2, \cdots, n)$$

を満たすとし,$\boldsymbol{x} \in V$ が次式のように $\boldsymbol{v}_1, \boldsymbol{v}_2, \cdots, \boldsymbol{v}_n$ の線形結合で表されているとする:

$$\boldsymbol{x} = c_1 \boldsymbol{v}_1 + c_2 \boldsymbol{v}_2 + \cdots + c_n \boldsymbol{v}_n.$$

このとき,$c_i = (\boldsymbol{x}, \boldsymbol{v}_i)$ $(i = 1, 2, \cdots, n)$ が成り立つことを示せ.

(2) n 個の元 $\boldsymbol{v}_1 + \boldsymbol{v}_2, \boldsymbol{v}_2 + \boldsymbol{v}_3, \ldots, \boldsymbol{v}_{n-1} + \boldsymbol{v}_n, \boldsymbol{v}_n + \boldsymbol{v}_1$ が 1 次独立であるためには n が奇数か偶数かどちらになるべきか判定せよ.なお,その答えに至った根拠も示せ.

B.9 (京都大学大学院工学研究科機械理工学専攻・マイクロエンジニアリング専攻・航空宇宙工学専攻)

$\mathbb{R}^3$ の元 $\boldsymbol{a}_1, \boldsymbol{a}_2, \boldsymbol{a}_3$ は線形独立であるとする.$\boldsymbol{a}_1, \boldsymbol{a}_2, \boldsymbol{a}_3$ から順次

$$\boldsymbol{b}_1 = \boldsymbol{a}_1, \quad \boldsymbol{b}_2 = \alpha_1 \boldsymbol{b}_1 + \boldsymbol{a}_2, \quad \boldsymbol{b}_3 = \beta_1 \boldsymbol{b}_1 + \beta_2 \boldsymbol{b}_2 + \boldsymbol{a}_3 \quad (\alpha_1, \beta_1, \beta_2 \in \mathbb{R})$$

とおいて $\boldsymbol{b}_1, \boldsymbol{b}_2, \boldsymbol{b}_3$ を定めたとき,$\boldsymbol{b}_1, \boldsymbol{b}_2, \boldsymbol{b}_3$ は互いに直交しているものとする.さらに

$$\boldsymbol{q}_i = \frac{1}{\|\boldsymbol{b}_i\|} \boldsymbol{b}_i \quad (i = 1, 2, 3)$$

とおく.次の問いに答えよ.ただし,$\mathbb{R}^3$ の元 $\boldsymbol{a}, \boldsymbol{b}$ には標準的な内積 $(\boldsymbol{a}, \boldsymbol{b})$ が与えられているとし,$\|\boldsymbol{a}\| = \sqrt{(\boldsymbol{a}, \boldsymbol{a})}$ とする.

(1) $\alpha_1, \beta_1, \beta_2$ を,$\boldsymbol{a}_1, \boldsymbol{a}_2, \boldsymbol{a}_3, \boldsymbol{b}_1, \boldsymbol{b}_2, \boldsymbol{b}_3$ を用いて表せ.

(2) 行列 A, Q を $A = (\boldsymbol{a}_1\, \boldsymbol{a}_2\, \boldsymbol{a}_3)$,$Q = (\boldsymbol{q}_1\, \boldsymbol{q}_2\, \boldsymbol{q}_3)$ と定めるとき,ある行列

$$R = \begin{pmatrix} r_{11} & r_{12} & r_{13} \\ 0 & r_{22} & r_{23} \\ 0 & 0 & r_{33} \end{pmatrix}$$

に対して $A = QR$ が成り立つことを示し,さらに,r_{ij} $(1 \leq i \leq j \leq 3)$ を,$\boldsymbol{a}_1, \boldsymbol{a}_2, \boldsymbol{a}_3, \boldsymbol{q}_1, \boldsymbol{q}_2, \boldsymbol{q}_3$ を用いて表せ.

(3) Q の転置行列は Q の逆行列であることを示せ.

(4) 小問 (1), (2), (3) の結果を利用して,以下の式を満足する x_1, x_2, x_3 の値を求めよ.

$$\begin{pmatrix} 0 & 0 & 1 \\ 2 & 1 & 3 \\ 0 & 3 & -1 \end{pmatrix} \begin{pmatrix} x_1 \\ x_2 \\ x_3 \end{pmatrix} = \begin{pmatrix} -3 \\ -4 \\ 6 \end{pmatrix}.$$

B.10# （東京大学大学院理学系研究科物理学専攻）

A, B は n 行 n 列の複素行列であり，

$$A^2 = B^2 = E, \quad AB + BA = O$$

を満たすものとする．ただし，E は単位行列，O はすべての成分が 0 に等しい零行列である．また，行列 C, D をそれぞれ

$$C = -iAB, \quad D = A + iB$$

によって定義する．i は虚数単位である．このとき，次の問いに答えよ．

(問1) 行列 A の固有値の取り得る値をすべて求めよ．

(問2) $C^2 = E$ となること，また

$$BC + CB = CA + AC = O$$

となることを示せ．

(問3) $D^2 = O$ かつ $D \neq O$ となることを示せ．

(問4) 問3の結果により，$D\bm{r} \neq \bm{0}$（ただし $\bm{0}$ は零ベクトル）となる縦ベクトル $\bm{r}$ が存在する．ここで $\bm{p} = D\bm{r}$ によりベクトル $\bm{p}$ を定義すると，$\bm{p} \neq \bm{0}$ かつ $D\bm{p} = D^2\bm{r} = \bm{0}$ を満たす．また $\bm{p}$ を用いて，ベクトル $\bm{q}$ を，$\bm{q} = \frac{1}{2}(A - iB)\bm{p}$ によって定義する．

  (a) ベクトル $\bm{p}, \bm{q}$ は，ともに行列 C の固有ベクトルになっていることを示し，それぞれの固有値を求めよ．

  (b) ベクトル $\bm{p}, \bm{q}$ は互いに線形独立であることを証明せよ．

(問5) 以下では $n = 2$ とし，問4で定義した $\bm{p}, \bm{q}$ が 2 次元縦ベクトルとなる場合を考える．

  (a) $\bm{p}, \bm{q}$ を並べて作った 2 次正方行列 $P = (\bm{p}\ \bm{q})$ は正則であることを，問4の結果を用いることによって示せ．

  (b) 行列 $P^{-1}CP$ を計算せよ．

  (c) 行列 $P^{-1}(A \pm iB)P$ を計算することによって，$P^{-1}AP$ および $P^{-1}BP$ を求めよ．

(問6) $n = 2$ のとき，行列 A, B, C の具体形を 1 組与えよ．

第3章 微積分

3.1 1変数関数の微積分

●**関数の連続性**● $x = a$ のまわりで定義された関数 $f(x)$ に対して,
$$\lim_{x \to a} f(x) = f(a)$$
が成り立つとき, $f(x)$ は $x = a$ で**連続**であるという. また, 関数 $f(x)$ が区間 I のすべての点で連続であるとき, $f(x)$ は I で連続であるという.

> **中間値の定理**: $f(x)$ は有界閉区間 $[a, b]$ で連続とする. このとき, $f(a)$ と $f(b)$ の間の任意の数 k に対して,
> $$f(c) = k$$
> を満たす c $(a \leq c \leq b)$ が存在する.

●**微分可能性**● 極限
$$\lim_{x \to a} \frac{f(x) - f(a)}{x - a}$$
が存在するとき, $f(x)$ は $x = a$ で微分可能であるという. また, その極限値を $f(x)$ の $x = a$ における**微分係数**といい, $f'(a)$ または $\dfrac{df}{dx}(a)$ で表す.

$f(x)$ が区間 I で微分可能であるとき, I 上の関数 $f'(x)$ を $f(x)$ の**導関数**という.

関数 $f(x)$ が区間 I で微分可能で, 導関数 $f'(x)$ が I で連続であるとき, $f(x)$ は I で C^1 級であるという.

●**関数の四則と微分**●

> $f(x), g(x)$ が微分可能であるとき,
> (1) $\{\alpha f(x) + \beta g(x)\}' = \alpha f'(x) + \beta g'(x)$ (α, β は定数).
> (2) $\{f(x)g(x)\}' = f'(x)g(x) + f(x)g'(x)$.
> (3) $\left\{\dfrac{f(x)}{g(x)}\right\}' = \dfrac{f'(x)g(x) - f(x)g'(x)}{g(x)^2}$ ($g(x) \neq 0$).

●**合成関数の微分**● $f(x)$ は区間 I で微分可能，$\varphi(t)$ は区間 J で微分可能で，すべての $t \in J$ に対して，$\varphi(t) \in I$ とする．このとき，合成関数 $f(\varphi(t))$ は J で微分可能で，
$$\frac{d}{dt}f(\varphi(t)) = f'(\varphi(t))\varphi'(t) \quad (t \in J).$$

●**逆関数の微分**● $f(x)$ は区間 I で微分可能で，すべての $x \in I$ に対して，$f'(x) \neq 0$ とする．このとき，$y = f(x)$ の逆関数 $x = f^{-1}(y)$ に対して，
$$\frac{d}{dy}f^{-1}(y) = \frac{1}{f'(f^{-1}(y))}.$$

●**基本的な関数の導関数**●

$$(x^n)' = nx^{n-1} \quad (n \text{ は整数}), \quad (e^x)' = e^x, \quad (\log|x|)' = \frac{1}{x} \quad (x \neq 0),$$
$$(\cos x)' = -\sin x, \quad (\sin x)' = \cos x, \quad (\tan x)' = \frac{1}{\cos^2 x},$$
$$(x^\alpha)' = \alpha x^{\alpha-1} \quad (\alpha \text{ は定数}, \ x > 0), \quad (a^x)' = a^x \log a \quad (a \text{ は正定数}).$$

●**逆三角関数と双曲線関数**● $\tan x \ \left(-\frac{\pi}{2} < x < \frac{\pi}{2}\right)$ の逆関数を $\tan^{-1} x$ または $\arctan x$ で表す．また，$\sin x \ \left(-\frac{\pi}{2} \leq x \leq \frac{\pi}{2}\right)$ の逆関数を $\sin^{-1} x$ で表す．このとき，
$$(\tan^{-1} x)' = \frac{1}{1+x^2}, \quad (\sin^{-1} x)' = \frac{1}{\sqrt{1-x^2}} \quad (-1 < x < 1).$$

また，双曲線関数は
$$\cosh x = \frac{1}{2}(e^x + e^{-x}), \quad \sinh x = \frac{1}{2}(e^x - e^{-x}), \quad \tanh x = \frac{\sinh x}{\cosh x}$$

と定義される．このとき，$\cosh^2 x - \sinh^2 x = 1$. また，
$$(\cosh x)' = \sinh x, \quad (\sinh x)' = \cosh x, \quad (\tanh x)' = \frac{1}{\cosh^2 x}.$$

$\sinh x$ の逆関数を $\sinh^{-1} x$ で表すと，
$$(\sinh^{-1} x)' = \frac{1}{\sqrt{1+x^2}}, \quad \sinh^{-1} x = \log(x + \sqrt{1+x^2}) \quad (-\infty < x < \infty).$$

また，$\cosh x \ (x > 0)$ の逆関数を $\cosh^{-1} x$ で表すと，
$$(\cosh^{-1} x)' = \frac{1}{\sqrt{x^2-1}}, \quad \cosh^{-1} x = \log(x + \sqrt{x^2-1}) \quad (x > 1).$$

● **平均値の定理** ●　関数 $f(x)$ は閉区間 $[a,b]$ で連続かつ開区間 (a,b) で微分可能とする．このとき，

$$\frac{f(b)-f(a)}{b-a} = f'(c)$$

を満たす $c\ (a<c<b)$ が存在する．

● **原始関数と不定積分** ●　区間 I において，

$$F'(x) = f(x)$$

であるとき，$F(x)$ を $f(x)$ の**原始関数**という．$f(x)$ の原始関数は定数の差を除いて一意的である．そこで，$F(x)$ を $f(x)$ の原始関数とするとき，

$$\int f(x)\,dx = F(x) + C \quad (C\ \text{は定数})$$

と表し，これを $f(x)$ の**不定積分**という．**積分定数** C を省略することも多い．

● **基本的な関数の原始関数** ●　積分定数を省略する．

$$\int x^\alpha\,dx = \frac{1}{\alpha+1} x^{\alpha+1} \quad (\alpha \neq -1),$$

$$\int \frac{dx}{x} = \log|x|,$$

$$\int e^x\,dx = e^x,$$

$$\int \cos x\,dx = \sin x, \quad \int \sin x\,dx = -\cos x, \quad \int \frac{dx}{\cos^2 x} = \tan x,$$

$$\int \frac{dx}{1+x^2} = \tan^{-1} x, \quad \int \frac{dx}{\sqrt{1-x^2}} = \sin^{-1} x,$$

$$\int \frac{dx}{\sqrt{1+x^2}} = \sinh^{-1} x = \log(x + \sqrt{1+x^2}),$$

$$\int \frac{dx}{\sqrt{x^2-1}} = \cosh^{-1} x = \log(x + \sqrt{x^2-1}).$$

3.1 1変数関数の微積分

●**定積分**● 有界閉区間 $[a,b]$ 上の任意の連続関数 $f(x)$ に対して,不定積分とは無関係に,定積分 $\int_a^b f(x)\,dx$ が定義され,以下の性質を満たす.

区間 $[a,b]$ 上の連続関数 $f(x), g(x)$ に対して,

(1) $\int_a^b 1\,dx = b - a$.

(2) $\int_a^b \{f(x) + g(x)\}\,dx = \int_a^b f(x)\,dx + \int_a^b g(x)\,dx$.

(3) 実数 α に対して,$\int_a^b \alpha f(x)\,dx = \alpha \int_a^b f(x)\,dx$.

(4) $f(x) \leq g(x)\ (a \leq x \leq b)$ ならば,$\int_a^b f(x)\,dx \leq \int_a^b g(x)\,dx$.

(5) $a < c < b$ に対して,$\int_a^b f(x)\,dx = \int_a^c f(x)\,dx + \int_c^b f(x)\,dx$.

さらに,
$$\frac{d}{dx}\int_a^x f(t)\,dt = f(x) \quad (a \leq x \leq b)$$
が成り立つ.

●**微分積分学の基本定理**● 区間 $[a,b]$ で C^1 級の関数 $f(x)$ に対して,
$$\int_a^b f'(x)\,dx = f(b) - f(a)$$
が成り立つ.この右辺を $[f(x)]_a^b$ で表す.

●**部分積分**● 区間 $[a,b]$ で C^1 級の関数 $f(x), g(x)$ に対して,
$$\int_a^b f'(x)g(x)\,dx = [f(x)g(x)]_a^b - \int_a^b f(x)g'(x)\,dx.$$

●**置換積分**● $f(x)$ は区間 I で連続,$\varphi(t)$ は区間 J で C^1 級で,すべての $t \in J$ に対して,$\varphi(t) \in I$ とする.このとき,$\alpha, \beta \in J$ に対して,$a = \varphi(\alpha)$, $b = \varphi(\beta)$ とおくと,
$$\int_a^b f(x)\,dx = \int_\alpha^\beta f(\varphi(t))\varphi'(t)\,dt.$$

●**積分の平均値の定理**● $f(x)$ は区間 $[a,b]$ で連続とすると,

$$\frac{1}{b-a}\int_a^b f(x)\,dx = f(c)$$

を満たす $c\ (a \leq c \leq b)$ が存在する.

●**テイラー**(Taylor)**の定理**● 関数 $f(x)$ が区間 I において n 回微分可能で, n 階までの導関数 $f^{(k)}(x)\ (k=1,\cdots,n)$ が I で連続であるとき, $f(x)$ は I で C^n 級であるという.

このとき, $x, a \in I$ に対して,

$$f(x) = \sum_{k=0}^{n-1} \frac{f^{(k)}(a)}{k!}(x-a)^k + R_n(x,a)$$

が成り立つ. ここで, **剰余項** $R_n(x,a)$ は

$$R_n(x,a) := \frac{(x-a)^n}{(n-1)!}\int_0^1 (1-t)^{n-1} f^{(n)}(tx+(1-t)a)\,dt$$

で与えられる. また, 定数 M_n に対して,

$$|f^{(n)}(x)| \leq M_n \quad (x \in I)$$

とすると,

$$|R_n(x,a)| \leq \frac{M_n}{n!}|x-a|^n$$

が成り立つ.

●**テイラー級数展開**● 区間 I において, 関数 $f(x)$ がすべての自然数 n に対して C^n 級であるとき, $f(x)$ は I で C^∞ 級であるという.

このとき, すべての $x \in I$ に対して, $\lim_{n\to\infty} R_n(x,a) = 0$ ならば,

$$f(x) = \sum_{k=0}^{\infty} \frac{f^{(k)}(a)}{k!}(x-a)^k \quad (x \in I)$$

が成り立つ.

●基本的なテイラー展開●

$$e^x = \sum_{n=0}^{\infty} \frac{x^n}{n!} \quad (-\infty < x < \infty),$$

$$\cos x = \sum_{k=0}^{\infty} \frac{(-1)^k x^{2k}}{(2k)!}, \quad \sin x = \sum_{k=0}^{\infty} \frac{(-1)^k x^{2k+1}}{(2k+1)!} \quad (-\infty < x < \infty),$$

$$\cosh x = \sum_{k=0}^{\infty} \frac{x^{2k}}{(2k)!}, \quad \sinh x = \sum_{k=0}^{\infty} \frac{x^{2k+1}}{(2k+1)!} \quad (-\infty < x < \infty),$$

$$\frac{1}{1-x} = \sum_{n=0}^{\infty} x^n \quad (-1 < x < 1),$$

$$\log(1+x) = \sum_{n=1}^{\infty} \frac{(-1)^{n+1} x^n}{n} \quad (-1 < x \le 1),$$

$$\tan^{-1} x = \sum_{k=0}^{\infty} \frac{(-1)^k x^{2k+1}}{2k+1} \quad (-1 \le x \le 1),$$

$$(1+x)^\alpha = 1 + \sum_{n=1}^{\infty} \frac{\alpha(\alpha-1)\cdots(\alpha-n+1)}{n!} x^n \quad (-1 < x < 1).$$

●広義積分●

区間 $[a, \infty)$ で連続な関数 $f(x)$ に対して,

$$\int_a^\infty f(x)\,dx := \lim_{t \to \infty} \int_a^t f(x)\,dx$$

と定義する.また,区間 $[a, b)$ で連続な関数 $f(x)$ に対して,

$$\int_a^b f(x)\,dx := \lim_{t \to b-0} \int_a^t f(x)\,dx$$

と定義する.他の広義積分も同様に定義される.

区間 $[a, \infty)$ で連続な関数 $f(x)$ に対して,

$$\int_a^\infty |f(x)|\,dx < \infty$$

であるとき,広義積分 $\int_a^\infty f(x)\,dx$ は**絶対収束**するという.

絶対収束する広義積分は収束する.

● **基本的な広義積分** ●

$$\int_1^\infty \frac{1}{x^\alpha}\,dx = \begin{cases} \dfrac{1}{\alpha-1} & (\alpha > 1) \\ \infty & (\alpha \leq 1) \end{cases}, \quad \int_0^1 \frac{1}{x^\alpha}\,dx = \begin{cases} \dfrac{1}{1-\alpha} & (\alpha < 1) \\ \infty & (\alpha \geq 1) \end{cases},$$

$$\int_0^\infty e^{-x^2}\,dx = \frac{\sqrt{\pi}}{2}, \quad \int_0^\infty \frac{\sin x}{x}\,dx = \frac{\pi}{2}.$$

3.2 多変数関数の微積分

● **偏微分** ●　$(x,y) = (a,b)$ のまわりで定義された 2 変数関数 $f(x,y)$ に対して，極限

$$\lim_{x \to a} \frac{f(x,b) - f(a,b)}{x - a}$$

が存在するとき，$f(x,y)$ は $(x,y) = (a,b)$ で x に関して**偏微分可能**であるという．また，この極限値を $f(x,y)$ の $(x,y) = (a,b)$ における x に関する**偏微分係数**といい，$f_x(a,b)$ または $\frac{\partial f}{\partial x}(a,b)$ とかく．

同様に，極限

$$\lim_{y \to b} \frac{f(a,y) - f(a,b)}{y - b}$$

が存在するとき，$f(x,y)$ は $(x,y) = (a,b)$ で y に関して偏微分可能であるという．また，この極限値を $f(x,y)$ の $(x,y) = (a,b)$ における y に関する偏微分係数といい，$f_y(a,b)$ または $\frac{\partial f}{\partial y}(a,b)$ とかく．

$f(x,y)$ が領域 D において x, y に関して偏微分可能であり，偏導関数 $f_x(x,y)$，$f_y(x,y)$ が D で連続であるとき，$f(x,y)$ は D で C^1 級であるという．

● **連鎖律** ●　$f(x,y)$ は領域 D で C^1 級，$\varphi(t), \psi(t)$ は区間 I で C^1 級で，$(\varphi(t), \psi(t)) \in D \ (t \in I)$ とすると，$t \in I$ に対して，

$$\frac{d}{dt} f(\varphi(t), \psi(t)) = \frac{\partial f}{\partial x}(\varphi(t), \psi(t)) \frac{d\varphi}{dt}(t) + \frac{\partial f}{\partial y}(\varphi(t), \psi(t)) \frac{d\psi}{dt}(t)$$

が成り立つ．

高階の偏微分も同様に定義される．例えば，

$$\frac{\partial^2 f}{\partial x^2} = \frac{\partial}{\partial x}\left(\frac{\partial f}{\partial x}\right), \quad \frac{\partial^2 f}{\partial x \partial y} = \frac{\partial}{\partial x}\left(\frac{\partial f}{\partial y}\right), \quad \frac{\partial^2 f}{\partial y \partial x} = \frac{\partial}{\partial y}\left(\frac{\partial f}{\partial x}\right), \ \cdots$$

が成り立つ．

領域 D において，$f(x,y)$ の m 階までの偏導関数がすべて連続であるとき，$f(x,y)$ は D で C^m 級であるという．$f(x,y)$ が C^2 級ならば，

$$\frac{\partial^2 f}{\partial x \partial y}(x,y) = \frac{\partial^2 f}{\partial y \partial x}(x,y)$$

が成り立つ．

● **極値問題** ●　$f(x,y)$ は領域 D で C^2 級とする．

$f_x(a,b) = f_y(a,b) = 0$ を満たすとき，点 (a,b) は $f(x,y)$ の**停留点**であるという．$f(x,y)$ が点 (a,b) において極大値または極小値をとるならば，(a,b) は $f(x,y)$ の停留点である．また，

$$D^2 f(a,b) = \begin{pmatrix} f_{xx}(a,b) & f_{xy}(a,b) \\ f_{xy}(a,b) & f_{yy}(a,b) \end{pmatrix}$$

を $f(x,y)$ の (a,b) における**ヘッセ**（Hesse）**行列**という．

> 点 (a,b) が $f(x,y)$ の停留点のとき，次が成り立つ．
> (1)　$\det D^2 f(a,b) > 0$ かつ $f_{xx}(a,b) > 0$ ならば，$f(x,y)$ は (a,b) で極小値をとる．
> (2)　$\det D^2 f(a,b) > 0$ かつ $f_{xx}(a,b) < 0$ ならば，$f(x,y)$ は (a,b) で極大値をとる．
> (3)　$\det D^2 f(a,b) < 0$ ならば，$f(x,y)$ は (a,b) で極値をとらない．

● **陰関数定理** ●　$f(x,y)$ は領域 D で C^1 級とする．また，$(a,b) \in D$ に対して，$f(a,b) = 0$, $f_y(a,b) \neq 0$ とする．このとき，a を含むある開区間 I において，

$$\varphi(a) = b, \quad f(x, \varphi(x)) = 0 \quad (x \in I)$$

を満たす C^1 級関数 $\varphi(x)$ がただ 1 つ存在する．また，

$$\varphi'(x) = -\frac{f_x(x, \varphi(x))}{f_y(x, \varphi(x))} \quad (x \in I)$$

が成り立つ．

● **重積分** ●　$\varphi(x), \psi(x)$ は閉区間 $[a,b]$ で連続で，$\varphi(x) < \psi(x) \ (a < x < b)$ とするとき，

$$D = \{(x,y) \mid a \leq x \leq b, \ \varphi(x) \leq y \leq \psi(x)\}$$

と表される集合を**縦線集合**という．縦線集合 D 上の連続関数 $f(x,y)$ に対して，重積分 $\displaystyle\iint_D f(x,y)\,dxdy$ が定義され，

$$\iint_D f(x,y)\,dxdy = \int_a^b \left(\int_{\varphi(x)}^{\psi(x)} f(x,y)\,dy \right) dx$$

が成り立つ．

同様に，$\varphi(y)$, $\psi(y)$ は閉区間 $[c,d]$ で連続で，$\varphi(y) < \psi(y)$ $(c < y < d)$ とするとき，

$$D = \{(x,y) \mid c \leq y \leq d,\ \varphi(y) \leq x \leq \psi(y)\}$$

と表される集合を**横線集合**という．横線集合 D 上の連続関数 $f(x,y)$ に対して，重積分 $\iint_D f(x,y)\,dxdy$ が定義され，

$$\iint_D f(x,y)\,dxdy = \int_c^d \left(\int_{\varphi(y)}^{\psi(y)} f(x,y)\,dx \right) dy$$

が成り立つ．

集合 D が有限個の縦線集合または横線集合 $D_1, \cdots, D_m$ に分割できるとき，

$$\iint_D f(x,y)\,dxdy = \sum_{j=1}^m \iint_{D_j} f(x,y)\,dxdy.$$

●**変数変換の公式**●　変換 $(u,v) \mapsto (x,y) = (\varphi_1(u,v), \varphi_2(u,v))$ は領域 E から D への1対1対応であり，C^1 級とする．また，**ヤコビアン**を

$$J(u,v) = \frac{\partial(x,y)}{\partial(u,v)} = \det \begin{pmatrix} \dfrac{\partial \varphi_1}{\partial u}(u,v) & \dfrac{\partial \varphi_1}{\partial v}(u,v) \\ \dfrac{\partial \varphi_2}{\partial u}(u,v) & \dfrac{\partial \varphi_2}{\partial v}(u,v) \end{pmatrix}$$

と定めるとき，すべての $(u,v) \in E$ に対して，$J(u,v) \neq 0$ とする．このとき，

$$\iint_D f(x,y)\,dxdy = \iint_E f(\varphi_1(u,v), \varphi_2(u,v))|J(u,v)|\,dudv.$$

特に，積分領域 D が極座標変換 $x = r\cos\theta$, $y = r\sin\theta$ により，

$$D = \{(r\cos\theta, r\sin\theta) \mid a \leq r \leq b,\ \alpha \leq \theta \leq \beta\}$$

$(0 \leq a < b,\ \beta - \alpha \leq 2\pi)$ と表されるとき，

$$\iint_D f(x,y)\,dxdy = \int_\alpha^\beta \left(\int_a^b f(r\cos\theta, r\sin\theta)\,r\,dr \right) d\theta.$$

3.3 一様連続と一様収束

●関数の連続性と一様連続性●

$f(x)$ は区間 I 上の関数とする.

(1) $a \in I$ とする. 任意の $\varepsilon > 0$ に対して, a と ε に応じて, 正定数 $\delta = \delta(a, \varepsilon)$ を選び,

$$x \in I, |x - a| < \delta \text{ ならば} \quad |f(x) - f(a)| < \varepsilon$$

が成り立つようにできるとき, 関数 $f(x)$ は**点 a において連続**であるという. また, $f(x)$ が I のすべての点において連続であるとき, $f(x)$ は**区間 I で連続**であるという.

(2) 任意の $\varepsilon > 0$ に対して, ε のみから定まる, ある正定数 $\delta = \delta(\varepsilon)$ をとり,

$$x, y \in I, |x - y| < \delta \text{ ならば} \quad |f(x) - f(y)| < \varepsilon$$

が成り立つようにできるとき, 関数 $f(x)$ は**区間 I で一様連続**であるという.

関数 $f(x)$ が区間 I で一様連続であれば, $f(x)$ は I で連続である.

また, I が有界閉区間の場合, 関数 $f(x)$ が I で連続であれば, $f(x)$ は I で一様連続である.

●関数列の各点収束と一様収束●

$\{f_n(x)\}$ は区間 I 上の実数値の関数列, $f(x)$ は I 上の実数値関数とする.

(1) すべての $x \in I$ に対して,

$$\lim_{n \to \infty} |f_n(x) - f(x)| = 0$$

が成り立つとき, $\{f_n(x)\}$ は $f(x)$ に I 上で**各点収束**するという.

(2) 各 n に対して,

$$|f_n(x) - f(x)| \leq M_n \quad (x \in I)$$

を満たす定数 M_n が存在して, $\lim_{n \to \infty} M_n = 0$ が成り立つとき, $\{f_n(x)\}$ は $f(x)$ に I 上で**一様収束**するという.

$\{f_n(x)\}$ が $f(x)$ に区間 I 上で一様収束すれば, $\{f_n(x)\}$ は $f(x)$ に I 上で各点収束するが, 逆は一般には成り立たない.

●**一様収束と連続性**● $\{f_n(x)\}$ は区間 I 上の連続関数列とする. このとき, $\{f_n(x)\}$ が関数 $f(x)$ に I 上で一様収束すれば, $f(x)$ は I で連続である.

●**一様収束と積分**● $\{f_n(x)\}$ は有界閉区間 $[a,b]$ 上の連続関数列とする．このとき，$\{f_n(x)\}$ が関数 $f(x)$ に $[a,b]$ 上で一様収束すれば，$f(x)$ は $[a,b]$ で連続であり，

$$\lim_{n\to\infty}\int_a^b f_n(x)\,dx = \int_a^b f(x)\,dx$$

が成り立つ．

●**一様収束と微分**● $\{f_n(x)\}$ は有界閉区間 $[a,b]$ 上の C^1 級関数の列とする．このとき，$\{f_n(x)\}$ が関数 $f(x)$ に $[a,b]$ 上で一様収束し，$\{f_n'(x)\}$ が関数 $g(x)$ に $[a,b]$ 上で一様収束するならば，$f(x)$ は $[a,b]$ で C^1 級であり，

$$f'(x) = g(x) \quad (a \leq x \leq b)$$

が成り立つ．すなわち，

$$\lim_{n\to\infty} f_n'(x) = f'(x) \quad (a \leq x \leq b).$$

3.4 級 数

●**級数の収束**● $\{a_n\}$ を数列とするとき，

$$\sum_{n=1}^{\infty} a_n = \lim_{m\to\infty} \sum_{n=1}^{m} a_n$$

と定める．右辺の極限が存在するとき，級数 $\sum_{n=1}^{\infty} a_n$ は収束するといい，そうでないとき，発散するという．

$\sum_{n=1}^{\infty} |a_n|$ が収束するとき，$\sum_{n=1}^{\infty} a_n$ は**絶対収束**するという．絶対収束する級数は収束する．

●**正項級数の収束判定**● 各 n に対して $a_n > 0$ であるとき，$\sum_{n=1}^{\infty} a_n$ を**正項級数**という．このとき，

(1) 極限 $l := \lim_{n\to\infty} \dfrac{a_{n+1}}{a_n}$ が存在するとき，$l < 1$ ならば，$\sum_{n=1}^{\infty} a_n$ は収束する．また，$l > 1$ ならば，$\sum_{n=1}^{\infty} a_n$ は発散する．

(2) 極限 $l := \lim_{n\to\infty} a_n^{1/n}$ が存在するとき，$l < 1$ ならば，$\sum_{n=1}^{\infty} a_n$ は収束する．また，$l > 1$ ならば，$\sum_{n=1}^{\infty} a_n$ は発散する．

●**関数項級数の収束**● $\{f_n(x)\}$ は区間 I 上の関数列とするとき，$x \in I$ に対して，
$$\sum_{n=1}^{\infty} f_n(x) = \lim_{m \to \infty} \sum_{n=1}^{m} f_n(x)$$
と定める．

●**ワイエルシュトラス**（Weierstrass）**の M 判定法**● $\{f_n(x)\}$ は区間 I 上の関数列とし，各 n に対して，
$$|f_n(x)| \leq M_n \quad (x \in I)$$
を満たす定数 M_n があり，$\sum_{n=1}^{\infty} M_n < \infty$ とする．このとき，関数項級数 $\sum_{n=1}^{\infty} f_n(x)$ は I 上で一様収束する．

●**項別積分**● $\{f_n(x)\}$ は有界閉区間 $[a,b]$ 上の連続関数の列とし，各 n に対して，
$$|f_n(x)| \leq M_n \quad (a \leq x \leq b)$$
を満たす定数 M_n があり，$\sum_{n=1}^{\infty} M_n < \infty$ とする．このとき，
$$\int_a^b \sum_{n=1}^{\infty} f_n(x)\,dx = \sum_{n=1}^{\infty} \int_a^b f_n(x)\,dx.$$

●**項別微分**● $\{f_n(x)\}$ は有界閉区間 $[a,b]$ 上の C^1 級関数の列とし，各 n に対して，
$$|f_n(x)| \leq M_n, \quad |f_n'(x)| \leq L_n \quad (a \leq x \leq b)$$
を満たす定数 M_n と L_n があり，$\sum_{n=1}^{\infty} M_n < \infty$，$\sum_{n=1}^{\infty} L_n < \infty$ とする．このとき，すべての $x \in [a,b]$ に対して，
$$\frac{d}{dx} \sum_{n=1}^{\infty} f_n(x) = \sum_{n=1}^{\infty} f_n'(x).$$

3.5 極限の順序交換

●**累次積分の順序交換**● I, J は区間，$f(x,y)$ は直積集合 $I \times J$ で連続とする．このとき，
$$\iint_{I \times J} |f(x,y)|\,dx\,dy = \int_J \left(\int_I |f(x,y)|\,dx \right) dy = \int_I \left(\int_J |f(x,y)|\,dy \right) dx$$
が（∞ となる場合も含めて）成り立つ．さらに，この積分が有限であれば，

$$\iint_{I\times J} f(x,y)\,dx\,dy = \int_J \left(\int_I f(x,y)\,dx\right) dy = \int_I \left(\int_J f(x,y)\,dy\right) dx$$

が成り立つ.

●**極限と積分の順序交換**● I, J は区間とし, $f(x,t)$ は $I\times J$ 上で定義された連続関数とする. さらに, すべての $(x,t)\in I\times J$ に対して $|f(x,t)|\leq g(x)$ を満たし, かつ $\int_I g(x)\,dx < \infty$ を満たす I 上の関数 $g(x)$ が存在すると仮定する. このとき, 関数

$$F(t) = \int_I f(x,t)\,dx$$

は区間 J において連続である. すなわち, $t_0 \in J$ に対して,

$$\lim_{t\to t_0} \int_I f(x,t)\,dx = \int_I f(x,t_0)\,dx$$

が成り立つ.

●**微分と積分の順序交換**● I, J は区間とし, $f(x,t)$ は $I\times J$ 上で定義された連続関数とする. また, $f(x,t)$ は t に関して偏微分可能で, $\dfrac{\partial f}{\partial t}(x,t)$ は $I\times J$ で連続とする. さらに, すべての $(x,t)\in I\times J$ に対して,

$$|f(x,t)|\leq g_0(x), \quad \left|\frac{\partial f}{\partial t}(x,t)\right|\leq g_1(x)$$

を満たし, かつ $\int_I g_0(x)\,dx < \infty$, $\int_I g_1(x)\,dx < \infty$ を満たす I 上の関数 $g_0(x)$, $g_1(x)$ が存在すると仮定する. このとき, J 上の関数

$$F(t) = \int_I f(x,t)\,dx$$

は微分可能で, すべての $t \in J$ に対して,

$$\frac{d}{dt}\int_I f(x,t)\,dx = \int_I \frac{\partial f}{\partial t}(x,t)\,dx$$

が成り立つ.

例題 PART 3.1　ガウス積分と微分・積分の順序交換

ガウス積分

例題 3.1（東京大学大学院新領域創成科学研究科複雑理工学専攻）
関数 $f(x,y)$ を
$$f(x,y) = \exp\left(-\frac{x^2+y^2-2Rxy}{2(1-R^2)}\right)$$
で定義する．ここで $\exp(t) = e^t$ である．次の問いに答えよ．

(問 1)　$R = 0$ とする．
(a)　$x = r\cos\theta$ および $y = r\sin\theta$ $(0 \leq r < \infty, 0 \leq \theta < 2\pi)$ と変数変換する．その際のヤコビアンを求めよ．

(b)　(a) の変数変換を用いて，定積分 $\displaystyle\int_{-\infty}^{\infty}\int_{-\infty}^{\infty} f(x,y)\,dxdy$ を求めよ．

(c)　(b) で求めた定積分を用いて，以下の式を示せ．ただし，$a > 0$ とする．
$$\int_{-\infty}^{\infty} \exp(-ax^2)\,dx = \sqrt{\frac{\pi}{a}}.$$

(問 2)　$-1 < R < 1$ とし，$g(x) = \displaystyle\int_{-\infty}^{\infty} f(x,y)\,dy$ とする．

(a)　$g(x)$ を求めよ．また，任意に与えた x_0 に対して $\displaystyle\int_{-\infty}^{\infty} xg(x-x_0)\,dx$ を求めよ．

(b)　$\displaystyle\int_{-\infty}^{\infty} x^2 g(x)\,dx$ および $\displaystyle\int_{-\infty}^{\infty} x^4 g(x)\,dx$ を求めよ．

(問 3)　$-1 < R < 1$ とする．$f(x,y)$ に関する以下の定積分を求めよ．
$$\int_0^{\infty}\int_0^{\infty} yf(x,y)\,dxdy.$$

問 1 の解答例　(a)　変数変換 $x = r\cos\theta, y = r\sin\theta$ のヤコビアンは
$$\frac{\partial(x,y)}{\partial(r,\theta)} = \begin{vmatrix} \dfrac{\partial x}{\partial r} & \dfrac{\partial x}{\partial \theta} \\ \dfrac{\partial y}{\partial r} & \dfrac{\partial y}{\partial \theta} \end{vmatrix} = \begin{vmatrix} \cos\theta & -r\sin\theta \\ \sin\theta & r\cos\theta \end{vmatrix} = r.$$

(b)　求める定積分を I とおく．$R = 0$ だから
$$I = \int_{-\infty}^{\infty}\int_{-\infty}^{\infty} \exp\left(-\frac{x^2+y^2}{2}\right)dxdy.$$

ここで，(a) の変数変換（**極座標変換**）により，積分領域である xy 平面全体は $E = \{(r, \theta) \mid 0 \leq r < \infty,\ 0 \leq \theta < 2\pi\}$ に対応するので

$$I = \iint_E e^{-r^2/2} r\, dr\, d\theta = 2\pi \int_0^\infty r e^{-r^2/2}\, dr = 2\pi \left[-e^{-r^2/2}\right]_0^\infty = 2\pi.$$

(c) (b) より

$$\begin{aligned} 2\pi &= \int_{-\infty}^\infty \int_{-\infty}^\infty \exp\left(-\frac{x^2+y^2}{2}\right) dx\, dy \\ &= \left(\int_{-\infty}^\infty e^{-x^2/2}\, dx\right)\left(\int_{-\infty}^\infty e^{-y^2/2}\, dy\right) = \left(\int_{-\infty}^\infty e^{-t^2/2}\, dt\right)^2. \end{aligned}$$

ここで，$e^{-t^2/2} > 0$ だから

$$\int_{-\infty}^\infty e^{-t^2/2}\, dt = \sqrt{2\pi}.$$

よって，$a > 0$ に対して，$t = \sqrt{2a}\, x$ と変数変換すれば

$$\int_{-\infty}^\infty e^{-ax^2}\, dx = \frac{1}{\sqrt{2a}} \int_{-\infty}^\infty e^{-t^2/2}\, dt = \sqrt{\frac{\pi}{a}}$$

を得る．
問 1 の解答終わり

問 1 はガウス積分を求める標準的な解法を問題にしたものである．定積分

$$\int_{-\infty}^\infty e^{-x^2}\, dx = \sqrt{\pi} \tag{3.1}$$

は 1 変数関数の積分の問題であるにも関わらず，重積分を使って計算するところが面白い．大学の微積分の講義における一つの山場である．私は重積分の講義をするとき，他の細かいことは忘れても構わないので，この計算方法だけは覚えておいてほしいと，その重要性を強調している．定積分 (3.1) を 1 変数の微積分だけを用いて計算することは可能である（例えば，参考文献 [3] p.178, 第 4 章 問題 21 を参照のこと）が，上述の重積分を用いた計算と比べると，技巧的であるとの感は否めない．

問 2 の解答例　(a)　まず，$x^2 + y^2 - 2Rxy = (y - Rx)^2 + (1 - R^2)x^2$ より

$$\begin{aligned} g(x) &= \int_{-\infty}^\infty f(x, y)\, dy = e^{-x^2/2} \int_{-\infty}^\infty \exp\left(-\frac{(y - Rx)^2}{2(1 - R^2)}\right) dy \\ &= e^{-x^2/2} \int_{-\infty}^\infty \exp\left(-\frac{t^2}{2(1 - R^2)}\right) dt = \sqrt{2\pi(1 - R^2)}\, e^{-x^2/2}. \end{aligned}$$

ここで，最後の等式において，問 1 (c) の結果を用いた．

これから，実数 x_0 に対して
$$\int_{-\infty}^{\infty} xg(x-x_0)\,dx = \int_{-\infty}^{\infty} (t+x_0)g(t)\,dt$$
$$= \sqrt{2\pi(1-R^2)} \left(\int_{-\infty}^{\infty} te^{-t^2/2}\,dt + x_0 \int_{-\infty}^{\infty} e^{-t^2/2}\,dt \right).$$
ここで，$te^{-t^2/2}$ は奇関数だから，$\int_{-\infty}^{\infty} te^{-t^2/2}\,dt = 0$. また，問 1 (c) より，$\int_{-\infty}^{\infty} e^{-t^2/2}\,dt = \sqrt{2\pi}$ だから
$$\int_{-\infty}^{\infty} xg(x-x_0)\,dx = 2\pi\sqrt{1-R^2}\,x_0.$$

(b) 問 1 (c) より，$a > 0$ に対して
$$\int_{-\infty}^{\infty} \exp(-ax^2)\,dx = \sqrt{\pi}\,a^{-1/2}$$
である．これを a で微分すると，左辺は
$$\frac{d}{da} \int_{-\infty}^{\infty} \exp(-ax^2)\,dx = \int_{-\infty}^{\infty} \frac{\partial}{\partial a} \exp(-ax^2)\,dx = -\int_{-\infty}^{\infty} x^2 \exp(-ax^2)\,dx$$
であり，右辺は $-\dfrac{\sqrt{\pi}}{2} a^{-3/2}$ となる．よって
$$\int_{-\infty}^{\infty} x^2 \exp(-ax^2)\,dx = \frac{\sqrt{\pi}}{2} a^{-3/2}. \tag{3.2}$$
さらに，これを a で微分すれば
$$\int_{-\infty}^{\infty} x^4 \exp(-ax^2)\,dx = \frac{3}{4}\sqrt{\pi}\,a^{-5/2}. \tag{3.3}$$
特に，(3.2), (3.3) において $a = \frac{1}{2}$ とすると
$$\int_{-\infty}^{\infty} x^2 e^{-x^2/2}\,dx = \sqrt{2\pi}, \quad \int_{-\infty}^{\infty} x^4 e^{-x^2/2}\,dx = 3\sqrt{2\pi}.$$
これから
$$\int_{-\infty}^{\infty} x^2 g(x)\,dx = \sqrt{2\pi(1-R^2)} \int_{-\infty}^{\infty} x^2 e^{-x^2/2}\,dx = 2\pi\sqrt{1-R^2},$$
$$\int_{-\infty}^{\infty} x^4 g(x)\,dx = \sqrt{2\pi(1-R^2)} \int_{-\infty}^{\infty} x^4 e^{-x^2/2}\,dx = 6\pi\sqrt{1-R^2}$$
を得る． 問 2 の解答終わり

微分と積分の順序交換

例題 3.1 問 2 (b) の主題は**微分と積分の順序交換**（積分記号下の微分）である．上の解答例では，何気なく，微分と積分の順序交換

$$\frac{d}{da}\int_{-\infty}^{\infty}\exp(-ax^2)\,dx = \int_{-\infty}^{\infty}\frac{\partial}{\partial a}\exp(-ax^2)\,dx \tag{3.4}$$

を行ってしまったが，このような順序交換ができることを確かめる必要がある．否，数学の専門家でない限り，そんなことは確かめる必要はないという人もいるかも知れない．しかしながら，私としては，数学を道具として使う人にも，順序交換をする前に，その条件を確認してほしいと思う．それは，微分と積分の順序交換ができない場合が実際に存在し，そのために間違った計算をしてしまうことがあるからである．何よりも，その条件はそれほど複雑なものではなく，それを確かめることによって安心して順序交換ができれば，使う立場としてもよいことではないだろうか．

さて，積分を**広義リーマン**（Riemann）**積分**と考えるか，**ルベーグ**（Lebesgue）**積分**と考えるかによって，その条件は若干異なるが，今の場合に適用でき，比較的分かりやすい形の定理を述べる．

定理 3.1 $-\infty \leq \alpha < \beta \leq \infty$ とし，$I = (\alpha, \beta)$ とおく．J は区間とし，$f(x,t)$ は $I \times J$ 上で定義された連続関数とする．また，$f(x,t)$ は t に関して偏微分可能で，$\frac{\partial f}{\partial t}(x,t)$ は $I \times J$ で連続とする．さらに，すべての $(x,t) \in I \times J$ に対して

$$|f(x,t)| \leq g_0(x), \quad \left|\frac{\partial f}{\partial t}(x,t)\right| \leq g_1(x) \tag{3.5}$$

を満たし，かつ

$$\int_{\alpha}^{\beta} g_0(x)\,dx < \infty, \quad \int_{\alpha}^{\beta} g_1(x)\,dx < \infty \tag{3.6}$$

を満たす I 上の非負値関数 $g_0(x), g_1(x)$ が存在すると仮定する．このとき，J 上の関数

$$F(t) = \int_{\alpha}^{\beta} f(x,t)\,dx$$

は微分可能で，すべての $t \in J$ に対して

$$F'(t) = \int_{\alpha}^{\beta} \frac{\partial f}{\partial t}(x,t)\,dx$$

が成り立つ．

例題 PART 3.1 ガウス積分と微分・積分の順序交換

この定理において，積分は広義リーマン積分でもルベーグ積分でもどちらでもよいが，広義リーマン積分とした場合の証明は，例えば，参考文献 [4] pp.223–225 にある．

さて，この定理3.1を用いて，(3.4)を確かめてみよう．今の場合，パラメータは $a > 0$ であるが，一旦，a の動く範囲を $J = [\delta, \frac{1}{\delta}]$ $(0 < \delta < 1)$ に制限し，$I = (-\infty, \infty)$，$f(x, a) = \exp(-ax^2)$ とおく．このとき，$f(x, a)$ が $I \times J$ で連続であり，a に関して偏微分可能で

$$\frac{\partial f}{\partial a}(x, a) = -x^2 \exp(-ax^2)$$

が $I \times J$ で連続であることは明らか．実際に確かめる必要があるのは，(3.5), (3.6) を満たす非負値関数 $g_0(x), g_1(x)$ の存在である．ここで，パラメータ a の動く範囲を $J = (0, \infty)$ としたのではうまくいかない．そのため，$0 < \delta < 1$ をとり，$J = [\delta, \frac{1}{\delta}]$ と制限したのである．実際，$(x, a) \in I \times J$ に対して

$$0 \leq f(x, a) = \exp(-ax^2) \leq \exp(-\delta x^2) =: g_0(x),$$

$$\left|\frac{\partial f}{\partial a}(x, a)\right| = x^2 \exp(-ax^2) \leq x^2 \exp(-\delta x^2) =: g_1(x)$$

であり，$\delta > 0$ だから

$$\int_0^\infty g_0(x)\,dx = \int_0^\infty \exp(-\delta x^2)\,dx < \infty,$$

$$\int_0^\infty g_1(x)\,dx = \int_0^\infty x^2 \exp(-\delta x^2)\,dx < \infty$$

が成り立つ．以上から，定理3.1が適用でき

$$F(a) = \int_{-\infty}^\infty \exp(-ax^2)\,dx$$

は $J = [\delta, \frac{1}{\delta}]$ において微分可能で，すべての $a \in J$ に対して

$$F'(a) = \int_{-\infty}^\infty \frac{\partial}{\partial a} \exp(-ax^2)\,dx = -\int_{-\infty}^\infty x^2 \exp(-ax^2)\,dx \qquad (3.7)$$

が成り立つ．さらに，$\delta > 0$ はいくらでも小さくとることができるので，$F(a)$ は区間 $(0, \infty)$ で微分可能で，すべての $a > 0$ に対して (3.7) が成り立つことが分かる．上の議論において，はじめから $\delta = 0$ としたのではうまくいかないことに注意してほしい．このようなちょっとしたことに注意すれば，定理3.1を使いこなすことはそれほど難しいことではない．もちろん，何事も経験が必要で，そのためには練習を積んで慣れるしかない．

例題 3.1 問 3 の解答例　まず，求めるべき定積分を

$$I = \int_0^\infty \int_0^\infty y f(x,y) \, dxdy = \int_0^\infty \int_0^\infty y \exp\left(-\frac{x^2 + y^2 - 2Rxy}{2(1-R^2)}\right) dxdy$$

とおく．このとき，x と y に関する対称性から

$$I = \int_0^\infty \int_0^\infty x f(x,y) \, dxdy$$

である．また

$$h(x) = \int_0^\infty f(x,y) \, dy$$

とおくと

$$h'(x) = \frac{d}{dx} \int_0^\infty f(x,y) \, dy = \int_0^\infty \frac{\partial}{\partial x} \exp\left(-\frac{x^2 + y^2 - 2Rxy}{2(1-R^2)}\right) dy$$
$$= -\int_0^\infty \frac{x - Ry}{1 - R^2} f(x,y) \, dy$$

だから

$$\int_0^\infty h'(x) \, dx$$
$$= \frac{R}{1-R^2} \int_0^\infty \int_0^\infty y f(x,y) \, dxdy - \frac{1}{1-R^2} \int_0^\infty \int_0^\infty x f(x,y) \, dxdy$$
$$= \frac{R}{1-R^2} I - \frac{1}{1-R^2} I = -\frac{1}{1+R} I.$$

一方，$f(x,y) > 0$ だから，問 2 (a) より

$$0 \leq h(x) = \int_0^\infty f(x,y) \, dy \leq \int_{-\infty}^\infty f(x,y) \, dy = \sqrt{2\pi(1-R^2)} \, e^{-x^2/2}.$$

よって，$\displaystyle\lim_{x \to \infty} h(x) = 0$．また，問 1 (c) より

$$h(0) = \int_0^\infty f(0,y) \, dy = \int_0^\infty \exp\left(-\frac{y^2}{2(1-R^2)}\right) dy = \frac{1}{2} \sqrt{2\pi(1-R^2)}$$

だから，微積分学の基本定理により

$$\int_0^\infty h'(x) \, dx = \lim_{x \to \infty} h(x) - h(0) = -\frac{1}{2} \sqrt{2\pi(1-R^2)}.$$

ゆえに，求めるべき定積分の値は

$$I = \frac{1+R}{2} \sqrt{2\pi(1-R^2)}.$$

　　　　　　　　　　　　　　　　　　　　　　　　　　　問 3 の解答終わり

ガウス関数のフーリエ変換

最後にもう1題，ガウス積分が現れる問題を考えよう．これはガウス関数の**フーリエ**（Fourier）**変換**に関する問題であり，やはり**超頻出問題**である．

> **例題 3.2**（東北大学大学院工学研究科応用物理学専攻）
> b を正の定数として，次の積分を考える．
> $$I(a) = \int_0^\infty e^{-bx^2} \cos 2ax \, dx.$$
> (1) $I(0)$ を求めよ．必要なら，
> $$\int_0^\infty e^{-x^2} dx = \frac{\sqrt{\pi}}{2}$$
> を使ってもよい．
> (2) $\dfrac{dI(a)}{da}$ を $I(a)$ を用いて表せ．
> (3) 小問 (2) の結果を用いて $I(a)$ を求めよ．

解答例 (1) $t = \sqrt{b}\, x$ と変数変換すれば
$$I(0) = \int_0^\infty e^{-bx^2} dx = \frac{1}{\sqrt{b}} \int_0^\infty e^{-t^2} dt = \sqrt{\frac{\pi}{4b}}.$$

(2) 微分と積分の順序交換を行う．
$$\begin{aligned}
\frac{dI(a)}{da} &= \frac{d}{da} \int_0^\infty e^{-bx^2} \cos 2ax \, dx \\
&= \int_0^\infty e^{-bx^2} \frac{\partial}{\partial a} \cos 2ax \, dx \\
&= \int_0^\infty (-2x) e^{-bx^2} \sin 2ax \, dx \\
&= \frac{1}{b} \int_0^\infty \frac{\partial}{\partial x} \left(e^{-bx^2} \right) \cdot \sin 2ax \, dx \\
&= \frac{1}{b} \left\{ [e^{-bx^2} \sin 2ax]_0^\infty - \int_0^\infty e^{-bx^2} 2a \cos 2ax \, dx \right\} \\
&= -\frac{2a}{b} \int_0^\infty e^{-bx^2} \cos 2ax \, dx = -\frac{2a}{b} I(a).
\end{aligned}$$

(3) 小問 (2) で得られた微分方程式
$$\frac{dI(a)}{da} = -\frac{2a}{b} I(a)$$

は**変数分離型**と考えてもよいし，**1 階線形微分方程式**と考えてもよい．いずれにしても，簡単に求積でき，求める答えは

$$I(a) = I(0)e^{-a^2/b} = \sqrt{\frac{\pi}{4b}}e^{-a^2/b}$$

となる．

解答終わり

　上の解答例 (2) において，微分と積分の順序交換を行った．工学系の大学院入試問題の答案として，順序交換が可能であることを確かめることが求められているかどうかは分からない（多分そこまでは求められていないと思う）が，練習のために定理 3.1 の条件を確かめておこう．

　$(x, a) \in (0, \infty) \times (-\infty, \infty)$ に対して

$$f(x, a) = e^{-bx^2} \cos 2ax$$

とおく．このとき，$f(x, a)$ の連続性および微分可能性は明らか．また，すべての $(x, a) \in (0, \infty) \times (-\infty, \infty)$ に対して

$$|f(x, a)| = |e^{-bx^2} \cos 2ax| \leq e^{-bx^2},$$
$$\left|\frac{\partial f}{\partial a}(x, a)\right| = |-2xe^{-bx^2} \sin 2ax| \leq 2xe^{-bx^2}$$

であり，$b > 0$ だから

$$\int_0^\infty e^{-bx^2}\, dx < \infty, \quad \int_0^\infty xe^{-bx^2}\, dx < \infty.$$

よって，定理 3.1 より，すべての $a \in (-\infty, \infty)$ に対して

$$\frac{d}{da}\int_0^\infty e^{-bx^2} \cos 2ax\, dx = \int_0^\infty e^{-bx^2} \frac{\partial}{\partial a} \cos 2ax\, dx$$

が成り立つ．

■ まとめ

　関数 e^{-x^2} は初等関数であるが，その不定積分は初等関数で表すことはできないので，高校までの知識だけではガウス積分の値を求めることは難しい．そのため，大学できちんと微積分を勉強したかどうかを確かめるために，ガウス積分に関する問題は大学院入試問題として適当であり，頻繁に出題されている．

例題 PART 3.2　累次積分の順序変更

主題の提示

この例題 PART の主題は広義積分 $\int_0^\infty \frac{\sin x}{x} dx = \frac{\pi}{2}$ である．この広義積分をめぐって，関連する微積分の問題を考えていこう．

例題 3.3（東京大学大学院理学系研究科化学専攻）
次の定積分を計算せよ．
(1) $\int_0^\infty e^{-\alpha x} \sin x\, dx$, $\alpha > 0$ 　　(2) $\int_0^\infty \frac{\sin x}{x} dx$

解答例 (1) 後で必要となるため，少し一般化しておこう．$\alpha > 0, \beta \in \mathbb{R}$ とする．
オイラーの公式
$$e^{i\theta} = \cos\theta + i\sin\theta$$
より，$R > 0$ に対して
$$\int_0^R e^{-\alpha x} \cos\beta x\, dx + i\int_0^R e^{-\alpha x} \sin\beta x\, dx = \int_0^R e^{-\alpha x} e^{i\beta x}\, dx$$
$$= \int_0^R e^{-(\alpha - i\beta)x}\, dx = -\left[\frac{\alpha + i\beta}{\alpha^2 + \beta^2} e^{-(\alpha - i\beta)x}\right]_0^R$$
$$= -\left[\frac{e^{-\alpha x}}{\alpha^2 + \beta^2}\{(\alpha\cos\beta x - \beta\sin\beta x) + i(\beta\cos\beta x + \alpha\sin\beta x)\}\right]_0^R$$

が成り立つ．最初と最後の式の実部と虚部を比較することにより

$$\int_0^R e^{-\alpha x} \cos\beta x\, dx = \frac{\alpha}{\alpha^2 + \beta^2} - \frac{e^{-\alpha R}}{\alpha^2 + \beta^2}(\alpha\cos\beta R - \beta\sin\beta R),$$
$$\int_0^R e^{-\alpha x} \sin\beta x\, dx = \frac{\beta}{\alpha^2 + \beta^2} - \frac{e^{-\alpha R}}{\alpha^2 + \beta^2}(\beta\cos\beta R + \alpha\sin\beta R) \quad (3.8)$$

を得る．ここで，$R \to \infty$ とすれば

$$\int_0^\infty e^{-\alpha x} \cos\beta x\, dx = \frac{\alpha}{\alpha^2 + \beta^2}, \quad \int_0^\infty e^{-\alpha x} \sin\beta x\, dx = \frac{\beta}{\alpha^2 + \beta^2} \quad (3.9)$$

となる．解答は第 2 式で $\beta = 1$ とすればよい． 　　　　　小問 (1) の解答終わり

この解答例では，オイラーの公式を利用したが，別解として，部分積分を 2 回行ってもよい．

累次積分の順序交換

例題 3.3 において，小問 (1) は小問 (2) のヒントであると考えるのが自然であろう．この線に沿って，小問 (2) を考えよう．基本的なアイデアを説明するために，まず形式的な計算を行う．

$$\int_0^\infty e^{-\alpha x} \sin x \, dx = \frac{1}{1+\alpha^2}$$

を α について 0 から ∞ まで積分すると

$$\int_0^\infty \left(\int_0^\infty e^{-\alpha x} \sin x \, dx \right) d\alpha = \int_0^\infty \frac{1}{1+\alpha^2} \, d\alpha = [\arctan \alpha]_0^\infty = \frac{\pi}{2}$$

となる．ここで，**累次積分の順序交換**を行うと

$$\int_0^\infty \left(\int_0^\infty e^{-\alpha x} \sin x \, dx \right) d\alpha = \int_0^\infty \left(\int_0^\infty e^{-\alpha x} \, d\alpha \right) \sin x \, dx \quad (3.10)$$
$$= \int_0^\infty \frac{\sin x}{x} \, dx$$

となり，

$$\int_0^\infty \frac{\sin x}{x} \, dx = \frac{\pi}{2}$$

が得られる．　　　　　　　　　　　　　　　　　　　　　　　　　**形式的な計算終わり**

このような形式的な計算は魅力的ではあるが，累次積分の順序交換 (3.10) はこのままでは受け入れられない．すなわち，正当化する必要がある．以上のことを踏まえたうえで，以下の解答例を読んでいただきたい．

例題 3.3 小問 (2) の解答例　　まず，$R > 0$ に対して

$$\int_0^R \frac{\sin x}{x} \, dx = \frac{\pi}{2} - \int_0^\infty \frac{e^{-Ry}}{1+y^2} (\cos R + y \sin R) \, dy \quad (3.11)$$

が成り立つことを示そう．

$$\int_0^R \frac{\sin x}{x} \, dx = \int_0^R \left(\int_0^\infty e^{-xy} \sin x \, dy \right) dx \quad (3.12)$$

において累次積分の順序交換を行いたいが，(3.12) の右辺の広義積分に対しては直接行うことはできない．そこで，$L > 0$ に対して

$$\int_0^R \left(\int_0^L e^{-xy} \sin x \, dy \right) dx$$

を考える．このとき，$e^{-xy}\sin x$ は有界閉区間の直積集合 $[0,R]\times[0,L]$ 上で連続だから，問題なく累次積分の順序交換ができ

$$\int_0^R \frac{\sin x}{x}\,dx = \int_0^R \left(\int_0^L e^{-xy}\sin x\,dy\right) dx + \int_0^R \frac{\sin x}{x}e^{-Lx}\,dx$$
$$= \int_0^L \left(\int_0^R e^{-xy}\sin x\,dx\right) dy + \int_0^R \frac{\sin x}{x}e^{-Lx}\,dx \qquad (3.13)$$

が成り立つ．ここで，$|\sin x| \leq |x|\ (x \in \mathbb{R})$ だから，第2項の積分は

$$\left|\int_0^R \frac{\sin x}{x}e^{-Lx}\,dx\right| \leq \int_0^R \left|\frac{\sin x}{x}\right|e^{-Lx}\,dx \leq \int_0^R e^{-Lx}\,dx \leq \frac{1}{L}$$

と評価される．よって，(3.13) において $L \to \infty$ とすれば

$$\int_0^R \frac{\sin x}{x}\,dx = \int_0^\infty \left(\int_0^R e^{-xy}\sin x\,dx\right) dy \qquad (3.14)$$

が得られる．ここで，(3.8) より，(3.14) の右辺は

$$\int_0^\infty \frac{1}{1+y^2}\,dy - \int_0^\infty \frac{e^{-Ry}}{1+y^2}(\cos R + y\sin R)\,dy$$

に等しいので，目標の式 (3.11) が得られた．

次に，(3.11) において $R \to \infty$ とした極限を計算しよう．$\cos R + y\sin R$ をベクトル $(1,y)$ と $(\cos R, \sin R)$ の内積と考え，**シュワルツの不等式**を用いると，

$$|\cos R + y\sin R| \leq \sqrt{1+y^2}$$

である．これから，(3.11) の右辺第2項は

$$\left|\int_0^\infty \frac{e^{-Ry}}{1+y^2}(\cos R + y\sin R)\,dy\right|$$
$$\leq \int_0^\infty \frac{e^{-Ry}}{1+y^2}|\cos R + y\sin R|\,dy$$
$$\leq \int_0^\infty \frac{e^{-Ry}}{\sqrt{1+y^2}}\,dy \leq \int_0^\infty e^{-Ry}\,dy = \frac{1}{R}$$

と評価される．よって，(3.11) において $R \to \infty$ とすれば，

$$\int_0^\infty \frac{\sin x}{x}\,dx = \frac{\pi}{2}$$

が得られる． 解答終わり

フビニの定理

前項では，累次積分の順序交換が本質的に重要な役割を果たしている．ここで，累次積分の順序交換に関する一般的な定理である**フビニ**（Fubini）**の定理**を紹介する．

定理 3.2（フビニの定理） I, J は区間，$f(x,y)$ は $I \times J$ で連続とする．このとき

$$\iint_{I \times J} |f(x,y)|\, dx\, dy = \int_J \left(\int_I |f(x,y)|\, dx \right) dy = \int_I \left(\int_J |f(x,y)|\, dy \right) dx$$

が（∞ となる場合も含めて）成り立つ．さらに，この積分が有限であれば

$$\iint_{I \times J} f(x,y)\, dx\, dy = \int_J \left(\int_I f(x,y)\, dx \right) dy = \int_I \left(\int_J f(x,y)\, dy \right) dx$$

が成り立つ．

ここで，I, J は有限区間でも無限区間でもよい．関数 $f(x,y)$ が非負値の場合は無条件で累次積分の順序交換ができるが，符号が変化する場合は絶対値をとった関数 $|f(x,y)|$ の積分が有限であることを確かめる必要がある．

定理 3.2 は**ルベーグ積分論**を使って証明される．I と J がともに有界閉区間であれば，リーマン積分でも無条件で順序交換ができるが，それ以外の場合は，**広義リーマン積分**の範囲で累次積分の順序交換を保証するためには余計な仮定が必要になる（例えば，参考文献 [5] p.82, 定理 1.12 や [4] p.234, 定理 7.20 を参照のこと）．なお，小問 (2) の解答例において「(3.12) の右辺の累次積分に対しては順序交換を直接行うことはできない」と書いたが，これは「広義リーマン積分の範囲では」という条件での話である．上記のフビニの定理を用いれば，(3.12) の右辺の累次積分の順序交換ができることは簡単に分かる．実際，$|\sin x| \leq |x|$（$x \in \mathbb{R}$）より

$$\int_0^R \left(\int_0^\infty |e^{-xy} \sin x|\, dy \right) dx \leq \int_0^R \left(\int_0^\infty x e^{-xy}\, dy \right) dx = \int_0^R 1\, dx = R$$

だから，フビニの定理より

$$\int_0^R \left(\int_0^\infty e^{-xy} \sin x\, dy \right) dx = \int_0^\infty \left(\int_0^R e^{-xy} \sin x\, dx \right) dy$$

が成り立つことが分かり，小問 (2) の解答例の式 (3.12) から (3.14) までの議論は不要になる．このように，累次積分の順序交換に関しては，広義リーマン積分よりもルベーグ積分のほうが便利である．ちなみに，このフビニの定理をもってしても，(3.10) には直接適用することはできないことに注意しよう．実際

$$\int_0^\infty \left(\int_0^\infty e^{-\alpha x} |\sin x| \, d\alpha \right) dx = \int_0^\infty \frac{|\sin x|}{x} \, dx = \sum_{n=1}^\infty \int_{(n-1)\pi}^{n\pi} \frac{|\sin x|}{x} \, dx$$

$$\geq \sum_{n=1}^\infty \frac{1}{n\pi} \int_{(n-1)\pi}^{n\pi} |\sin x| \, dx = \sum_{n=1}^\infty \frac{1}{n\pi} [-\cos x]_0^\pi = \frac{2}{\pi} \sum_{n=1}^\infty \frac{1}{n} = \infty \qquad (3.15)$$

となるからである．そのため，小問 (2) の解答例のように，まず，$R > 0$ に対して (3.11) を示し，その後，$R \to \infty$ とした極限を計算する必要がある．

この例題 PART の主題の広義積分とフビニの定理に関連した問題を考えよう．

例題 3.4（早稲田大学大学院基幹理工学研究科数学応用数理専攻）

(1) $k > 0$ に対し，広義積分 $I(k) = \displaystyle\int_0^\infty \frac{\sin x}{x} e^{-kx} \, dx$ は収束することを示せ．

(2) 等式 $\dfrac{1}{x} = \displaystyle\int_0^\infty e^{-xy} \, dy \ (x > 0)$ を用いて $I(k)$ を 2 重積分で表し，

$$I(k) = \int_0^\infty \frac{1}{1 + (k+y)^2} \, dy$$

が成り立つことを示せ．

(3) 極限値 $\displaystyle\lim_{k \to +0} \int_0^\infty \frac{\sin x}{x} e^{-kx} \, dx$ を求めよ．

解答例 (1) まず，$\displaystyle\lim_{x \to 0} \frac{\sin x}{x} = 1$ だから，被積分関数は $x = 0$ においても連続であることに注意する．また，$|\sin x| \leq |x| \ (x \in \mathbb{R})$ だから，$k > 0$ のとき

$$\int_0^\infty \left| \frac{\sin x}{x} e^{-kx} \right| dx \leq \int_0^\infty e^{-kx} \, dx = \frac{1}{k}.$$

よって，広義積分 $I(k)$ は絶対収束し，ゆえに収束する．

(2) まず，$|\sin x| \leq |x| \ (x \in \mathbb{R})$ より

$$\int_0^\infty \int_0^\infty |e^{-xy} e^{-kx} \sin x| \, dx \, dy \leq \int_0^\infty \int_0^\infty x e^{-xy} e^{-kx} \, dx \, dy$$

$$= \int_0^\infty \left(\int_0^\infty x e^{-xy} \, dy \right) e^{-kx} \, dx = \int_0^\infty e^{-kx} \, dx = \frac{1}{k}$$

である．よって，フビニの定理より，累次積分の順序交換ができ

$$I(k) = \int_0^\infty \left(\int_0^\infty e^{-xy} \, dy \right) e^{-kx} \sin x \, dx = \int_0^\infty \left(\int_0^\infty e^{-(k+y)x} \sin x \, dx \right) dy$$

となる．さらに，(3.9) より，$I(k) = \displaystyle\int_0^\infty \frac{1}{1 + (k+y)^2} \, dy$ を得る．

(3) 前問 (2) より $I(k) = \int_0^\infty \dfrac{1}{1+(k+y)^2}\,dy = \int_k^\infty \dfrac{1}{1+t^2}\,dt = \dfrac{\pi}{2} - \arctan k$ だから, $\displaystyle\lim_{k\to +0}\int_0^\infty \dfrac{\sin x}{x}e^{-kx}\,dx = \lim_{k\to +0} I(k) = \dfrac{\pi}{2}$ を得る. **解答終わり**

もう少し前にしておいたほうがよかったが, ここで, **広義積分**に関する基本事項を確認しよう. 区間 $[a,\infty)$ で連続な関数 $f(x)$ の広義積分 $\int_a^\infty f(x)\,dx$ は

$$\int_a^\infty f(x)\,dx := \lim_{R\to\infty}\int_a^R f(x)\,dx \tag{3.16}$$

により定義される. 右辺の極限が存在するとき, この広義積分は収束するという.

特に, $f(x)$ が非負値関数のとき, $\int_a^R f(x)\,dx$ は R に関して非減少だから, (3.16) の右辺の極限は ∞ に発散するか, そうでなければ, 有限な値に収束する. そこで, 非負値関数 $f(x)$ に対しては, 前者の場合は $\int_a^\infty f(x)\,dx = \infty$ とかき, 後者の場合は $\int_a^\infty f(x)\,dx < \infty$ とかく.

広義積分が収束することを確かめるためには, 次の定理が便利である. 例題 3.4 (1) の解答でもこの定理を用いた.

定理 3.3 $f(x)$ は区間 $[a,\infty)$ で連続とする. このとき, 広義積分 $\int_a^\infty f(x)\,dx$ は絶対収束すれば収束する.

ここで, 広義積分 $\int_a^\infty f(x)\,dx$ が**絶対収束**するとは, $\int_a^\infty |f(x)|\,dx < \infty$ が成り立つことである. この定理において, 逆は成り立たない. すなわち, 収束するが, 絶対収束しない広義積分が存在する. 今回の主題の広義積分はその代表的な例である. 広義積分 $\int_0^\infty \dfrac{\sin x}{x}\,dx$ が絶対収束しないことは, すでに (3.15) で示した. この広義積分が収束することを例題 3.3 (2) の解答例とは別に示しておこう.

まず, $x \sim 0$ のとき, $\sin x = x + O(x^3)$, $\cos x = 1 - \dfrac{x^2}{2} + O(x^4)$ だから

$$\lim_{x\to 0}\dfrac{\sin x}{x} = 1, \quad \lim_{x\to 0}\dfrac{1-\cos x}{x^2} = \dfrac{1}{2}$$

である. よって, 関数 $\dfrac{\sin x}{x}, \dfrac{1-\cos x}{x^2}$ は $x=0$ でも連続である. $R>0$ に対し, 部分積分により

$$\int_0^R \dfrac{\sin x}{x}\,dx = \dfrac{1-\cos R}{R} + \int_0^R \dfrac{1-\cos x}{x^2}\,dx$$

となる．ここで，$R \to \infty$ とすると，右辺の第 1 項は 0 に収束する．また，$0 \leq 1 - \cos x \leq \frac{x^2}{2}$ $(x \in \mathbb{R})$ より

$$\int_0^\infty \frac{1 - \cos x}{x^2} dx \leq \int_0^1 \frac{1 - \cos x}{x^2} dx + \int_1^\infty \frac{2}{x^2} dx < \infty \tag{3.17}$$

だから，次の極限が存在することが示された．

$$\lim_{R \to \infty} \int_0^R \frac{\sin x}{x} dx = \int_0^\infty \frac{1 - \cos x}{x^2} dx. \tag{3.18}$$

さて，例題 3.4 小問 (3) において

$$\lim_{k \to +0} \int_0^\infty \frac{\sin x}{x} e^{-kx} dx = \int_0^\infty \lim_{k \to +0} \frac{\sin x}{x} e^{-kx} dx = \int_0^\infty \frac{\sin x}{x} dx \tag{3.19}$$

と<u>極限と積分の順序交換</u>ができれば，この例題 PART の主題 $\int_0^\infty \frac{\sin x}{x} dx = \frac{\pi}{2}$ が得られる．結果的に，(3.19) は正しいのであるが，右辺の広義積分は絶対収束しないため，証明は慎重な議論を要する（例えば，参考文献 [6] p.328，例 7.7.7 を参照のこと）．ここでは，その議論は紹介しない．その代わりに，極限と積分の順序交換に関する簡単な定理を述べておこう．

定理 3.4　I, J は区間とし，$f(x, t)$ は $I \times J$ 上で定義された連続関数とする．さらに，すべての $(x, t) \in I \times J$ に対して $|f(x, t)| \leq g(x)$ を満たし，かつ $\int_I g(x) dx < \infty$ を満たす I 上の関数 $g(x)$ が存在すると仮定する．このとき，関数

$$F(t) = \int_I f(x, t) dx$$

は区間 J において連続である．

例えば，定理 3.4 から

$$\lim_{\alpha \to +0} \int_0^\infty e^{-\alpha x} \frac{1 - \cos x}{x^2} dx = \int_0^\infty \frac{1 - \cos x}{x^2} dx \tag{3.20}$$

が分かる．実際，$g(x) = \frac{1-\cos x}{x^2}$ とおくと，すべての $(x, \alpha) \in [0, \infty) \times [0, \infty)$ に対して，$0 \leq e^{-\alpha x} g(x) \leq g(x)$ であり，また，(3.17) より $\int_0^\infty g(x) dx < \infty$ である．よって，定理 3.4 より，$\int_0^\infty e^{-\alpha x} g(x) dx$ は $\alpha \in [0, \infty)$ に関して連続である．特に，$\alpha \to +0$ とすれば，(3.20) が成り立つ．

次の項では，(3.18) と (3.20) を用いて，$\int_0^\infty \frac{\sin x}{x} dx = \frac{\pi}{2}$ を示す．

微分と積分の順序交換

例題 3.4 では，極限 $\displaystyle\lim_{k\to +0}\int_0^\infty \frac{\sin x}{x}e^{-kx}\,dx = \frac{\pi}{2}$ を**累次積分の順序交換**（フビニの定理）を用いて示したが，この項では，例題 PART 3.1 のテーマであった**微分と積分の順序交換**（定理 3.1）を用いて，同じ極限を求める問題を考えよう．

> **例題 3.5**（大阪大学大学院基礎工学研究科システム創成専攻：一部改題）
> $\alpha > 0, t \in \mathbb{R}$ に対して
> $$I(\alpha,t) = \int_0^\infty e^{-\alpha x}\frac{\sin(tx)}{x}\,dx$$
> とする．
> (1) $I(\alpha,t)$ は t について微分可能な関数であることを証明せよ．
> (2) $\dfrac{\partial I}{\partial t}(\alpha,t)$ および $I(\alpha,t)$ を求めよ．
> (3) $\displaystyle\lim_{\alpha\to +0} I(\alpha,1)$ を求めよ．

解答例 (1) $T > 0$ を任意にとり，$K_T := [0,\infty)\times[-T,T]$ とおく．また，パラメータ $\alpha > 0$ を固定して
$$f(x,t) = e^{-\alpha x}\frac{\sin(tx)}{x}, \quad (x,t) \in K_T$$
とおく．このとき，$f(x,t)$ は K_T で連続かつ t に関して微分可能で $\dfrac{\partial f}{\partial t}(x,t) = e^{-\alpha x}\cos(tx)$ も K_T で連続である．また，すべての $(x,t) \in K_T$ に対して
$$|f(x,t)| \leq |t|e^{-\alpha x} \leq Te^{-\alpha x}, \quad \left|\frac{\partial f}{\partial t}(x,t)\right| \leq e^{-\alpha x}$$
であり，かつ $\displaystyle\int_0^\infty e^{-\alpha x}\,dx < \infty$ だから，$I(\alpha,t)$ は $t \in [-T,T]$ について微分可能で
$$\frac{\partial I}{\partial t}(\alpha,t) = \int_0^\infty \frac{\partial f}{\partial t}(x,t)\,dx = \int_0^\infty e^{-\alpha x}\cos(tx)\,dx \tag{3.21}$$
が成り立つ（定理 3.1 参照）．ここで，T はいくらでも大きくとれるから，$I(\alpha,t)$ は $t \in \mathbb{R}$ について微分可能で，すべての $t \in \mathbb{R}$ に対して (3.21) が成り立つ．

(2) 前問 (1) と (3.9) より
$$\frac{\partial I}{\partial t}(\alpha,t) = \int_0^\infty e^{-\alpha x}\cos(tx)\,dx = \frac{\alpha}{\alpha^2+t^2}.$$
また，$I(\alpha,0) = 0$ だから，微積分学の基本定理より

$$I(\alpha, t) = I(\alpha, 0) + \int_0^t \frac{\partial I}{\partial \tau}(\alpha, \tau)\, d\tau$$
$$= \int_0^t \frac{\alpha}{\alpha^2 + \tau^2}\, d\tau$$
$$= \arctan \frac{t}{\alpha}.$$

(3) 前問 (2) より,
$$\lim_{\alpha \to +0} I(\alpha, 1) = \lim_{\alpha \to +0} \arctan \frac{1}{\alpha} = \frac{\pi}{2}.$$
解答終わり

最後に，例題 3.5 と同じ方針で，この例題 PART の主題
$$\int_0^\infty \frac{\sin x}{x}\, dx = \frac{\pi}{2}$$
を導くことができることを例題形式で示そう.

例題 3.6 $\alpha > 0, t \in \mathbb{R}$ に対して, $G(\alpha, t)$ を次で定める.
$$G(\alpha, t) = \int_0^\infty e^{-\alpha x} \frac{1 - \cos(tx)}{x^2}\, dx.$$

(1) $G(\alpha, t)$ は t について微分可能な関数であることを証明せよ.
(2) $G(\alpha, t)$ を求めよ. また, $\lim_{\alpha \to +0} G(\alpha, 1)$ を求めよ.
(3) 小問 (2) の結果を用いて，次を示せ.
$$\int_0^\infty \frac{\sin x}{x}\, dx = \int_0^\infty \frac{1 - \cos x}{x^2}\, dx = \frac{\pi}{2}.$$

解答例 (1) 詳細は省略するが，例題 3.5 小問 (1) と同様の議論により，$G(\alpha, t)$ は t について微分可能であり，すべての $t \in \mathbb{R}$ に対して
$$\frac{\partial G}{\partial t}(\alpha, t) = \int_0^\infty e^{-\alpha x} \frac{\sin(tx)}{x}\, dx$$
が成り立つことが分かる.

(2) 前問 (1) と例題 3.5 小問 (2) より
$$\frac{\partial G}{\partial t}(\alpha, t) = I(\alpha, t) = \arctan \frac{t}{\alpha}$$
が成り立つ. また, $G(\alpha, 0) = 0$ だから，微積分学の基本定理と部分積分により

$$G(\alpha, t) = G(\alpha, 0) + \int_0^t \frac{\partial G}{\partial \tau}(\alpha, \tau)\, d\tau$$
$$= \int_0^t \arctan\frac{\tau}{\alpha}\, d\tau$$
$$= \left[\tau \arctan\frac{\tau}{\alpha}\right]_0^t - \int_0^t \frac{\alpha\tau}{\alpha^2 + \tau^2}\, d\tau$$
$$= t\arctan\frac{t}{\alpha} - \left[\frac{\alpha}{2}\log(\tau^2 + \alpha^2)\right]_0^t$$
$$= t\arctan\frac{t}{\alpha} - \frac{\alpha}{2}\log(t^2 + \alpha^2) + \alpha\log\alpha$$

となる．これから

$$\lim_{\alpha \to +0} G(\alpha, 1) = \lim_{\alpha \to +0}\left\{\arctan\frac{1}{\alpha} - \frac{\alpha}{2}\log(1 + \alpha^2) + \alpha\log\alpha\right\}$$
$$= \frac{\pi}{2}.$$

(3) (3.18), (3.20) と小問 (2) から

$$\int_0^\infty \frac{\sin x}{x}\, dx = \int_0^\infty \frac{1 - \cos x}{x^2}\, dx = \lim_{\alpha \to +0} G(\alpha, 1) = \frac{\pi}{2}$$

が成り立つ．

解答終わり

■ **ま と め**

　この例題 PART では，広義積分 $\int_0^\infty \frac{\sin x}{x}\, dx$ を主題として，関連する微分の問題を取り上げた．関数 e^{-x^2} と同様，$\frac{\sin x}{x}$ の不定積分も初等関数で表すことができないため，1 変数の微分だけを用いて，この広義積分を計算することは難しい．この例題 PART では，実 2 変数の微分を用いて計算したが，例題 PART 5.1 では，複素積分の観点から，この広義積分を再び取り上げているので，比較していただきたい．なお，参考文献 [7] にも，関連する興味深い問題が解説されている．

例題 PART 3.3　極値問題，一様収束と一様連続

極値問題

まずは，2 変数関数の極値問題から始めよう．

例題 3.7（東京大学大学院数理科学研究科数理科学専攻）
2 変数関数 $f(x,y) = \dfrac{x+y}{(x^2+1)(y^2+1)}$ について，次の問いに答えよ．
(1) 領域 $\{(x,y) \in \mathbb{R}^2 \mid 0 \leq x \leq 1, 0 \leq y \leq 1\}$ における $f(x,y)$ の最大値を求めよ．
(2) 平面 $\mathbb{R}^2$ における $f(x,y)$ の最大値を求めよ．

解答例　以下，関数 f の偏微分を f_x, f_y のように添字を用いて表す．

まず，$f(x,y)$ の極値をとる点の候補である，**停留点**（**臨界点**ともいう），すなわち，$f_x(a,b) = f_y(a,b) = 0$ を満たす点 (a,b) を求める．$f(x,y)$ を偏微分すると

$$f_x(x,y) = \frac{1-2xy-x^2}{(x^2+1)^2(y^2+1)}, \quad f_y(x,y) = \frac{1-2xy-y^2}{(x^2+1)(y^2+1)^2}$$

だから，

$$f_x(x,y) = f_y(x,y) = 0 \iff x^2 + 2xy = y^2 + 2xy = 1.$$

これから，$f(x,y)$ の停留点は $(x,y) = \left(\dfrac{1}{\sqrt{3}}, \dfrac{1}{\sqrt{3}}\right), \left(-\dfrac{1}{\sqrt{3}}, -\dfrac{1}{\sqrt{3}}\right)$ の 2 点であり，

$$f\left(\frac{1}{\sqrt{3}}, \frac{1}{\sqrt{3}}\right) = \frac{3\sqrt{3}}{8}, \quad f\left(-\frac{1}{\sqrt{3}}, -\frac{1}{\sqrt{3}}\right) = -\frac{3\sqrt{3}}{8} \tag{3.22}$$

となる．次に，小問 (1) で与えられた領域の境界における $f(x,y)$ の値を調べる．

$$f(x,0) = \frac{x}{x^2+1}, \quad f_x(x,0) = \frac{1-x^2}{(x^2+1)^2} = \frac{(1+x)(1-x)}{(x^2+1)^2}$$

および y に関する同様の計算により

$$f(x,0) \leq f(1,0) = \frac{1}{2} \quad (x \geq 0), \quad f(0,y) \leq f(0,1) = \frac{1}{2} \quad (y \geq 0) \tag{3.23}$$

となる．また，

$$f(x,1) = \frac{x+1}{2(x^2+1)}, \quad f_x(x,1) = \frac{1-2x-x^2}{2(x^2+1)^2} = \frac{(-1+\sqrt{2}-x)(1+\sqrt{2}+x)}{2(x^2+1)^2}$$

および y に関する同様の計算により

$$f(x,1) \leq f(-1+\sqrt{2},1) = \frac{1+\sqrt{2}}{4} \quad (x \geq 0),$$
$$f(1,y) \leq f(1,-1+\sqrt{2}) = \frac{1+\sqrt{2}}{4} \quad (y \geq 0) \tag{3.24}$$

が成り立つ．ここで，

$$\frac{1}{2} < \frac{1+\sqrt{2}}{4} < \frac{3\sqrt{3}}{8} \tag{3.25}$$

に注意する．以上の準備のもとで，小問 (1), (2) について考える．

(1) まず，関数 f は有界閉集合 $K := \{(x,y) \in \mathbb{R}^2 \mid 0 \leq x \leq 1, 0 \leq y \leq 1\}$ 上で連続だから，**ワイエルシュトラスの最大値定理**により，f は K において最大値をとる．(3.23), (3.24), (3.25) より，K の境界上では，$f(x,y) \leq \frac{1+\sqrt{2}}{4}$ であり，さらに，(3.22) より，K における f の最大値をとる点は K の境界上には存在せず，K の内部に存在する．そのような点は f の停留点となるが，K の内部には f の停留点は $\left(\frac{1}{\sqrt{3}}, \frac{1}{\sqrt{3}}\right)$ 以外には存在しないので，(3.22) より，K における f の最大値は $\frac{3\sqrt{3}}{8}$ であることが分かる．

(2) $x \geq 1, y \geq 0$ に対して

$$f_x(x,y) = \frac{1-2xy-x^2}{(x^2+1)^2(y^2+1)} \leq \frac{1-x^2}{(x^2+1)^2(y^2+1)} \leq 0$$

だから，(3.24) より

$$f(x,y) \leq f(1,y) \leq \frac{1+\sqrt{2}}{4} \quad (x \geq 1, y \geq 0)$$

が成り立つ．同様に

$$f(x,y) \leq f(x,1) \leq \frac{1+\sqrt{2}}{4} \quad (x \geq 0, y \geq 1)$$

となるから，第 1 象限 $\{(x,y) \mid x \geq 0, y \geq 0\}$ における f の最大値は，小問 (1) で求めた集合 K における f の最大値 $\frac{3\sqrt{3}}{8}$ に等しい．さらに，$x \geq 0, y \geq 0$ に対して，

$$f(x,-y) \leq f(x,y), \quad f(-x,y) \leq f(x,y), \quad f(-x,-y) \leq 0$$

だから，平面 $\mathbb{R}^2$ における f の最大値は $\frac{3\sqrt{3}}{8}$ である． **解答終わり**

次は**陰関数**の極値に関する問題である．

例題 3.8 （九州大学大学院数理学府）
a を実数の定数とし，なめらかな 2 変数関数 $z = f(x,y)$ が
$$\begin{cases} x^2 + y^2 + z^3 - axyz + 2a(x+y) = 4a + 2, \\ f(1,1) = 0 \end{cases}$$
を満たしているとする．関数 $f(x,y)$ が $(x,y) = (1,1)$ で極値を持つための a の条件を求め，そのとき $f(x,y)$ が極大値をとるか極小値をとるか判定せよ．

解答例 関数 $z = f(x,y)$ が満たす方程式を x と y に関して偏微分すると
$$\begin{aligned} 2x + 3f(x,y)^2 f_x(x,y) - ayf(x,y) - axyf_x(x,y) + 2a &= 0, \\ 2y + 3f(x,y)^2 f_y(x,y) - axf(x,y) - axyf_y(x,y) + 2a &= 0 \end{aligned} \quad (3.26)$$
となる．(3.26) に $(x,y) = (1,1)$ を代入すると，$f(1,1) = 0$ だから
$$2 - af_x(1,1) + 2a = 0, \quad 2 - af_y(1,1) + 2a = 0 \quad (3.27)$$
を得る．ここで，$f(x,y)$ が $(x,y) = (1,1)$ で極値を持つとすると，$f_x(1,1) = f_y(1,1) = 0$ だから，(3.27) より，$a = -1$ となる．よって，関数 $f(x,y)$ が $(x,y) = (1,1)$ で極値を持つための a の必要条件は $a = -1$ である．

次に，(3.26) において $a = -1$ とし，さらに偏微分すると
$$2 + 6f(x,y)f_x(x,y)^2 + 3f(x,y)^2 f_{xx}(x,y) + 2yf_x(x,y) + xyf_{xx}(x,y) = 0,$$
$$2 + 6f(x,y)f_y(x,y)^2 + 3f(x,y)^2 f_{yy}(x,y) + 2xf_y(x,y) + xyf_{yy}(x,y) = 0,$$
$$6f(x,y)f_x(x,y)f_y(x,y) + 3f(x,y)^2 f_{xy}(x,y)$$
$$\qquad + f(x,y) + xf_x(x,y) + yf_y(x,y) + xyf_{xy}(x,y) = 0$$
となる．ここで，$(x,y) = (1,1)$ を代入すると，$f(1,1) = f_x(1,1) = f_y(1,1) = 0$ だから，$f_{xx}(1,1) = f_{yy}(1,1) = -2$, $f_{xy}(1,1) = f_{yx}(1,1) = 0$ を得る．よって，**テイラーの定理**により，$(x,y) = (1,1)$ のまわりで
$$\begin{aligned} f(x,y) =& f(1,1) + f_x(1,1)(x-1) + f_y(1,1)(y-1) \\ &+ \frac{1}{2}\left\{ f_{xx}(1,1)(x-1)^2 + 2f_{xy}(1,1)(x-1)(y-1) + f_{yy}(1,1)(y-1)^2 \right\} \\ &\qquad\qquad\qquad\qquad\qquad + o\left((x-1)^2 + (y-1)^2\right) \\ =& f(1,1) - (x-1)^2 - (y-1)^2 + o\left((x-1)^2 + (y-1)^2\right) \end{aligned}$$
と展開される．ここで，$o\left((x-1)^2 + (y-1)^2\right)$ は**ランダウ** (Landau) **の記号**であり，

$$\lim_{(x,y)\to(1,1)} \frac{o\left((x-1)^2+(y-1)^2\right)}{(x-1)^2+(y-1)^2} = 0$$

を満たす関数を表す.

よって，$\delta > 0$ を十分小さくとれば，$0 < \sqrt{(x-1)^2+(y-1)^2} < \delta$ のとき，$f(x,y) < f(1,1)$ となり，$f(x,y)$ は $(x,y) = (1,1)$ で極大値をとる． **解答終わり**

この項の最後に，**条件付き極値問題**について考えよう．

例題 3.9 (筑波大学大学院数理物質科学研究科数学専攻)
2 つの実数の組 (a,b) に対して，$F(a,b)$ を次のように定める．

$$F(a,b) = \int_{D(a,b)} \sqrt{1 - e^a x^2 - e^b y^2}\, dx\, dy.$$

ここで $D(a,b) = \{(x,y) \in \mathbb{R}^2 \mid e^a x^2 + e^b y^2 \leq 1\}$ である．
(1) $F(a,b)$ を求めよ．
(2) 条件 $a^2 + b^2 = 1$ のもとで，$F(a,b)$ の最大値と最小値を求めよ．

解答例 (1) $x = e^{-a/2} r\cos\theta,\ y = e^{-b/2} r\sin\theta\ (0 \leq r \leq 1, 0 \leq \theta \leq 2\pi)$ と変数変換し，計算すると

$$\begin{aligned}
F(a,b) &= 2\pi e^{-(a+b)/2} \int_0^1 \sqrt{1-r^2}\, r\, dr \\
&= 2\pi e^{-(a+b)/2} \left[-\frac{1}{3}(1-r^2)^{3/2}\right]_0^1 = \frac{2\pi}{3} e^{-(a+b)/2}.
\end{aligned}$$

(2) 単位円周 $a^2 + b^2 = 1$ は $(a,b) = (\cos\theta, \sin\theta)\ (0 \leq \theta \leq 2\pi)$ とパラメータ表示できるから，1 変数関数

$$f(\theta) := F(\cos\theta, \sin\theta) = \frac{2\pi}{3} e^{-(\cos\theta + \sin\theta)/2} \quad (0 \leq \theta \leq 2\pi)$$

の最大値と最小値を求めればよい．さらに，$f(\theta)$ は狭義増加関数 $g(t) = \frac{2\pi}{3} e^{t/2}$ と関数 $t = h(\theta) := -\cos\theta - \sin\theta$ の合成関数だから，区間 $[0, 2\pi]$ において $h(\theta)$ の最大値と最小値を求めればよい．途中の計算は省略するが，$h(\theta)$ は，$\theta = \frac{\pi}{4}$ のとき最小値 $-\sqrt{2}$ をとり，$\theta = \frac{5\pi}{4}$ のとき最大値 $\sqrt{2}$ をとる．よって，条件 $a^2 + b^2 = 1$ のもとで，$F(a,b)$ の最大値は $\frac{2\pi}{3} e^{1/\sqrt{2}}$，最小値は $\frac{2\pi}{3} e^{-1/\sqrt{2}}$ である． **解答終わり**

小問 (2) の別解として，**ラグランジュ** (Lagrange) **の未定乗数法**を用いた解法も考えられるが，詳細は省略する．

一様収束と一様連続

　この項では，関数列の**一様収束性**と関数の**一様連続性**について考える．どちらも微分積分学の発展の過程で必然的に現れた重要な概念であるが，数学系の学科以外では，詳しく講義される機会は少ないかもしれない．

　まず，関数列の各点収束と一様収束の定義を述べる．

定義 3.1　$\{f_n\}_{n=1}^\infty$ は区間 I 上の実数値の関数列，f は I 上の実数値関数とする．
(1)　すべての $x \in I$ に対して，
$$\lim_{n \to \infty} f_n(x) = f(x)$$
が成り立つとき，$\{f_n\}_{n=1}^\infty$ は f に I 上で**各点収束**するという．
(2)
$$\lim_{n \to \infty} \sup\{|f_n(x) - f(x)| \mid x \in I\} = 0$$
が成り立つとき，$\{f_n\}_{n=1}^\infty$ は f に I 上で**一様収束**するという．

　ここで，実数全体 $\mathbb{R}$ の部分集合 A に対して，$\sup A$ はその**上限**を表す．上限については，その語感から感覚的に捉えていただければ十分であると思うが，定義をかけば，
$$\sup A = \min\{M \mid A \subset (-\infty, M]\}$$
となる．集合 $\{M \mid A \subset (-\infty, M]\}$ が空でないとき，その最小元が存在することは，**実数の公理**の1つ（またはそれと同値な命題）であり，これを認めるところから，大学の（数学科の）微分積分学は始まる．また，$\{M \mid A \subset (-\infty, M]\}$ が空集合のときは，$\sup A = \infty$ と定める．

　さて，定義 3.1 は少し分かりにくいと思うので，言い換えてみよう．$\{f_n\}_{n=1}^\infty$ が f に I 上で各点収束するとは，各 $x \in I$ をとるごとに，実数列 $\{f_n(x)\}_{n=1}^\infty$ が実数 $f(x)$ に収束するということである．一方，$\{f_n\}_{n=1}^\infty$ が f に I 上で一様収束するとは，各 n に対して，
$$|f_n(x) - f(x)| \leq M_n \quad (x \in I)$$
を満たす，$x \in I$ によらない実数 M_n を選び，その実数列 $\{M_n\}_{n=1}^\infty$ が 0 に収束するようにできるということである．

　定義から，$\{f_n\}_{n=1}^\infty$ が f に区間 I 上で一様収束すれば，$\{f_n\}_{n=1}^\infty$ は f に I 上で各点収束するが，逆は一般には成り立たない．また，次の定理が成り立つ．

定理 3.5　$\{f_n\}_{n=1}^\infty$ は区間 I 上の連続関数列とする．このとき，$\{f_n\}_{n=1}^\infty$ が関数 f に I 上で一様収束すれば，f は I で連続である．

以上の準備のもとで，次の問題を考えてみよう．

例題 3.10（京都大学大学院理学研究科数学・数理解析専攻）
閉区間 $[0,1]$ 上の関数 f_n を $f_n(x) = x(1-x)^n$ $(x \in [0,1])$ で定める．
(1) 関数列 $\{f_n\}_{n=1}^{\infty}$ は $[0,1]$ 上一様収束することを示せ．
(2) 関数列 $\{f_n'\}_{n=1}^{\infty}$ は $[0,1]$ 上一様収束しないことを示せ．ただし，f_n' は f_n の導関数とする．

解答例 (1) f_n を微分すると

$$f_n'(x) = (1-x)^n - nx(1-x)^{n-1}$$
$$= \{1 - (n+1)x\}(1-x)^{n-1}$$

となる．よって，f_n は $x = \dfrac{1}{n+1}$ で最大値をとり，すべての $x \in [0,1]$ に対して

$$0 \leq f_n(x) \leq f_n\left(\frac{1}{n+1}\right) = \frac{1}{n+1}\left(1 - \frac{1}{n+1}\right)^n \leq \frac{1}{n+1}$$

が成り立ち，関数列 $\{f_n\}_{n=1}^{\infty}$ は定数関数 0 に区間 $[0,1]$ 上で一様収束する．
(2) 区間 $[0,1]$ 上の関数 g を $g(0) = 1, g(x) = 0$ $(x \in (0,1])$ で定めると，関数列 $\{f_n'\}_{n=1}^{\infty}$ は関数 g に区間 $[0,1]$ 上で各点収束する．ここで，関数列 $\{f_n'\}_{n=1}^{\infty}$ がある関数に $[0,1]$ 上で一様収束したと仮定すると，その極限関数は g に等しい．さらに，各 n に対して，f_n' は区間 $[0,1]$ で連続だから，定理 3.5 より，g は $[0,1]$ で連続であるが，一方，はじめに定めた関数 g は $[0,1]$ で連続でないので，これは矛盾である．ゆえに，関数列 $\{f_n'\}_{n=1}^{\infty}$ は区間 $[0,1]$ 上一様収束しない． **解答終わり**

次に，関数の連続性と一様連続性の定義を述べる．連続性は，いわゆる **ε–δ 形式** を用いなくても定義することはできるが，一様連続性はこれを用いずに定義することは難しい．

定義 3.2 f は区間 I 上の関数とする．
(1) $a \in I$ とする．任意の $\varepsilon > 0$ に対して，a と ε に応じて，正定数 $\delta = \delta(a, \varepsilon)$ を選び，$x \in I, |x - a| < \delta$ ならば $|f(x) - f(a)| < \varepsilon$ が成り立つようにできるとき，関数 f は**点 a において連続**であるという．また，f が I のすべての点において連続であるとき，f は**区間 I で連続**であるという．
(2) 任意の $\varepsilon > 0$ に対して，ε のみから定まる，ある正定数 $\delta = \delta(\varepsilon)$ をとり，$x, y \in I, |x - y| < \delta$ ならば $|f(x) - f(y)| < \varepsilon$ が成り立つようにできるとき，関数 f は**区間 I で一様連続**であるという．

定義から，関数 f が区間 I で一様連続であれば，f は I で連続であるが，逆は一般には成り立たない．例えば，$f(x) = \dfrac{1}{x}$ は区間 $(0,1]$ で連続であるが，$(0,1]$ で一様連続ではない．一方，有界閉区間上の連続関数はその区間上で一様連続である．この事実は「有界閉区間上の連続関数はリーマン積分可能である」という基本的な定理の証明で本質的な役割を果たす．すなわち，普段何気なく使っている，連続関数の定積分も一様連続性の概念なしには，一般的に論じることはできないのである．

また，関数 f が I で微分可能で，その導関数 f' が I で連続かつ有界であれば，f は I で一様連続となる．実際，ある定数 $M > 0$ に対して，$|f'(t)| \leq M$ $(t \in I)$ とすると，すべての $x, y \in I$ に対して，

$$|f(x) - f(y)| = \left|\int_y^x f'(t)\,dt\right| \leq \left|\int_y^x |f'(t)|\,dt\right| \leq M|x-y|$$

が成り立つ（このとき，f は I で**リプシッツ（Lipschitz）連続**であるという）．よって，$\varepsilon > 0$ に対して，$\delta = \dfrac{\varepsilon}{M}$ ととれば，$|x-y| < \delta$ のとき，$|f(x) - f(y)| < \varepsilon$ となり，f は I で一様連続である．

前置きが長くなったが，次の問題を考えよう．

例題 3.11（東京工業大学大学院理工学研究科数学専攻）
$[0, \infty)$ 上で定義された非負連続関数 f で

$$\int_0^\infty f(x)\,dx < \infty \tag{3.28}$$

となるものを考える．
(1) $x_n \to \infty\ (n \to \infty)$, $f(x_n) \to 0\ (n \to \infty)$ となる $\{x_n\}$ が存在することを示せ．
(2) (3.28) を満たし，$x \to \infty$ のとき 0 に収束しないような f の例をあげよ．
(3) f が (3.28) を満たし，$[0, \infty)$ 上で一様連続ならば $f(x) \to 0\ (x \to \infty)$ が成り立つことを示せ．

解答例 (1) $n = 0, 1, 2, \cdots$ に対して，$I_n = \displaystyle\int_n^{n+1} f(x)\,dx$ とおく．このとき，(3.28) より，

$$\sum_{n=0}^\infty I_n = \int_0^\infty f(x)\,dx < \infty$$

だから，数列 $\{I_n\}_{n=1}^\infty$ は 0 に収束する．また，関数 f は有界閉区間 $[n, n+1]$ において連続だから，最小値を与える点が存在する．各 n に対して，そのような点を 1

つとり，x_n と定める．このとき，$x_n \in [n, n+1]$ だから，$x_n \to \infty \ (n \to \infty)$ である．また，$f(x_n) \leq f(x) \ (x \in [n, n+1])$ だから

$$0 \leq f(x_n) = \int_n^{n+1} f(x_n)\,dx \leq \int_n^{n+1} f(x)\,dx = I_n$$

が成り立ち，$f(x_n) \to 0 \ (n \to \infty)$ となる．

(2) $\varphi(x) = \max\{1 - |x|^2, 0\}$ とし，$f(x) = \sum_{n=2}^{\infty} \varphi\left(n^2(x-n)\right)$ と定める（f のグラフは底辺の長さ $\dfrac{1}{2n^2}$，高さ 1 の二等辺三角形が並んだ形をしている）．このとき，f は区間 $[0, \infty)$ 上で非負かつ連続であり

$$\int_0^{\infty} f(x)\,dx = \sum_{n=2}^{\infty} \frac{1}{n^2} < \infty$$

となり，(3.28) を満たす．また，すべての $n = 2, 3, \cdots$ に対して $f(n) = 1$ だから，$x \to \infty$ のとき f は 0 に収束しない．

(3) $\varepsilon > 0$ を任意にとる．関数 f が区間 $[0, \infty)$ 上で一様連続であることから，ε のみから定まる，ある正定数 $\delta > 0$ がとれて，$x, y \in [0, \infty)$ に対して，

$$|x - y| \leq \delta \text{ ならば } |f(x) - f(y)| < \varepsilon \tag{3.29}$$

が成り立つ．この δ と $n = 0, 1, 2, \cdots$ に対して，$a_n = n\delta$ とおく．このとき，関数 f は有界閉区間 $[a_n, a_{n+1}]$ で連続だから，**積分の平均値の定理**より

$$\int_{a_n}^{a_{n+1}} f(x)\,dx = f(c_n)(a_{n+1} - a_n) = \delta f(c_n)$$

を満たす $c_n \in [a_n, a_{n+1}]$ が存在する．また，(3.28) より

$$\delta \sum_{n=0}^{\infty} f(c_n) = \sum_{n=0}^{\infty} \int_{a_n}^{a_{n+1}} f(x)\,dx = \int_0^{\infty} f(x)\,dx < \infty$$

だから，$f(c_n) \to 0 \ (n \to \infty)$ が成り立つ．よって，はじめにとった ε に応じて，ある自然数 n_0 が定まり，$n \geq n_0$ のとき $0 \leq f(c_n) < \varepsilon$ となる．これから，$x \in [a_{n_0}, \infty)$ のとき，$x \in [a_n, a_{n+1})$ となる自然数 n に対して，(3.29) より

$$|f(x)| \leq |f(x) - f(c_n)| + |f(c_n)| < 2\varepsilon$$

となる．ゆえに，$f(x) \to 0 \ (x \to \infty)$ が成り立つ． **解答終わり**

最後に，一様連続と一様収束の両方に関連した問題を取り上げる．

例題 3.12（大阪大学大学院理学研究科数学専攻）
(1) $f(x)$ を $\mathbb{R}$ 上の一様連続関数とする．$\mathbb{R}$ 上の関数列 $\{g_n(x)\}_{n=1}^{\infty}$ が関数 $g(x)$ に $\mathbb{R}$ 上一様収束するとき，関数列 $\{f(g_n(x))\}_{n=1}^{\infty}$ は，関数 $f(g(x))$ に $\mathbb{R}$ 上一様収束することを示せ．
(2) 関数項級数 $h(x) = \displaystyle\sum_{k=1}^{\infty} \frac{\cos(kx)}{k^2}$ が $\mathbb{R}$ 上一様収束することを示し，関数列
$$\alpha_n(x) = \sin\left(\sum_{k=1}^{n} \frac{\cos(kx)}{k^2}\right) \quad (n=1,2,3,\cdots)$$
が，関数 $\sin(h(x))$ に $\mathbb{R}$ 上一様収束することを示せ．

解答例　(1) $\varepsilon > 0$ を任意にとる．関数 f は $\mathbb{R}$ 上で一様連続だから，ε に応じて，ある定数 $\delta > 0$ が定まり，$s, t \in \mathbb{R}$ に対して

$$|s-t| < \delta \text{ ならば } |f(s) - f(t)| < \varepsilon \tag{3.30}$$

が成り立つ．また，関数列 $\{g_n\}_{n=1}^{\infty}$ が関数 g に $\mathbb{R}$ 上で一様収束することから，δ に応じて，ある自然数 n_0 が定まり，$n \geq n_0$ ならば $\sup\{|g_n(x) - g(x)| \mid x \in \mathbb{R}\} < \delta$ が成り立つ．よって，$n \geq n_0$ のとき，すべての $x \in \mathbb{R}$ に対して，$|g_n(x) - g(x)| < \delta$ が成り立つので，(3.30) より，$|f(g_n(x)) - f(g(x))| < \varepsilon$ となる．ここで，n_0 は $x \in \mathbb{R}$ によらず，ε のみから決まっているので，関数列 $\{f(g_n(x))\}_{n=1}^{\infty}$ は関数 $f(g(x))$ に $\mathbb{R}$ 上一様収束する．

(2) まず，すべての $x \in \mathbb{R}$ に対して $\left|\dfrac{\cos(kx)}{k^2}\right| \leq \dfrac{1}{k^2}$ であり，$\displaystyle\sum_{k=1}^{\infty} \frac{1}{k^2} < \infty$ だから，**ワイエルシュトラスの M 判定法**により，関数項級数 $h(x) = \displaystyle\sum_{k=1}^{\infty} \frac{\cos(kx)}{k^2}$ は $\mathbb{R}$ 上一様収束する．また，$f(t) = \sin t$ $(t \in \mathbb{R})$ とおくと，すべての $t \in \mathbb{R}$ に対して $|f'(t)| \leq 1$ だから，定義 3.2 の後に述べた注意により，f は $\mathbb{R}$ 上リプシッツ連続となり，f は $\mathbb{R}$ 上で一様連続である．よって，小問 (1) より，関数列 $\{\alpha_n(x)\}_{n=1}^{\infty}$ は $\sin(h(x))$ に $\mathbb{R}$ 上一様収束する．　　　　　　　　　　　　　　　　　　**解答終わり**

ま と め

この例題 PART では，数学系の専攻の入学試験で出題された，微積分の問題をいくつか取り上げてみた．

第3章 演習問題A

A.1 (九州大学大学院総合理工学府先端エネルギー理工学専攻) 次の積分を計算せよ．

(1) $\displaystyle\int \frac{1}{\sqrt{x^2+1}}\,dx$ (2) $\displaystyle\int_1^\infty x^{-\alpha}(\log x)^2\,dx \quad (\alpha > 1)$

A.2 (東京大学大学院新領域創成科学研究科複雑理工学専攻) 定積分

$$I_n = \int_0^\infty x^n e^{-ax^2}\,dx$$

について次の問いに答えよ．ただし n は整数で $n \geq 0$，a は実数で $a > 0$ とする．

(1) $\displaystyle\lim_{x \to +\infty} x^n e^{-ax^2} = 0$ を証明せよ．

(2) I_0, I_1, I_2 を求めよ．ただし，$\displaystyle\int_0^\infty e^{-x^2}\,dx = \frac{\sqrt{\pi}}{2}$ の関係を用いてよい．

(3) I_{n+2} と I_n の関係を求めよ．

(4) I_n を求めよ．

A.3 (京都大学大学院情報学研究科システム科学専攻)

$f(x)$ を区間 $[0,1]$ において連続な関数とする．このとき，次の問いに答えよ．

(1) 等式

$$\int_0^\pi x f(\sin x)\,dx = \frac{\pi}{2}\int_0^\pi f(\sin x)\,dx$$

が成り立つことを示し，その結果を用いて次の定積分を求めよ．

$$\int_0^\pi \frac{x \sin x}{4 - \cos^2 x}\,dx.$$

(2) n を自然数とする．次の等式が成り立つことを示せ．

$$\lim_{n \to \infty} \int_0^1 x f\bigl(|\sin(n\pi x)|\bigr)\,dx = \frac{1}{2\pi}\int_0^\pi f(\sin x)\,dx.$$

A.4 (東京大学大学院工学研究科)

n を自然数とする不定積分 I_n を以下のように定義する．

$$I_n = \int \frac{1}{(x^2+a^2)^n}\,dx.$$

ここで，a は 0 でない実定数とする．次の問いに答えよ．

(1) I_{n+1} を I_n を用いた漸化式で表せ．

(2) I_1, I_2 をそれぞれ求めよ．積分定数は省略せよ．

(3) 次の不定積分を求めよ．積分定数は省略せよ．

$$\int \frac{4x^4 + 2x^3 + 10x^2 + 3x + 9}{(x+1)(x^2+2)^2}\,dx.$$

A.5（東京大学大学院新領域創成科学研究科複雑理工学専攻）

(問 1) $\alpha > 0$ に対して，次の式を証明せよ．

(a) $\displaystyle\lim_{x \to +0} x^\alpha \log \frac{\sin x}{x} = 0$ (b) $\displaystyle\lim_{x \to +0} x^\alpha \log x = 0$

(問 2) b を正の実数として，区間 $(0, b]$ において $f(x)$ は連続で，$x \to 0$ のとき $|f(x)|$ は非有界であるが，$0 < \alpha < 1$ のある指数 α に関して $x^\alpha |f(x)|$ が有界ならば，広義積分 $\displaystyle\int_0^b f(x)\,dx$ は収束することを証明せよ．

必要ならば，以下のことを既知として使ってよい．

(i) 0 の近傍（ただし $x > 0$）で $x^\alpha |f(x)|$ が有界とは，$x^\alpha |f(x)| < M$ なる正の定数 M があるということである．

(ii) $\displaystyle\int_0^b |f(x)|\,dx$ が収束するとき，$\displaystyle\int_0^b f(x)\,dx$ は絶対収束するという．

(iii) 絶対収束する広義積分は収束する．

(問 3) 問 1 と問 2 を使って，$\displaystyle\int_0^{\pi/2} \log \sin x\,dx$ は収束することを示せ．

(問 4) 正弦関数に関する 2 倍角の公式を使って，$\displaystyle\int_0^{\pi} \log \sin x\,dx$ を $\displaystyle\int_0^{\pi/2} \log \sin x\,dx$ と $\displaystyle\int_0^{\pi/2} \log \cos x\,dx$ を用いて表せ．

(問 5) $\displaystyle\int_0^{\pi/2} \log \sin x\,dx = -\frac{\pi}{2} \log 2$ であることを示せ．

A.6（東京大学大学院理学系研究科天文学専攻）正の実数 p に対して，

$$\Gamma(p) = \int_0^\infty x^{p-1} e^{-x}\,dx$$

を定義する．また，n は自然数を表すとする．

(1) $\Gamma(p+1) = p\Gamma(p)$ となることを証明せよ．

(2) $\displaystyle\int_0^\infty e^{-x^2}\,dx = \frac{\sqrt{\pi}}{2}$ を用いて，$\Gamma\left(\dfrac{1}{2}\right)$ を求めよ．

(3) $\Gamma(n) = (n-1)!$ となることを示せ．

(4) $e^{-x} = \displaystyle\lim_{n \to \infty} \left(1 - \frac{x}{n}\right)^n$ であることを用いて，次が成り立つことを証明せよ．

$$\Gamma(p) = \lim_{n \to \infty} \frac{1 \cdot 2 \cdot 3 \cdots n}{p(p+1)(p+2)(p+3) \cdots (p+n)} n^p.$$

A.7（京都大学大学院情報学研究科数理工学専攻）

変数 x の関数 $f(x) = \tan^{-1} x$（$f(0) = 0$）の n 次導関数を $f^{(n)}(x)$ とかく．

次の問いに答えよ．
(1) 任意の自然数 n について次を示せ．
$$f^{(n)}(x) = (n-1)!\cos^n y \cdot \sin\left(n\left(y+\frac{\pi}{2}\right)\right) \quad (y=\tan^{-1} x).$$

(2) $f^{(n)}(0) = \begin{cases} (-1)^m(2m)! & (n=2m+1) \\ 0 & (n=2m) \end{cases}$ が成り立つことを示せ．

(3) 剰余項 $R_{2n}(x)$ を用いて
$$\tan^{-1} x = \sum_{k=0}^{n-1}(-1)^k\frac{1}{2k+1}x^{2k+1} + R_{2n}(x),$$
$$R_{2n}(x) = \frac{1}{2n}\cos^{2n} z \cdot \sin\left(2n\left(z+\frac{\pi}{2}\right)\right)\cdot x^{2n} \quad (z=\tan^{-1}\theta x,\ 0<{}^\exists\theta<1)$$
とおくとき，$|x|\leq 1$ ならば，$\lim_{n\to\infty}|R_{2n}(x)|=0$ となることを示せ．

(4) $\dfrac{\pi}{4} = 1 - \dfrac{1}{3} + \dfrac{1}{5} - \dfrac{1}{7} + \cdots$ を示せ．

A.8 (九州大学大学院総合理工学府先端エネルギー理工学専攻)
懸垂線 $y = \dfrac{b}{2}\left\{\exp\left(\dfrac{x}{b}\right) + \exp\left(-\dfrac{x}{b}\right)\right\}$ と $y = 2b\ (b>0)$ に囲まれた面積を求めよ．

A.9 (九州大学大学院工学府機械系専攻)
楕円体 $\dfrac{x^2}{a^2} + \dfrac{y^2}{b^2} + \dfrac{z^2}{c^2} = 1 \quad (a>0, b>0, c>0)$ を考える．このとき，次の問いに答えよ．

(1) この楕円体が $z=py\ (p>0)$ の平面で切断されたとき，切断面は楕円となる．この平面上にある Y 軸を，x 軸と直交し，xyz 空間の原点を通る軸としたとき，この xY 平面上にある楕円の方程式を x と Y で示せ．

(2) 小問 (1) の楕円の面積を S，そしてこの楕円が xy 平面に正射影されたものの面積 S_{xy}，xz 平面に正射影されたものの面積 S_{xz} を求めよ．

(3) $S_{xy} + S_{xz}$ の最大値およびそのときの p を求めよ．

(4) 小問 (1) の楕円が円となるとき，a, b, c の大小関係を示し，そのときの p を求めよ．

A.10 (大阪大学大学院基礎工学研究科)
実数 x, y に対して $f(x,y) = y + xe^y - 1$ とする．次の問いに答えよ．

(1) $f(x, y(x)) = 0$ が定める陰関数 $y(x)$ が存在するような x の範囲を求めよ．

(2) 導関数 $y'(x)$ が存在するような x の範囲を求め，さらに $y'(x)$ を x と $y(x)$ を用いて表せ．

第 3 章　演習問題 B

B.1　(大阪大学大学院基礎工学研究科)

a, b を実数の定数として関数 $f(x,y), g(x,y), F(x,y)$ を次のように定義する.
$$f(x,y) = \log(\sqrt{x^2+y^2}), \quad g(x,y) = \arctan\frac{y}{x},$$
$$F(x,y) = \exp(ax-by)\cos(bx+ay).$$

次の問いに答えよ. ただし, $\Delta = \frac{\partial^2}{\partial x^2} + \frac{\partial^2}{\partial y^2}$ である.
(1) $\Delta f(x,y), \Delta g(x,y), \Delta F(x,y)$ を求めよ.
(2) $f_x g_x = -f_y g_y$ および $f_x^2 + f_y^2 = g_x^2 + g_y^2$ を示せ.
(3) $G(x,y) = F(f(x,y), g(x,y))$ とする. $\Delta G(x,y)$ を求めよ.

B.2　(東京大学大学院理学系研究科化学専攻)

$\sum_{i=1}^n x_i^2 = 1$ のとき, 実対称行列 $A = (a_{ij})$ を用いて, 2次形式
$$F = \sum_{i=1}^n \sum_{j=1}^n a_{ij} x_i x_j$$

を定義する. ここで, F のとりうる最大値は A の固有値の最大値であり, F のとりうる最小値は A の固有値の最小値であることを証明せよ.

B.3　(大阪大学大学院情報科学研究科情報基礎数学専攻)

$x \geq 0, y \geq 0, z \geq 0$ かつ $x^2 + y^2 + z = 1$ の条件の下で, xyz の最大値を求めよ.

B.4　(大阪大学大学院基礎工学研究科)

次の積分を求めよ. ただし, $a > 0$ とする.
$$\iiint_D x^2 \, dxdydz, \quad D = \{(x,y,z) \mid x^2+y^2+z^2 \leq a^2\}.$$

B.5　(東北大学大学院工学研究科機械系 4 専攻)
(1) 次の二重積分の値を求めよ.
$$I_1 = \iint_D \sin\left(\frac{\pi x}{2y}\right) dxdy.$$

ただし, 積分領域を $D = \{(x,y) \mid y \leq x \leq y^2, 1 \leq y \leq 3\}$ とする.
(2) 次の累次積分の値を求めよ.
$$I_2 = \int_1^3 \left(\int_{\sqrt{x}}^x e^y \, dy\right) dx + \int_3^9 \left(\int_{\sqrt{x}}^3 e^y \, dy\right) dx.$$

B.6 (東北大学大学院工学研究科機械系 4 専攻)

a, b および ε を正の定数として次の問いに答えよ．

(1) 次の積分の値を求めよ．
$$I_1 = \int_0^\infty \int_0^\infty e^{-(ax^2+by^2)}\,dx\,dy.$$
（ヒント：$p = \sqrt{a}\,x,\ q = \sqrt{b}\,y$ とおけ.）

(2) 次の積分の値を求めよ．
$$I_2 = \int_0^\infty \int_0^\infty (ax^2+by^2)\,e^{-(ax^2+by^2)}\,dx\,dy.$$

(3) 次の無限級数の和を求めよ．$s_1 = \displaystyle\sum_{n=0}^\infty e^{-n\varepsilon}$.

(4) 次の無限級数の和を求めよ．$s_2 = \displaystyle\sum_{n=0}^\infty n\varepsilon\, e^{-n\varepsilon}$.

(5) 次式の値を求めよ．$\displaystyle\lim_{\varepsilon \to 0} \frac{s_2}{s_1}$.

B.7 (東北大学大学院理学研究科物理学専攻)

(問1) 次の積分 I の値を以下の手順で求めよ．ただし，a は正の定数である．
$$I = \int_{-\infty}^\infty e^{-ax^2}\,dx.$$

(a) 座標変換 $x = r\cos\theta,\ y = r\sin\theta$ を使って次の積分の値を求めよ．
$$\int_{-\infty}^\infty \int_{-\infty}^\infty e^{-a(x^2+y^2)}\,dxdy.$$

(b) 問 1 (a) の結果を使って，I の値を求めよ．

(問2) 次の積分 K の値を以下の手順で求めよ．
$$K = \int_{-\infty}^\infty \int_{-\infty}^\infty e^{-2(x^2+xy+y^2)}\,dxdy.$$

(a) ベクトル $\boldsymbol{r}$ および行列 A を次のように定める．
$$\boldsymbol{r} = \begin{pmatrix} x \\ y \end{pmatrix},\quad A = \begin{pmatrix} 2 & 1 \\ 1 & 2 \end{pmatrix}.$$

このとき，
$${}^t\boldsymbol{r} A \boldsymbol{r} = 2(x^2+xy+y^2)$$
となることを確かめよ．ここで，${}^t\boldsymbol{r}$ は横ベクトル $(x\ y)$ を表す．

(b) 行列 A の固有値 λ_1, λ_2, 対応する規格化された固有ベクトル $\boldsymbol{e}_1, \boldsymbol{e}_2$ を求めよ. ただし, $\lambda_1 < \lambda_2$ とする.

(c) $\boldsymbol{r} = u\boldsymbol{e}_1 + v\boldsymbol{e}_2$ により新しい変数 u, v を導入する. 積分 K を u, v を使って表せ.

(d) u, v についての積分を実行し, K の値を求めよ. 必要ならば問1の結果を使ってもよい.

B.8 (東北大学大学院情報科学研究科)

a, b を実定数として, 平面内の領域 D を
$$D = \{(x, y) \mid x > 0, y > x^a\}$$
によって定める. 次の問いに答えよ.

(1) $\lim_{x \to +\infty} x\left(\frac{\pi}{2} - \arctan x\right) = 1$ を示せ. ただし, $-\frac{\pi}{2} < \arctan x < \frac{\pi}{2}$ である.

(2) 広義積分
$$I = \iint_D \frac{x^2 e^{-bx}}{x^2 + y^2}\,dxdy$$
が収束するような a, b の条件を求めよ.

(3) $a = b = 1$ とするとき, 前問における I の値を ($+\infty$ も許容して) 求めよ.

B.9# (東京工業大学大学院機械・制御情報系)

関数列 $\{f_n(x)\} = \{x^n\}$, $0 \leq x \leq 1$ の $n \to \infty$ (n は自然数) における収束値を求めよ. また, $\{f_n(x)\}$ の一様収束性について論ぜよ.

B.10# (東京工業大学大学院機械・制御情報系)

閉区間 $I = [a, b]$ 上の関数列 $\{f_n(x)\}$ に対して, $\sum_{n=1}^{\infty} f_n(x)$ の一様収束について次の定理が知られている.

> **定理** 閉区間 $I = [a, b]$ 上の関数列 $\{f_n(x)\}$, 実数列 $\{M_n\}$ について, $|f_n(x)| \leq M_n$ $(x \in I)$, かつ級数 $\sum_{n=1}^{\infty} M_n$ が収束するならば, $\sum_{n=1}^{\infty} f_n(x)$ は I 上で一様収束する.

(1) 上記の定理を用いて次の級数が一様収束することを示せ.
$$\sum_{n=1}^{\infty} \frac{\sin nx}{2^n} \quad (-\pi \leq x \leq \pi).$$

(2) 小問 (1) における級数を $f(x)$ として, $\frac{df}{dx}(0)$ の値を求めよ.

第4章 微分方程式

4.1 常微分方程式

●**変数分離型の微分方程式**● $\frac{dy}{dx} = f(x)g(y)$ の一般解は
$$\int \frac{dy}{g(y)} = \int f(x)\,dx$$
を解くことによって与えられる．

●**1階線形微分方程式**● $y' + p(x)y = q(x)$ は，$P(x)$ を $p(x)$ の原始関数とすると，
$$\frac{d}{dx}\{e^{P(x)}y(x)\} = e^{P(x)}\{y'(x) + p(x)y(x)\} = e^{P(x)}q(x)$$
となり，右辺の関数 $e^{P(x)}q(x)$ の不定積分を求める問題に帰着される．

初期条件 $y(x_0) = y_0$ を満たす $y' + p(x)y = q(x)$ の解は次で与えられる．
$$y(x) = y_0 e^{-\int_{x_0}^{x} p(s)\,ds} + \int_{x_0}^{x} e^{-\int_{s}^{x} p(\tau)\,d\tau} q(s)\,ds.$$

●**同次形の微分方程式**● $\frac{dy}{dx} = f\left(\frac{y}{x}\right)$ は $w(x) = \frac{y(x)}{x}$ とおくと，変数分離形の微分方程式
$$\frac{dw}{dx} = \frac{f(w) - w}{x}$$
に変形できる．

●**ベルヌーイ**（Bernoulli）**の微分方程式**● $y' + p(x)y = q(x)y^n \ (n \neq 1)$ は，$w(x) = y(x)^{1-n}$ とおくことにより，1階線形微分方程式 $w' + (1-n)p(x)w = (1-n)q(x)$ に変形できる．

●**リッカチ**（Riccati）**の微分方程式**● $y' + p(x)y + q(x)y^2 = r(x)$ は特殊解 $f(x)$ が1つ見つかれば，$w(x) = y(x) - f(x)$ とおくと，ベルヌーイの微分方程式 $w' + \{p(x) + 2q(x)f(x)\}w = -q(x)w^2$ に変形できる．

●**特殊な形の2階微分方程式**● $y'' = f(y)$ は両辺に $y'(x)$ を掛けて x について積分することにより，

4.1 常微分方程式

$$(y')^2 = 2F(y) + C$$

となる．ここで，$F(y)$ を $f(y)$ の原始関数で，C は定数である．よって，変数分離形微分方程式 $\frac{dy}{dx} = \pm\sqrt{2F(y)+C}$ に帰着される．

●**定数係数 2 階線形微分方程式**● a, b を実定数とし，2 階斉次線形微分方程式 $y'' + ay' + by = 0$ を考える．特性方程式 $\lambda^2 + a\lambda + b = 0$ の 2 根を λ_1, λ_2 とする．このとき，

(1) λ_1, λ_2 が相異なる実数のとき，一般解は $y(x) = C_1 e^{\lambda_1 t} + C_2 e^{\lambda_2 t}$ (C_1, C_2 は任意定数) で与えられる．

(2) $\lambda_1 = \lambda_2$ のとき，一般解は $y(x) = C_1 e^{\lambda_1 t} + C_2 t e^{\lambda_1 t}$ (C_1, C_2 は任意定数) で与えられる．

(3) $\lambda_1 = \alpha + i\beta, \lambda_2 = \alpha - i\beta$ (α, β は実数で，$\beta > 0$) のとき，一般解は $y(x) = e^{\alpha t}(C_1 \cos \beta t + C_2 \sin \beta t)$ (C_1, C_2 は任意定数) で与えられる．

また，非斉次線形微分方程式 $y'' + ay' + by = f(x)$ の一般解 $y(x)$ は，斉次線形微分方程式 $y'' + ay' + by = 0$ の一般解 $u(x)$ と非斉次線形微分方程式 $y'' + ay' + by = f(x)$ の特殊解 $w(x)$ により，$y(x) = u(x) + w(x)$ で与えられる．

非斉次線形微分方程式 $y'' + ay' + by = f(x)$ の解法については，第 7 章「ラプラス変換」例題 7.2 も参照のこと．

●**オイラーの微分方程式**● a, b を実定数とする．$x^2 y''(x) + axy'(x) + by(x) = 0$ は，$w(t) = y(e^t)$ とおくと，定数係数 2 階線形方程式 $w'' + (a-1)w' + bw = 0$ に変形できる．

●**初期値問題の解の一意存在定理**● x_0, y_0 を実定数，a, b を正定数とし，2 変数関数 $f(x, y)$ は

$$D = \{(x, y) \mid |x - x_0| \leq a, |y - y_0| \leq b\}$$

において連続であり，ある正定数 M, L に対して，

$|f(x, y)| \leq M, \quad (x, y) \in D,$
$|f(x, y_1) - f(x, y_2)| \leq L|y_1 - y_2|, \quad (x, y_1), (x, y_2) \in D$

を満たすとする．このとき，$r = \min\left\{a, \frac{b}{M}\right\}$ とおくと，初期値問題

$$y'(x) = f(x, y(x)), \quad y(x_0) = y_0$$

の解 $y(x)$ が $|x - x_0| \leq r$ において，ただ 1 つ存在する．

● **行列の指数関数** ● n 次正方行列 A と実数 t に対して,

$$e^{tA} = \sum_{k=0}^{\infty} \frac{t^k}{k!} A^k$$

と定める. このとき, n 次元ベクトル $\boldsymbol{a}$ に対して, 定数係数の連立線形微分方程式に対する初期値問題

$$\frac{d\boldsymbol{u}}{dt}(t) = A\boldsymbol{u}(t), \quad \boldsymbol{u}(0) = \boldsymbol{a}$$

の解は $\boldsymbol{u}(t) = e^{tA}\boldsymbol{a}$ で与えられる.

4.2 偏微分方程式

● **1次元波動方程式** ● c を正定数とするとき,

$$\frac{\partial^2 u}{\partial t^2} - c^2 \frac{\partial^2 u}{\partial x^2} = 0 \quad (-\infty < x < \infty, \ t > 0)$$

の一般解は任意関数 $f(x), g(x)$ を用いて

$$u(x,t) = f(x - ct) + g(x + ct)$$

で与えられる. また, 初期条件

$$u(x,0) = \varphi(x), \quad \frac{\partial u}{\partial t}(x,0) = \psi(x) \quad (-\infty < x < \infty)$$

を満たす解は次の**ダランベール** (d'Alembert) **の公式**で与えられる.

$$u(x,t) = \frac{1}{2}\{\varphi(x-ct) + \varphi(x+ct)\} + \frac{1}{2c}\int_{x-ct}^{x+ct} \psi(y)\, dy.$$

● **熱方程式** ● κ を正定数とするとき, 次の初期・境界値問題

$$\begin{cases} \dfrac{\partial u}{\partial t} - \kappa \dfrac{\partial^2 u}{\partial x^2} = 0 & (0 < x < \pi, \ t > 0), \\ u(0,t) = u(\pi,t) = 0 & (t > 0), \\ u(x,0) = f(x) & (0 \leq x \leq \pi) \end{cases}$$

の解は $f(x)$ のフーリエ・サイン展開

$$f(x) = \sum_{n=1}^{\infty} b_n \sin nx, \quad b_n = \frac{2}{\pi}\int_0^\pi f(x) \sin nx\, dx$$

を用いて, 次で与えられる.

$$u(x,t) = \sum_{n=1}^{\infty} b_n e^{-\kappa n^2 t} \sin nx.$$

また，次の初期値問題

$$\begin{cases} \dfrac{\partial u}{\partial t} - \dfrac{\partial^2 u}{\partial x^2} = 0 & (-\infty < x < \infty,\ t > 0), \\ u(x,0) = f(x) & (-\infty < x < \infty) \end{cases}$$

の解は，ガウス核 $G_t(x) = \dfrac{1}{\sqrt{4\pi t}} \exp\left(-\dfrac{x^2}{4t}\right)$ を用いて，次で与えられる．

$$u(x,t) = \int_{-\infty}^{\infty} G_t(x-y) f(y)\, dy.$$

●**ラプラス**（Laplace）**方程式**● 単位円板 $x^2 + y^2 < 1$ におけるディリクレ境界値問題

$$\begin{cases} \dfrac{\partial^2 u}{\partial x^2} + \dfrac{\partial^2 u}{\partial y^2} = 0 & (x^2 + y^2 < 1), \\ u(\cos\theta, \sin\theta) = f(\theta) & (-\pi \leq \theta \leq \pi) \end{cases}$$

の解は $f(\theta)$ のフーリエ級数展開

$$f(\theta) = \sum_{n=-\infty}^{\infty} c_n e^{in\theta},\quad c_n = \frac{1}{2\pi} \int_{-\pi}^{\pi} f(\theta) e^{-in\theta}\, d\theta$$

を用いて，$u(r\cos\theta, r\sin\theta) = \displaystyle\sum_{n=-\infty}^{\infty} c_n r^{|n|} e^{in\theta}$ で与えられる．また，**ポアソン**（Poisson）**核**

$$P_r(\theta) = \sum_{n=-\infty}^{\infty} r^{|n|} e^{in\theta} = \frac{1 - r^2}{1 - 2r\cos\theta + r^2}$$

を用いると，$u(r\cos\theta, r\sin\theta) = \dfrac{1}{2\pi} \displaystyle\int_{-\pi}^{\pi} P_r(\theta - s) f(s)\, ds$ と表される．

また，上半平面 $\{(x,y) \mid -\infty < x < \infty,\ y > 0\}$ における境界値問題

$$\begin{cases} \dfrac{\partial^2 u}{\partial x^2} + \dfrac{\partial^2 u}{\partial y^2} = 0 & (-\infty < x < \infty,\ y > 0), \\ u(x,0) = f(x),\quad \lim_{y \to \infty} u(x,y) = 0 & (-\infty < x < \infty) \end{cases}$$

の解は

$$u(x,y) = \frac{y}{\pi} \int_{-\infty}^{\infty} \frac{f(z)}{(x-z)^2 + y^2}\, dz$$

で与えられる．

例題 PART 4.1　常微分方程式

求　積　法

　この例題 PART では，常微分方程式に関する問題を取り上げる．最も簡単な微分方程式は $\frac{dy}{dx} = f(x)$ であり，これは与えられた関数 $f(x)$ の原始関数を求める問題に他ならない．ここで考える**求積法**とは，適当な式変形により，この最も簡単な微分方程式に帰着させる方法である．まず，**1 階線形微分方程式**とそれに関連する問題から始めよう．なお，以下，本例題 PART では，C, C_1, C_2 などは任意定数を表すものとする．また，$\frac{dy}{dx}, \frac{d^2y}{dx^2}$ を y', y'' とも表す．

例題 4.1（東北大学大学院工学研究科機械系 4 専攻）
次の常微分方程式の一般解を求めよ．
(1) $\dfrac{dy}{dx} + y\cos x = \sin x \cos x.$
(2) $\dfrac{dy}{dx} + y = 3e^x y^3.$
(3) $(1+x)\dfrac{d^2y}{dx^2} + x\dfrac{dy}{dx} - y = 0.$

解答例　(1)　これは **1 階線形微分方程式**である．
$$\frac{d}{dx}\{e^{\sin x} y(x)\} = e^{\sin x}\{y'(x) + y(x)\cos x\} = e^{\sin x}\sin x \cos x$$
だから，右辺の不定積分を計算すればよい．$t = \sin x$ と置換すると
$$e^{\sin x} y(x) = \int e^{\sin x} \sin x \cos x\, dx = \int e^t t\, dt$$
$$= e^t(t-1) + C = e^{\sin x}(\sin x - 1) + C$$
となる．よって，求める一般解は $y(x) = \sin x - 1 + Ce^{-\sin x}$ である．
(2)　これは**ベルヌーイの微分方程式**である．$w(x) = y(x)^{-2}$ とおくことにより，
$$w'(x) = -2y(x)^{-3}y'(x) = -2y(x)^{-3}\{-y(x) + 3e^x y(x)^3\}$$
$$= 2w(x) - 6e^x$$
と 1 階線形微分方程式に変形できる．
$$\frac{d}{dx}\{e^{-2x}w(x)\} = e^{-2x}\{w'(x) - 2w(x)\} = -6e^{-x}$$
を積分すると，$e^{-2x}w(x) = 6e^{-x} + C$ だから，$w(x) = 6e^x + Ce^{2x}$ となる．
　よって，求める一般解は

$$y(x) = \frac{\pm 1}{\sqrt{6e^x + Ce^{2x}}}.$$

(3) $w(x) = y'(x) + y(x)$ とおくと，与えられた **2 階線形微分方程式**は 1 階線形微分方程式

$$(1+x)w'(x) = w(x)$$

に変形できる．この一般解は $w(x) = C_1(1+x)$ だから，y に関する 1 階線形微分方程式

$$y'(x) + y(x) = C_1(1+x)$$

を解けばよい．$\frac{d}{dx}\{e^x y(x)\} = e^x\{y'(x) + y(x)\} = C_1 e^x (1+x)$ を積分すると

$$e^x y(x) = C_1 \int e^x (1+x)\, dx = C_1(xe^x + C)$$

だから，求める一般解は $y(x) = C_1 x + C_2 e^{-x}$ である． **解答終わり**

1 階線形微分方程式 $y' + p(x)y = q(x)$ は，$P(x)$ を $p(x)$ の原始関数とすると

$$\frac{d}{dx}\{e^{P(x)} y(x)\} = e^{P(x)}\{y'(x) + p(x)y(x)\} = e^{P(x)} q(x)$$

となり，右辺の関数 $e^{P(x)} q(x)$ の不定積分を求める問題に帰着される．

また，**ベルヌーイの微分方程式** $y' + p(x)y = q(x)y^n$ $(n \neq 1)$ は，$w(x) = y(x)^{1-n}$ とおくことにより，1 階線形方程式 $w' + (1-n)p(x)w = (1-n)q(x)$ に帰着される．

一方，**2 階線形微分方程式** $y'' + p(x)y' + q(x)y = 0$ には一般的な解の公式はないため，問題に応じた工夫が必要となる．

次に，**リッカチの微分方程式** $y' + p(x)y + q(x)y^2 = r(x)$ に関する問題を取り上げる．リッカチの微分方程式も一般的な解法はないが，特解が一つ見つかれば，ベルヌーイの微分方程式に変形でき，一般解が求まる．

例題 4.2（東京大学大学院工学系研究科）微分方程式

$$\frac{dy}{dx} + (2x^2 + 1)y + y^2 + (x^4 + x^2 + 2x) = 0$$

の一般解を求めよ．ただし，$y = -x^2$ が特解であることを用いてよい．

解答例 $w(x) = y(x) + x^2$ とおくと，w はベルヌーイの方程式 $w' + w + w^2 = 0$ を満たす．さらに，$u(x) = w(x)^{-1}$ とおくと，u は 1 階線形微分方程式 $u' = u + 1$ を満たす．この一般解は $u(x) = Ce^x - 1$ だから，求める一般解は

$$y(x) = w(x) - x^2 = \frac{1}{Ce^x - 1} - x^2.$$ **解答終わり**

2 階線形微分方程式

この項では，2 階線形微分方程式に関する問題を取り上げる．前項でも述べたが，2 階線形微分方程式には一般的な解法はないため，問題に応じた工夫が必要となる．

例題 4.3（東京大学大学院新領域創成科学研究科複雑理工学専攻）
次の微分方程式
$$P(x)\frac{d^2y}{dx^2} + Q(x)\frac{dy}{dx} + R(x)y = 0 \tag{4.1}$$
において，独立変数 x を t の関数 $x(t)$ とするとき，次の問いに答えよ．ただし，x, y および t は実数である．

(1) $\dfrac{d^2y}{dx^2}$ と $\dfrac{dy}{dx}$ をそれぞれ $\dfrac{d^2t}{dx^2}, \dfrac{dt}{dx}, \dfrac{d^2y}{dt^2}, \dfrac{dy}{dt}$ を用いて表せ．

(2) 小問 (1) の結果を用いて，(4.1) が (4.2) に変換されることを示せ．
$$\frac{d^2y}{dt^2} + \left\{\left(\frac{d^2t}{dx^2} + \frac{Q(x)}{P(x)}\frac{dt}{dx}\right)\frac{1}{\left(\frac{dt}{dx}\right)^2}\right\}\frac{dy}{dt} + \frac{R(x)}{P(x)}\frac{1}{\left(\frac{dt}{dx}\right)^2}y = 0. \tag{4.2}$$
ただし，$P(x) \neq 0, \dfrac{dt}{dx} \neq 0$ とする．

(3) $x(t)$ が以下の式を満足するとき，微分方程式 (4.2) の一般解を求め，y を t の関数として表せ．
$$\frac{d^2t}{dx^2} + \frac{Q(x)}{P(x)}\frac{dt}{dx} = 0, \tag{4.3}$$
$$\frac{R(x)}{P(x)}\frac{1}{\left(\frac{dt}{dx}\right)^2} = k \quad (k \text{ は実定数}, k \neq 0). \tag{4.4}$$

次に，(4.1) において，$P(x) = 1 - x^2, Q(x) = -x, R(x) = 9$ とした微分方程式 (4.5) を以下の手順で解くことを考える．以下の問いに答えよ．
$$(1-x^2)\frac{d^2y}{dx^2} - x\frac{dy}{dx} + 9y = 0. \tag{4.5}$$
ただし，$-1 < x < 1$ とする．

(4) (4.3) を満たす解 $x(t)$ を一つ求めよ．また，その解が (4.4) を満足することを示せ．

(5) 小問 (4) で得られた $x(t)$ を用いて，独立変数 x を t に変換した微分方程式 (4.2) の一般解を求め，y を t の関数として表せ．

(6) 小問 (4) と (5) の結果を用いて，(4.5) の一般解を x の関数として求めよ．

解答例 (1) 合成関数の微分の公式より

$$\frac{dy}{dx} = \frac{dy}{dt}\frac{dt}{dx}, \quad \frac{d^2y}{dx^2} = \frac{d^2y}{dt^2}\left(\frac{dt}{dx}\right)^2 + \frac{dy}{dt}\frac{d^2t}{dx^2}.$$

(2) 小問 (1) の結果を (4.1) に代入すると

$$P(x)\left(\frac{dt}{dx}\right)^2 \frac{d^2y}{dt^2} + \left\{P(x)\frac{d^2t}{dx^2} + Q(x)\frac{dt}{dx}\right\}\frac{dy}{dt} + R(x)y = 0$$

となる．この両辺を $P(x)\left(\dfrac{dt}{dx}\right)^2$ で割れば，(4.2) を得る．

(3) $x(t)$ が (4.3), (4.4) を満たすとき，微分方程式 (4.2) は

$$\frac{d^2y}{dt^2} + ky = 0$$

となる．この方程式の一般解は，$k > 0$ のとき，$y(t) = C_1 \cos\sqrt{k}\,t + C_2 \sin\sqrt{k}\,t$ であり，$k < 0$ のとき，$y(t) = C_1 e^{\sqrt{-k}\,t} + C_2 e^{-\sqrt{-k}\,t}$ である．

(4) $P(x) = 1 - x^2$, $Q(x) = -x$ のとき，$w = \dfrac{dt}{dx}$ とおくと，(4.3) より，w は 1 階線形微分方程式 $\dfrac{dw}{dx} - \dfrac{x}{1-x^2}w = 0$ を満たす．

この一般解は $w(x) = C_1(1-x^2)^{-1/2}$ だから，

$$\frac{dt}{dx} = w(x) = \frac{C_1}{\sqrt{1-x^2}}$$

より，$t = C_1 \sin^{-1} x + C_2$ となる．ここで，特に，$C_1 = 1$, $C_2 = 0$ ととれば，(4.3) の解の一つとして，$x(t) = \sin t$ を得る．

また，この解は $k = 9$ として，(4.4) を満たす．

(5) 小問 (3) と (4) より，微分方程式 (4.2) は

$$\frac{d^2y}{dt^2} + 9y = 0$$

となり，この一般解は $y(t) = C_1 \cos 3t + C_2 \sin 3t$ である．

(6) 3 倍角の公式より

$$\cos 3t = \cos^3 t - 3\cos t \sin^2 t = \cos t(1 - 4\sin^2 t),$$
$$\sin 3t = 3\cos^2 t \sin t - \sin^3 t = 3\sin t - 4\sin^3 t$$

だから，小問 (4) と (5) の結果より，方程式 (4.5) の一般解

$$y(x) = C_1(1-4x^2)\sqrt{1-x^2} + C_2(3x - 4x^3)$$

を得る．

解答終わり

次に，ベキ級数による解法の例として，**ルジャンドルの微分方程式**に関する問題を取り上げる．

> **例題 4.4** （大阪大学大学院工学研究科電気電子情報工学専攻）次の 2 階微分方程式
> $$(x^2-1)\frac{d^2}{dx^2}y(x) + 2x\frac{d}{dx}y(x) - \nu(\nu+1)y(x) = 0$$
> の解を求める．ただし，ν は非負の整数である．この微分方程式の一般解は，
> $$y(x) = c_0 + c_1 x + c_2 x^2 + \cdots + c_k x^k + \cdots = \sum_{k=0}^{\infty} c_k x^k$$
> の級数の形で与えられる．ここで，$c_k \ (k=0,1,2,\cdots)$ は定数である．
> 以下の (1)〜(5) の設問に答えよ．
> (1) $\frac{d}{dx}y(x)$ ならびに $\frac{d^2}{dx^2}y(x)$ を $c_k \ (k=0,1,2,\cdots)$ を用いて，級数の形で示せ．
> (2) 小問 (1) の結果を利用して，c_{k+2} と $c_k \ (k=0,1,2,\cdots)$ の関係を示せ．
> (3) $c_0 = 1, c_1 = 0$ のときの解を，級数の形で示せ．
> (4) $c_0 = 0, c_1 = 1$ のときの解を，級数の形で示せ．
> (5) $x=0$ における $y(x), \frac{d}{dx}y(x)$ をそれぞれ $y(0) = a, \frac{d}{dx}y(0) = b \ (a, b$ は実数) とする．このとき，$y(x)$ を小問 (3) で求めた解 $y_1(x)$ と小問 (4) で求めた解 $y_2(x)$ を用いて表せ．

解答例 （1）項別微分をすると
$$y'(x) = \sum_{k=1}^{\infty} k c_k x^{k-1}, \quad y''(x) = \sum_{k=2}^{\infty} k(k-1) c_k x^{k-2}.$$

（2）小問 (1) より
$$xy'(x) = \sum_{k=1}^{\infty} k c_k x^k = \sum_{k=0}^{\infty} k c_k x^k,$$
$$x^2 y''(x) = \sum_{k=2}^{\infty} k(k-1) c_k x^k = \sum_{k=0}^{\infty} k(k-1) c_k x^k,$$
$$y''(x) = \sum_{k=0}^{\infty} (k+1)(k+2) c_{k+2} x^k$$
だから，
$$0 = (1-x^2) y''(x) - 2x y'(x) + \nu(\nu+1) y(x)$$
$$= \sum_{k=0}^{\infty} \left[(k+1)(k+2) c_{k+2} - \{k(k+1) - \nu(\nu+1)\} c_k\right] x^k$$

となる．よって，次のように c_{k+2} と c_k の関係式を得る．
$$c_{k+2} = \frac{k(k+1) - \nu(\nu+1)}{(k+1)(k+2)} c_k \quad (k=0,1,2,\cdots).$$

(3) 小問 (2) で求めた漸化式と $c_1 = 0$ より，$c_{2m-1} = 0 \; (m = 1, 2, \cdots)$ である．また，$c_0 = 1$ から順に解いていくと
$$c_2 = \frac{0 \cdot 1 - \nu(\nu+1)}{1 \cdot 2} c_0 = \frac{-\nu(\nu+1)}{2!},$$
$$c_4 = \frac{2 \cdot 3 - \nu(\nu+1)}{3 \cdot 4} c_2 = \frac{-\nu(\nu+1)\{2 \cdot 3 - \nu(\nu+1)\}}{4!}, \quad \cdots$$
となり，一般に，
$$c_{2m} = \frac{1}{(2m)!} \prod_{j=0}^{m-1} \{2j(2j+1) - \nu(\nu+1)\} \quad (m=1,2,\cdots)$$
だから，求める解 $y_1(x)$ は
$$y_1(x) = c_0 + \sum_{m=1}^{\infty} c_{2m} x^{2m} = 1 + \sum_{m=1}^{\infty} \frac{1}{(2m)!} \prod_{j=0}^{m-1} \{2j(2j+1) - \nu(\nu+1)\} x^{2m}.$$

(4) 前問 (3) と同様に計算すると，求める解 $y_2(x)$ は
$$y_2(x) = x + \sum_{m=1}^{\infty} \frac{1}{(2m+1)!} \prod_{j=0}^{m-1} \{(2j+1)(2j+2) - \nu(\nu+1)\} x^{2m+1}.$$

(5) 小問 (3) で求めた解 $y_1(x)$ は $x=0$ における初期条件 $y_1(0)=1$, $y_1'(0)=0$ を満たす．また，小問 (4) で求めた解 $y_2(x)$ は初期条件 $y_2(0)=0$, $y_2'(0)=1$ を満たす．

ここで，$y(x) = ay_1(x) + by_2(x)$ とおくと，方程式の線形性より，$y(x)$ は与えられた微分方程式を満たす．また，$y(0) = ay_1(0) + by_2(0) = a$, $y'(0) = ay_1'(0) + by_2'(0) = b$ となるから，設問に対する答えは $y(x) = ay_1(x) + by_2(x)$ である．　　**解答終わり**

ν が偶数のとき，$y_1(x)$ は ν 次多項式である．また，ν が奇数のとき，$y_2(x)$ は ν 次多項式である．これらは**ルジャンドル** (Legendre) **多項式**の定数倍である．

一方，ν が奇数のとき，$y_1(x)$ は多項式ではなく，無限級数となる．このとき，
$$\frac{|c_{2m+2}|}{|c_{2m}|} = \frac{|2m(2m+1) - \nu(\nu+1)|}{(2m+1)(2m+2)} \to 1 \quad (m \to \infty)$$
だから，ダランベールの判定法より，$y_1(x)$ の収束半径は 1 であり，$-1 < x < 1$ において，与えられた微分方程式を満たす．同様に，ν が偶数のとき，$y_2(x)$ は収束半径 1 のベキ級数であり，$-1 < x < 1$ において，与えられた微分方程式を満たす．

解の定性的性質

前項までは，常微分方程式の解の具体形を求める問題を考えてきたが，すべての常微分方程式が具体的に解けるわけではない．解の具体形が分からなくても，多くの場合，初期値問題の**解の存在**と**一意性**は保証される．このとき，解の定性的な性質を調べることが重要となる．この項では，そのような問題を取り上げる．

例題 4.5（東京工業大学大学院理工学研究科数学専攻）
$f(u)$ は $\mathbb{R}$ 上のリプシッツ連続な関数で，$f(0) = 0$，および $u > 0$ に対して $f(u) < 0$ を満たすとする．微分方程式の初期値問題

$$\frac{d}{dt}u(t) = f(u(t)), \quad u(0) = 1$$

の解 $u(t)$ ($t \geq 0$) に対して，次の問いに答えよ．
(1) 解 $u(t)$ はすべての $t > 0$ について正の値をとり，$t \to \infty$ のとき $u(t) \to 0$ となることを示せ．
(2) $\displaystyle\lim_{u \to +0} \frac{f(u)}{u}$ が存在して負の値をとるとき，ある正定数 a, b に対して，

$$e^{-at} < u(t) < e^{-bt}, \quad t \in (0, \infty)$$

が成り立つことを示せ．

解答例 (1) まず，すべての $t \in \mathbb{R}$ に対して $u(t) \neq 0$ であることを背理法で示す．$u(t_1) = 0$ となる $t_1 \in \mathbb{R}$ が存在したと仮定する．$f(0) = 0$ だから，定数関数 $z(t) \equiv 0$ は微分方程式 $v'(t) = f(v(t))$ の解である．また，$f(u)$ は $\mathbb{R}$ 上でリプシッツ連続[†]だから，初期値問題

$$v'(t) = f(v(t)), \quad v(t_1) = 0$$

の解の一意性により，すべての $t \in \mathbb{R}$ に対して

$$u(t) = z(t) = 0$$

となるが，これは $u(0) = 1$ と矛盾する．ゆえに，すべての $t \in \mathbb{R}$ に対して $u(t) \neq 0$ である．

さらに，$u(0) = 1$ かつ $u(t)$ は $\mathbb{R}$ 上で連続だから，すべての $t \in \mathbb{R}$ に対して $u(t) > 0$ である．これから，すべての $t \in \mathbb{R}$ に対して，

[†] $|f(x) - f(y)| \leq L|x - y|$ $(x, y \in \mathbb{R})$ を満たす定数 L が存在するとき，f は $\mathbb{R}$ 上でリプシッツ連続であるという．

例題 PART 4.1 常微分方程式

$$u'(t) = f(u(t)) < 0$$

となり，$u(t)$ は減少関数である．よって，極限 $l := \lim_{t\to\infty} u(t)$ が存在し，$l \geq 0$ である．

ここで，$l > 0$ と仮定し，$m := \max\{f(u) \mid l \leq u \leq 1\}$ とおくと，$m < 0$ である．また，すべての $t \geq 0$ に対して，$l \leq u(t) \leq 1$ だから，

$$u'(t) = f(u(t)) \leq m$$

である．よって，$t \to \infty$ のとき，$u(t) \leq u(0) + mt \to -\infty$ となるが，これは矛盾である．

ゆえに，$l = 0$ であり，$t \to \infty$ のとき $u(t) \to 0$ となる．

(2) 仮定より，関数 $u \mapsto \frac{f(u)}{u}$ は有界閉区間 $[0,1]$ 上の連続関数に延長でき，区間 $[0,1]$ 上で負の値をとる．よって

$$\alpha := -\min\left\{\frac{f(u)}{u} \mid 0 \leq u \leq 1\right\},$$

$$\beta := -\max\left\{\frac{f(u)}{u} \mid 0 \leq u \leq 1\right\}$$

とおくと，$\alpha \geq \beta > 0$ である．また，小問 (1) より，$u(t)$ は減少関数であり，$t \geq 0$ に対して，$0 < u(t) \leq 1$ である．よって，すべての $t \geq 0$ に対して，

$$-\alpha u(t) \leq u'(t) = f(u(t)) \leq -\beta u(t) \tag{4.6}$$

が成り立つ．これから，すべての $t \geq 0$ に対して，

$$\{e^{\alpha t} u(t)\}' = e^{\alpha t}\{u'(t) + \alpha u(t)\} \geq 0$$

だから，

$$e^{\alpha t} u(t) \geq u(0) = 1$$

となり，$u(t) \geq e^{-\alpha t}$ が成り立つ．同様にして，すべての $t \geq 0$ に対して $u(t) \leq e^{-\beta t}$ が成り立つことが分かる．

よって，$0 < a < \alpha \leq \beta < b$ なる定数 a, b をとれば，すべての $t \in (0,\infty)$ に対して $e^{-at} < u(t) < e^{-bt}$ が成り立つ． **解答終わり**

上の解答例のように，解の定性的性質を調べる問題は，しばしば，(4.6) のような**常微分不等式**に帰着される．それを解くためにも求積法は重要である．

例題 4.6（京都大学大学院理学研究科数学・数理解析専攻）
$f(x,y), g(x,y)$ は $\mathbb{R}^2$ で定義された C^1 級関数で
$$xf(x,y) + yg(x,y) \leq (1 + x^2 + y^2)\sqrt{\log(1 + x^2 + y^2)}$$
を満たすものとする．このとき常微分方程式
$$\frac{dx}{dt} = f(x,y), \quad \frac{dy}{dt} = g(x,y)$$
は，任意の $(x_0, y_0) \in \mathbb{R}^2$ に対して，$t \in [0, \infty)$ で定義され，$x(0) = x_0, y(0) = y_0$ を満たす解 $(x(t), y(t))$ を持つことを示せ．

解答例 $\boldsymbol{u} = (x, y)$, $\boldsymbol{F} = (f, g)$ とおく．f, g は $\mathbb{R}^2$ で C^1 級だから，局所リプシッツ連続である．よって，初期値問題に対する**局所解の一意存在定理**より，任意の $\boldsymbol{u}_0 := (x_0, y_0) \in \mathbb{R}^2$ に対して，$\dfrac{d\boldsymbol{u}}{dt} = \boldsymbol{F}(\boldsymbol{u})$, $\boldsymbol{u}(0) = \boldsymbol{u}_0$ の局所解 $\boldsymbol{u}(t)$ が一意的に存在する．また，$\boldsymbol{u}(t)$ の最大存在時間を $T^* = T^*(\boldsymbol{u}_0)$ とすると，$\boldsymbol{u}(t)$ は区間 $[0, T^*)$ で C^1 級であり，$T^* < \infty$ ならば $\lim_{t \to T^*} |\boldsymbol{u}(t)| = \infty$ となる．ここで，$|\boldsymbol{u}| = \sqrt{x^2 + y^2}$ である．

示すべきことは，任意の $\boldsymbol{u}_0 \in \mathbb{R}^2$ に対して，$T^*(\boldsymbol{u}_0) = \infty$ となることである．これを背理法で示そう．ある $\boldsymbol{u}_0 \in \mathbb{R}^2$ に対して，$T^* = T^*(\boldsymbol{u}_0) < \infty$ であると仮定する．このとき，$w(t) := |\boldsymbol{u}(t)|^2$ とおくと，$\boldsymbol{F} = (f, g)$ に対する仮定より，$t \in [0, T^*)$ に対して，
$$\frac{1}{2}w'(t) = \boldsymbol{u}(t) \cdot \boldsymbol{u}'(t) = \boldsymbol{u}(t) \cdot \boldsymbol{F}(\boldsymbol{u}(t)) \leq (1 + w(t))\sqrt{\log(1 + w(t))}$$
が成り立つ．これは**変数分離型**の常微分不等式である．$t \in [0, T^*)$ に対して
$$\frac{d}{dt}\sqrt{\log(1 + w(t))} = \frac{w'(t)}{2(1 + w(t))\sqrt{\log(1 + w(t))}} \leq 1$$
だから，$c_0 := \sqrt{\log(1 + w(0))}$ とおくと，$\sqrt{\log(1 + w(t))} \leq t + c_0$ となる．これから，すべての $t \in [0, T^*)$ に対して，$|\boldsymbol{u}(t)|^2 = w(t) \leq e^{(t+c_0)^2} - 1$ となるが，これは $\lim_{t \to T^*} |\boldsymbol{u}(t)| = \infty$ と矛盾する．

ゆえに，任意の $\boldsymbol{u}_0 \in \mathbb{R}^2$ に対して，$T^*(\boldsymbol{u}_0) = \infty$ である． **解答終わり**

■ **ま と め**

この例題 PART では，常微分方程式に関する典型的な問題を取り上げた．

例題 PART 4.2　偏微分方程式

1 次元波動方程式

例題 4.7（早稲田大学大学院先進理工学研究科物理学及応用物理学専攻）
1 次元波動方程式

$$\left(\frac{\partial^2}{\partial t^2} - v^2 \frac{\partial^2}{\partial x^2}\right) u(t,x) = 0 \quad (v \text{ は定数})$$

の一般解が任意関数 f, g を用いて

$$u(t,x) = f(x-vt) + g(x+vt)$$

と与えられることを示せ．また，初期値が

$$u(0,x) = F(x), \quad \left.\frac{\partial}{\partial t}u(t,x)\right|_{t=0} = G(x)$$

と与えられたとして，$u(t,x)$ を $F(x)$ と $G(x)$ で表せ．

解答例　変数 $\xi = x-vt$, $\eta = x+vt$ を用いて，$w(\xi,\eta) = u(t,x)$ と変数変換すると，

$$\frac{\partial u}{\partial x} = \frac{\partial w}{\partial \xi} + \frac{\partial w}{\partial \eta}, \quad \frac{\partial^2 u}{\partial x^2} = \frac{\partial^2 w}{\partial \xi^2} + 2\frac{\partial^2 w}{\partial \xi \partial \eta} + \frac{\partial^2 w}{\partial \eta^2},$$

$$\frac{\partial u}{\partial t} = -v\frac{\partial w}{\partial \xi} + v\frac{\partial w}{\partial \eta}, \quad \frac{\partial^2 u}{\partial t^2} = v^2\frac{\partial^2 w}{\partial \xi^2} - 2v^2\frac{\partial^2 w}{\partial \xi \partial \eta} + v^2\frac{\partial^2 w}{\partial \eta^2}$$

となり，$w(\xi,\eta)$ は

$$\frac{\partial^2 w}{\partial \xi \partial \eta}(\xi,\eta) = 0$$

を満たす．この方程式の一般解は，任意関数 f, g を用いて

$$w(\xi,\eta) = f(\xi) + g(\eta)$$

で与えられるから，1 次元波動方程式の一般解は

$$u(t,x) = f(x-vt) + g(x+vt)$$

となる．

次に，この一般解が初期条件を満たすように，関数 f, g を決める．まず，

$$F(x) = u(0,x) = f(x) + g(x). \tag{4.7}$$

また，$G(x) = \dfrac{\partial u}{\partial t}(0, x) = -vf'(x) + vg'(x)$ より，

$$\frac{1}{v}\int_0^x G(y)\,dy = -f(x) + g(x) + C_0 \quad (C_0 = f(0) - g(0)) \tag{4.8}$$

だから，(4.7), (4.8) より

$$2f(x) = F(x) - \frac{1}{v}\int_0^x G(y)\,dy + C_0, \quad 2g(x) = F(x) + \frac{1}{v}\int_0^x G(y)\,dy - C_0$$

となる．よって，

$$\begin{aligned}u(t, x) &= f(x - vt) + g(x + vt) \\ &= \frac{1}{2}\{F(x - vt) + F(x + vt)\} + \frac{1}{2v}\int_{x-vt}^{x+vt} G(y)\,dy \end{aligned} \tag{4.9}$$

となる． **解答終わり**

1次元波動方程式の初期値問題の解表示 (4.9) は**ダランベールの公式**と呼ばれる．これは**頻出問題**であり，類題が多くの大学院で出題されている．

次は，消散項付きの**クライン–ゴルドン**（Klein-Gordon）**方程式**の解の減衰に関する問題である．

例題 4.8（京都大学大学院理学研究科数学・数理解析専攻）
C^∞ 関数 $u: \mathbb{R}^2 \to \mathbb{R}$ は，$\mathbb{R}^2$ 上で偏微分方程式

$$\frac{\partial^2 u}{\partial t^2}(t, x) + 2\frac{\partial u}{\partial t}(t, x) = \frac{\partial^2 u}{\partial x^2}(t, x) - u(t, x)$$

を満たし，$|x| > |t| + 1$ では $u(t, x) = 0$ とする．このとき，次が成り立つことを示せ．

$$\lim_{t \to \infty}\int_\mathbb{R} |u(t, x)|^2\,dx = 0.$$

解答例 $u(t, x)$ を x に関して**フーリエ変換**した関数を

$$\widehat{u}(t, \xi) = \frac{1}{\sqrt{2\pi}}\int_\mathbb{R} u(t, x)e^{-ix\xi}\,dx \quad ((t, \xi) \in \mathbb{R}^2)$$

とする．このとき，$\widehat{u}(t, \xi)$ は

$$\frac{\partial^2 \widehat{u}}{\partial t^2}(t, \xi) + 2\frac{\partial \widehat{u}}{\partial t}(t, \xi) = -(\xi^2 + 1)\widehat{u}(t, \xi)$$

を満たす．これは実数 ξ をパラメータとする t に関する2階線形常微分方程式であ

り，一般解は，任意定数 $a(\xi), b(\xi)$ を用いて
$$\widehat{u}(t,\xi) = a(\xi)e^{-t+i\xi t} + b(\xi)e^{-t-i\xi t}$$
で与えられる．ここで，初期条件を
$$u(0,x) = f(x), \quad \frac{\partial u}{\partial t}(0,x) = g(x)$$
とすると，
$$\widehat{f}(\xi) = \widehat{u}(0,\xi) = a(\xi) + b(\xi),$$
$$\widehat{g}(\xi) = \frac{\partial \widehat{u}}{\partial t}(0,\xi) = (-1+i\xi)a(\xi) + (-1-i\xi)b(\xi)$$
だから，
$$a(\xi) = \frac{1+i\xi}{2i\xi}\widehat{f}(\xi) + \frac{1}{2i\xi}\widehat{g}(\xi), \quad b(\xi) = \frac{-1+i\xi}{2i\xi}\widehat{f}(\xi) - \frac{1}{2i\xi}\widehat{g}(\xi)$$
となり，
$$\widehat{u}(t,\xi) = e^{-t}\left\{\left(\cos t\xi + \frac{\sin t\xi}{\xi}\right)\widehat{f}(\xi) + \frac{\sin t\xi}{\xi}\widehat{g}(\xi)\right\}$$
である．このとき，$t > 0$ に対して
$$|\widehat{u}(t,\xi)| \le e^{-t}\left\{\left(|\cos t\xi| + t\left|\frac{\sin t\xi}{t\xi}\right|\right)|\widehat{f}(\xi)| + t\left|\frac{\sin t\xi}{t\xi}\right||\widehat{g}(\xi)|\right\}$$
$$\le (1+t)e^{-t}\left(|\widehat{f}(\xi)| + |\widehat{g}(\xi)|\right)$$
だから，**パーセバル**（Parseval）**の等式**より，
$$\int_{\mathbb{R}} |u(t,x)|^2\, dx = \int_{\mathbb{R}} |\widehat{u}(t,\xi)|^2\, d\xi \le (1+t)^2 e^{-2t}\int_{\mathbb{R}} \left(|\widehat{f}(\xi)| + |\widehat{g}(\xi)|\right)^2 d\xi$$
$$\le 2(1+t)^2 e^{-2t}\left(\int_{\mathbb{R}} |\widehat{f}(\xi)|^2\, d\xi + \int_{\mathbb{R}} |\widehat{g}(\xi)|^2\, d\xi\right)$$
$$= 2(1+t)^2 e^{-2t}\left(\int_{\mathbb{R}} |f(x)|^2\, dx + \int_{\mathbb{R}} |g(x)|^2\, dx\right)$$
となる．ここで，$t \to \infty$ のとき，$(1+t)^2 e^{-2t} \to 0$ だから，
$$\lim_{t \to \infty} \int_{\mathbb{R}} |u(t,x)|^2\, dx = 0$$
が成り立つ． 解答終わり

熱方程式

例題 4.9(東北大学大学院工学研究科機械系 4 専攻)
関数 $u(x,t)$ は次の偏微分方程式ならびに境界条件を満足するものとする.
$$\frac{\partial u}{\partial t} = \frac{\partial^2 u}{\partial x^2} \quad (0 < x < L, \ t > 0),$$
$$u(0,t) = a, \quad u(L,t) = b, \quad u(x,0) = f(x).$$
ただし, a, b は定数であり, L は正の定数である. 次の問いに答えよ.
(1) $\dfrac{\partial u}{\partial t} = 0$ を満たす解 $u_0(x)$ を求めよ.
(2) $v(x,t) = u(x,t) - u_0(x)$ が満たす偏微分方程式および境界条件を導け.
(3) 次の関係が成り立つことを示せ.
$$\frac{d}{dt}\int_0^L \{u(x,t) - u_0(x)\}^2 \, dx \leq 0.$$
(4) $a=0, b=1, L=1$ とする.
$$f(x) = \begin{cases} 2x & \left(0 \leq x \leq \dfrac{1}{2}\right), \\ 1 & \left(\dfrac{1}{2} \leq x \leq 1\right) \end{cases}$$
のとき, $u(x,t)$ を求めよ.

解答例 (1) $u_0(x)$ は
$$\frac{d^2 u_0}{dx^2}(x) = 0 \quad (0 < x < L), \quad u_0(0) = a, \quad u_0(L) = b$$
の解だから,
$$u_0(x) = a + \frac{b-a}{L}x$$
である.

(2) $v(x,t) = u(x,t) - u_0(x)$ は
$$\frac{\partial v}{\partial t} = \frac{\partial^2 v}{\partial x^2} \quad (0 < x < L, \quad t > 0),$$
$$v(0,t) = 0, \quad v(L,t) = 0, \quad v(x,0) = f(x) - u_0(x)$$
を満たす.

(3) 前問 (2) の結果と**部分積分**により, $v(x,t) = u(x,t) - u_0(x)$ に対して

$$\frac{1}{2}\frac{d}{dt}\int_0^L v(x,t)^2\,dx = \int_0^L v(x,t)\frac{\partial v}{\partial t}(x,t)\,dx$$
$$= \int_0^L v(x,t)\frac{\partial^2 v}{\partial x^2}(x,t)\,dx$$
$$= \left[v(x,t)\frac{\partial v}{\partial x}(x,t)\right]_{x=0}^{x=L} - \int_0^L \left\{\frac{\partial v}{\partial x}(x,t)\right\}^2 dx$$
$$= -\int_0^L \left\{\frac{\partial v}{\partial x}(x,t)\right\}^2 dx$$

が成り立つ. よって,
$$\frac{d}{dt}\int_0^L \{u(x,t) - u_0(x)\}^2\,dx \leq 0.$$

(4) $a=0$, $b=1$, $L=1$ とすると, 小問 (1) より, $u_0(x) = x$ である.
また, $g(x) = f(x) - u_0(x)$ とおくと,
$$g(x) = \begin{cases} x & \left(0 \leq x \leq \frac{1}{2}\right), \\ 1-x & \left(\frac{1}{2} \leq x \leq 1\right) \end{cases}$$

であり, 小問 (2) より, $v(x,t) = u(x,t) - u_0(x)$ は
$$\frac{\partial v}{\partial t} = \frac{\partial^2 v}{\partial x^2} \quad (0 < x < 1,\ t > 0),$$
$$v(0,t) = 0,\quad v(L,t) = 0,\quad v(x,0) = g(x)$$

を満たす. この初期・境界値問題は, **フーリエ級数**を用いて解くことができる (例題 PART 8.1 の例題 8.2). 途中の計算は省略し, 結果だけ述べると, $g(x)$ は
$$g(x) = 4\sum_{k=1}^{\infty} \frac{(-1)^{k+1}}{(2k-1)^2\pi^2} \sin(2k-1)\pi x \quad (0 \leq x \leq 1)$$

とフーリエ級数展開でき, 解 $v(x,t)$ は
$$v(x,t) = 4\sum_{k=1}^{\infty} \frac{(-1)^{k+1}}{(2k-1)^2\pi^2} e^{-(2k-1)^2\pi^2 t} \sin(2k-1)\pi x$$

で与えられる. よって, 求める解 $u(x,t)$ は
$$u(x,t) = u_0(x) + v(x,t)$$
$$= x + 4\sum_{k=1}^{\infty} \frac{(-1)^{k+1}}{(2k-1)^2\pi^2} e^{-(2k-1)^2\pi^2 t} \sin(2k-1)\pi x$$

となる. **解答終わり**

ポアソン方程式・ラプラス方程式

例題 4.10（東京大学大学院理学系研究科物理学専攻）以下ではポアソン方程式，またはラプラス方程式の解を様々な次元 (d)，境界条件の下で求める．

(問 1) まず 1 次元 ($d=1$) の場合を考える．

(a) 領域 $x \in [0,1]$ で定義された連続関数 $u(x)$ に対する微分方程式

$$\frac{d^2 u}{dx^2} = -\delta(x-y) \quad (0 < y < 1)$$

を境界条件 $u(0) = u(1) = 0$ の下で解け．ここで $\delta(x)$ はデルタ関数である．

(b) 上で得られた解 $u(x)$ を $G(x,y)$ と書く．このとき領域 $x \in [0,1]$ で定義される，より一般的な微分方程式

$$\frac{d^2 v}{dx^2} = \rho(x)$$

の解 $v(x)$ を $G(x,y)$ を用いて書き下せ．ただし境界条件は $v(0) = v(1) = 0$ とし，右辺の $\rho(x)$ は $\rho(0) = \rho(1) = 0$ を満たす任意関数とする．

(問 2) 次に 2 次元 ($d=2$) の場合を考える．2 次元平面の直交座標を (x,y)，複素座標を $z = x+iy, \bar{z} = x-iy$，極座標を r, θ ($x = r\cos\theta, y = r\sin\theta$) とする．

(a) 単位円の内部 ($r<1$) で定義された関数 $u_n(x,y) = z^n + \bar{z}^n$ ($n = 0,1,2,\cdots$) はラプラス方程式

$$\left(\frac{\partial^2}{\partial x^2} + \frac{\partial^2}{\partial y^2}\right) u(x,y) = 0$$

の解であることを示せ．またこの関数は境界 ($r=1$) でどのような値をとるのか，θ の関数として表せ．

(b) 単位円の内部 $r<1$ でラプラス方程式を満たし，境界条件

$$u(x,y)\bigg|_{r=1} = |\theta| \quad (-\pi \leq \theta \leq \pi)$$

を満たす関数 u を，境界値に対するフーリエ級数展開を用いて求めよ．

(問 3) d 次元 ($d \geq 3$) ポアソン方程式

$$\nabla \cdot \nabla u(\boldsymbol{x}) = -\prod_{a=1}^{d} \delta(x_a),$$

$$\boldsymbol{x} = (x_1, \cdots, x_d), \quad \nabla = \left(\frac{\partial}{\partial x_1}, \cdots, \frac{\partial}{\partial x_d}\right)$$

を，定義域 $\mathbb{R}^d$，境界条件 $\lim_{|\boldsymbol{x}|\to\infty} u(\boldsymbol{x}) = 0$ の下で考える．発散定理

$$\int_V d^d x \, \nabla \cdot \boldsymbol{F} = \int_{\partial V} dS \, \boldsymbol{n} \cdot \boldsymbol{F}$$

を用いて解 $u(\boldsymbol{x})$ を求めよ．ここで V は $\mathbb{R}^d$ 内のなめらかな境界 ∂V を持つ有界な領域，$\boldsymbol{F}$ はベクトル値関数，$\boldsymbol{n}$ は ∂V 上の単位法線ベクトル，dS は ∂V の超面積要素である．（必要であれば d 次元空間内の半径 1 の超球面 $\sum_{i=1}^{d}(x_i)^2 = 1$ の超面積が $\dfrac{2\pi^{d/2}}{\Gamma(d/2)}$ であることを用いてもよい．ここで $\Gamma(z)$ はガンマ関数である．)

解答例 （問 1）(a) 方程式を 0 から x まで積分すると

$$\frac{du}{dx}(x) = C - \int_0^x \delta(t-y)\,dt$$
$$= C - H(x-y), \quad H(x) = \begin{cases} 1 & (x > 0), \\ 0 & (x < 0) \end{cases}$$

となる．ここで，C は定数である．さらに，これを積分すると，

$$u(x) = C_1 + C_2 x - (x-y)H(x-y) \quad (0 \leq x \leq 1)$$

となる．ここで，境界条件より，

$$0 = u(0) = C_1, \quad 0 = u(1) = C_1 + C_2 - (1-y)$$

だから，$C_1 = 0$, $C_2 = 1 - y$ となる．よって，求める解は

$$u(x) = (1-y)x - (x-y)H(x-y)$$
$$= \begin{cases} (1-y)x & (0 \leq x \leq y), \\ y(1-x) & (y \leq x \leq 1) \end{cases}$$

である．
(b) 求める解は

$$v(x) = -\int_0^1 G(x,y)\rho(y)\,dy$$

で与えられる．実際，$v(x)$ を 2 回微分すると，

$$\frac{d^2v}{dx^2}(x) = -\int_0^1 \frac{\partial^2 G}{\partial x^2}(x,y)\rho(y)\,dy = \int_0^1 \delta(x-y)\rho(y)\,dy = \rho(x)$$

となり，$v(x)$ は与えられた方程式を満たすことが分かる．

また，$G(0,y) = G(1,y) = 0 \ (0 < y < 1)$ だから，

$$v(0) = -\int_0^1 G(0,y)\rho(y)\,dy = 0,$$
$$v(1) = -\int_0^1 G(1,y)\rho(y)\,dy = 0$$

となり，境界条件も満たしている．

(問2) (a) $n = 0, 1, 2, \cdots$ に対して，z^n は複素平面全体で正則だから，z^n の実部 $u(x,y)$ と虚部 $v(x,y)$ は**コーシー–リーマン**（Cauchy-Riemann）**の方程式**

$$\frac{\partial u}{\partial x}(x,y) = \frac{\partial v}{\partial y}(x,y), \quad \frac{\partial v}{\partial x}(x,y) = -\frac{\partial u}{\partial y}(x,y)$$

を満たす．これから，$u(x,y)$ は

$$\frac{\partial^2 u}{\partial x^2}(x,y) + \frac{\partial^2 u}{\partial y^2}(x,y) = \frac{\partial^2 v}{\partial x \partial y}(x,y) - \frac{\partial^2 v}{\partial y \partial x}(x,y) = 0$$

を満たすので，$u_n(x,y) = z^n + \bar{z}^n = 2u(x,y)$ もラプラス方程式を満たす．

また，極座標で表すと，

$$u_n(x,y) = r^n e^{in\theta} + r^n e^{-in\theta} = 2r^n \cos n\theta$$

となるから，$r = 1$ のとき，$u_n(x,y)\big|_{r=1} = 2\cos n\theta$ となる．

(b) $|\theta|$ は

$$|\theta| = \frac{\pi}{2} - \frac{4}{\pi}\sum_{k=1}^\infty \frac{1}{(2k-1)^2}\cos(2k-1)\theta \quad (-\pi \leq \theta \leq \pi)$$

とフーリエ級数展開できる（例題 PART 8.1 の例題 8.1）．

ここで，(a) より，各 $n = 0, 1, 2, \cdots$ に対して，$r^n \cos n\theta$ はラプラス方程式の解だから，**重ね合わせの原理**より，求める解は

$$u(x,y) = \frac{\pi}{2} - \frac{4}{\pi}\sum_{k=1}^\infty \frac{r^{2k-1}}{(2k-1)^2}\cos(2k-1)\theta$$

となる．

(問3) $u(\boldsymbol{x})$ は**球対称**であるとし，$u(\boldsymbol{x}) = w(r)$, $r = |\boldsymbol{x}|$ とすると，

$$\nabla \cdot \nabla u(\boldsymbol{x}) = \frac{d^2 w}{dr^2}(r) + \frac{d-1}{r}\frac{dw}{dr}(r) = \frac{1}{r^{d-1}}\frac{d}{dr}\left(r^{d-1}\frac{dw}{dr}(r)\right)$$

となる．また，$\boldsymbol{x} \neq 0$ のとき，$\prod_{a=1}^{d} \delta(x_a) = 0$ だから，$r > 0$ のとき，$w(r)$ は

$$\frac{d}{dr}\left(r^{d-1}\frac{dw}{dr}(r)\right) = 0$$

を満たす．これを積分すると，

$$r^{d-1}\frac{dw}{dr}(r) = K, \quad u(\boldsymbol{x}) = w(r) = \frac{K_1}{r^{d-2}} + K_2 \quad (K, K_1, K_2 \text{ は定数})$$

となる．ここで，境界条件 $\lim_{|\boldsymbol{x}| \to \infty} u(\boldsymbol{x}) = 0$ より，$K_2 = 0$ である．

また，$V = \{\boldsymbol{x} \mid |\boldsymbol{x}| < 1\}$，$\boldsymbol{F} = \nabla u$ に対して，発散定理を用いると，

$$-1 = -\int_V d^d x \prod_{a=1}^{d} \delta(x_a) = \int_V d^d x\, \nabla \cdot \nabla u = \int_{\partial V} dS\, \boldsymbol{n} \cdot \nabla u$$

となる．ここで，

$$\nabla u(\boldsymbol{x}) = \frac{\boldsymbol{x}}{r}\frac{dw}{dr}(r) = \frac{\boldsymbol{x}}{r}\frac{K_1(2-d)}{r^{d-1}}$$

であり，$\partial V = \{\boldsymbol{x} \mid |\boldsymbol{x}| = 1\}$ 上の外向き単位法線ベクトルは $\boldsymbol{n} = \boldsymbol{x}$ だから，

$$\int_{\partial V} dS\, \boldsymbol{n} \cdot \nabla u = \int_{\partial V} dS\, \frac{K_1(2-d)}{r^{d-1}} = -K_1(d-2)\int_{\partial V} dS$$
$$= -\frac{2\pi^{d/2} K_1(d-2)}{\varGamma(d/2)}.$$

よって，

$$K_1 = \frac{\varGamma(d/2)}{2\pi^{d/2}(d-2)}$$

であり，求める解は

$$u(\boldsymbol{x}) = \frac{\varGamma(d/2)}{2\pi^{d/2}(d-2)|\boldsymbol{x}|^{d-2}}. \qquad \textbf{解答終わり}$$

まとめ

この例題 PART では，代表的な 2 階線形偏微分方程式である，波動方程式，熱方程式，ラプラス方程式に関する問題を取り上げた．途中で用いた，フーリエ級数とフーリエ変換については，第 8 章で詳しく解説する．

第4章 演習問題 A

A.1 （北海道大学大学院情報科学研究科）
次の微分方程式の一般解を求めよ．
(1) $2yy' = -(y^2 - 1)\sin x$
(2) $xy' + x^2 y + x^3 - y = 0$

A.2 （東北大学大学院工学研究科機械系 4 専攻）
次の常微分方程式の一般解を求めよ．
(1) $x\dfrac{dy}{dx} = y + \sqrt{x^2 + y^2}$
(2) $\dfrac{dy}{dx} - \dfrac{y}{x} + xy^2 = 0 \qquad \left(\text{ヒント：} z = \dfrac{1}{y} \text{ とおけ．}\right)$

A.3 （九州大学大学院総合理工学府先端エネルギー理工学専攻）
次の微分方程式の一般解を求めよ．
$$\dfrac{dy}{dx} - y\tan x - 4\sin x = 0 \quad \left(0 < x < \dfrac{\pi}{2}\right).$$

A.4 （東北大学大学院工学研究科応用物理学専攻）
微分方程式
$$\dfrac{dy}{dx} + y\sin x = y^2 \sin x \qquad ①$$
について次の問いに答えよ．
(1) $u = y^{-1}$ として ① を u と x で書き表せ．
(2) 小問 (1) で得られた式の右辺を零とおいた同次方程式の解を求めよ．
(3) 小問 (2) の解に用いた積分定数を変数とみなして ① の一般解を求めよ．

A.5 （大阪大学大学院工学研究科電気電子情報工学専攻）
関数 $y(x)$ に関する微分方程式
$$y' = \dfrac{1}{x} + e^y$$
において，$u = xe^y$ とおき，$u(x)$ に関する微分方程式を導くことにより，一般解を求めよ．

A.6 （東北大学大学院工学研究科応用物理学専攻）
関数 $y(x)$ に関する常微分方程式
$$\dfrac{d^2 y}{dx^2} + y = f(x) \qquad ①$$
について，次の問いに答えよ．ただし，x の範囲は $x \geq 0$ とする．
(1) $y = a(x)\cos x + b(x)\sin x$ とおいて ① に代入し，$\dfrac{da(x)}{dx}$ と $\dfrac{db(x)}{dx}$ の関係式を求めよ．ただし，$a(x)$ と $b(x)$ は常に

$$\frac{da(x)}{dx}\cos x + \frac{db(x)}{dx}\sin x = 0$$

の関係式を満たすものとする.
(2) $a(x)$ と $b(x)$ を求めよ.
(3) 小問 (2) の結果を用いて, $f(x) = e^{-x}$ のときの $y(x)$ を求めよ.

A.7 (東京大学大学院工学研究科)

以下の微分方程式の一般解を求めよ.
$$x^3\frac{d^3y}{dx^3} - 3x^2\frac{d^2y}{dx^2} + 6x\frac{dy}{dx} - 6y = 2x^4 e^x.$$

第 4 章　演習問題 B

B.1 (大阪大学大学院工学研究科電気電子情報工学専攻)

2 階微分方程式
$$x'' + a_1(t)x' + a_2(t)x = 0$$

について次の問いに答えよ. ただし, x は t の関数であり, x' および x'' はそれぞれ t に関する 1 階および 2 階微分を表し, $a_1(t)$ および $a_2(t)$ は任意の区間で連続とする.

(1) $x_1(t) \neq 0$ が特殊解とすると,
$$x_2(t) = x_1(t)\int^t \frac{1}{\{x_1(\tau)\}^2}\cdot \exp\left(-\int^\tau a_1(s)\,ds\right)d\tau$$

がもう一つの特殊解となることを示せ. ただし, $\int^t f(\tau)\,d\tau$ は t の関数を表す.

(2) 小問 (1) で示す $x_1(t), x_2(t)$ が互いに 1 次独立な基本解系であることを, ロンスキー行列式 $W(x_1, x_2)(t)$ を用いて示せ.

(3) 次の微分方程式の一般解を求めよ.
$$x'' - 4tx' + (4t^2 - 2)x = 0.$$

ただし, 特殊解の一つは t の累乗の指数関数である.

B.2 (東京大学大学院理学系研究科化学専攻)

行列 $A = \begin{pmatrix} a & -b \\ b & a \end{pmatrix}$ について考える. ただし, a, b は実数とする.

(1) $\exp A = e^a\begin{pmatrix} \cos b & -\sin b \\ \sin b & \cos b \end{pmatrix}$ を示せ.

(2) 連立微分方程式

$$\begin{cases} \dfrac{d}{dt}x(t) = 2x(t) - y(t), \\ \dfrac{d}{dt}y(t) = x(t) + 2y(t) \end{cases}$$

を初期条件 $x(0) = 3, y(0) = -1$ のもとで解け．

B.3 （東京大学大学院理学系研究科化学専攻）

行列 $A = \begin{pmatrix} 0 & 2 & 2 \\ 2 & 1 & 0 \\ 2 & 0 & -1 \end{pmatrix}$ について，次の問いに答えよ．

(1) 行列 A の固有値，および大きさが 1 に規格化された固有ベクトルを求めよ．

(2) 3 行 3 列の行列 P を用いて，行列 A を $P^{-1}AP = \Lambda$ により対角化することができる．ここで，行列 Λ は (1) で求めた固有値 $\lambda_1, \lambda_2, \lambda_3$ （$\lambda_1 \leq \lambda_2 \leq \lambda_3$）を対角成分とする対角行列 $\Lambda = \begin{pmatrix} \lambda_1 & 0 & 0 \\ 0 & \lambda_2 & 0 \\ 0 & 0 & \lambda_3 \end{pmatrix}$ である．このときの行列 P および逆行列 P^{-1} を記せ．

(3) $\begin{pmatrix} x(t) \\ y(t) \\ z(t) \end{pmatrix}$ を時刻 t の関数とし，$\begin{pmatrix} x(0) \\ y(0) \\ z(0) \end{pmatrix} = \begin{pmatrix} 1 \\ -1 \\ 0 \end{pmatrix}$ を初期条件として，行列 A を用いた次の微分方程式の解を求めよ．

$$\frac{d}{dt} \begin{pmatrix} x(t) \\ y(t) \\ z(t) \end{pmatrix} = A \begin{pmatrix} x(t) \\ y(t) \\ z(t) \end{pmatrix}.$$

B.4 （東京大学大学院理学系研究科物理学専攻）

以下の連立偏微分方程式を考える．

$$\begin{cases} \dfrac{\partial u_1}{\partial t} + 4\dfrac{\partial u_2}{\partial x} = 0, \\ \dfrac{\partial u_2}{\partial t} + \dfrac{\partial u_1}{\partial x} = 0 \end{cases} \quad ①$$

ここで，$u_1(x,t), u_2(x,t)$ は $-\infty < t < +\infty$ および $-\infty < x < +\infty$ で定義された 2 変数関数である．次の問いに答えよ．

(1) ① を以下のようにベクトル表記する．

$$\frac{\partial \boldsymbol{u}}{\partial t} + A\frac{\partial \boldsymbol{u}}{\partial x} = \boldsymbol{0}, \quad \boldsymbol{u} = \begin{pmatrix} u_1(x,t) \\ u_2(x,t) \end{pmatrix}$$

このとき，係数行列 A の固有値 λ_1, λ_2 と固有ベクトル $\boldsymbol{q}_1, \boldsymbol{q}_2$ を求めよ．

(2) 小問 (1) で求めた $\boldsymbol{q}_1, \boldsymbol{q}_2$ を並べた 2 次元正方行列 $P = (\boldsymbol{q}_1 \, \boldsymbol{q}_2)$ を用いて変換

$$\begin{pmatrix} s_1(x,t) \\ s_2(x,t) \end{pmatrix} = P^{-1}\boldsymbol{u}$$

を行い，① を $s_1(x,t)$, $s_2(x,t)$ に対する偏微分方程式に書き換えよ．

(3) 小問 (2) で得られた式は $s_1(x,t)$, $s_2(x,t)$ に対してそれぞれ独立な線形方程式であり，初期条件を与えれば解くことができる．さらに，その解から $u_1(x,t)$, $u_2(x,t)$ を求めることができる．このことを用いて，初期条件

$$u_1(x,t=0) = e^{-x^2}, \quad u_2(x,t=0) = 0$$

のもとに，連立偏微分方程式 ① の解 $u_1(x,t)$, $u_2(x,t)$ を求めよ．

B.5 （東京大学大学院理学系研究科物理学専攻）

以下の偏微分方程式を考える．

$$\frac{1}{v^2}\frac{\partial^2 u}{\partial t^2} - \frac{\partial^2 u}{\partial x^2} = 0. \qquad \text{①}$$

ここで，v は正の定数であり，$u(x,t)$ は $-\infty < t < +\infty$ および $-\infty < x < +\infty$ で定義された 2 変数関数である．次の問いに答えよ．

(1) 任意の時刻 t に対して，① の解が

$$\frac{\partial u(x,t)}{\partial x}\Big|_{x \to \pm\infty} = 0$$

を満たしているとする．このとき，以下の積分 I が t に依存しないことを示せ．ただし，I は発散しないとする．

$$I = \frac{1}{2}\int_{-\infty}^{+\infty}\left(\frac{1}{v^2}\left(\frac{\partial u}{\partial t}\right)^2 + \left(\frac{\partial u}{\partial x}\right)^2\right)dx.$$

(2) $\quad u_0(x) = 0 \quad \text{および} \quad u_1(x) = \frac{v^2}{\pi}\frac{b}{(x-a)^2 + b^2}$

なる初期条件のもとで，$t > 0$ での解 $u(x,t)$ を求めよ．ここで，a と b は正の定数とする．

B.6 （東京大学大学院理学系研究科化学専攻）

$0 < x < 1$, $0 < y < \infty$ において，偏微分方程式

$$\frac{\partial^2 f}{\partial x^2} = \frac{\partial^2 f}{\partial y^2}$$

を満たし，

$$f(0,y) = f(1,y) = 0, \quad f(x,0) = \frac{\partial f}{\partial y}(x,0) = \sin\pi x(1 + 2\cos\pi x)$$

となるような関数 $f(x,y)$ を求めよ．答えに至る過程も簡潔に記せ．

第5章 複素解析

5.1 正則関数

●**正則関数の定義**● 複素関数 $f(z)$ は $z = a$ のまわりで定義されているとする.極限

$$\lim_{z \to a} \frac{f(z) - f(a)}{z - a}$$

が存在するとき, $f(z)$ は $z = a$ で**微分可能**であるという.また,この極限値を $f'(a)$ で表す.$f(z)$ が複素平面上の領域 D のすべての点で微分可能であるとき,$f(z)$ は D で**正則**であるという.

●**コーシー–リーマンの方程式**● 領域 D で正則な関数 $f(z)$ を 2 つの実数値関数 $u(x, y), v(x, y)$ を用いて,$f(z) = u(x, y) + iv(x, y)$ $(z = x + iy)$ と表す.このとき,$u(x, y), v(x, y)$ は D において,次のコーシー–リーマンの方程式を満たす.

$$\frac{\partial u}{\partial x}(x, y) = \frac{\partial v}{\partial y}(x, y), \quad \frac{\partial u}{\partial y}(x, y) = -\frac{\partial v}{\partial x}(x, y).$$

●**ベキ級数で定義される関数**● ベキ級数 $\sum_{n=0}^{\infty} c_n (z - a)^n$ の収束半径を R $(0 < R \leq \infty)$ とすると,

$$f(z) = \sum_{n=0}^{\infty} c_n (z - a)^n$$

は $|z - a| < R$ において正則であり,次が成り立つ.

$$f'(z) = \sum_{n=1}^{\infty} n c_n (z - a)^{n-1}.$$

ベキ級数 $\sum_{n=0}^{\infty} c_n (z - a)^n$ の収束半径を R とすると,

極限 $l = \lim_{n \to \infty} \dfrac{|c_{n+1}|}{|c_n|}$ が存在するならば,$R = \dfrac{1}{l}$.

極限 $l = \lim_{n \to \infty} |c_n|^{1/n}$ が存在するならば,$R = \dfrac{1}{l}$.

すべての複素数 z に対して，指数関数 e^z と三角関数 $\cos z, \sin z$ は収束半径 ∞ のベキ級数を用いて，

$$e^z = \sum_{n=0}^{\infty} \frac{z^n}{n!}, \quad \cos z = \sum_{k=0}^{\infty} \frac{(-1)^k}{(2k)!} z^{2k}, \quad \sin z = \sum_{k=0}^{\infty} \frac{(-1)^k}{(2k+1)!} z^{2k+1}$$

と定義される．このとき，**オイラーの公式** $e^{iz} = \cos z + i \sin z$ が成り立つ．

5.2 複素積分

●**複素積分の定義**● 複素平面上の曲線 C は $z = \gamma(t)$ $(\alpha \leq t \leq \beta)$ とパラメータ表示されているとする．複素関数 $f(z)$ は C 上で連続であり，$\gamma(t)$ は $[\alpha, \beta]$ で C^1 級であるとき，

$$\int_C f(z)\,dz = \int_\alpha^\beta f(\gamma(t))\gamma'(t)\,dt$$

と定義する．有限個の C^1 級の曲線 $C_1, \cdots, C_m$ をつなぎ合わせた曲線（区分的になめらかな曲線）C に対しては，

$$\int_C f(z)\,dz = \sum_{k=1}^m \int_{C_k} f(z)\,dz$$

と定義する．

例えば，$C_r(a)$ を，$\gamma(t) = a + re^{i\theta}$ $(0 \leq \theta \leq 2\pi)$ とパラメータ表示される，中心 a，半径 r の円周とすると，整数 n に対して，

$$\int_{C_r(a)} (z-a)^n\,dz = \begin{cases} 2\pi i & (n = -1), \\ 0 & (n \neq -1). \end{cases}$$

●**コーシーの積分定理**● 単連結領域 D で正則な関数 $f(z)$ と D 内の区分的になめらかな閉曲線 C に対して，次が成り立つ．

$$\int_C f(z)\,dz = 0.$$

●**コーシーの積分公式**● $f(z)$ は単連結領域 D で正則とする．また，C は D 内の区分的になめらかな閉曲線とする．このとき，C で囲まれた領域内の点 a に対して，

$$f(a) = \frac{1}{2\pi i} \int_C \frac{f(z)}{z-a}\,dz$$

が成り立つ．さらに，すべての自然数 n に対して，

$$f^{(n)}(a) = \frac{n!}{2\pi i} \int_C \frac{f(z)}{(z-a)^{n+1}}\,dz.$$

5.3 関数の展開

●**テイラー展開**● $f(z)$ は $|z-a| < R$ で正則とすると，

$$f(z) = \sum_{n=0}^{\infty} c_n(z-a)^n \quad (|z-a| < R)$$

と展開できる．ここで，$n = 0, 1, 2, \cdots$ に対して，係数 c_n は

$$c_n = \frac{1}{n!}f^{(n)}(a) = \frac{1}{2\pi i}\int_{|z-a|=r}\frac{f(z)}{(z-a)^{n+1}}\,dz \quad (0 < r < R)$$

で与えられる．

●**ローラン**（Laurent）**展開**● $f(z)$ は $R_1 < |z-a| < R_2$ で正則とすると，

$$f(z) = \sum_{n=-\infty}^{\infty} c_n(z-a)^n \quad (R_1 < |z-a| < R_2)$$

と展開できる．ここで，整数 n に対して，係数 c_n は

$$c_n = \frac{1}{2\pi i}\int_{|z-a|=r}\frac{f(z)}{(z-a)^{n+1}}\,dz \quad (R_1 < r < R_2)$$

で与えられる．

5.4 孤立特異点と留数

●**孤立特異点の分類と留数**● 関数 $f(z)$ が

$$0 < |z-a| < \rho$$

で正則であるような定数 ρ が存在するとき，a は $f(z)$ の**孤立特異点**であるという．このとき，$f(z)$ は $z = a$ のまわりで

$$f(z) = \sum_{n=-\infty}^{\infty} c_n(z-a)^n \quad (0 < |z-a| < \rho) \tag{5.1}$$

とローラン展開される．このとき，

$$\sum_{n=1}^{\infty} c_{-n}(z-a)^{-n}$$

をローラン展開 (5.1) の**主要部**という．この主要部，または，自然数全体の集合 $\mathbb{N} = \{1, 2, \cdots\}$ の部分集合 $S := \{n \in \mathbb{N} \mid c_{-n} \neq 0\}$ を用いて，孤立特異点を 3 種類に分類する．

(1) S が空集合であるとき，a は $f(z)$ の**除去可能な特異点**であるという．
(2) S が空でない有限集合のとき，a は $f(z)$ の**極**であるという．また，S の最大数を極 a の**位数**という．
(3) S が無限集合であるとき，a は $f(z)$ の**真性特異点**であるという．

ローラン展開 (5.1) における $\dfrac{1}{z-a}$ の係数 c_{-1} を孤立特異点 a における $f(z)$ の**留数**といい，

$$\mathrm{Res}\,[f(z),a]$$

で表す．このとき，

$$\mathrm{Res}\,[f(z),a] = \frac{1}{2\pi i}\int_{|z-a|=r} f(z)\,dz \quad (0<r<\rho)$$

が成り立つ．

a が $f(z)$ の 1 位の極であるとき，

$$\mathrm{Res}\,[f(z),a] = \lim_{z\to a}[(z-a)f(z)].$$

また，a が $f(z)$ の m 位の極（$m\geq 2$）であるとき，

$$\mathrm{Res}\,[f(z),a] = \frac{1}{(m-1)!}\lim_{z\to a}\frac{d^{m-1}}{dz^{m-1}}\left[(z-a)^m f(z)\right].$$

が成り立つ．

●**留数定理**● C は区分的になめらかな閉曲線とし，C で囲まれた領域を D とする．D 内に有限個の点 $a_1,\cdots,a_m$ があり，$f(z)$ は C および D を含むある開集合で，$a_1,\cdots,a_m$ を除き，正則であるとする．このとき，

$$\int_C f(z)\,dz = 2\pi i \sum_{k=1}^{m} \mathrm{Res}\,[f(z),a_k]$$

が成り立つ．ただし，閉曲線 C の向きは反時計回りとする．

例題 PART 5.1　複素積分と定積分の計算

コーシーの積分定理と定積分

この例題 PART は複素積分を利用して定積分を計算する典型的な問題をいくつか取り上げる.

以下，複素平面 $\mathbb{C}$ において，a を始点，b を終点とする線分を $[a, b]$ で表す．また，$r > 0$ に対して，$z = re^{i\theta}$ $(0 \leq \theta \leq \pi)$ で表される半円弧を Γ_r で表すことにする.

まずは，例題 PART 3.2 で取り上げた問題を複素積分を利用して解いてみたい.

> **例題 5.1**（東京大学大学院理学系研究科化学専攻：一部抜粋）
> 定積分 $\displaystyle\int_0^\infty \frac{\sin x}{x} \, dx$ を計算せよ．

解答例　$0 < \varepsilon < R$ とし，図 (a) のような閉じた積分路 $C_{\varepsilon, R}$ 上の複素積分 $\displaystyle\int_{C_{\varepsilon, R}} \frac{e^{iz}}{z} \, dz$ を利用して解くことにする（積分路の取り方に関しては，解答例の後のコメントを参照のこと）．

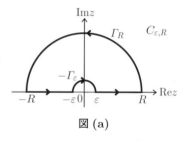

図 (a)

積分路 $C_{\varepsilon, R}$ は 4 つの曲線（線分も曲線と考える）$\Gamma_R, [-R, -\varepsilon], -\Gamma_\varepsilon, [\varepsilon, R]$ からなる．ここで，$-\Gamma_\varepsilon$ は Γ_ε の向きを逆にした曲線を表す．複素関数 $\dfrac{e^{iz}}{z}$ は複素平面から原点を除いた領域 $\mathbb{C} \setminus \{0\}$ で正則であり，閉曲線 $C_{\varepsilon, R}$ で囲まれる閉領域は $\mathbb{C} \setminus \{0\}$ に含まれるので，**コーシーの積分定理**より

$$0 = \int_{C_{\varepsilon, R}} \frac{e^{iz}}{z} \, dz = \int_{\Gamma_R} \frac{e^{iz}}{z} \, dz + \int_{[-R, -\varepsilon]} \frac{e^{iz}}{z} \, dz - \int_{\Gamma_\varepsilon} \frac{e^{iz}}{z} \, dz + \int_{[\varepsilon, R]} \frac{e^{iz}}{z} \, dz \tag{5.2}$$

が成り立つ．ここで，実数 x に対して，**オイラーの公式**より，$\dfrac{e^{ix}}{x} = \dfrac{\cos x}{x} + i\dfrac{\sin x}{x}$ であり，この実部は奇関数，虚部は偶関数だから

$$\int_{[-R, -\varepsilon]} \frac{e^{iz}}{z} \, dz + \int_{[\varepsilon, R]} \frac{e^{iz}}{z} \, dz = 2i \int_\varepsilon^R \frac{\sin x}{x} \, dx \tag{5.3}$$

となる．また，上側の半円弧 Γ_R においては，$z = Re^{i\theta}$ より $\dfrac{dz}{d\theta} = iRe^{i\theta}$ だから

$$\int_{\Gamma_R} \frac{e^{iz}}{z} \, dz = \int_0^\pi \frac{e^{iRe^{i\theta}}}{Re^{i\theta}} iRe^{i\theta} \, d\theta = i \int_0^\pi e^{iR\cos\theta - R\sin\theta} \, d\theta$$

例題 PART 5.1 複素積分と定積分の計算

であり，これから

$$\left|\int_{\Gamma_R}\frac{e^{iz}}{z}dz\right|\le\int_0^\pi e^{-R\sin\theta}d\theta=2\int_0^{\pi/2}e^{-R\sin\theta}d\theta$$
$$\le 2\int_0^{\pi/2}e^{-\frac{2R}{\pi}\theta}d\theta=\frac{\pi}{R}(1-e^{-R}) \tag{5.4}$$

と評価できる．ここで，$\sin\theta$ が $\theta=\frac{\pi}{2}$ に関して対称であることと不等式

$$\sin\theta\ge\frac{2}{\pi}\theta\quad\left(0\le\theta\le\frac{\pi}{2}\right) \tag{5.5}$$

を用いた．(5.4) において $R\to\infty$ とすれば

$$\lim_{R\to\infty}\int_{\Gamma_R}\frac{e^{iz}}{z}dz=0 \tag{5.6}$$

を得る．次に，下側の半円弧 Γ_ε 上の積分は $\displaystyle\int_{\Gamma_\varepsilon}\frac{e^{iz}}{z}dz=\int_{\Gamma_\varepsilon}\frac{1}{z}dz+\int_{\Gamma_\varepsilon}\frac{e^{iz}-1}{z}dz$
と分解して考える．まず，すべての $\varepsilon>0$ に対して

$$\int_{\Gamma_\varepsilon}\frac{1}{z}dz=\int_0^\pi\frac{1}{\varepsilon e^{i\theta}}i\varepsilon e^{i\theta}d\theta=\int_0^\pi i\,d\theta=\pi i$$

である．一方，$g(z)=\dfrac{e^{iz}-1}{z}$ とおくと，e^{iz} の**テイラー展開**より，$g(z)=\displaystyle\sum_{n=1}^\infty\frac{i^n}{n!}z^{n-1}$
であり，このベキ級数の収束半径は ∞ だから，関数 $g(z)$ は複素平面全体 $\mathbb{C}$ で正則である．特に，$|g(z)|$ は有界閉集合 $\{z\in\mathbb{C}\mid|z|\le 1\}$ 上で連続だから，その最大値を M とおくと，$0<\varepsilon\le 1$ に対して

$$\left|\int_{\Gamma_\varepsilon}g(z)\,dz\right|=\left|\int_0^\pi g(\varepsilon e^{i\theta})i\varepsilon e^{i\theta}d\theta\right|\le\varepsilon\int_0^\pi|g(\varepsilon e^{i\theta})|\,d\theta\le M\pi\varepsilon$$

が成り立つ．よって

$$\lim_{\varepsilon\to+0}\int_{\Gamma_\varepsilon}\frac{e^{iz}}{z}dz=\pi i \tag{5.7}$$

である．最終的に，以上の結果 (5.2), (5.3), (5.6), (5.7) より

$$\int_0^\infty\frac{\sin x}{x}dx=\lim_{\varepsilon\to+0}\frac{1}{2i}\int_{\Gamma_\varepsilon}\frac{e^{iz}}{z}dz-\lim_{R\to\infty}\frac{1}{2i}\int_{\Gamma_R}\frac{e^{iz}}{z}dz=\frac{\pi}{2}.\quad\textbf{解答終わり}$$

例題 PART 3.2 では，実 2 変数の微積分，特に，累次積分の順序交換を用いたが，その解法とコーシーの積分定理を用いた上の計算方法を比較してみると，後者のほうがより簡明であるといえるだろう．

なお，例題 5.1 の解答例で用いた積分路 $C_{\varepsilon,R}$ の取り方は多くの教科書に載っている《標準的な》ものであるが，上側の半円弧 Γ_R 上の積分の評価 (5.4) で，不等式 (5.5)（図 (b) 参照）を用いるところが少し技術的である．積分路を図 (c) のように取れば，この部分はより簡単に評価することができる．

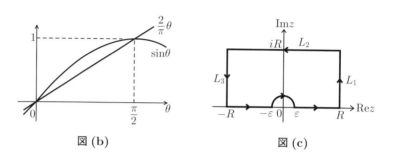

図 (b) 　　　　　　　図 (c)

実際，L_1, L_2, L_3 を図 (c) の線分とすると，L_1 は $z = R + it$ $(0 \leq t \leq R)$ と表され，$|R + it| \geq R$ $(0 \leq t \leq R)$ だから

$$\left| \int_{L_1} \frac{e^{iz}}{z} dz \right| = \left| \int_0^R \frac{e^{iR-t}}{R+it} i\, dt \right| \leq \int_0^R \frac{e^{-t}}{|R+it|} dt$$
$$\leq \frac{1}{R} \int_0^R e^{-t} dt = \frac{1}{R}(1 - e^{-R}) \to 0 \quad (R \to \infty).$$

L_3 上の積分も同様に評価される．また，L_2 の逆向きの線分は $z = t + iR$ $(-R \leq t \leq R)$ と表され，$|t + iR| \geq R$ $(-R \leq t \leq R)$ だから

$$\left| \int_{L_2} \frac{e^{iz}}{z} dz \right| = \left| \int_{-R}^R \frac{e^{it-R}}{t+iR} dt \right| \leq \int_{-R}^R \frac{e^{-R}}{|t+iR|} dt$$
$$\leq \int_{-R}^R \frac{e^{-R}}{R} dt = 2e^{-R} \to 0 \quad (R \to \infty)$$

となり，$k = 1, 2, 3$ に対して，$\displaystyle\lim_{R \to \infty} \int_{L_k} \frac{e^{iz}}{z} dz = 0$ が示された．

定積分 $\displaystyle\int_0^\infty \frac{\sin x}{x} dx$ を計算する際に，図 (c) のような積分路を選ぶことの利点は，参考文献 [8] p.183 の注意でも述べられているが，図 (a) の積分路を採用している教科書が多いようである（もちろん，すべてではない．例えば，文献 [5] p.251, 例 5 では，図 (c) のような積分路が採用されている）．

さて，例題 5.1 と同じような問題をもう 1 つ考えよう．

例題 5.2（京都大学大学院情報学研究科システム科学専攻：一部改題）
複素関数
$$f(z) = \frac{1-e^{iz}}{z^2}$$
を考える．次の問いに答えよ．
(1) $f(z)$ を $z=0$ のまわりでローラン展開せよ．
(2) Γ_ε を $z = \varepsilon e^{i\theta}$ $(0 \leq \theta \leq \pi)$ で定義される半円弧の積分路とする（ε は正の実数）．このとき $\lim_{\varepsilon \to 0} \int_{\Gamma_\varepsilon} f(z)\,dz$ を計算せよ．
(3) $f(z)$ についての複素積分を利用して，定積分
$$\int_0^\infty \frac{1-\cos x}{x^2}\,dx$$
の値を求めよ．

解答例 (1) e^{iz} のテイラー展開より，$z \in \mathbb{C} \setminus \{0\}$ に対して
$$f(z) = -\sum_{n=1}^\infty \frac{i^n}{n!} z^{n-2} = -\frac{i}{z} + \sum_{k=0}^\infty \frac{i^k}{(k+2)!} z^k$$
が成り立ち，これが求めるローラン展開である．
(2) 上式の右辺第 2 項を $g(z)$ とおくと，このベキ級数の収束半径は ∞ だから $g(z)$ は $\mathbb{C}$ で正則である．このとき (5.7) を示したときと同様に，
$$\lim_{\varepsilon \to +0} \int_{\Gamma_\varepsilon} g(z)\,dz = 0$$
であり，
$$\lim_{\varepsilon \to +0} \int_{\Gamma_\varepsilon} f(z)\,dz = \lim_{\varepsilon \to +0} \int_{\Gamma_\varepsilon} \frac{-i}{z}\,dz + \lim_{\varepsilon \to +0} \int_{\Gamma_\varepsilon} g(z)\,dz = \pi$$
を得る．
(3) $0 < \varepsilon < R$ とし，$C_{\varepsilon,R}$ を図 (a) の閉曲線とし，例題 5.1 の解答例と同じ記号を用いる．$f(z)$ は $\mathbb{C} \setminus \{0\}$ で正則だから，コーシーの積分定理より
$$0 = \int_{C_{\varepsilon,R}} f(z)\,dz$$
$$= \int_{\Gamma_R} f(z)\,dz + \int_{[-R,-\varepsilon]} f(z)\,dz - \int_{\Gamma_\varepsilon} f(z)\,dz + \int_{[\varepsilon,R]} f(z)\,dz$$

が成り立つ．ここで，実数 x に対して，
$$f(x) = \frac{1-\cos x}{x^2} - i\frac{\sin x}{x^2}$$
であり，この実部は偶関数，虚部は奇関数だから
$$\int_{[-R,-\varepsilon]} f(z)\,dz + \int_{[\varepsilon,R]} f(z)\,dz = 2\int_\varepsilon^R \frac{1-\cos x}{x^2}\,dx.$$
次に，$z = x + iy \in \Gamma_R$ $(x, y \in \mathbb{R})$ に対して，$y \geq 0$ だから
$$|f(z)| \leq \frac{1+|e^{iz}|}{|z|^2} = \frac{1+e^{-y}}{|z|^2} \leq \frac{2}{R^2}$$
と評価される．よって
$$\left|\int_{\Gamma_R} f(z)\,dz\right| \leq \int_0^\pi \frac{2}{R^2}\,R\,dt = \frac{2\pi}{R}$$
であり，
$$\lim_{R\to\infty}\int_{\Gamma_R} f(z)\,dz = 0$$
を得る．従って以上の結果と小問 (2) の結果と合わせて
$$\int_0^\infty \frac{1-\cos x}{x^2}\,dx = \lim_{\varepsilon\to +0}\frac{1}{2}\int_{\Gamma_\varepsilon} f(z)\,dz - \lim_{R\to\infty}\frac{1}{2}\int_{\Gamma_R} f(z)\,dz$$
$$= \frac{\pi}{2}$$
を得る． **解答終わり**

例題 5.1 と例題 5.2 の解答ほぼ同様であるが，例題 PART 3.2 にも書いたように，もともと，広義積分 $\int_0^\infty \frac{\sin x}{x}\,dx$ と $\int_0^\infty \frac{1-\cos x}{x^2}\,dx$ は部分積分によって結びついていることに注意しておこう．

この項では，積分路で囲まれる閉領域のまわりで被積分関数が正則である場合に，**コーシーの積分定理**を利用して定積分を計算する問題を考えたが，次の項では，積分路で囲まれる領域内に被積分関数の特異点が存在する場合に，**留数定理**を利用して定積分を計算する問題を考えよう．

留数定理と定積分

この項では，**留数定理**または**コーシーの積分公式**を利用して定積分を計算する典型的な問題を取り上げる．

例題 5.3（北海道大学大学院工学院応用物理学専攻）実関数の積分

$$\int_{-\infty}^{\infty} \frac{1}{x^4+1} dx \tag{5.8}$$

を複素積分により計算する．この計算に関する次の問いに答えよ．

(1) z を複素数とし，積分

$$\oint_{C_R} \frac{1}{z^4+1} dz \tag{5.9}$$

を考える．ここで，C_R は複素平面上の原点を中心とした半径 R の半円上を左回りに回る積分路（右図）である．この被積分関数の特異点をすべて求めよ．

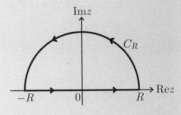

(2) 小問 (1) で求めたそれぞれの特異点は何位の極であるかを答えよ．
(3) 小問 (1) で求めたそれぞれの特異点の留数を求めよ．
(4) (5.9) の円周上の積分部分は $R \to \infty$ においてゼロとなることを証明し

$$\int_{-\infty}^{\infty} \frac{1}{x^4+1} dx = \lim_{R \to \infty} \oint_{C_R} \frac{1}{z^4+1} dz \tag{5.10}$$

となることを示せ．
(5) (5.10) と留数定理を用いて (5.8) の積分値を求めよ．

解答例 (1) $z^4 + 1 = 0$ を満たす複素数 z は

$$e^{i\frac{\pi}{4}} = \frac{1+i}{\sqrt{2}}, \quad e^{i\frac{3\pi}{4}} = \frac{-1+i}{\sqrt{2}}, \quad e^{-i\frac{3\pi}{4}} = \frac{-1-i}{\sqrt{2}}, \quad e^{-i\frac{\pi}{4}} = \frac{1-i}{\sqrt{2}}$$

の 4 点である．よって，被積分関数 $\frac{1}{z^4+1}$ は複素平面からこの 4 点を除いた領域で正則であり，特異点はこの 4 点である．

(2) 小問 (1) で求めた 4 点を順に a_1, a_2, a_3, a_4 とおく．このとき，$z^4 + 1 = (z-a_1)(z-a_2)(z-a_3)(z-a_4)$ と因数分解できるので，被積分関数 $\frac{1}{z^4+1}$ の各特異点は 1 位の極である．

(3) $g(z) = z^4 + 1$ とおくと，$\frac{1}{z^4+1}$ の特異点 a_k ($k=1,2,3,4$) の留数は

$$\lim_{z \to a_k} \frac{z-a_k}{g(z)} = \lim_{z \to a_k} \frac{1}{\frac{g(z)-g(a_k)}{z-a_k}} = \frac{1}{g'(a_k)} = \frac{1}{4a_k^3}$$

で与えられる．よって，a_1, a_2, a_3, a_4 の留数は，それぞれ次のようになる．

$$\frac{1}{4a_1^3} = \frac{1}{4}e^{-i\frac{3\pi}{4}} = \frac{-1-i}{4\sqrt{2}}, \qquad \frac{1}{4a_2^3} = \frac{1}{4}e^{-i\frac{9\pi}{4}} = \frac{1}{4}e^{-i\frac{\pi}{4}} = \frac{1-i}{4\sqrt{2}},$$

$$\frac{1}{4a_3^3} = \frac{1}{4}e^{i\frac{9\pi}{4}} = \frac{1}{4}e^{i\frac{\pi}{4}} = \frac{1+i}{4\sqrt{2}}, \qquad \frac{1}{4a_4^3} = \frac{1}{4}e^{i\frac{3\pi}{4}} = \frac{-1+i}{4\sqrt{2}}.$$

(4) $R > 1$ に対して Γ_R を $z = Re^{i\theta}$ ($0 \leq \theta \leq \pi$) で与えられる半円弧とすると

$$\left| \int_{\Gamma_R} \frac{1}{z^4+1} \, dz \right| = \left| \int_0^\pi \frac{iRe^{i\theta}}{R^4 e^{4i\theta} + 1} \, d\theta \right|$$
$$\leq \int_0^\pi \frac{R}{|R^4 e^{4i\theta} + 1|} \, d\theta \leq \int_0^\pi \frac{R}{R^4 - 1} \, d\theta = \frac{\pi R}{R^4 - 1}.$$

ここで, 最後の不等式において, $|R^4 e^{4i\theta} + 1|$ は原点を中心とする半径 R^4 の円周上の点 $R^4 e^{4i\theta}$ と点 -1 との距離であり, その最小値は $R^4 - 1$ であることに注意する. よって, $\lim_{R \to \infty} \int_{\Gamma_R} \frac{1}{z^4+1} \, dz = 0$ であることが証明された.

また, 積分路 C_R は半円弧 Γ_R と線分 $[-R, R]$ からなるので

$$\oint_{C_R} \frac{1}{z^4+1} \, dz = \int_{\Gamma_R} \frac{1}{z^4+1} \, dz + \int_{-R}^R \frac{1}{x^4+1} \, dx$$

であり, ここで $R \to \infty$ とすれば (5.10) が成り立つ.

(5) $R > 1$ のとき, 積分路 C_R で囲まれる半円板に含まれる被積分関数の特異点は a_1, a_2 の 2 点である. よって, **留数定理**より, すべての $R > 1$ に対して

$$\oint_{C_R} \frac{1}{z^4+1} \, dz = 2\pi i \left(\frac{1}{4a_1^3} + \frac{1}{4a_2^3} \right) = \frac{\pi}{\sqrt{2}}$$

である. これと (5.10) より, (5.8) の積分値は $\frac{\pi}{\sqrt{2}}$ である. **解答終わり**

ここで, これまでに用いた, いくつかの用語と事実を確認しておこう. 点 a を複素関数 $f(z)$ の**孤立特異点**とする. すなわち, ある正定数 ρ があって, $f(z)$ は $0 < |z-a| < \rho$ で正則であるとする. このとき, $f(z)$ は $z = a$ のまわりで

$$f(z) = \sum_{n=-\infty}^\infty c_n (z-a)^n \quad (0 < |z-a| < \rho)$$

と**ローラン展開**できる. ここで

$$c_n = \frac{1}{2\pi i} \int_{|z-a|=r} \frac{f(z)}{(z-a)^{n+1}} \, dz \quad (0 < r < \rho)$$

であり, $\frac{1}{z-a}$ の係数 c_{-1} を $f(z)$ の a における**留数**という. また, 自然数全体 $\mathbb{N} = \{1, 2, \cdots\}$ の部分集合 $S := \{n \in \mathbb{N} \mid c_{-n} \neq 0\}$ が空でない有限集合であるとき, a は $f(z)$ の**極**であるといい, 集合 S の最大数を極 a の**位数**という.

a が $f(z)$ の 1 位の極であるとき,$g(z) = (z-a)f(z)$ とおくと,$g(z)$ は $z=a$ のまわりで正則で,$f(z)$ の a における留数は $g(a)$ で与えられる.例題 5.3 の小問 (3) の解答例において,この事実を用いた.

例題 5.3 の類題をもう 1 つ考えよう.

例題 5.4 (北海道大学大学院工学院機械宇宙工学専攻,人間機械システムデザイン専攻,エネルギー環境システム専攻,量子理工学専攻)
複素積分を利用して以下の実積分を求めよ.
$$\int_0^\infty \frac{\cos ax}{1+x^2}\,dx \quad (a > 0).$$

解答例 複素関数
$$f(z) = \frac{e^{iaz}}{1+z^2} = \frac{e^{iaz}}{(z+i)(z-i)}$$
を考える.また,$R > 1$ とし,C_R を例題 5.3 の図の積分路とする.このとき,$g(z) = \dfrac{e^{iaz}}{z+i}$ とおくと,$g(z)$ は $\mathbb{C} \setminus \{-i\}$ で正則だから,**コーシーの積分公式**より
$$\int_{C_R} f(z)\,dz = \int_{C_R} \frac{g(z)}{z-i}\,dz = 2\pi i\, g(i) = \pi e^{-a}$$
が成り立つ.また,Γ_R を
$$z = Re^{i\theta} \quad (0 \le \theta \le \pi)$$
で与えられる半円弧とすると,例題 5.3 (4) と同様に
$$\left| \int_{\Gamma_R} f(z)\,dz \right| = \left| \int_0^\pi \frac{e^{iaR\cos\theta - aR\sin\theta}}{1 + R^2 e^{2i\theta}} iRe^{i\theta}\,d\theta \right|$$
$$\le \int_0^\pi \frac{Re^{-aR\sin\theta}}{|1+R^2 e^{2i\theta}|}\,d\theta \le \int_0^\pi \frac{R}{R^2-1}\,d\theta = \frac{\pi R}{R^2 - 1}$$
と評価でき,
$$2\int_0^\infty \frac{\cos ax}{1+x^2}\,dx = \lim_{R\to\infty} \int_{-R}^R \frac{e^{iax}}{1+x^2}\,dx = \lim_{R\to\infty} \int_{C_R} f(z)\,dz = \pi e^{-a}$$
となる.よって,求める積分値は
$$\int_0^\infty \frac{\cos ax}{1+x^2}\,dx = \frac{\pi}{2} e^{-a}$$
である. **解答終わり**

位数 2 の極における留数

最後に，2 位の極が現れる問題を考えよう．

> **例題 5.5**（東北大学大学院情報科学研究科情報基礎科学専攻，システム情報科学専攻）
> i を虚数単位とし，複素平面上の有理型関数 f を
> $$f(z) = \frac{e^{iz}}{(z^2+1)^2}$$
> により定める．次の問いに答えよ．
> (1) $r > 0$ に対して，$|f(re^{i\theta})|$ の $0 \leq \theta \leq \pi$ における最大値を $M(r)$ とするとき，
> $$\lim_{r \to +\infty} r^2 M(r) = 0$$
> であることを示せ．
> (2) 上半平面 $\mathrm{Im}\, z > 0$ における $f(z)$ の極およびその点での留数をすべて求めよ．
> (3) 定積分 $I = \displaystyle\int_0^\infty \frac{\cos x}{(x^2+1)^2}\, dx$ の値を求めよ．

解答例 (1) $r > 1, 0 \leq \theta \leq \pi$ のとき，$\sin\theta \geq 0, |r^2 e^{2i\theta} + 1| \geq r^2 - 1$ だから

$$|f(re^{i\theta})| = \frac{|e^{ir\cos\theta - r\sin\theta}|}{|r^2 e^{2i\theta} + 1|^2} = \frac{e^{-r\sin\theta}}{|r^2 e^{2i\theta} + 1|^2} \leq \frac{1}{(r^2-1)^2}.$$

よって，$M(r) \leq \dfrac{1}{(r^2-1)^2}$ であり，$\displaystyle\lim_{r \to +\infty} r^2 M(r) = 0$ が成り立つ．

(2)
$$f(z) = \frac{e^{iz}}{(z+i)^2(z-i)^2}$$

だから，$f(z)$ は $\mathbb{C} \setminus \{i, -i\}$ で正則である．よって，上半平面 $\mathrm{Im}\, z > 0$ における $f(z)$ の極は i のみである．

また，i は $f(z)$ の 2 位の極であり，

$$g(z) = (z-i)^2 f(z) = \frac{e^{iz}}{(z+i)^2}$$

とおくと，$f(z)$ の極 i での留数は $g'(i)$ で与えられる．これを計算すると，

$$g'(i) = -\frac{i}{2e}$$

となる．

(3) $R > 1$ とし，C_R を例題 5.3 の図の積分路とする．また，$g(z)$ を小問 (2) で定義した関数とする．このとき，留数定理（またはコーシーの積分公式）より

$$\int_{C_R} f(z)\,dz = \int_{C_R} \frac{g(z)}{(z-i)^2}\,dz = 2\pi i\, g'(i) = \frac{\pi}{e}$$

である．また，Γ_R を $z = Re^{i\theta}$ $(0 \leq \theta \leq \pi)$ で与えられる半円弧とすると，小問 (1) より

$$\left|\int_{\Gamma_R} f(z)\,dz\right| = \left|\int_0^\pi f(Re^{i\theta})\,iRe^{i\theta}\,d\theta\right| \leq \int_0^\pi R|f(Re^{i\theta})|\,d\theta$$
$$\leq \int_0^\pi RM(R)\,d\theta = \pi RM(R) \to 0 \quad (R \to \infty)$$

となる．よって

$$2\int_0^\infty \frac{\cos x}{(x^2+1)^2}\,dx = \lim_{R\to\infty} \int_{-R}^R \frac{e^{ix}}{(x^2+1)^2}\,dx$$
$$= \lim_{R\to\infty} \int_{C_R} f(z)\,dz = \frac{\pi}{e}$$

であり，求める定積分の値は

$$I = \frac{\pi}{2e}$$

である． **解答終わり**

$m \geq 2$ に対して，a が $f(z)$ の m 位の極であるとき，

$$g(z) = (z-a)^m f(z)$$

とおくと，$g(z)$ は a のまわりで正則で，$f(z)$ の a における留数は

$$\frac{1}{(m-1)!} g^{(m-1)}(a)$$

で与えられる．例題 5.5 の解答例において，小問 (2) でこの事実を用いたが，その他の部分は，例題 5.4 の解答例とほぼ同様である．

ま と め

この例題 PART では，複素積分を利用した定積分の計算に関する典型的な問題をいくつか取り上げた．このような計算はパターンが限られているので，計算練習をして，積分路の取り方，極限の計算などに慣れ，確実に解けるようにしておきたい．

例題 PART 5.2　様々な特殊関数

エルミート多項式とベッセル (Bessel) 関数

例題 5.6 (東京大学大学院理学系研究科物理学専攻)
$n = 0, 1, 2, \cdots$ に対して，関数 $f_n(x)$ を
$$f_n(x) = e^{x^2} \frac{d^n}{dx^n} \left(e^{-x^2} \right)$$
と定義する．次の問いに答えよ．
(1) $f_n(x)$ は x の多項式である．x の何次の多項式であるか答えよ．
(2) $n > 1$ に対して，$\displaystyle\int_{-\infty}^{\infty} x f_n(x) e^{-x^2} dx$ を求めよ．
(3) 一般の n に対して，$\displaystyle\int_{-\infty}^{\infty} x^n f_n(x) e^{-x^2} dx$ を求めよ．ただし，必要であれば，$\displaystyle\int_{-\infty}^{\infty} e^{-x^2} dx = \sqrt{\pi}$ を用いてよい．
(4) z を複素数とするとき，$e^{-z^2} = \dfrac{1}{2\pi i} \displaystyle\oint_C \dfrac{e^{-\omega^2}}{\omega - z} d\omega$ が成り立つ．ここで，複素平面上の積分経路 C は z を中心とした半径 1 の反時計回りの円周であるとする．このことを用いて次のようになることを示せ．
$$\sum_{n=0}^{\infty} \frac{t^n}{n!} f_n(z) = e^{-t^2 - 2zt} \quad (|t| < 1).$$
ただし，いまの場合，無限級数和と積分の順序を入れ替えてもよい．
(5) 小問 (4) で得られた関数 $e^{-t^2 - 2tz}$ は
$$\frac{\partial^2}{\partial z^2} e^{-t^2 - 2tz} - 2z \frac{\partial}{\partial z} e^{-t^2 - 2tz} = -2t \frac{\partial}{\partial t} e^{-t^2 - 2tz}$$
という式を満たす．このことを用いて，関数 $f_n(z)$ が
$$\frac{d^2}{dz^2} f_n(z) - 2z \frac{d}{dz} f_n(z) + \lambda f_n(z) = 0$$
という微分方程式を満たすことを示し，そのときの λ を求めよ．

解答例　以下，$D = \frac{d}{dx}$ とおく．また，$D^n e^{-x^2} = f_n(x) e^{-x^2}$ を繰り返し用いる．
(1) $f_n(x)$ は n 次の多項式であり，最高次の係数は $(-2)^n$ である．実際，$n = 0$ のときは，$f_0(x) = 1$ だから成り立つ．

次に，$f_n(x)$ は n 次の多項式であり，最高次の係数は $(-2)^n$ であると仮定すると
$$D^{n+1} e^{-x^2} = D \left(f_n(x) e^{-x^2} \right) = f'_n(x) e^{-x^2} - 2x f_n(x) e^{-x^2}$$

より，$f_{n+1}(x) = e^{x^2}D^{n+1}e^{-x^2} = -2xf_n(x) + f_n'(x)$ は $(n+1)$ 次の多項式であり，最高次の係数は $(-2)^{n+1}$ であることが分かる．よって，帰納法により，$f_n(x)$ は n 次の多項式であり，最高次の係数は $(-2)^n$ であることが示された．

(2) 仮定より，$n \geq 2$ である．このとき，部分積分により

$$\int_{-\infty}^{\infty} xf_n(x)e^{-x^2}dx = \int_{-\infty}^{\infty} xD^n e^{-x^2}dx$$
$$= \left[xD^{n-1}e^{-x^2}\right]_{-\infty}^{\infty} - \int_{-\infty}^{\infty} D^{n-1}e^{-x^2}dx$$
$$= \left[xf_{n-1}(x)e^{-x^2}\right]_{-\infty}^{\infty} - \left[f_{n-2}(x)e^{-x^2}\right]_{-\infty}^{\infty} = 0.$$

(3) $I_n = \int_{-\infty}^{\infty} x^n f_n(x) e^{-x^2} dx$ とおく．このとき，$n \geq 1$ に対して

$$I_n = \int_{-\infty}^{\infty} x^n D^n e^{-x^2} dx$$
$$= \left[x^n D^{n-1}e^{-x^2}\right]_{-\infty}^{\infty} - \int_{-\infty}^{\infty} nx^{n-1}D^{n-1}e^{-x^2}dx = -nI_{n-1}$$

が成り立つ．また，$I_0 = \int_{-\infty}^{\infty} e^{-x^2} dx = \sqrt{\pi}$ だから

$$I_n = (-1)^2 n(n-1)I_{n-2} = \cdots = (-1)^n n! I_0 = (-1)^n n! \sqrt{\pi}.$$

(4) **コーシーの積分公式**より，任意の複素数 z と $n = 0, 1, 2, \cdots$ に対して

$$\frac{d^n}{dz^n}e^{-z^2} = \frac{n!}{2\pi i}\oint_C \frac{e^{-\omega^2}}{(\omega-z)^{n+1}}d\omega$$

が成り立つ．また，$|t| < 1 = |\omega - z|$ のとき，

$$\sum_{n=0}^{\infty}\left(\frac{t}{\omega-z}\right)^n = \frac{1}{1 - \frac{t}{\omega-z}} = \frac{\omega-z}{\omega-z-t}$$

だから，$|t| < 1$ に対して

$$\sum_{n=0}^{\infty}\frac{t^n}{n!}f_n(z)e^{-z^2} = \sum_{n=0}^{\infty}\frac{t^n}{n!}\frac{d^n}{dz^n}e^{-z^2} = \sum_{n=0}^{\infty}\frac{t^n}{2\pi i}\oint_C \frac{e^{-\omega^2}}{(\omega-z)^{n+1}}d\omega$$
$$= \frac{1}{2\pi i}\oint_C \sum_{n=0}^{\infty}\left(\frac{t}{\omega-z}\right)^n \frac{e^{-\omega^2}}{\omega-z}d\omega = \frac{1}{2\pi i}\oint_C \frac{e^{-\omega^2}}{\omega-(t+z)}d\omega$$
$$= e^{-(t+z)^2} = e^{-t^2-2tz}e^{-z^2}$$

が成り立つ．上式の両辺に e^{z^2} を掛けることにより，所望の等式を得る．

(5) 小問 (4) の結果より

$$\sum_{n=0}^{\infty} \frac{t^n}{n!} \left\{ \frac{d^2}{dz^2} f_n(z) - 2z \frac{d}{dz} f_n(z) \right\} = \frac{\partial^2}{\partial z^2} e^{-t^2 - 2tz} - 2z \frac{\partial}{\partial z} e^{-t^2 - 2tz}$$

$$= -2t \frac{\partial}{\partial t} e^{-t^2 - 2tz} = -2t \frac{\partial}{\partial t} \sum_{n=0}^{\infty} \frac{t^n}{n!} f_n(z) = -\sum_{n=0}^{\infty} \frac{2nt^n}{n!} f_n(z)$$

となる．ここで，t^n の係数を比較することにより

$$\frac{d^2}{dz^2} f_n(z) - 2z \frac{d}{dz} f_n(z) = -2n f_n(z)$$

を得る．よって，求める λ は $2n$ である． **解答終わり**

例題 5.6 は，**エルミート多項式** に関する問題である．通常 $H_n(x)$ と記されるエルミート多項式と例題 5.6 の関数 $f_n(x)$ は，定数倍と変数の尺度の違いを除いて等しい．小問 (1), (2), (3) は関数系 $\{f_n(x)\}$ の **直交関係** に関連した問題，小問 (4) は **母関数** に関する問題である．なお，小問 (2) と同様にして，$n > k$ のとき，$\int_{-\infty}^{\infty} x^k f_n(x) e^{-x^2} dx = 0$ であることが分かる．さらに，n 次多項式 $f_n(x)$ の最高次の係数が $(-2)^n$ であることと小問 (3) の結果を用いると，直交関係

$$\int_{-\infty}^{\infty} f_m(x) f_n(x) e^{-x^2} dx = 2^n n! \sqrt{\pi} \, \delta_{mn}$$

が得られる．ここで，δ_{mn} はクロネッカーのデルタである．

例題 5.7 （早稲田大学大学院先進理工学研究科物理学及応用物理学専攻）
関数 $f(z) = \exp\left(\frac{t}{2} \left(z - \frac{1}{z} \right) \right)$ の $z = 0$ におけるローラン展開 $f(z) = \sum_{n=-\infty}^{\infty} a_n z^n$ について次の問いに答えよ．ただし t はパラメータとする．

(1) ローラン展開 $f(z) = \sum_{n=-\infty}^{\infty} a_n z^n$ の係数 a_n は次で与えられることを示せ．

$$a_n = \frac{1}{\pi} \int_0^{\pi} \cos(t \sin \theta - n\theta) \, d\theta.$$

(2) ローラン展開 $f(z) = \sum_{n=-\infty}^{\infty} a_n z^n$ の主要部を書き下し，$z = 0$ の特異点の種類を述べよ．

(3) 小問 (1) の a_n を t の関数と考えるとき，a_n は微分方程式

例題 PART 5.2 様々な特殊関数　　　　　　　　　　　　　　　　　　189

$$t^2 a_n'' + t a_n' + (t^2 - n^2) a_n = 0$$

の解であることを示せ.
(4) $|a_n| \leq 1$ であることを示せ.

解答例 (1) θ を実数とし, $z = e^{i\theta}$ を $f(z) = \sum_{n=-\infty}^{\infty} a_n z^n$ に代入すると

$$\sum_{n=-\infty}^{\infty} a_n e^{in\theta} = f(e^{i\theta}) = \exp\left(\frac{t}{2}(e^{i\theta} - e^{-i\theta})\right) = e^{it\sin\theta}$$

となる. すなわち, a_n は関数 $e^{it\sin\theta}$ の**フーリエ係数**だから

$$a_n = \frac{1}{2\pi} \int_{-\pi}^{\pi} e^{it\sin\theta} e^{-in\theta} \, d\theta = \frac{1}{2\pi} \int_{-\pi}^{\pi} e^{i(t\sin\theta - n\theta)} \, d\theta$$

が成り立つ. ここで, $e^{i(t\sin\theta - n\theta)} = \cos(t\sin\theta - n\theta) + i\sin(t\sin\theta - n\theta)$ の実部は偶関数, 虚部は奇関数だから, 所望の等式 $a_n = \dfrac{1}{\pi} \int_0^{\pi} \cos(t\sin\theta - n\theta) \, d\theta$ を得る.

(2) 0 でない複素数 z に対して, $f(z)$ は

$$f(z) = \exp\left(\frac{t}{2}z\right) \exp\left(-\frac{t}{2}z^{-1}\right) = \sum_{k=0}^{\infty} \frac{1}{k!}\left(\frac{t}{2}z\right)^k \sum_{l=0}^{\infty} \frac{1}{l!}\left(-\frac{t}{2}z^{-1}\right)^l$$

と絶対収束する 2 つの級数の積の形にかける. ここで, 絶対収束する級数の和は並べ替えに関して不変だから, $\{(k,l) \mid k,l = 0,1,2,\cdots\}$ において, 半直線 $k - l = n$ (n は整数) に沿って和をとると

$$f(z) = \left(\sum_{n=1}^{\infty}\sum_{k-l=-n} + \sum_{n=0}^{\infty}\sum_{k-l=n}\right) \frac{1}{k!\,l!}\left(\frac{t}{2}z\right)^k \left(-\frac{t}{2}z^{-1}\right)^l$$

$$= \sum_{n=1}^{\infty}\sum_{k=0}^{\infty} \frac{(-1)^{k+n}}{k!\,(k+n)!} \left(\frac{t}{2}\right)^{2k+n} z^{-n} + \sum_{n=0}^{\infty}\sum_{k=n}^{\infty} \frac{(-1)^{k-n}}{k!\,(k-n)!} \left(\frac{t}{2}\right)^{2k-n} z^n$$

となる. よって, 求めるローラン展開の主要部は

$$\sum_{n=1}^{\infty}\sum_{k=0}^{\infty} \frac{(-1)^{k+n}}{k!\,(k+n)!} \left(\frac{t}{2}\right)^{2k+n} z^{-n}$$

であり, $z = 0$ は**真性特異点**である.

(3) 小問 (2) より, $n = 0, 1, 2, \cdots$ に対して

$$a_n(t) = \sum_{k=n}^{\infty} \frac{(-1)^{k-n}}{k!\,(k-n)!} \left(\frac{t}{2}\right)^{2k-n} = \sum_{j=0}^{\infty} \frac{(-1)^j}{(j+n)!\,j!} \left(\frac{t}{2}\right)^{2j+n}$$

$$= \sum_{k=0}^{\infty} \frac{(-1)^k}{k!\,(k+n)!\,2^{2k+n}} t^{2k+n}$$

である．これは収束半径 ∞ のベキ級数だから，項別微分すると

$$ta'_n(t) = \sum_{k=0}^{\infty} \frac{(-1)^k(2k+n)}{k!\,(k+n)!\,2^{2k+n}} t^{2k+n},$$

$$t^2 a''_n(t) = \sum_{k=0}^{\infty} \frac{(-1)^k(2k+n)(2k+n-1)}{k!\,(k+n)!\,2^{2k+n}} t^{2k+n}$$

であり $t^2 a''_n(t) + t a'_n(t) = \sum_{k=0}^{\infty} \frac{(-1)^k(2k+n)^2}{k!\,(k+n)!\,2^{2k+n}} t^{2k+n}$ となる．一方

$$t^2 a_n(t) = \sum_{k=0}^{\infty} \frac{(-1)^k t^{2(k+1)+n}}{k!\,(k+n)!\,2^{2k+n}} = \sum_{j=1}^{\infty} \frac{(-1)^{j-1} t^{2j+n}}{(j-1)!\,(j+n-1)!\,2^{2j+n-2}}$$

$$= -\sum_{k=0}^{\infty} \frac{(-1)^k 4k(k+n)}{k!\,(k+n)!\,2^{2k+n}} t^{2k+n}$$

より

$$(n^2 - t^2) a_n(t) = \sum_{k=0}^{\infty} \frac{(-1)^k \{n^2 + 4k(k+n)\}}{k!\,(k+n)!\,2^{2k+n}} t^{2k+n}$$

であり，$n^2 + 4k(k+n) = (n+2k)^2$ だから，$a_n(t)$ は微分方程式

$$t^2 a''_n + t a'_n + (t^2 - n^2) a_n = 0$$

を満たす．また，$n = 1, 2, \cdots$ に対して

$$a_{-n}(t) = \sum_{k=0}^{\infty} \frac{(-1)^{k+n}}{k!\,(k+n)!} \left(\frac{t}{2}\right)^{2k+n} = (-1)^n a_n(t)$$

だから，$a_{-n}(t)$ も $a_n(t)$ と同じ微分方程式を満たす．

(4) 小問 (1) より，すべての整数 n と実数 t に対して次が成り立つ．

$$|a_n(t)| \le \frac{1}{\pi} \int_0^{\pi} |\cos(t \sin\theta - n\theta)|\, d\theta \le \frac{1}{\pi} \int_0^{\pi} 1\, d\theta = 1. \qquad \textbf{解答終わり}$$

例題 5.7 の関数 $a_n(t)$ は，通常 $J_n(t)$ と記される**第 1 種ベッセル関数**であり，関数 $f(z)$ はベッセル関数 $J_n(t)$ の**母関数**である．ベッセル関数のその他の性質については，例えば，参考文献 [9] の第 6 章を参照していただきたい．

ガンマ関数とリーマンのゼータ関数

例題 5.8 (京都大学大学院理学研究科物理学・宇宙物理学専攻)
(問 1) ガンマ関数 $\Gamma(\nu)$ は $\mathrm{Re}\,\nu > 0$ の領域では,

$$\Gamma(\nu) = \int_0^\infty e^{-t} t^{\nu-1} dt \tag{5.11}$$

という積分で定義され, $\mathrm{Re}\,\nu \leq 0$ の領域については,

$$\Gamma(\nu+1) = \nu \Gamma(\nu) \tag{5.12}$$

という関係式を用いて, その定義域を拡張 (解析接続) できる.
(a) $\mathrm{Re}\,\nu > 0$ のとき

$$\Gamma(\nu+1) = \nu \Gamma(\nu)$$

を示し, 正整数 n に対して $\Gamma(n)$ を計算せよ.
(b) $\Gamma(\varepsilon)$, $\Gamma(-1+\varepsilon)$ は, $\varepsilon \to 0$ のとき, ε のどのような関数で近似的に表されるか, それぞれ示せ.

(問 2) リーマンのゼータ関数 $\zeta(\nu)$ は $\mathrm{Re}\,\nu > 1$ のとき

$$\zeta(\nu) = \sum_{n=1}^\infty \frac{1}{n^\nu}$$

で定義され,

$$\zeta(\nu) = \frac{1}{\Gamma(\nu)} \int_0^\infty \frac{t^{\nu-1}}{e^t - 1} dt = \frac{1}{\Gamma(\nu)} \int_0^\infty e^{-t} t^{\nu-1} \frac{1}{1-e^{-t}} dt \tag{5.13}$$

という積分で表される. ここで, ガンマ関数 $\Gamma(\nu)$ の定義と性質については, 問1の問題文を参照し, 解答の際には (5.11) および (5.12) を用いてよい.
(a) $\mathrm{Re}\,\nu > 1$ のとき, (5.13) の右辺が $\sum_{n=1}^\infty \frac{1}{n^\nu}$ に一致することを示せ.
(b) $\frac{1}{1-e^{-z}}$ を, 原点 $z = 0$ のまわりでローラン展開すると

$$\frac{1}{1-e^{-z}} = \sum_{n=-1}^\infty A_n z^n \tag{5.14}$$

と表せる. A_{-1}, A_0, A_1 を求めよ.
(c) $\zeta(\nu)$ は, $\mathrm{Re}\,\nu > 1$ の領域で, 以下のように表されることを示せ.

$$\zeta(\nu) = \frac{1}{\Gamma(\nu)} \int_0^\infty e^{-t} t^{\nu-1} \left(\frac{1}{1-e^{-t}} - \sum_{n=-1}^{1} A_n t^n \right) dt$$
$$+ \left(\frac{A_{-1}}{\nu-1} + A_0 + A_1 \nu \right). \tag{5.15}$$

(d) (5.15) は，解析接続を用いた $\Gamma(\nu)$ および $\zeta(\nu)$ の定義域の拡張により，$\mathrm{Re}\,\nu > -2$ の領域でも成り立つ関係式である．$\nu = -1$ のとき，(5.15) の右辺の第1項の（ガンマ関数の因子を除く）積分全体が有限になることを示し，$\zeta(-1)$ を計算せよ．

解答例 (**問1**) (a) $\mathrm{Re}\,\nu > 0$ のとき，部分積分により

$$\Gamma(\nu+1) = \int_0^\infty e^{-t} t^{\nu-1} \, dt = \left[-e^{-t} t^\nu \right]_0^\infty + \nu \int_0^\infty e^{-t} t^{\nu-1} \, dt = \nu \Gamma(\nu).$$

ここで，$\mathrm{Re}\,\nu > 0$ のとき，$\lim_{t \to +0} t^\nu = \lim_{t \to +0} e^{\nu \log t} = 0$ であることを用いた．

また，
$$\Gamma(1) = \int_0^\infty e^{-t} \, dt = 1$$

だから，$n = 1, 2, \cdots$ に対して

$$\Gamma(n) = (n-1) \Gamma(n-1) = \cdots = (n-1)! \, \Gamma(1) = (n-1)!$$

(b) 関係式 (5.12) と $\Gamma(1) = 1$ より，$\varepsilon \to 0$ のとき

$$\Gamma(\varepsilon) = \frac{\Gamma(\varepsilon+1)}{\varepsilon} \sim \frac{1}{\varepsilon}, \quad \Gamma(-1+\varepsilon) = \frac{\Gamma(\varepsilon)}{-1+\varepsilon} = \frac{\Gamma(\varepsilon+1)}{(-1+\varepsilon)\varepsilon} \sim -\frac{1}{\varepsilon}$$

と近似される．

(**問2**) (a) n を正整数とし，(5.11) において，$t = n\tau$ と変数変換すると

$$\Gamma(\nu) = \int_0^\infty e^{-t} t^{\nu-1} \, dt = n^\nu \int_0^\infty e^{-n\tau} \tau^{\nu-1} \, d\tau$$

となる．よって，すべての正整数 N に対して

$$\sum_{n=1}^N \frac{1}{n^\nu} = \frac{1}{\Gamma(\nu)} \int_0^\infty \sum_{n=1}^N e^{-nt} t^{\nu-1} \, dt = \frac{1}{\Gamma(\nu)} \int_0^\infty \frac{e^{-t} - e^{-(N+1)t}}{1 - e^{-t}} t^{\nu-1} \, dt$$
$$= \frac{1}{\Gamma(\nu)} \int_0^\infty e^{-t} t^{\nu-1} \frac{1}{1-e^{-t}} \, dt - \frac{1}{\Gamma(\nu)} \int_0^\infty \frac{e^{-Nt} t^{\nu-1}}{e^t - 1} \, dt$$

が成り立つ．ここで，最後の積分を I_N とおくと，$0 < \delta \leq 1$ に対して

$$|I_N| \le \int_0^\infty \frac{e^{-Nt}t^{\operatorname{Re}\nu-1}}{e^t-1}\,dt = \int_0^\delta \frac{e^{-Nt}t^{\operatorname{Re}\nu-1}}{e^t-1}\,dt + \int_\delta^\infty \frac{e^{-Nt}t^{\operatorname{Re}\nu-1}}{e^t-1}\,dt$$

であり，$t \ge 0$ に対して $e^t - 1 \ge t$ だから，右辺第 1 項は

$$\int_0^\delta \frac{e^{-Nt}t^{\operatorname{Re}\nu-1}}{e^t-1}\,dt \le \int_0^\delta \frac{t^{\operatorname{Re}\nu-1}}{e^t-1}\,dt \le \int_0^\delta t^{\operatorname{Re}\nu-2}\,dt = \frac{\delta^{\operatorname{Re}\nu-1}}{\operatorname{Re}\nu-1}$$

と評価される．また，第 2 項は

$$\int_\delta^\infty \frac{e^{-Nt}t^{\operatorname{Re}\nu-1}}{e^t-1}\,dt \le e^{-N\delta}\int_\delta^\infty \frac{t^{\operatorname{Re}\nu-1}}{e^t-1}\,dt \le e^{-N\delta}\int_0^\infty \frac{t^{\operatorname{Re}\nu-1}}{e^t-1}\,dt$$

と評価される．ここで，最後の積分は収束するから，$\delta = N^{-1/2}$ とし，$N \to \infty$ とすれば，$I_N \to 0$ となることが分かる．よって，$\operatorname{Re}\nu > 1$ のとき，

$$\sum_{n=1}^\infty \frac{1}{n^\nu} = \frac{1}{\varGamma(\nu)}\int_0^\infty e^{-t}t^{\nu-1}\frac{1}{1-e^{-t}}\,dt$$

となることが示された．

(b) $\dfrac{1}{1-e^{-z}}$ は複素平面から $2\pi i$ の整数倍である点を除いた領域で正則である．特に，領域 $0 < |z| < 2\pi$ において正則であり，$z = 0$ は 1 位の極だから，$0 < |z| < 2\pi$ において，(5.14) のようにローラン展開することができる．ここで，(5.14) の両辺に $1 - e^{-z}$ を掛けると

$$\begin{aligned}
1 &= (1-e^{-z})\sum_{n=-1}^\infty A_n z^n \\
&= \left(z - \frac{z^2}{2} + \frac{z^3}{6} + \cdots\right)\left(A_{-1}z^{-1} + A_0 + A_1 z + \cdots\right) \\
&= A_{-1} + \left(A_0 - \frac{1}{2}A_{-1}\right)z + \left(A_1 - \frac{1}{2}A_0 + \frac{1}{6}A_{-1}\right)z^2 + \cdots
\end{aligned}$$

となる．よって，z の各ベキの係数を比較することにより

$$A_{-1} = 1, \quad A_0 = \frac{1}{2}A_{-1} = \frac{1}{2}, \quad A_1 = \frac{1}{2}A_0 - \frac{1}{6}A_{-1} = \frac{1}{4} - \frac{1}{6} = \frac{1}{12}.$$

(c) $\operatorname{Re}\nu > 1$ のとき，(a) より

$$\begin{aligned}
&\zeta(\nu) - \frac{1}{\varGamma(\nu)}\int_0^\infty e^{-t}t^{\nu-1}\left(\frac{1}{1-e^{-t}} - \sum_{n=-1}^1 A_n t^n\right)dt \\
&= \frac{1}{\varGamma(\nu)}\sum_{n=-1}^1 A_n \int_0^\infty e^{-t}t^{n+\nu-1}\,dt = \frac{1}{\varGamma(\nu)}\sum_{n=-1}^1 A_n \varGamma(\nu+n)
\end{aligned}$$

となる．ここで，問 1 より，

$$\Gamma(\nu+1) = \nu\Gamma(\nu), \quad (\nu-1)\Gamma(\nu-1) = \Gamma(\nu)$$

だから

$$\frac{1}{\Gamma(\nu)}\sum_{n=-1}^{1} A_n \Gamma(\nu+n) = \frac{A_{-1}}{\nu-1} + A_0 + A_1\nu$$

であり，(5.15) が成り立つことが示された．

(d) $g(t) := \dfrac{1}{1-e^{-t}} - \displaystyle\sum_{n=-1}^{1} A_n t^n$ とおく．まず，(b) より，

$$g(t) = \sum_{n=2}^{\infty} A_n t^n$$

であり，右辺のベキ級数の収束半径は 2π である．よって，$t^{-2}g(t)$ は区間 $[0,1]$ において連続であり，積分 $\displaystyle\int_0^1 e^{-t} t^{-2} g(t)\, dt$ は収束する．また，$t \to \infty$ のとき，関数 $g(t)$ の増大度は 1 次関数程度だから，区間 $[1,\infty)$ 上の積分 $\displaystyle\int_1^\infty e^{-t} t^{-2} g(t)\, dt$ も収束する．さらに，小問 (1) より，$\dfrac{1}{\Gamma(-1)} = 0$ だから，(5.15) より次を得る．

$$\begin{aligned}\zeta(-1) &= \frac{1}{\Gamma(-1)}\int_0^\infty e^{-t} t^{-2} g(t)\, dt - \frac{A_{-1}}{2} + A_0 - A_1 \\ &= -\frac{A_{-1}}{2} + A_0 - A_1 = -\frac{1}{12}.\end{aligned}$$ **解答終わり**

(5.11) の広義積分は，$\operatorname{Re}\nu > 0$ において広義に一様収束し，$\Gamma(\nu)$ は $\operatorname{Re}\nu > 0$ で正則である．さらに，関係式 (5.12) により，$\Gamma(\nu)$ は複素平面から点 $\nu = 0, -1, -2, \cdots$ を除いた領域で正則な関数に拡張される．問 1 (b) を一般化すると，非負整数 n に対して，$\nu = -n$ は $\Gamma(\nu)$ の 1 位の極であり，その留数は $\dfrac{(-1)^n}{n!}$ であることが分かる．また，$\Gamma(\nu)$ は零点を持たず，$\dfrac{1}{\Gamma(\nu)}$ は複素平面全体で正則である．

■ ま と め

複素関数論の講義では，正則関数に関する一般論は一通り学ぶが，この例題 PART で取り上げたような具体的な特殊関数については，その重要性にも関わらず，講義されることは少ないように思われる．ガンマ関数とリーマンのゼータ関数については，例えば，参考文献 [10] の第 7 章を参照していただきたい．

第5章　演習問題 A

A.1 （大阪大学大学院情報科学研究科情報基礎数学専攻）

領域 $D \subset \mathbb{C}$ を定義域に持つ $z = x + iy$ (x, y は実数) の正則関数 $f(z)$ を実数値微分可能関数 $u(x, y)$, $v(x, y)$ を用いて $f(z) = u(x, y) + iv(x, y)$ と表す．

(1) 次のコーシー–リーマンの微分方程式が成り立つことを証明せよ．
$$\frac{\partial u}{\partial x} = \frac{\partial v}{\partial y}, \quad \frac{\partial u}{\partial y} = -\frac{\partial v}{\partial x}.$$

(2) 定義域が $D = \mathbb{C} \setminus \{0\}$ で，$u(x, y) = \dfrac{x}{x^2 + y^2}$ のとき，$v(x, y)$ を求めよ．

A.2 （東北大学大学院工学研究科応用物理学専攻）

複素数 $z = x + iy$ の関数 $f(z)$ が正則関数であれば，その実部 $u(x, y)$ と虚部 $v(x, y)$ は，次のコーシー–リーマンの方程式
$$\frac{\partial u}{\partial x} = \frac{\partial v}{\partial y}, \quad \frac{\partial u}{\partial y} = -\frac{\partial v}{\partial x}$$
を満たす．次の問いに答えよ．

(1) $u(x, y)$, $v(x, y)$ は調和関数であること，すなわち，
$$\frac{\partial^2 u}{\partial x^2} + \frac{\partial^2 u}{\partial y^2} = 0, \quad \frac{\partial^2 v}{\partial x^2} + \frac{\partial^2 v}{\partial y^2} = 0$$
を満たすことを示せ．

(2) $u(x, y) = x^2 + 2x - y^2$ が調和関数であることを示せ．

(3) 小問 (2) の $u(x, y)$ を実部に持つ正則関数を作れ．

A.3 （大阪大学大学院工学研究科電気電子情報工学専攻）

複素関数 $\dfrac{z}{z^2 - 1}$ の特異点 $z = 1$ のまわりのローラン展開を求めよ．

A.4 （大阪大学大学院情報科学研究科情報基礎数学専攻）

次の複素積分の値を求めよ．
$$\int_{|z|=1} \frac{\sin \pi z}{(2z-1)(3z-2)}\, dz.$$
ただし，積分路は単位円 $|z| = 1$ 上を反時計回りに 1 周するものとする．

A.5 （東京工業大学大学院機械・制御情報系）

複素積分 $\displaystyle\oint_C \frac{3}{z(z+2)}\, dz$ の値を求めよ．ただし，C は $|z+3| = 2$ で与えられる反時計回りの閉経路である．

A.6 (大阪大学大学院基礎工学研究科)

複素平面上の単位円周 $|z|=1$ を反時計回りに1周する経路を C とする．次の複素積分

$$\int_C \frac{\tan \pi z}{z^3} dz$$

を考える．
(1) C 内の被積分関数の極をすべて示せ．
(2) 留数の定理を用いて積分を計算せよ．

第5章 演習問題B

B.1 (東京大学大学院工学系研究科)

z 平面 ($z=x+iy$) 上で定義された次の有理関数について，次の問いに答えよ．

$$f(z) = \frac{1}{(z-1)z(z+2)}.$$

(1) z 平面上の領域 $1<|z-1|<3$ における $f(z)$ のローラン展開を求めよ．
(2) 閉曲線

$$|z-1|=2$$

を反時計方向に回る積分路 C に対して，$\int_C f(z)\,dz$ を求めよ．

B.2 (北海道大学大学院理学院物性物理学専攻・宇宙理学専攻)
(1) 実定数 a, b ($a>|b|$) に対して，定積分

$$\int_0^{2\pi} \frac{d\theta}{a+b\sin\theta} \qquad ①$$

の値は複素積分

$$\oint_C \frac{2\,dz}{bz^2+2aiz-b}$$

に等しいことを示せ．ただし，複素積分の経路 C は原点を中心に持つ単位円を反時計回りに1周するものとする．

(2) 定積分 ① の値は $\dfrac{2\pi}{\sqrt{a^2-b^2}}$ に等しいことを示せ．

B.3 (大阪大学大学院工学研究科電気電子情報工学専攻)

実変数 θ に対する下記の積分値を，複素関数を用いて求めよ．

$$\int_0^{2\pi} \frac{1}{(5-3\cos\theta)^2}\,d\theta.$$

B.4 (東北大学大学院情報科学研究科)

複素平面上の有理型関数 $f(z)$ を次によって定義する．
$$f(z) = \frac{1}{(1+z^2)(1+z^4)}.$$

(1) 上半平面 $\operatorname{Im} z > 0$ 上にある $f(z)$ の極とその点における留数をすべて求めよ．

(2) 次の定積分の値を求めよ．
$$I = \int_{-\infty}^{\infty} \frac{dx}{(1+x^2)(1+x^4)}.$$

B.5 (東京大学大学院工学系研究科)

z 平面 ($z = x + iy$) 上で定義された次の有理関数について，次の問いに答えよ．
$$g(z) = \frac{z^2}{z^4 + 1}.$$

(1) $g(z)$ の極のうち，上半平面にあるものをすべて求めよ．

(2) $g(z)$ に対して留数定理を適用して，次の定積分の値を求めよ．
$$\int_{-\infty}^{\infty} \frac{x^2}{x^4 + 1} \, dx.$$

B.6 (京都大学大学院情報学研究科数理工学専攻)

関数 $f(z)$ を原点を中心とする半径 R の円板 $D_R(0) = \{z \in \mathbb{C} \mid |z| < R\}$ において正則な関数とする．

(1) 円板 $D_R(0)$ 上で $f(z) = \sum_{n=0}^{\infty} c_n z^n$ ならば，
$$|c_n| \leq \frac{1}{2\pi r^n} \int_0^{2\pi} |f(re^{i\theta})| \, d\theta \quad (0 < r < R)$$

の成り立つことを証明せよ．

(2) 円板 $D_R(0)$ 上で $f(z) = \sum_{n=0}^{\infty} c_n z^n$ ならば，
$$\sum_{n=0}^{\infty} |c_n|^2 r^{2n} = \frac{1}{2\pi} \int_0^{2\pi} |f(re^{i\theta})|^2 \, d\theta \quad (0 < r < R)$$

の成り立つことを証明せよ．

(3) $|f(z)|$ が $z = 0$ で最大値をとるならば，$f(z)$ は定数関数となることを証明せよ．

第6章 ベクトル解析

6.1 基本的な微分演算

●**ベクトルの内積と外積**● 3次元ベクトル $\boldsymbol{a} = (a_1, a_2, a_3)$ と $\boldsymbol{b} = (b_1, b_2, b_3)$ に対して

内積 $\boldsymbol{a} \cdot \boldsymbol{b}$ は $\boldsymbol{a} \cdot \boldsymbol{b} = a_1 b_1 + a_2 b_2 + a_3 b_3$

外積 $\boldsymbol{a} \times \boldsymbol{b}$ は $\boldsymbol{a} \times \boldsymbol{b} = (a_2 b_3 - a_3 b_2, a_3 b_1 - a_1 b_3, a_1 b_2 - a_2 b_1)$

で定義される．ベクトル $\boldsymbol{a}$ の大きさは $\|\boldsymbol{a}\| = \sqrt{\boldsymbol{a} \cdot \boldsymbol{a}}$ で与えられる．

●**勾配，発散，回転**● $\boldsymbol{r} = (x, y, z)$ を変数とするスカラー関数 φ の**勾配** $\nabla \varphi$ は

$$\nabla \varphi = \left(\frac{\partial \varphi}{\partial x}, \frac{\partial \varphi}{\partial y}, \frac{\partial \varphi}{\partial z} \right)$$

で定義される．φ の勾配 (gradient) を $\operatorname{grad} \varphi$ で表すこともある．

$\boldsymbol{r} = (x, y, z)$ を変数とするベクトル関数 $\boldsymbol{v} = (v_1, v_2, v_3)$ の

発散 $\nabla \cdot \boldsymbol{v}$ は $\nabla \cdot \boldsymbol{v} = \dfrac{\partial v_1}{\partial x} + \dfrac{\partial v_2}{\partial y} + \dfrac{\partial v_3}{\partial z}$

回転 $\nabla \times \boldsymbol{v}$ は $\nabla \times \boldsymbol{v} = \left(\dfrac{\partial v_3}{\partial y} - \dfrac{\partial v_2}{\partial z}, \dfrac{\partial v_1}{\partial z} - \dfrac{\partial v_3}{\partial x}, \dfrac{\partial v_2}{\partial x} - \dfrac{\partial v_1}{\partial y} \right)$

で定義される．$\boldsymbol{v}$ の発散 (divergence) と回転 (rotation) は，それぞれ，$\operatorname{div} \boldsymbol{v}$, $\operatorname{rot} \boldsymbol{v}$ で表すこともある．

スカラー関数 φ とベクトル関数 $\boldsymbol{v}$ に対して，次が成り立つ．

$$\nabla \times (\nabla \varphi) = \boldsymbol{0}, \quad \nabla \cdot (\nabla \times \boldsymbol{v}) = 0.$$

また，スカラー関数 φ の**ラプラシアン** $\nabla^2 \varphi$ は

$$\nabla^2 \varphi = \nabla \cdot \nabla \varphi = \frac{\partial^2 \varphi}{\partial x^2} + \frac{\partial^2 \varphi}{\partial y^2} + \frac{\partial^2 \varphi}{\partial z^2}$$

で定義される．ラプラシアンを $\Delta \varphi$ で表すことも多い．

●**ポテンシャル関数**● ベクトル関数 $\boldsymbol{v}$ に対して，スカラー関数 φ が $\boldsymbol{v} = \nabla \varphi$ を満たすとき，φ を $\boldsymbol{v}$ の**ポテンシャル関数**という．

任意のスカラー関数 φ に対して，$\nabla \times (\nabla \varphi) = \boldsymbol{0}$ だから，$\nabla \times \boldsymbol{v} = \boldsymbol{0}$ を満たさないベクトル関数 $\boldsymbol{v}$ はポテンシャル関数を持たない．

6.2 線積分と面積分

●**線積分**● 空間曲線 C が $r(t) = (x(t), y(t), z(t))$ $(a \leq t \leq b)$ とパラメータ表示されているとき，曲線 C に沿ったベクトル関数 A の線積分を

$$\int_C A \cdot dr = \int_a^b A(r(t)) \cdot \frac{dr}{dt}(t)\, dt$$

で定義する．

●**面積分**● 曲面 S がパラメータ $(u, v) \in D$ によって，$\varphi(u, v)$ と表示されるとき，S 上の単位法線ベクトル n は

$$n = \frac{\frac{\partial \varphi}{\partial u} \times \frac{\partial \varphi}{\partial v}(u, v)}{\left\|\frac{\partial \varphi}{\partial u} \times \frac{\partial \varphi}{\partial v}(u, v)\right\|}$$

で与えられる．このとき，曲面 S 上のベクトル関数 A の面積分は

$$\int_S A \cdot n\, dS = \iint_D A(\varphi(u, v)) \cdot \left(\frac{\partial \varphi}{\partial u} \times \frac{\partial \varphi}{\partial v}\right)(u, v)\, du dv$$

で与えられる．また，S の面積要素 dS は

$$dS = \left\|\frac{\partial \varphi}{\partial u} \times \frac{\partial \varphi}{\partial v}(u, v)\right\| du dv$$

で与えられる．

6.3 積分定理

●**ガウスの発散定理**● 閉曲面 S で囲まれた領域 V 上で定義されたベクトル関数 A に対して，

$$\int_V \operatorname{div} A\, dV = \int_S A \cdot n\, dS$$

が成り立つ．ここで，n は S 上の外向き単位法線ベクトルである．

●**ストークス**（Stokes）**の定理**● 閉曲線 C を境界とする曲面 S とベクトル関数 A に対して，

$$\int_S \operatorname{rot} A \cdot n\, dS = \int_C A \cdot dr$$

が成り立つ．

例題 PART 6.1　空間の微積分

勾配，発散，回転

例題 6.1（大阪大学大学院基礎工学研究科システム創成専攻電子光科学領域）
$\boldsymbol{r} = (x, y, z)$ を位置ベクトル，$r = |\boldsymbol{r}|$ を位置ベクトルの大きさ，$\boldsymbol{A} = (0, 0, A)$ を定ベクトルとする．次の量を計算せよ．ただし，スカラー関数 $f(r)$ は r の関数とする．
(1)　$\nabla \cdot \boldsymbol{r}$　　(2)　$\nabla \frac{1}{r}$　　(3)　$\nabla \times (\boldsymbol{A} \times \boldsymbol{r})$　　(4)　$\nabla \times [f(r)\boldsymbol{r}]$

解答例　(1)　$\boldsymbol{r} = (x, y, z)$ を変数とするベクトル関数 $\boldsymbol{v} = (v_1, v_2, v_3)$ の**発散** $\nabla \cdot \boldsymbol{v}$ は

$$\nabla \cdot \boldsymbol{v} = \frac{\partial v_1}{\partial x} + \frac{\partial v_2}{\partial y} + \frac{\partial v_3}{\partial z}$$

で定義される．よって，$\nabla \cdot \boldsymbol{r} = \frac{\partial x}{\partial x} + \frac{\partial y}{\partial y} + \frac{\partial z}{\partial z} = 3$ である．

(2)　$\boldsymbol{r} = (x, y, z)$ を変数とするスカラー関数 φ の**勾配** $\nabla \varphi$ は $\nabla \varphi = \left(\frac{\partial \varphi}{\partial x}, \frac{\partial \varphi}{\partial y}, \frac{\partial \varphi}{\partial z} \right)$ で定義される．また，$r = |\boldsymbol{r}| = (x^2 + y^2 + z^2)^{1/2}$ だから

$$\frac{\partial}{\partial x}\frac{1}{r} = \frac{\partial}{\partial x}(x^2 + y^2 + z^2)^{-1/2} = -\frac{1}{2}(x^2 + y^2 + z^2)^{-3/2} \times 2x = -\frac{x}{r^3}$$

となる．y と z に関する偏微分も同様だから，$\nabla \frac{1}{r} = -\frac{\boldsymbol{r}}{r^3}$ である．

(3)　まず，ベクトル $\boldsymbol{a} = (a_1, a_2, a_3)$ と $\boldsymbol{b} = (b_1, b_2, b_3)$ の**外積** $\boldsymbol{a} \times \boldsymbol{b}$ は

$$\boldsymbol{a} \times \boldsymbol{b} = (a_2 b_3 - a_3 b_2, a_3 b_1 - a_1 b_3, a_1 b_2 - a_2 b_1)$$

で定義されるから，$\boldsymbol{A} \times \boldsymbol{r} = (-Ay, Ax, 0)$ である．

また，ベクトル関数 $\boldsymbol{v} = (v_1, v_2, v_3)$ の**回転** $\nabla \times \boldsymbol{v}$ は

$$\nabla \times \boldsymbol{v} = \left(\frac{\partial v_3}{\partial y} - \frac{\partial v_2}{\partial z}, \frac{\partial v_1}{\partial z} - \frac{\partial v_3}{\partial x}, \frac{\partial v_2}{\partial x} - \frac{\partial v_1}{\partial y} \right)$$

で定義されるから，

$$\nabla \times (\boldsymbol{A} \times \boldsymbol{r}) = \left(-\frac{\partial}{\partial z}(Ax), \frac{\partial}{\partial z}(-Ay), \frac{\partial}{\partial x}(Ax) - \frac{\partial}{\partial y}(-Ay) \right) = (0, 0, 2A).$$

(4)　ベクトル関数の回転の定義から，$\nabla \times [f(r)\boldsymbol{r}]$ の第 1 成分は

$$\frac{\partial}{\partial y}[f(r)z] - \frac{\partial}{\partial z}[f(r)y] = f'(r)\frac{\partial r}{\partial y}z - f'(r)\frac{\partial r}{\partial z}y = f'(r)\frac{y}{r}z - f'(r)\frac{z}{r}y = 0$$

となる．第 2 成分と第 3 成分も同様に計算すると，$\nabla \times [f(r)\boldsymbol{r}] = (0, 0, 0)$ となることが分かる．

解答終わり

スカラー関数 φ の勾配 (gradient) $\nabla\varphi$ は $\mathrm{grad}\,\varphi$ とも書かれる．また，ベクトル関数 $\boldsymbol{v}$ の発散 (divergence) $\nabla\cdot\boldsymbol{v}$, 回転 (rotation) $\nabla\times\boldsymbol{v}$ は，それぞれ，$\mathrm{div}\,\boldsymbol{v}$, $\mathrm{rot}\,\boldsymbol{v}$ と表すことも多い．次の問題では，これらの記号が両方とも使われている．

例題 6.2（東北大学大学院理学研究科地球物理学専攻）
φ をスカラー関数，$\boldsymbol{A}$ をベクトル関数とする．以下の式を証明せよ．
(1) $\mathrm{rot}\,\mathrm{grad}\,\varphi = \boldsymbol{0}$ (2) $\mathrm{div}\,\mathrm{rot}\,\boldsymbol{A} = 0$
(3) $(\boldsymbol{A}\cdot\nabla)\boldsymbol{A} = \dfrac{1}{2}\nabla A^2 - \boldsymbol{A}\times(\nabla\times\boldsymbol{A})$, ここで，$A^2 = \boldsymbol{A}\cdot\boldsymbol{A}$.

解答例 (1) $\varphi = \varphi(x,y,z)$ とすると $\mathrm{grad}\,\varphi$ の回転 $\mathrm{rot}\,\mathrm{grad}\,\varphi$ の第 1 成分は
$$\frac{\partial}{\partial y}\left(\frac{\partial\varphi}{\partial z}\right) - \frac{\partial}{\partial z}\left(\frac{\partial\varphi}{\partial y}\right) = \frac{\partial^2\varphi}{\partial y\partial z} - \frac{\partial^2\varphi}{\partial z\partial y} = 0.$$
同様に，$\mathrm{rot}\,\mathrm{grad}\,\varphi$ の第 2 成分と第 3 成分も 0 となり，$\mathrm{rot}\,\mathrm{grad}\,\varphi = \boldsymbol{0}$ が成り立つ．
(2) $\boldsymbol{A} = (A_1, A_2, A_3)$ とすると
$$\mathrm{rot}\,\boldsymbol{A} = \nabla\times\boldsymbol{A} = \left(\frac{\partial A_3}{\partial y} - \frac{\partial A_2}{\partial z}, \frac{\partial A_1}{\partial z} - \frac{\partial A_3}{\partial x}, \frac{\partial A_2}{\partial x} - \frac{\partial A_1}{\partial y}\right) \tag{6.1}$$
だから
$$\mathrm{div}\,\mathrm{rot}\,\boldsymbol{A} = \frac{\partial}{\partial x}\left(\frac{\partial A_3}{\partial y} - \frac{\partial A_2}{\partial z}\right) + \frac{\partial}{\partial y}\left(\frac{\partial A_1}{\partial z} - \frac{\partial A_3}{\partial x}\right) + \frac{\partial}{\partial z}\left(\frac{\partial A_2}{\partial x} - \frac{\partial A_1}{\partial y}\right)$$
$$= \frac{\partial^2 A_3}{\partial x\partial y} - \frac{\partial^2 A_2}{\partial x\partial z} + \frac{\partial^2 A_1}{\partial y\partial z} - \frac{\partial^2 A_3}{\partial y\partial x} + \frac{\partial^2 A_2}{\partial z\partial x} - \frac{\partial^2 A_1}{\partial z\partial y} = 0.$$
(3) まず，$\frac{1}{2}\nabla A^2$ の第 1 成分は
$$\frac{1}{2}\frac{\partial}{\partial x}(A_1^2 + A_2^2 + A_3^2) = A_1\frac{\partial A_1}{\partial x} + A_2\frac{\partial A_2}{\partial x} + A_3\frac{\partial A_3}{\partial x}$$
であり，$(\boldsymbol{A}\cdot\nabla)\boldsymbol{A}$ の第 1 成分は
$$(\boldsymbol{A}\cdot\nabla)A_1 = A_1\frac{\partial A_1}{\partial x} + A_2\frac{\partial A_1}{\partial y} + A_3\frac{\partial A_1}{\partial z}$$
だから，$\frac{1}{2}\nabla A^2 - (\boldsymbol{A}\cdot\nabla)\boldsymbol{A}$ の第 1 成分は
$$A_2\left(\frac{\partial A_2}{\partial x} - \frac{\partial A_1}{\partial y}\right) - A_3\left(\frac{\partial A_1}{\partial z} - \frac{\partial A_3}{\partial x}\right)$$
となる．一方，(6.1) より，これは $\boldsymbol{A}\times(\nabla\times\boldsymbol{A})$ の第 1 成分に等しいので，$(\boldsymbol{A}\cdot\nabla)\boldsymbol{A}$ と $\frac{1}{2}\nabla A^2 - \boldsymbol{A}\times(\nabla\times\boldsymbol{A})$ の第 1 成分は等しいことが示された．第 2 成分と第 3 成分についても同様に計算することにより次が成り立つことが分かる．
$$(\boldsymbol{A}\cdot\nabla)\boldsymbol{A} = \frac{1}{2}\nabla A^2 - \boldsymbol{A}\times(\nabla\times\boldsymbol{A}). \qquad \textbf{解答終わり}$$

次は，ベクトル関数の**ポテンシャル関数**に関する問題である．

> **例題 6.3** （北海道大学大学院情報科学研究科メディアネットワーク専攻）
> ベクトル関数 v がスカラー関数 φ の勾配として定義されるとき，φ を v のポテンシャル関数という．このような関数 v に関して，次の問いに答えよ．
> (1) $\nabla \times (\nabla \varphi) = \mathbf{0}$ が成り立つことを示せ．ただし，∇ は $\nabla = \left(\dfrac{\partial}{\partial x}, \dfrac{\partial}{\partial y}, \dfrac{\partial}{\partial z}\right)$ なる微分演算子である．
> (2) $v = (x + 4y + (a-b)z, (a+b)x + 3y^3, 2x + cy + z^2)$ であるとき，a, b, c を求めよ．また，そのときのポテンシャル関数 φ を定めよ．

解答例 (1) これは例題 6.2 の小問 (1) と同じ問題である．
(2) 仮定から，ベクトル関数 v はあるスカラー関数 φ により $v = \nabla \varphi$ とかけるので，小問 (1) より，$\nabla \times v = \mathbf{0}$ である．ここで，$\nabla \times v = (c, a-b-2, a+b-4)$ だから，$a = 3, b = 1, c = 0$ である．

次に，$v = (x + 4y + 2z, 4x + 3y^3, 2x + z^2)$ に対して，$\nabla \varphi = v$ を満たすスカラー関数 φ を定めよう．まず，$\nabla \varphi = v$ の第 1 成分 $\dfrac{\partial \varphi}{\partial x} = x + 4y + 2z$ を x について積分すると

$$\varphi = \frac{x^2}{2} + 4xy + 2xz + f(y, z) \tag{6.2}$$

とかける．ここで，$f(y, z)$ は x には依存しない y と z だけの関数である．(6.2) を y で偏微分し，$\nabla \varphi = v$ の第 2 成分と比較すると

$$\frac{\partial \varphi}{\partial y} = 4x + \frac{\partial f}{\partial y}(y, z) = 4x + 3y^3$$

となる．これから，$\dfrac{\partial f}{\partial y}(y, z) = 3y^3$ となるが，これを y で積分すると

$$f(y, z) = \frac{3}{4}y^4 + g(z)$$

とかける．ここで，$g(z)$ は z のみに依存する関数である．さらに，(6.2) を z で偏微分し，$\nabla \varphi = v$ の第 3 成分と比較すると

$$\frac{\partial \varphi}{\partial z} = 2x + \frac{\partial f}{\partial z}(y, z) = 2x + g'(z) = 2x + z^2$$

となる．これから，$g'(z) = z^2$ だから，$g(z) = \dfrac{z^3}{3} + k$ （k は定数）とかける．

以上により，v のポテンシャル関数は次で与えられる．

$$\varphi = \frac{x^2}{2} + 4xy + 2xz + \frac{3}{4}y^4 + \frac{z^3}{3} + k \quad \text{（k は任意定数）．} \qquad \text{解答終わり}$$

線積分，面積分，積分定理

例題 6.4 （東北大学大学院工学研究科応用物理学専攻）
以下の問いに答えよ．必要なら，xy 平面上の単一閉曲線 C と，C によって囲まれた領域を D として，微分可能な任意の関数 $P(x,y), Q(x,y)$ に対して成り立つ，次のグリーン（Green）の定理を用いてもよい．

$$\int_C \{P(x,y)\,dx + Q(x,y)\,dy\} = \iint_D \left(\frac{\partial Q(x,y)}{\partial x} - \frac{\partial P(x,y)}{\partial y}\right) dxdy.$$

(1) a, b を定数として，C_1 を点 A$(0,0)$ から点 B(a,b) に至る任意の曲線としたとき，次の積分 I は経路 C_1 に依存しないことを示せ．

$$I = \int_{C_1} \{5x(x+2y)\,dx + (5x^2 - y^4)\,dy\}.$$

(2) 小問 (1) の積分 I の値を求めよ．

解答例の中では図を交えて解説はしていないが，解説中で登場する C_1, C_2, C_0 は右図のようなものをイメージしていただけるとよい．

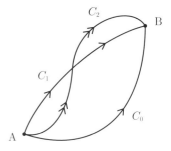

解答例その 1　(1)　まず，$P(x,y) = 5x(x+2y)$, $Q(x,y) = 5x^2 - y^4$ とおくと，

$$\frac{\partial Q(x,y)}{\partial x} = \frac{\partial P(x,y)}{\partial y} = 10x$$

だから，グリーンの定理より，xy 平面上の任意の単一閉曲線 C に対して，

$$\int_C \{5x(x+2y)\,dx + (5x^2 - y^4)\,dy\} = 0 \tag{6.3}$$

が成り立つことに注意する．

C_1, C_2 を点 A から点 B に至る任意の曲線とする．また，点 A から点 B に至る曲線で，C_1 と C_2 のどちらとも端点 A, B 以外では交わらない曲線 C_0 をとる．このとき，C_1 と C_0 の向きを逆にした曲線をつないでできる単一閉曲線に対して，(6.3) を適用すると

$$\int_{C_1} \{5x(x+2y)\,dx + (5x^2-y^4)\,dy\} = \int_{C_0} \{5x(x+2y)\,dx + (5x^2-y^4)\,dy\}$$

となる．同様に，C_2 と C_0 の向きを逆にした曲線をつないでできる単一閉曲線に対して，(6.3) を適用すると

$$\int_{C_2} \{5x(x+2y)\,dx + (5x^2-y^4)\,dy\} = \int_{C_0} \{5x(x+2y)\,dx + (5x^2-y^4)\,dy\}$$

となるから，積分 I は経路 C_1 に依存しないことが示された．

(2) 小問 (1) より，積分 I は経路に依存しないので，点 A$(0,0)$ と点 B(a,b) を結ぶ線分 γ に沿って積分する．γ は $(x(t), y(t)) = (at, bt)$ $(0 \le t \le 1)$ とパラメータ表示されるから

$$\begin{aligned} I &= \int_\gamma \{5x(x+2y)\,dx + (5x^2-y^4)\,dy\} \\ &= \int_0^1 \{5at(at+2bt)a + (5a^2t^2 - b^4t^4)b\}\,dt = \frac{5}{3}a^3 + 5a^2b - \frac{1}{5}b^5 \end{aligned}$$

となる． **解答終わり**

上の解答例では，問題文のヒントに従って，グリーンの定理を用いたが，ポテンシャル関数を用いた別解答も与えておこう．

解答例その 2 例題 6.3 (2) の解答例と同様の計算により，2 次元のベクトル関数 $(5x(x+2y), 5x^2-y^4)$ のポテンシャル関数として

$$\varphi(x,y) = \frac{5}{3}x^3 + 5x^2y - \frac{1}{5}y^5$$

が求まる．すなわち，$\varphi(x,y)$ は

$$\frac{\partial \varphi}{\partial x}(x,y) = 5x^2 + 10xy = 5x(x+2y), \quad \frac{\partial \varphi}{\partial y}(x,y) = 5x^2 - y^4 \qquad (6.4)$$

を満たす．さて，C_1 を点 A$(0,0)$ から点 B(a,b) に至る任意の曲線とし，$(x(t), y(t))$ $(\alpha \le t \le \beta)$ をそのパラメータ表示とする．このとき，線積分の定義，(6.4) と合成関数の微分公式より

$$\begin{aligned} I &= \int_{C_1} \{5x(x+2y)\,dx + (5x^2-y^4)\,dy\} \\ &= \int_\alpha^\beta \{5x(t)(x(t)+2y(t))x'(t) + (5x(t)^2 - y(t)^4)y'(t)\}\,dt \\ &= \int_\alpha^\beta \frac{d}{dt}\varphi(x(t),y(t))\,dt = \varphi(x(\beta),y(\beta)) - \varphi(x(\alpha),y(\alpha)) \\ &= \varphi(a,b) - \varphi(0,0) = \frac{5}{3}a^3 + 5a^2b - \frac{1}{5}b^5 \end{aligned}$$

となり，積分 I の値は経路 C_1 に依存せず，$\dfrac{5}{3}a^3 + 5a^2b - \dfrac{1}{5}b^5$ である． **解答終わり**

次に，面積分に関する問題を取り上げる．

例題 6.5（東京工業大学大学院理工学研究科基礎物理学専攻・物性物理学専攻）
直交座標（デカルト座標）を用いて
$$z + x^2 + y^2 = a^2 \quad (x \geq 0, y \geq 0, z \geq 0)$$
によって指定される面 S を考える．ここで a は実数とする．次の問いに答えよ．
(1) 面 S 上の単位法線ベクトル $\boldsymbol{n}$ を求め，各軸方向の成分を x, y を用いて表せ．ただし，$\boldsymbol{n}$ の向きは原点に対して外向きにとるものとする．
(2) 面 S 上の微小面積要素を $dS = f(x, y)\, dxdy$ の形で表現した場合，関数 $f(x, y)$ を求めよ．
(3) ベクトル $\boldsymbol{V} = x\boldsymbol{e}_x + z\boldsymbol{e}_z$ の面 S に関する面積分
$$\int_S \boldsymbol{V} \cdot \boldsymbol{n}\, dS$$
を計算せよ．ただし，$\boldsymbol{e}_x$ と $\boldsymbol{e}_z$ はそれぞれ x, z 軸方向の基本ベクトルである．また，積分内の $\cdot$ はベクトルの内積を表す記号である．

解答例 (1) $a = 0$ のとき，
$$z + x^2 + y^2 = a^2 \quad (x \geq 0, y \geq 0, z \geq 0)$$
によって指定される集合は原点のみからなるので，以下，$a \neq 0$ とする．このとき，S は
$$\boldsymbol{\varphi}(x, y) = (x, y, a^2 - x^2 - y^2), \quad (x, y) \in D$$
とパラメータ表示される．ここで，
$$D = \{(x, y) \mid x^2 + y^2 \leq a^2, x \geq 0, y \geq 0\}$$
とおいた．このとき，S 上の点における 1 次独立な 2 つの接線ベクトル
$$\frac{\partial \boldsymbol{\varphi}}{\partial x}(x, y) = (1, 0, -2x), \quad \frac{\partial \boldsymbol{\varphi}}{\partial y}(x, y) = (0, 1, -2y)$$
に直交するベクトル
$$\left(\frac{\partial \boldsymbol{\varphi}}{\partial x} \times \frac{\partial \boldsymbol{\varphi}}{\partial y}\right)(x, y) = (2x, 2y, 1)$$
はその点における法線ベクトルとなる．また，このベクトルの向きは原点に対して外向きであり，その大きさは
$$\left|\left(\frac{\partial \boldsymbol{\varphi}}{\partial x} \times \frac{\partial \boldsymbol{\varphi}}{\partial y}\right)(x, y)\right| = \sqrt{4x^2 + 4y^2 + 1}$$

だから，求める単位法線ベクトルは
$$\boldsymbol{n} = \left(\frac{2x}{\sqrt{4x^2+4y^2+1}}, \frac{2y}{\sqrt{4x^2+4y^2+1}}, \frac{1}{\sqrt{4x^2+4y^2+1}} \right)$$
となる．

(2) 面 S 上の微小面積要素 dS は
$$dS = \left| \left(\frac{\partial \boldsymbol{\varphi}}{\partial x} \times \frac{\partial \boldsymbol{\varphi}}{\partial y} \right)(x,y) \right| dxdy$$
で与えられるので，上で計算したように
$$f(x,y) = \left| \left(\frac{\partial \boldsymbol{\varphi}}{\partial x} \times \frac{\partial \boldsymbol{\varphi}}{\partial y} \right)(x,y) \right| = \sqrt{4x^2+4y^2+1}$$
となる．

(3) 小問 (2) の記号を用いると，求める面積分は
$$\int_S \boldsymbol{V} \cdot \boldsymbol{n} \, dS = \iint_D (\boldsymbol{V} \cdot \boldsymbol{n})(x,y) f(x,y) \, dxdy$$
で与えられる．ここで，$(x,y) \in D$ に対して
$$(\boldsymbol{V} \cdot \boldsymbol{n})(x,y) f(x,y) = \boldsymbol{V} \cdot \left(\frac{\partial \boldsymbol{\varphi}}{\partial x} \times \frac{\partial \boldsymbol{\varphi}}{\partial y} \right)(x,y)$$
$$= 2x^2 + z = x^2 - y^2 + a^2$$
である．また，積分領域 D は x と y に関して対称だから，
$$\iint_D x^2 \, dxdy = \iint_D y^2 \, dxdy$$
となり，求める面積分の値は
$$\int_S \boldsymbol{V} \cdot \boldsymbol{n} \, dS = \iint_D (x^2 - y^2 + a^2) \, dxdy$$
$$= \iint_D a^2 \, dxdy = \frac{\pi}{4} a^4$$
となる． **解答終わり**

最後に，ガウスの発散定理と偏微分方程式への応用について考察しよう．

例題 6.6 （九州大学大学院工学府機械系専攻）
3次元有界領域 Ω の境界 Γ や与えられた実関数 $f(\boldsymbol{x})$, $g(\boldsymbol{x})$ は十分滑らかなものとし，十分滑らかな未知の実関数 $u(\boldsymbol{x})$ に対する次の偏微分方程式の境界値問題 (6.5), (6.6) を考える．

$$\begin{cases} -\mathrm{div}\,(\mathrm{grad}\,u(\boldsymbol{x})) = f(\boldsymbol{x}) & (\Omega\text{内で}), \quad (6.5) \\ \dfrac{\partial u(\boldsymbol{x})}{\partial \boldsymbol{n}} = g(\boldsymbol{x}) & (\Gamma\text{上で}) \quad (6.6) \end{cases}$$

ここに $\boldsymbol{x} = (x_1, x_2, x_3)$ は Ω 内の任意の点の位置ベクトルと直交座標成分，$\mathrm{grad}\,u(\boldsymbol{x})$ は $u(\boldsymbol{x})$ の勾配ベクトル，$\mathrm{div}\,(\mathrm{grad}\,u(\boldsymbol{x}))$ は $\mathrm{grad}\,u(\boldsymbol{x})$ の発散，$\dfrac{\partial u(\boldsymbol{x})}{\partial \boldsymbol{n}}$ は u の Γ における法線微分（$\boldsymbol{n}$ は外向き単位法線ベクトル）を表す．このとき，次の問いに答えよ．
(1) (6.5) を x_i $(i=1,2,3)$ を用いて書き直せ．
(2) 境界値問題 (6.5), (6.6) の解が存在するために $f(\boldsymbol{x})$ と $g(\boldsymbol{x})$ が満たすべき条件を求めよ．
(3) $f(\boldsymbol{x}) = 0$, $g(\boldsymbol{x}) = 0$ のとき，上の境界値問題 (6.5), (6.6) の解が存在すれば，それを求めよ．

解答例 (1) $u(\boldsymbol{x})$ の勾配ベクトル $\mathrm{grad}\,u(\boldsymbol{x})$ は

$$\mathrm{grad}\,u(\boldsymbol{x}) = \left(\frac{\partial u(\boldsymbol{x})}{\partial x_1}, \frac{\partial u(\boldsymbol{x})}{\partial x_2}, \frac{\partial u(\boldsymbol{x})}{\partial x_3}\right)$$

で与えられるから，その発散は

$$\mathrm{div}\,(\mathrm{grad}\,u(\boldsymbol{x})) = \frac{\partial^2 u(\boldsymbol{x})}{\partial x_1^2} + \frac{\partial^2 u(\boldsymbol{x})}{\partial x_2^2} + \frac{\partial^2 u(\boldsymbol{x})}{\partial x_3^2}$$

となる（これは $u(\boldsymbol{x})$ の**ラプラシアン**と呼ばれ，$\Delta u(\boldsymbol{x})$ または $\nabla^2 u(\boldsymbol{x})$ と書かれる）．よって，(6.5) は

$$-\left(\frac{\partial^2 u(\boldsymbol{x})}{\partial x_1^2} + \frac{\partial^2 u(\boldsymbol{x})}{\partial x_2^2} + \frac{\partial^2 u(\boldsymbol{x})}{\partial x_3^2}\right) = f(\boldsymbol{x})$$

と書き直される．
(2) ガウスの発散定理より

$$\int_\Omega \mathrm{div}\,(\mathrm{grad}\,u(\boldsymbol{x}))\,d\boldsymbol{x} = \int_\Gamma \mathrm{grad}\,u(\boldsymbol{x}) \cdot \boldsymbol{n}\,dS$$

が成り立つ．ここで，左辺の積分は $\boldsymbol{x} = (x_1, x_2, x_3)$ に関する Ω 上の3重積分であ

り，左辺の積分は曲面 Γ 上の面積分である．また，$\mathrm{grad}\,u(\boldsymbol{x})\cdot\boldsymbol{n}$ は u の Γ における法線微分 $\dfrac{\partial u(\boldsymbol{x})}{\partial \boldsymbol{n}}$ に他ならないから，境界値問題 (6.5), (6.6) の解 $u(\boldsymbol{x})$ が存在したと仮定すると

$$-\int_\Omega f(\boldsymbol{x})\,dx = \int_\Omega \mathrm{div}\,(\mathrm{grad}\,u(\boldsymbol{x}))\,dx$$
$$= \int_\Gamma \frac{\partial u(\boldsymbol{x})}{\partial \boldsymbol{n}}\,dS = \int_\Gamma g(\boldsymbol{x})\,dS$$

が成り立つ．よって，境界値問題 (6.5), (6.6) の解が存在するためには，$f(\boldsymbol{x})$ と $g(\boldsymbol{x})$ は

$$\int_\Omega f(\boldsymbol{x})\,dx + \int_\Gamma g(\boldsymbol{x})\,dS = 0$$

を満たす必要がある．

(3) $f(\boldsymbol{x}) = 0$, $g(\boldsymbol{x}) = 0$ のとき，任意の定数関数は境界値問題 (6.5), (6.6) の解となるが，以下では，これ以外に解は存在しないことを示そう．

まず，ベクトル関数 $u(\boldsymbol{x})\,\mathrm{grad}\,u(\boldsymbol{x})$ の発散を計算すると

$$\mathrm{div}\,\bigl(u(\boldsymbol{x})\,\mathrm{grad}\,u(\boldsymbol{x})\bigr) = \sum_{i=1}^{3} \frac{\partial}{\partial x_i}\left\{u(\boldsymbol{x})\frac{\partial u(\boldsymbol{x})}{\partial x_i}\right\}$$
$$= \sum_{i=1}^{3}\left\{\frac{\partial u(\boldsymbol{x})}{\partial x_i}\frac{\partial u(\boldsymbol{x})}{\partial x_i} + u(\boldsymbol{x})\frac{\partial^2 u(\boldsymbol{x})}{\partial x_i^2}\right\}$$
$$= |\mathrm{grad}\,u(\boldsymbol{x})|^2 + u(\boldsymbol{x})\Delta u(\boldsymbol{x})$$

となる．ここで，$u(\boldsymbol{x})$ を $f(\boldsymbol{x}) = 0$, $g(\boldsymbol{x}) = 0$ のときの境界値問題 (6.5), (6.6) の解とすると，ガウスの発散定理より

$$\int_\Omega |\mathrm{grad}\,u(\boldsymbol{x})|^2\,dx = \int_\Omega \mathrm{div}\,\bigl(u(\boldsymbol{x})\,\mathrm{grad}\,u(\boldsymbol{x})\bigr)\,dx - \int_\Omega u(\boldsymbol{x})\Delta u(\boldsymbol{x})\,dx$$
$$= \int_\Gamma u(\boldsymbol{x})\,\mathrm{grad}\,u(\boldsymbol{x})\cdot\boldsymbol{n}\,dS = \int_\Gamma u(\boldsymbol{x})\frac{\partial u(\boldsymbol{x})}{\partial \boldsymbol{n}}\,dS = 0$$

となり，領域 Ω 内の任意の点 $\boldsymbol{x}$ に対して，$\mathrm{grad}\,u(\boldsymbol{x}) = \boldsymbol{0}$ となる．よって，$u(\boldsymbol{x})$ は定数関数である． 解答終わり

ま と め

ベクトル解析は電磁気学や流体力学の問題の一部として出題されることも多いが，この例題 PART ではそのような形式の問題は取り上げなかった．

第6章 演習問題 A

A.1（北海道大学大学院情報科学研究科）

スカラー場 $\varphi(x,y,z) = \cos\rho$ およびベクトル場
$$\bm{A} = y(\sin\rho)\bm{i} - x(\sin\rho)\bm{j} + z(\sin\rho)\bm{k}$$
を考える．このとき，以下の量を求めよ．ただし，$\rho = \sqrt{x^2+y^2}$ であり，$\bm{i}, \bm{j}, \bm{k}$ は x, y, z 軸正方向の単位ベクトルとする．

(1) $\dfrac{\partial \rho}{\partial x}$

(2) $\mathrm{grad}\,\varphi\ (=\nabla\varphi)$

(3) $\mathrm{div}\,\bm{A}\ (=\nabla\cdot\bm{A})$

(4) $\mathrm{rot}\,\bm{A}\ (=\nabla\times\bm{A})$

A.2（東北大学大学院工学研究科応用物理学専攻）

ベクトル場 $\bm{a}$ とスカラーポテンシャル φ の関係について次の問いに答えよ．

(1) 任意の φ について $\mathrm{rot}\,(\mathrm{grad}\,\varphi)$ を計算せよ．

(2) ベクトル場
$$\bm{a} = (2x + y\cos z,\ x\cos z,\ -xy\sin z)$$
について，$\mathrm{rot}\,\bm{a} = (0,0,0)$ であることを示せ．

(3) 小問 (2) のベクトル場 $\bm{a}$ に対するスカラーポテンシャル φ を求めよ．

A.3（東北大学大学院工学研究科応用物理学専攻）

曲面
$$x^2y^2 + yz + 2z^2x = 4$$
上の点 $(x,y,z) = (-1,2,1)$ における単位法線ベクトルと接平面を求めよ．

A.4（東京工業大学大学院機械・制御情報系）

ベクトル関数
$$\bm{F}(x,y) = (x-y^2)\bm{i} + (x^2-y)\bm{j}$$
を経路 $C: y = x^2\ (0 \le x \le 1)$ に沿って積分せよ．ただし，$\bm{i}, \bm{j}$ は x 軸方向と y 軸方向の単位ベクトルとする．

A.5（東京工業大学大学院機械・制御情報系）

$$\bm{r}(t) = (\cos t)\bm{i} + (\sin t)\bm{j} + t\bm{k} \quad \left(0 \le t \le \frac{\pi}{4}\right)$$

で表される曲線 C に沿った，ベクトル場 $\bm{a}(t) = (\sin t)\bm{i} + (\cos t)\bm{j}$ に対する線積分 $\displaystyle\int_C \bm{a}\cdot d\bm{r}$ を求めよ．ただし，$\bm{i}, \bm{j}, \bm{k}$ は正規直交定数ベクトルとする．

第6章　演習問題B

B.1（東北大学大学院工学研究科機械系4専攻）

曲面 S が次のように与えられる．
$$S : x^2 + y^2 = z.$$

次の問いに答えよ．
(1) z 軸正の向きと鋭角を成す S の単位法線ベクトル $\boldsymbol{n}$ を求めよ．
(2) S と平面 $z = 2x$ との交線を C とする．C を xy 平面上に射影したものを図示せよ．
(3) ベクトル場 $\boldsymbol{A}$ が
$$\boldsymbol{A} = xz\boldsymbol{i} + xy^2\boldsymbol{j} + y^2\boldsymbol{k}$$
で与えられる．ただし，$\boldsymbol{i}, \boldsymbol{j}, \boldsymbol{k}$ はそれぞれ x, y, z 軸方向の単位ベクトルである．小問 (2) の C について線積分 $\int_C \boldsymbol{A} \cdot d\boldsymbol{r}$ を求めよ．

B.2（九州大学大学院総合理工学府先端エネルギー理工学専攻）

半径 a の球の表面を S と表す．この球の中心を原点として定めた位置ベクトル $\vec{r}$（大きさ r）に対して次の問いに答えよ．ただし，$\vec{\nabla}\varphi$ はスカラー φ の勾配ベクトル，$d\vec{S}$ は面要素ベクトルを表す．
(1) $\iint_S \left(\dfrac{\vec{r}}{r^3}\right) \cdot d\vec{S}$ を計算せよ．
(2) 位置の関数 $\varphi(r)$ が $\varphi(r) = \dfrac{1}{r}$ と与えられるとき，ベクトル
$$\vec{E} = -\vec{\nabla}\varphi$$
の発散を球全体に関して体積積分し，その値を求めよ．
(3) 位置の関数 $f(r)$ と位置ベクトルの積 $f(r)\vec{r}$ の発散がこの球の内部で一定値 k をとるとき，関数 $f(r)$ を計算せよ．

B.3（東北大学大学院工学研究科機械系4専攻）

次のような円柱を考える．円柱の中心軸は z 軸と一致し，底面は xy 平面に一致する．円柱の半径と高さをそれぞれ a, h とする．底面の円周を C とし，円柱の側面，上面，底面を合わせた全表面を S とするとき，次の問いに答えよ．
(1) 位置ベクトルを $\boldsymbol{r}$ とするとき，線積分 $\int_C \boldsymbol{r} \cdot d\boldsymbol{r}$ および面積分 $\int_S \boldsymbol{r} \cdot \boldsymbol{n}\, dS$ を求めよ．ただし，$\boldsymbol{n}$ は円柱表面の外向き単位法線ベクトルである．
(2) ベクトル場 $\boldsymbol{A}$ を
$$\boldsymbol{A} = (x^2y + 2z)\boldsymbol{i} + (3xy^2 + 2z)\boldsymbol{j} + (x^2 + y^2)\boldsymbol{k}$$

とする．ただし，i, j, k はそれぞれ x, y, z 方向の単位ベクトルである．このとき，線積分 $\int_C \boldsymbol{A} \cdot d\boldsymbol{r}$ を求めよ．

(3) 面積分 $\int_S (\boldsymbol{A} + \nabla \times \boldsymbol{A}) \cdot \boldsymbol{n} \, dS$ を求めよ．ただし，ベクトル場 $\boldsymbol{A}$ は小問 (2) で与えられている．

B.4 (北海道大学大学院工学院)

ベクトル場 $\boldsymbol{A}$ 内に領域 V があり，V の表面を S とし，S の各点における単位法線ベクトル $\boldsymbol{n}$ は V の外側を向くとする．次の問いに答えよ．

(1) ベクトル場 $\boldsymbol{A}$ がスカラー関数 f の勾配，すなわち，$\boldsymbol{A} = \nabla f$ であるとき，発散定理によって，次の等式を証明せよ．

$$\int_V \nabla^2 f \, dV = \int_S \frac{\partial f}{\partial n} \, dS.$$

ここで，$\dfrac{\partial f}{\partial n}$ は単位法線ベクトル $\boldsymbol{n}$ への f の方向微分係数であり，$\dfrac{\partial f}{\partial n} = \nabla f \cdot \boldsymbol{n}$ で定義される．

(2) 2つのスカラー関数 f, g がラプラスの方程式 $\nabla^2 f = 0, \nabla^2 g = 0$ を満たすとき，次式が成立することを証明せよ．

$$\int_S \left(f \frac{\partial g}{\partial n} - g \frac{\partial f}{\partial n} \right) dS = 0.$$

B.5 (北海道大学大学院工学院)

デカルト座標系における x 方向，y 方向，および z 方向の単位ベクトルをそれぞれ i, j，および k とする．次の問いに答えよ．

(1) ベクトル $\boldsymbol{r}$ を $\boldsymbol{r} = x\boldsymbol{i} + y\boldsymbol{j} + z\boldsymbol{k}$ とする．
　任意の閉曲線を C とするとき，ストークスの定理を用い，

$$\oint_C \boldsymbol{r} \cdot d\boldsymbol{\ell} = 0$$

となることを示せ．

(2) 直方体の内部 $V = \{(x, y, z) \mid 0 < x < a, \, 0 < y < b, \, 0 < z < c\}$ の表面を S とする．

$$\boldsymbol{A} = ax\boldsymbol{i} + by\boldsymbol{j} + cz\boldsymbol{k}$$

とするとき，ベクトル $\boldsymbol{A}$ についてガウスの定理

$$\int_V \operatorname{div} \boldsymbol{A} \, dV = \int_S \boldsymbol{A} \cdot d\boldsymbol{S}$$

の左辺と右辺を別々に計算し，等号関係が成り立つことを示せ．

第7章 ラプラス変換

7.1 定義と基本的な性質

●**定義**● 関数 $f(t)$ の**ラプラス変換** $F(s) = \mathcal{L}[f(t)]$ は

$$F(s) = \int_0^\infty f(t)e^{-st}\,dt$$

で定義される．ここで，s は複素数であり，右辺の広義積分が収束するような s だけ考える．**ラプラス逆変換**を

$$f(t) = \mathcal{L}^{-1}[F(s)]$$

で表す．

●**基本的な例**●

a, ω を定数，n を自然数とすると，

$$\mathcal{L}\left[e^{at}\right] = \frac{1}{s-a},$$

$$\mathcal{L}[\cos \omega t] = \frac{s}{s^2+\omega^2}, \quad \mathcal{L}[\sin \omega t] = \frac{\omega}{s^2+\omega^2},$$

$$\mathcal{L}\left[\frac{t^n}{n!}\right] = \frac{1}{s^{n+1}}.$$

●**微分とラプラス変換**●

$F(s) = \mathcal{L}[f(t)]$ とすると，

$$\mathcal{L}[f'(t)] = sF(s) - f(0), \quad F'(s) = -\mathcal{L}[tf(t)],$$

$$\mathcal{L}[f''(t)] = s^2 F(s) - \{sf(0) + f'(0)\}, \quad F''(s) = \mathcal{L}[t^2 f(t)],$$

$$\mathcal{L}\left[f^{(n)}(t)\right] = s^n F(s) - \{s^{n-1}f(0) + s^{n-2}f'(0) + \cdots + f^{(n-1)}(0)\},$$

$$F^{(n)}(s) = (-1)^n \mathcal{L}[t^n f(t)].$$

●**平行移動とラプラス変換**● a を定数,$F(s) = \mathcal{L}[f(t)]$ とすると,

$$\mathcal{L}\left[e^{at}f(t)\right] = F(s-a).$$

また,単位階段関数(**ヘビサイド**(Heaviside)**関数**)$u(t)$ を

$$u(t) = \begin{cases} 0 & (t < 0), \\ 1 & (t > 0) \end{cases}$$

と定めると,$a > 0$,$F(s) = \mathcal{L}[f(t)]$ に対して,

$$\mathcal{L}[f(t-a)u(t-a)] = e^{-as}F(s).$$

●**合成積とラプラス変換**● $f(t)$ と $g(t)$ の**合成積**(**畳み込み**)$(f*g)(t)$ を

$$(f*g)(t) = \int_0^t f(t-\tau)g(\tau)\,d\tau$$

と定めると,$F(s) = \mathcal{L}[f(t)]$,$G(s) = \mathcal{L}[g(t)]$ に対して,

$$\mathcal{L}[(f*g)(t)] = F(s)G(s).$$

7.2 定数係数線形常微分方程式への応用

a, b, α, β を定数とし,$f(t)$ を与えられた関数とするとき,次の初期値問題を考える.

$$\begin{cases} y''(t) + ay'(t) + by(t) = f(t) & (t \geq 0), \\ y(0) = \alpha, \quad y'(0) = \beta. \end{cases}$$

$Y(s) = \mathcal{L}[y(t)]$,$F(s) = \mathcal{L}[f(t)]$ とすると,

$$(s^2 + as + b)Y(s) = \alpha s + \beta + a\alpha + F(s)$$

より,

$$\begin{aligned} y(t) &= \mathcal{L}^{-1}[Y(s)] \\ &= \mathcal{L}^{-1}\left[\frac{\alpha s + \beta + a\alpha}{s^2 + as + b}\right] + \mathcal{L}^{-1}\left[\frac{F(s)}{s^2 + as + b}\right]. \end{aligned}$$

このラプラス逆変換を計算することにより,初期値問題の解 $y(t)$ が求まる.

例題 PART 7.1　常微分方程式・差分方程式への応用

基本的な性質と常微分方程式への応用

　次の例題は，ラプラス変換の定義から始まり，簡単な具体例と基本的な性質を調べた後，常微分方程式の初期値問題の解法への応用まで扱っている．

例題 7.1（東京大学大学院新領域創成科学研究科複雑理工学専攻）
関数 $f(t)$ のラプラス変換 $\mathcal{L}\{f(t)\}$ を $F(s)$ と書き，その定義は

$$F(s) = \mathcal{L}\{f(t)\} = \lim_{a\to\infty} \int_0^a e^{-st} f(t)\,dt$$
$$= \int_0^\infty e^{-st} f(t)\,dt \tag{7.1}$$

である．ただし，e は自然対数の底であり，$F(s)$ の存在は保証されているものとする．

(問 1) 以下に示す関数 $f(t)$ のラプラス変換を (7.1) に基づいて導出せよ．
  (a)　$f(t) = t$
  (b)　$f(t) = \sin kt$

(問 2) 以下の関係式が正しいことを示せ．ただし，a は定数であり，$f'(t) = \dfrac{df(t)}{dt}$ である．
  (a)　$\mathcal{L}\{e^{at}f(t)\} = F(s-a)$
  (b)　$\mathcal{L}\{f'(t)\} = sF(s) - f(+0)$

(問 3) ラプラス変換に関する畳み込み定理

$$\mathcal{L}\left\{\int_0^t f_1(t-z) f_2(z)\,dz\right\} = F_1(s) F_2(s) \tag{7.2}$$

を証明せよ．ただし，(7.2) の左辺に $x = t-z, y = z$ の変数変換を用い，以下の関係式

$$\lim_{a\to\infty} \int_0^a e^{-sx} f_1(x)\,dx \int_0^{a-x} e^{-sy} f_2(y)\,dy = F_1(s) F_2(s)$$

を用いてよい．

(問 4) 前問までの結果を利用し，常微分方程式

$$\frac{d^2 x(t)}{dt^2} + a\frac{dx(t)}{dt} + bx(t) = f(t) \tag{7.3}$$

を以下の手続きに従って解く．ただし，a, b は定数であり，$f(t)$ は既知の関数とする．また，初期条件は $x(0) = 0, x'(0) = 0$ とする．次の問いに答えよ．

(a) (7.3) の両辺をラプラス変換せよ．ただし，$\mathcal{L}\{x(t)\} = X(s)$, $\mathcal{L}\{f(t)\} = F(s)$ とする．
(b) (a) の結果を $X(s)$ について解け．
(c) 問3の畳み込み定理を利用して，$x(t)$ を $f(t)$ で表せ．

解答例 (問1) (a) 複素数 s の実部 $\operatorname{Re} s > 0$ とする．このとき，$a > 0$ に対して，部分積分により

$$\int_0^a t e^{-st} \, dt = \left[-\frac{t}{s} e^{-st} \right]_0^a + \frac{1}{s} \int_0^a e^{-st} \, dt$$
$$= -\frac{a}{s} e^{-as} - \frac{1}{s^2} (e^{-as} - 1)$$

となる．ここで，$a \to \infty$ とすると，

$$|e^{-as}| = e^{-a \operatorname{Re} s} \to 0, \quad a e^{-as} \to 0$$

だから

$$\mathcal{L}\{t\} = \lim_{a \to \infty} \int_0^a t e^{-st} \, dt = \frac{1}{s^2}.$$

(b) 問題文には明記されていないが，以下では，簡単のため，k は 0 でない実数とする．このとき，$\operatorname{Re} s > 0, a > 0$ に対して，部分積分により

$$\int_0^a e^{-st} \sin kt \, dt$$
$$= \left[-\frac{1}{s} e^{-st} \sin kt \right]_0^a + \frac{k}{s} \int_0^a e^{-st} \cos kt \, dt$$
$$= -\frac{1}{s} e^{-as} \sin ka + \frac{k}{s} \left(\left[-\frac{1}{s} e^{-st} \cos kt \right]_0^a - \frac{k}{s} \int_0^a e^{-st} \sin kt \, dt \right)$$
$$= -\frac{1}{s} e^{-as} \sin ka - \frac{k}{s^2} (e^{-as} \cos ka - 1) - \frac{k^2}{s^2} \int_0^a e^{-st} \sin kt \, dt$$

となる．ここで，$a \to \infty$ とすると

$$\int_0^\infty e^{-st} \sin kt \, dt = \frac{k}{s^2} - \frac{k^2}{s^2} \int_0^\infty e^{-st} \sin kt \, dt$$

となり

$$\mathcal{L}\{\sin kt\} = \int_0^\infty e^{-st} \sin kt \, dt = \frac{k}{s^2 + k^2}.$$

問1 (b) の別解 まず,オイラーの公式より,$\sin kt = \dfrac{1}{2i}(e^{ikt} - e^{-ikt})$ に注意する.複素数 c に対して,$\operatorname{Re} s > \operatorname{Re} c$ とすると,$a > 0$ に対して

$$\int_0^a e^{-st}e^{ct}\,dt = \int_0^a e^{-(s-c)t}\,dt$$
$$= \left[\frac{-1}{s-c}e^{-(s-c)t}\right]_0^a = \frac{1}{s-c}\left(1 - e^{-(s-c)a}\right).$$

ここで,$a \to \infty$ とすると,$|e^{-(s-c)a}| = e^{-(\operatorname{Re} s - \operatorname{Re} c)a} \to 0$ だから,

$$\mathcal{L}\{e^{ct}\} = \lim_{a \to \infty}\int_0^a e^{-st}e^{ct}\,dt = \frac{1}{s-c} \tag{7.4}$$

となる.これから,c として $\pm ik$ をとれば,$\operatorname{Re} s > 0$ に対して

$$\mathcal{L}\{\sin kt\} = \int_0^\infty e^{-st}\sin kt\,dt$$
$$= \frac{1}{2i}\left(\int_0^\infty e^{-st}e^{ikt}\,dt - \int_0^\infty e^{-st}e^{-ikt}\,dt\right)$$
$$= \frac{1}{2i}\left(\frac{1}{s-ik} - \frac{1}{s+ik}\right) = \frac{k}{s^2 + k^2}$$

を得る.

(問2) (a) ラプラス変換の定義に従って計算すると次のようになる.

$$\mathcal{L}\{e^{at}f(t)\} = \int_0^\infty e^{-st}e^{at}f(t)\,dt = \int_0^\infty e^{-(s-a)t}f(t)\,dt = F(s-a).$$

(b) $a > 0$ に対して,部分積分により

$$\int_0^a e^{-st}f'(t)\,dt = \left[e^{-st}f(t)\right]_0^a + s\int_0^a e^{-st}f(t)\,dt$$
$$= e^{-as}f(a) - f(+0) + s\int_0^a e^{-st}f(t)\,dt$$

となる.ここで,広義積分

$$F(s) = \int_0^\infty e^{-st}f(t)\,dt = \lim_{a \to \infty}\int_0^a e^{-st}f(t)\,dt$$

が存在するような s について考えているので,$a \to \infty$ のとき $e^{-as}f(a) \to 0$ としてよい(正確ではないが,ここでは,細部には触れないことにする).よって,

$$\mathcal{L}\{f'(t)\} = \lim_{a \to \infty}\int_0^a e^{-st}f'(t)\,dt = sF(s) - f(+0)$$

が成り立つ.

(問 3) この問の答案としては,問題文中のヒントに従ってそのまま書けばよいであろう.

なお,累次積分の順序交換により

$$\mathcal{L}\left\{\int_0^t f_1(t-z)f_2(z)\,dz\right\} = \int_0^\infty e^{-st}\left(\int_0^t f_1(t-z)f_2(z)\,dz\right)dt$$
$$= \int_0^\infty \left(\int_z^\infty e^{-s(t-z)}f_1(t-z)\,dt\right)e^{-sz}f_2(z)\,dz$$
$$= \int_0^\infty e^{-sx}f_1(x)\,dx \int_0^\infty e^{-sz}f_2(z)\,dz = F_1(s)F_2(s)$$

となるが,一見形式的なこの計算は,**ルベーグ積分論**における**フビニの定理**により正当化される.

(問 4) (a) 問 2 (b) を 2 回用いると

$$\mathcal{L}\{x''(t)\} = s\mathcal{L}\{x'(t)\} - x'(0) = s\big(s\mathcal{L}\{x(t)\} - x(0)\big) - x'(0)$$
$$= s^2 X(s) - x(0)s - x'(0)$$

となる.よって,(7.3) の左辺をラプラス変換すると

$$\mathcal{L}\{x''(t) + ax'(t) + bx(t)\}$$
$$= s^2 X(s) - x(0)s - x'(0) + a\big(sX(s) - x(0)\big) + bX(s)$$
$$= (s^2 + as + b)X(s) - x(0)(s+a) - x'(0)$$

となる.ここで,$x(0) = x'(0) = 0$ だから,求める式は

$$(s^2 + as + b)X(s) = F(s)$$

となる.

(b) (a) より,$X(s) = \dfrac{F(s)}{s^2 + as + b}$ である.

(c) 2 次方程式 $s^2 + as + b = 0$ の 2 根を α, β とする.$\alpha \neq \beta$ のときは

$$\frac{1}{s^2 + as + b} = \frac{1}{(s-\alpha)(s-\beta)} = \frac{1}{\alpha - \beta}\left(\frac{1}{s-\alpha} - \frac{1}{s-\beta}\right)$$

だから,(7.4) と畳み込み定理より

$$\frac{F(s)}{s^2 + as + b} = \frac{1}{\alpha - \beta}\left(\frac{F(s)}{s - \alpha} - \frac{F(s)}{s - \beta}\right)$$
$$= \frac{1}{\alpha - \beta}\left(\mathcal{L}\left\{\int_0^t e^{\alpha(t-z)}f(z)\,dz\right\} - \mathcal{L}\left\{\int_0^t e^{\beta(t-z)}f(z)\,dz\right\}\right)$$

$$= \mathcal{L}\left\{\int_0^t \frac{e^{\alpha(t-z)} - e^{\beta(t-z)}}{\alpha - \beta} f(z)\,dz\right\}$$

となる．よって

$$\mathcal{L}\{x(t)\} = X(s) = \mathcal{L}\left\{\int_0^t \frac{e^{\alpha(t-z)} - e^{\beta(t-z)}}{\alpha - \beta} f(z)\,dz\right\}$$

となるが，**ラプラス変換の一意性**より

$$x(t) = \int_0^t \frac{e^{\alpha(t-z)} - e^{\beta(t-z)}}{\alpha - \beta} f(z)\,dz$$

となる．

次に，$\alpha = \beta$ の場合を考える．問 1 (a) と問 2 (a) の結果より

$$\mathcal{L}\{te^{\alpha t}\} = \frac{1}{(s-\alpha)^2}$$

である．よって，畳み込み定理より

$$\frac{F(s)}{s^2 + as + b} = \frac{F(s)}{(s-\alpha)^2} = \mathcal{L}\left\{\int_0^t (t-z)e^{\alpha(t-z)} f(z)\,dz\right\}$$

となり，ラプラス変換の一意性より

$$x(t) = \int_0^t (t-z)e^{\alpha(t-z)} f(z)\,dz$$

となる． **解答終わり**

　定数係数線形の常微分方程式は，ラプラス変換により代数方程式に変換される．その代数方程式の解を**ラプラス逆変換**をすれば，元の常微分方程式の解が得られる．例題 7.1 では，非斉次項（外力項）が一般の場合を考えたが，次に，非斉次項が具体的に与えられた常微分方程式の解を具体的に求める問題を考えよう．

例題 7.2（東北大学大学院工学研究科機械系 4 専攻）
関数 $f(t)$ のラプラス変換を次のように定義する．

$$\mathcal{L}[f(t)] = F(s) = \int_0^\infty f(t)\,e^{-st}\,dt.$$

n を正の整数，a を正の定数とするとき，次の問いに答えよ．なお，$f(t)$ の n 階微分を $f^{(n)}(t)$ と表すものとする．
(1) 以下の関係式が成立することを示せ．

$$\mathcal{L}[f^{(n)}(t)] = s^n F(s) - s^{n-1} f(0) - s^{n-2} f^{(1)}(0) - \cdots - s f^{(n-2)}(0) - f^{(n-1)}(0).$$

(2) 小問 (1) の関係式を用いて，$\cos at$ および $\sinh at$ のラプラス変換をそれぞれ求めよ．

(3) ラプラス変換を用いて，以下の微分方程式を解け．
$$f^{(3)}(t) + f^{(1)}(t) = 2e^{-2t},$$
$$f(0) = -1, \quad f^{(1)}(0) = 1, \quad f^{(2)}(0) = 0.$$

解答例　(1) n に関する帰納法で示す．

$n = 1$ の場合は，すでに例題 7.1 の問 2 (b) で示した．

次に，$n = 1, \cdots, k$ に対して関係式が成り立つとすると

$$\mathcal{L}[f^{(k+1)}(t)] = \mathcal{L}\left[\frac{d}{dt}f^{(k)}(t)\right] = s\mathcal{L}[f^{(k)}(t)] - f^{(k)}(0)$$
$$= s\left\{s^k F(s) - s^{k-1} f(0) - \cdots - s f^{(k-2)}(0) - f^{(k-1)}(0)\right\} - f^{(k)}(0)$$
$$= s^{k+1} F(s) - s^k f(0) - s^{k-1} f^{(1)}(0) - \cdots - s f^{(k-1)}(0) - f^{(k)}(0)$$

となり，$n = k+1$ に対しても成り立つことが分かる．よって，すべての n に対して関係式が成り立つことが示された．

(2) $f(t) = \cos at$, $F(s) = \mathcal{L}[f(t)]$ とおくと，$f(0) = 1, f'(0) = 0$ だから，小問 (1) の関係式より，

$$\mathcal{L}[f''(t)] = s^2 F(s) - s f(0) - f'(0) = s^2 F(s) - s$$

となる．一方，$f''(t) = -a^2 f(t)$ より，$\mathcal{L}[f''(t)] = -a^2 \mathcal{L}[f(t)] = -a^2 F(s)$ だから，

$$\mathcal{L}[\cos at] = F(s) = \frac{s}{s^2 + a^2}.$$

同様に，$g(t) = \sinh at$, $G(s) = \mathcal{L}[g(t)]$ とおくと，$g(0) = 0, g'(0) = a$ だから，小問 (1) の関係式より，

$$\mathcal{L}[g''(t)] = s^2 G(s) - s g(0) - g'(0) = s^2 G(s) - a$$

となる．一方，$g''(t) = a^2 g(t)$ より，$\mathcal{L}[g''(t)] = a^2 \mathcal{L}[g(t)] = a^2 G(s)$ だから，

$$\mathcal{L}[\sinh at] = G(s) = \frac{a}{s^2 - a^2}.$$

(3) $F(s) = \mathcal{L}[f(t)]$ とおくと，小問 (1) の関係式と初期条件より

$$\mathcal{L}[f^{(3)}(t)] = s^3 F(s) - s^2 f(0) - s f'(0) - f''(0) = s^3 F(s) + s^2 - s,$$
$$\mathcal{L}[f'(t)] = s F(s) - f(0) = s F(s) + 1$$

となる．一方，(7.4) より，$\mathcal{L}[2e^{-2t}] = \dfrac{2}{s+2}$ だから，与えられた常微分方程式をラプラス変換すると

$$(s^3 + s)F(s) = \frac{2}{s+2} - s^2 + s - 1 = -\frac{s(s^2 + s - 1)}{s+2}$$

となる．これから，

$$F(s) = -\frac{s^2 + s - 1}{(s+2)(s^2+1)}$$

であるが，右辺の有理関数を**部分分数分解**すると

$$-\frac{s^2 + s - 1}{(s+2)(s^2+1)} = -\frac{1}{5(s+2)} - \frac{4s}{5(s^2+1)} + \frac{3}{5(s^2+1)} \tag{7.5}$$

となる．最後に，これをラプラス逆変換すれば

$$\begin{aligned}
f(t) &= \mathcal{L}^{-1}[F(s)] \\
&= -\frac{1}{5}\mathcal{L}^{-1}\left[\frac{1}{s+2}\right] - \frac{4}{5}\mathcal{L}^{-1}\left[\frac{s}{s^2+1}\right] + \frac{3}{5}\mathcal{L}^{-1}\left[\frac{1}{s^2+1}\right] \\
&= -\frac{1}{5}e^{-2t} - \frac{4}{5}\cos t + \frac{3}{5}\sin t
\end{aligned}$$

と求める解が得られる．　　　　　　　　　　　　　　　　　　　　　　**解答終わり**

上の解答例では，部分分数分解 (7.5) において，

$$-\frac{s^2 + s - 1}{(s+2)(s^2+1)} = \frac{a}{s+2} + \frac{bs+c}{s^2+1} \tag{7.6}$$

の係数 a, b, c を求める計算を省略したが，これは次のようにすれば比較的簡単に計算することができる．まず，a を求めるには，(7.6) の両辺に $s+2$ を掛けると

$$a = -\frac{s^2 + s - 1}{s^2 + 1} - (s+2)\frac{bs+c}{s^2+1}$$

となり，ここに，$s = -2$ を代入すれば，

$$a = -\left.\frac{s^2 + s - 1}{s^2 + 1}\right|_{s=-2} = -\frac{1}{5}$$

となる．
　同様に，(7.6) の両辺に $s^2 + 1$ を掛けて $s = i$ を代入すれば

$$bi + c = -\left.\frac{s^2 + s - 1}{s+2}\right|_{s=i} = \frac{3}{5} - \frac{4}{5}i$$

となり，$b = -\dfrac{4}{5}, c = \dfrac{3}{5}$ が求まる．

差分方程式への応用

最後に，ラプラス変換のもう1つの代表的な応用例として，差分方程式の解法に関する問題を取り上げる．

例題 7.3（大阪大学大学院工学研究科電気電子情報工学専攻）
(1) 関数 $f(t)$ のラプラス変換を $\mathcal{L}[f(t)](s) = F(s)$ とすると，
$$\mathcal{L}[f(t+a)](s) = e^{as}\left\{F(s) - \int_0^a e^{-st}f(t)\,dt\right\} \quad (a > 0)$$
となることを示せ．ここで，s は複素数であり，ラプラス変換が定義できる範囲の値をとるものとする．

(2) 上の関係を利用して，(7.7) の差分方程式のラプラス変換 $F(s)$ を求めよ．
$$f(t+2) + 2f(t+1) - 3f(t) = t \quad (t \geq 0), \tag{7.7}$$
$$f(t) = 0 \quad (0 \leq t \leq 2).$$

(3) (7.7) の差分方程式の $f(t)$ を求めよ．
必要ならば，$\dfrac{1}{e^s - \alpha} = e^{-s}\displaystyle\sum_{n=0}^{\infty}\alpha^n e^{-ns}$（$\alpha$ は実数）の関係を用いてもよい．

解答例 (1) ラプラス変換の定義に従って計算すると

$$\mathcal{L}[f(t+a)](s) = \int_0^\infty e^{-st}f(t+a)\,dt = e^{as}\int_0^\infty e^{-s(t+a)}f(t+a)\,dt$$
$$= e^{as}\int_a^\infty e^{-s\tau}f(\tau)\,d\tau = e^{as}\left\{F(s) - \int_0^a e^{-st}f(t)\,dt\right\}.$$

(2) (7.7) の両辺をラプラス変換すると，小問 (1) の関係式と例題 7.1 問 1 (a) から

$$e^{2s}\left\{F(s) - \int_0^2 e^{-st}f(t)\,dt\right\} + 2e^s\left\{F(s) - \int_0^1 e^{-st}f(t)\,dt\right\} - 3F(s)$$
$$= \mathcal{L}[t] = \frac{1}{s^2}$$

となる．ここで，条件 $f(t) = 0$ $(0 \leq t \leq 2)$ より，次のようになる．

$$F(s) = \frac{1}{s^2(e^{2s} + 2e^s - 3)} = \frac{1}{s^2(e^s + 3)(e^s - 1)}$$
$$= \frac{1}{4}\left\{\frac{1}{s^2(e^s - 1)} - \frac{1}{s^2(e^s + 3)}\right\}.$$

(3) 上で求めた $F(s)$ をラプラス逆変換すると

$$f(t) = \mathcal{L}^{-1}[F(s)] = \frac{1}{4}\mathcal{L}^{-1}\left[\frac{1}{s^2(e^s-1)}\right] - \frac{1}{4}\mathcal{L}^{-1}\left[\frac{1}{s^2(e^s+3)}\right]$$

となる．ここで，実数 α に対して，$|\alpha e^{-s}| < 1$ のとき，等比級数の公式より

$$\frac{1}{e^s - \alpha} = \frac{e^{-s}}{1-\alpha e^{-s}} = e^{-s}\sum_{n=0}^{\infty} \alpha^n e^{-ns} = \sum_{n=1}^{\infty} \alpha^{n-1} e^{-ns}$$

が成り立つので

$$f(t) = \frac{1}{4}\sum_{n=1}^{\infty}\mathcal{L}^{-1}\left[\frac{e^{-ns}}{s^2}\right] - \frac{1}{4}\sum_{n=1}^{\infty}(-3)^{n-1}\mathcal{L}^{-1}\left[\frac{e^{-ns}}{s^2}\right] \tag{7.8}$$

となる．また，$u(t)$ を**ヘビサイド関数**（**単位階段関数**）

$$u(t) = \begin{cases} 1 & (t \geq 0), \\ 0 & (t < 0) \end{cases}$$

とするとき，関数 $g(t)$ のラプラス変換 $G(s)$ に対して

$$\mathcal{L}[g(t-a)u(t-a)](s) = e^{-as}G(s) \quad (a > 0) \tag{7.9}$$

が成り立つ．実際，

$$\mathcal{L}[g(t-a)u(t-a)](s) = \int_0^\infty e^{-st}g(t-a)u(t-a)\,dt$$
$$= e^{-as}\int_a^\infty e^{-s(t-a)}g(t-a)\,dt = e^{-as}\int_0^\infty e^{-s\tau}g(\tau)\,d\tau = e^{-as}G(s).$$

よって，(7.8), (7.9) と $\mathcal{L}[t] = \dfrac{1}{s^2}$ より，差分方程式の解 $f(t)$ が

$$f(t) = \frac{1}{4}\sum_{n=1}^{\infty}\left\{1-(-3)^{n-1}\right\}(t-n)u(t-n)$$

と求まる．

解答終わり

■ まとめ

ラプラス変換は工学部における代表的な応用数学である．計算練習により，重要な公式は自然に覚えるようにしたい．

第 7 章 演習問題 A

A.1 (東北大学大学院工学研究科応用物理学専攻)

次の関数のラプラス変換を求めよ.
$$f(t) = t \cos at \quad (a > 0).$$

A.2 (東京大学大学院新領域創成科学研究科複雑理工学専攻)

関数 $f(t)$ のラプラス変換 $F(s)$ は
$$F(s) = \int_0^\infty f(t) e^{-st} \, dt$$
で与えられる.

常微分方程式
$$\frac{d^2 x(t)}{dt^2} + (\alpha + \beta) \frac{dx(t)}{dt} + \alpha \beta x(t) = e^{-\gamma t} \quad (t \geq 0) \qquad ①$$

を,すべての初期値を 0 として(すなわち,$x(0) = \dfrac{dx(0)}{dt} = 0$ として),以下の手順に従って解け.ただし,$x(t)$ は実関数,α, β, γ は実定数とする.

(1) ① のラプラス変換を求めよ.ただし,$x(t)$ のラプラス変換を $X(s)$ とする.
(2) 小問 (1) で求めた式を,$X(s)$ について解け.
(3) $X(s)$ を,(i) α, β, γ がすべて異なる場合,(ii) 2 つだけが等しい場合,(iii) 3 つとも等しい場合の 3 つの場合に分けて,部分分数展開の形で示せ.
(4) 小問 (3) で求めた $X(s)$ を用いて $x(t)$ を求めよ.

A.3 (大阪大学大学院工学研究科電気電子情報工学専攻)

関数 $y(t)$ に関する次の微分方程式の一般解を求めよ.
$$y'' - y' - 2y = 2e^t + 10 \sin t.$$

A.4 (東京大学大学院工学系研究科)

以下の微分方程式の一般解を求めよ.
$$y'' + 4y' + 4y = 4e^{2t}.$$

A.5 (東北大学大学院工学研究科機械系 4 専攻)

以下の常微分方程式の一般解を求めよ.
$$y'' + 2y' + y = e^{-t} \sin t + t^2.$$

第7章 演習問題 B

B.1 (東京大学大学院工学系研究科)

関数 $f(t)$ のラプラス変換 $F(s) = \mathcal{L}[f(t)]$ を

$$F(s) = \int_0^\infty f(t) e^{-st}\, dt$$

で定義する．ただし，s は複素数，t は実数でかつ $t \geq 0$ とする．

関数 $u(t)$ を以下で定義する．ただし，a は正の実数である．

$$u(t-a) = \begin{cases} 0 & (t \leq a), \\ 1 & (t > a). \end{cases}$$

(1) $\mathcal{L}[u(t-a)]$ を求めよ．

(2) $\mathcal{L}[f(t-a)u(t-a)] = e^{-as} F(s)$ を示せ．

(3) ラプラス変換を用いて次の微分方程式を解け．

$$\frac{d^2 x(t)}{dt^2} + 4 \frac{dx(t)}{dt} + 3x(t) = u(t-2) - u(t-5).$$

ただし，$t=0$ で $x=0$ かつ $\dfrac{dx}{dt}=0$ である．

B.2 (大阪大学大学院工学研究科電気電子情報工学専攻)

(1) 関数 $f(t)$ のラプラス変換が存在し，それを $\mathcal{L}[f(t)](s) = F(s)$ とする．$\displaystyle\lim_{t \to +0} \frac{f(t)}{t}$ が存在するとき，

$$\mathcal{L}\left[\frac{f(t)}{t}\right](s) = \int_s^\infty F(\sigma)\, d\sigma \quad (s > 0)$$

の関係が成り立つことを示せ．

(2) $t > 0$ に対して，

$$\int_0^t \frac{\sin^3 \tau}{\tau}\, d\tau$$

のラプラス変換を求めよ．

B.3 (大阪大学大学院工学研究科電気電子情報工学専攻)

次の微分積分方程式を解け．

$$y'(t) + 3y(t) + 2\int_0^t y(\tau)\, d\tau = 2H(t-1) - 2H(t-2).$$

$t=0$ のとき，$y=1$ である．

ここで，y' は y の 1 階微分であり，$H(t-a)$ はヘビサイド関数を表し，
$$H(t-a) = \begin{cases} 0 & (t < a) \\ 1 & (t \geq a) \end{cases} \text{である．}$$

B.4（九州大学大学院工学府機械系専攻）

(1) T を実定数とするとき，次の時間関数 $x(t)$ のラプラス変換 $X(s) = \mathcal{L}[x(t)]$ を求めよ．
$$x(t) = \begin{cases} 1 & (0 \leq t \leq T), \\ 0 & (t < 0,\ t > T). \end{cases}$$

(2)
$$Y(s) = \frac{X(s)}{2s+1}$$

とする．ただし，$X(s)$ は小問 (1) で得られた $X(s)$ である．このとき，
$$y(t) = \mathcal{L}^{-1}[Y(s)]$$

を計算せよ．

B.5（東京大学大学院工学系研究科）

関数 $g(t)$ が $0 \leq t \leq T$ で与えられている．ただし，$g(0) = g(T) = 0$ とする．このとき，$t \geq 0$ に対して，関数 $h(t)$ を以下のように定義する．ただし，n は $0 \leq t - nT \leq T$ を満たす整数とする．
$$h(t) = (-1)^n g(t - nT).$$

このとき，$h(t)$ のラプラス変換は，s の関数 $A(s)$ を用いて，
$$\mathcal{L}[h(t)] = A(s) \int_0^T g(t) e^{-st}\, dt$$

と表せる．$A(s)$ を求めよ．

第8章 フーリエ解析

8.1 フーリエ級数

●**周期 2π のフーリエ級数**● $f(x)$ を周期 2π の周期関数とすると,

$$f(x) = \sum_{n=-\infty}^{\infty} c_n e^{inx}$$

と展開することができる.ここで,フーリエ係数 c_n は

$$c_n = \frac{1}{2\pi} \int_{-\pi}^{\pi} f(x) e^{-inx}\, dx \quad (n = 0, \pm 1, \pm 2, \cdots)$$

で与えられる.また,三角関数を用いて,

$$f(x) = \frac{a_0}{2} + \sum_{n=1}^{\infty} (a_n \cos nx + b_n \sin nx)$$

と展開することもできる.ここで,フーリエ係数 a_n, b_n は

$$a_n = \frac{1}{\pi} \int_{-\pi}^{\pi} f(x) \cos nx\, dx \quad (n = 0, 1, 2, \cdots),$$

$$b_n = \frac{1}{\pi} \int_{-\pi}^{\pi} f(x) \sin nx\, dx \quad (n = 1, 2, \cdots)$$

で与えられる.

●**周期 $2L$ のフーリエ級数**● $f(x)$ を周期 $2L$ の周期関数とすると,

$$f(x) = \sum_{n=-\infty}^{\infty} c_n \exp\left(i\frac{n\pi x}{L}\right)$$

と展開することができる.ここで,フーリエ係数 c_n は

$$c_n = \frac{1}{2L} \int_{-L}^{L} f(x) \exp\left(-i\frac{n\pi x}{L}\right) dx \quad (n = 0, \pm 1, \pm 2, \cdots)$$

で与えられる.また,三角関数を用いて,

$$f(x) = \frac{a_0}{2} + \sum_{n=1}^{\infty}\left(a_n \cos\frac{n\pi x}{L} + b_n \sin\frac{n\pi x}{L}\right)$$

と展開することもできる．ここで，フーリエ係数 a_n, b_n は

$$a_n = \frac{1}{L}\int_{-L}^{L} f(x)\cos\frac{n\pi x}{L}\,dx \quad (n = 0, 1, 2, \cdots),$$

$$b_n = \frac{1}{L}\int_{-L}^{L} f(x)\sin\frac{n\pi x}{L}\,dx \quad (n = 1, 2, \cdots)$$

で与えられる．

●**フーリエ・コサイン展開とサイン展開**● 区間 $[0, L]$ で定義された関数 $f(x)$ に対して，

$$f(x) = \frac{a_0}{2} + \sum_{n=1}^{\infty} a_n \cos\frac{n\pi x}{L} = \sum_{n=1}^{\infty} b_n \sin\frac{n\pi x}{L}$$

と展開することができる．ここで，係数 a_n, b_n は

$$a_n = \frac{2}{L}\int_0^L f(x)\cos\frac{n\pi x}{L}\,dx \quad (n = 0, 1, 2, \cdots),$$

$$b_n = \frac{2}{L}\int_0^L f(x)\sin\frac{n\pi x}{L}\,dx \quad (n = 1, 2, \cdots)$$

で与えられる．

●**パーセバルの等式**● $f(x)$ を周期 2π の周期関数，$\{c_n\}_{n=-\infty}^{\infty}$ を $f(x)$ のフーリエ係数とすると，

$$\int_{-\pi}^{\pi} |f(x)|^2\,dx = 2\pi \sum_{n=-\infty}^{\infty} |c_n|^2$$

が成り立つ．

8.2 フーリエ変換

●**フーリエ変換と逆変換**● 関数 $f(x)$ の**フーリエ変換** $F(k) = \mathcal{F}[f(x)]$ を

$$F(k) = \int_{-\infty}^{\infty} f(x)\,e^{-ikx}\,dx$$

と定義する．ここで，k は実数である．このとき，**フーリエ逆変換**は

$$f(x) = \frac{1}{2\pi}\int_{-\infty}^{\infty} F(k)\,e^{ikx}\,dk$$

で与えられる．フーリエ変換と逆変換を

$$F(k) = \frac{1}{\sqrt{2\pi}} \int_{-\infty}^{\infty} f(x)\, e^{-ikx}\, dx, \quad f(x) = \frac{1}{\sqrt{2\pi}} \int_{-\infty}^{\infty} F(k)\, e^{ikx}\, dk$$

または，

$$F(k) = \int_{-\infty}^{\infty} f(x)\, e^{-2\pi ikx}\, dx, \quad f(x) = \int_{-\infty}^{\infty} F(k)\, e^{2\pi ikx}\, dk$$

と定義することもあるが，定数倍の違いを除き，本質的に同じである．

●**基本的なフーリエ変換**●

$L > 0$ に対して，$f_L(x) = \begin{cases} 1 & (|x| < L) \\ 0 & (|x| > L) \end{cases}$ と定めると，$\mathcal{F}[f_L(x)] = \dfrac{2}{k} \sin kL$.

$a > 0$ に対して，

$$\mathcal{F}\left[e^{-a|x|}\right] = \frac{2a}{a^2 + k^2}, \quad \mathcal{F}\left[e^{-ax^2}\right] = \sqrt{\frac{\pi}{a}} \exp\left(-\frac{k^2}{4a}\right).$$

●**フーリエ変換と微分**●　関数 $f(x)$ のフーリエ変換 $F(k) = \mathcal{F}[f(x)]$ を

$$F(k) = \int_{-\infty}^{\infty} f(x)\, e^{-ikx}\, dx$$

とすると，次が成り立つ．

$$\mathcal{F}[f'(x)] = ikF(k), \quad F'(k) = -\mathcal{F}[ixf(x)].$$

●**パーセバルの等式**●　$F(k) = \mathcal{F}[f(x)], G(k) = \mathcal{F}[g(x)]$ とすると，

$$\int_{-\infty}^{\infty} F(k)\overline{G(k)}\, dk = 2\pi \int_{-\infty}^{\infty} f(x)\overline{g(x)}\, dx,$$

$$\int_{-\infty}^{\infty} |F(k)|^2\, dk = 2\pi \int_{-\infty}^{\infty} |f(x)|^2\, dx$$

が成り立つ．

●**畳み込みとフーリエ変換**●　$f(x)$ と $g(x)$ の畳み込み $(f * g)(x)$ を

$$(f * g)(x) = \int_{-\infty}^{\infty} f(x - y) g(y)\, dy$$

と定めると，$F(k) = \mathcal{F}[f(x)], G(k) = \mathcal{F}[g(x)]$ に対して，

$$\mathcal{F}[(f * g)(x)] = F(k) G(k)$$

が成り立つ．

例題 PART 8.1　フーリエ級数とフーリエ変換

フーリエ級数

例題 8.1（早稲田大学大学院先進理工学研究科物理学及応用物理学専攻）
閉区間 $[-\pi, \pi]$ で定義された関数 $f(x) = |x|$ を考え，次式のようにフーリエ級数に展開する．
$$f(x) = \sum_{n=-\infty}^{\infty} f_n e^{inx}.$$

(1) フーリエ係数 f_n を計算せよ．
(2) 正弦関数，余弦関数を用いる場合，$f(x)$ のフーリエ級数はどう書けるか．
(3) $x=0$ とおくことにより，次の 2 つの式を証明せよ．
$$\sum_{n=1}^{\infty} \frac{1}{(2n-1)^2} = \frac{\pi^2}{8}, \quad \sum_{n=1}^{\infty} \frac{1}{n^2} = \frac{\pi^2}{6}.$$

解答例　まず，整数 $m, n \in \mathbb{Z}$ に対して

$$\int_{-\pi}^{\pi} e^{imx} e^{-inx}\, dx = 2\pi \delta_{mn}, \quad \delta_{mn} = \begin{cases} 1 & (m=n), \\ 0 & (m \neq n) \end{cases} \tag{8.1}$$

だから

$$\int_{-\pi}^{\pi} f(x) e^{-inx}\, dx = \int_{-\pi}^{\pi} \sum_{m=-\infty}^{\infty} f_m e^{imx} e^{-inx}\, dx$$
$$= \sum_{m=-\infty}^{\infty} f_m \int_{-\pi}^{\pi} e^{imx} e^{-inx}\, dx = 2\pi f_n$$

となる．よって，$f(x)$ のフーリエ係数は

$$f_n = \frac{1}{2\pi} \int_{-\pi}^{\pi} f(x) e^{-inx}\, dx \tag{8.2}$$

で与えられる．このことを用いて，問題を解いていく．

(1) まず，$n \neq 0$ のとき，オイラーの公式，関数の偶奇性と部分積分により

$$\int_{-\pi}^{\pi} |x| e^{-inx}\, dx = \int_{-\pi}^{\pi} |x| \cos nx\, dx - i \int_{-\pi}^{\pi} |x| \sin nx\, dx$$
$$= 2 \int_0^{\pi} x \cos nx\, dx = \frac{2}{n} [x \sin nx]_0^{\pi} - \frac{2}{n} \int_0^{\pi} \sin nx\, dx$$

$$= \frac{2}{n^2}[\cos nx]_0^\pi = \frac{2}{n^2}\{(-1)^n - 1\}$$

となる．よって，$n \neq 0$ のとき

$$f_n = \frac{1}{2\pi}\int_{-\pi}^{\pi} |x|e^{-inx}\,dx = \frac{1}{n^2\pi}\{(-1)^n - 1\}.$$

また，$n = 0$ のときは

$$f_0 = \frac{1}{2\pi}\int_{-\pi}^{\pi} |x|\,dx = \frac{1}{\pi}\int_0^\pi x\,dx = \frac{\pi}{2}.$$

(2) まず，小問 (1) より，$n = 1, 2, \cdots$ に対して $f_{-n} = f_n$ である．

また，$f(x) = |x|$ は区間 $[-\pi, \pi]$ で連続かつ**区分的に滑らか**であり，**周期条件** $f(-\pi) = f(\pi)$ を満たすから，すべての $x \in [-\pi, \pi]$ に対して次が成り立つ．

$$|x| = f_0 + \sum_{n=1}^{\infty} f_n\left(e^{inx} + e^{-inx}\right) = f_0 + 2\sum_{n=1}^{\infty} f_n \cos nx$$

$$= \frac{\pi}{2} - \frac{4}{\pi}\sum_{k=1}^{\infty} \frac{\cos(2k-1)x}{(2k-1)^2}.$$

(3) 小問 (2) の結果に $x = 0$ を代入すれば，$\displaystyle\sum_{k=1}^{\infty} \frac{1}{(2k-1)^2} = \frac{\pi^2}{8}$ が分かる．また

$$\sum_{n=1}^{\infty} \frac{1}{n^2} = \sum_{k=1}^{\infty} \frac{1}{(2k-1)^2} + \sum_{k=1}^{\infty} \frac{1}{(2k)^2} = \frac{\pi^2}{8} + \frac{1}{4}\sum_{n=1}^{\infty} \frac{1}{n^2}$$

より，$\displaystyle\sum_{n=1}^{\infty} \frac{1}{n^2} = \frac{\pi^2}{6}$ となる． **解答終わり**

フーリエ係数の定義 (8.2) を暗記するよりも，解答例のはじめに示したように，関数系 $\{e^{inx}\}_{n\in\mathbb{Z}}$ の**直交性** (8.1) からフーリエ係数 (8.2) を導く方法を理解しておきたい．また，一般に，関数 $f(x)$ が区間 $[a, b]$ で区分的に滑らかであるとは，区間 $[a, b]$ の有限分割 $a = x_0 < x_1 < \cdots < x_n = b$ を適当にとれば，各小区間 $[x_{k-1}, x_k]$ ($k = 1, \cdots, n$) において $f(x)$ が C^1 級となることである．例えば，区間 $[-\pi, \pi]$ で定義された関数 $f(x) = |x|$ は，小区間 $[-\pi, 0], [0, \pi]$ において C^1 級だから，区間 $[-\pi, \pi]$ で区分的に滑らかである．

次は，フーリエ級数を用いた，**熱伝導方程式**（**熱方程式**）の初期・境界値問題の解法に関する典型的な問題である．

例題 8.2 （東北大学大学院理学研究科物理学専攻）

1次元の熱伝導は，次の偏微分方程式

$$\frac{\partial u}{\partial t} = k \frac{\partial^2 u}{\partial x^2} \quad (8.3)$$

で記述される．$u(x,t)$ は，位置 x の時刻 t での温度を表す．k は熱伝導度を表す正の定数である．時刻 $t \geq 0$ に対し，$0 \leq x \leq \pi$ での1次元の熱伝導を，

$$\text{境界条件}: u(0,t) = u(\pi,t) = 0, \quad (8.4)$$

$$\text{初期条件}: u(x,0) = x(\pi - x) \quad (8.5)$$

のもとで考える．次の問いに答えよ．考え方と，計算過程（要点のみでよい）も示せ．

(1) $u(x,t)$ を，x のみに依存する関数 $X(x)$ と，t のみに依存する関数 $T(t)$ を用いて $u(x,t) = X(x)T(t)$ と変数分離する．このとき，偏微分方程式 (8.3) は λ を定数として

$$\frac{d^2 X}{dx^2} - \lambda X = 0 \quad (8.6), \qquad \frac{dT}{dt} - k\lambda T = 0 \quad (8.7)$$

となることを示せ．

$\lambda \geq 0$ とすると，境界条件，初期条件をともに満たす (8.6) の解が存在しないことから，以下，$\lambda < 0$ の場合について考える．

(2) $X(x) = b_n \sin nx$（ただし，n は自然数で，b_n は定数）が，境界条件 (8.4) を満たす (8.6) の解であることを示し，このときの λ を求めよ．

(3) 小問 (2) より，偏微分方程式 (8.3) の，境界条件 (8.4) を満たす解は，一般に

$$u(x,t) = \sum_{n=1}^{\infty} b_n T_n(t) \sin nx \quad (\text{ただし，} T_n(t=0) = 1) \quad (8.8)$$

と表される．$T_n(t)$ を求めよ．

(4) (8.8) の b_n が次で与えられることを示せ．

$$b_n = \frac{2}{\pi} \int_0^\pi u(x,0) \sin nx \, dx. \quad (8.9)$$

(5) 与えられた初期条件 (8.5) に対し，(8.8) の b_n を求めよ．また，温度分布が時刻 t とともに変化する様子を，横軸 x，縦軸 u のグラフにして図示せよ．

解答例 (1) $u(x,t) = X(x)T(t)$ を (8.3) に代入すると，$X(x)T'(t) = kX''(x)T(t)$ となる．これを

$$\frac{T'(t)}{kT(t)} = \frac{X''(x)}{X(x)}$$

と書き直すと，左辺は x によらない関数で，右辺は t によらない関数だから，これ

は x にも t にもよらない定数である．この定数を λ とおくと，$X(x)$, $T(t)$ はそれぞれ，(8.6), (8.7) を満たすことが分かる．

(2) $\lambda < 0$ のとき，(8.6) の一般解は

$$X(x) = C_1 \cos\sqrt{-\lambda}\, x + C_2 \sin\sqrt{-\lambda}\, x \tag{8.10}$$

で与えられる．ここで，C_1, C_2 は任意定数である．

$u(x,t) = X(x)T(t)$ に対する境界条件 (8.4) から，$X(x)$ に対する境界条件

$$X(0) = X(\pi) = 0 \tag{8.11}$$

が導かれる．(8.11) に $x = 0$ を代入すると，$0 = X(0) = C_1$ となる．

また，$X(\pi) = C_2 \sin\sqrt{-\lambda}\,\pi = 0$ だから，$C_2 \neq 0$ のとき，$\sqrt{-\lambda} = n$（n は自然数）でなければならない．

以上により，自然数 n に対して，$\lambda = -n^2$ のとき，境界条件 (8.11) を満たす (8.6) の解は，$X(x) = b_n \sin nx$（b_n は定数）で与えられる．

(3) 初期条件 $T(0) = 1$ を満たす (8.7) の解は $T(t) = e^{k\lambda t}$ で与えられる．

特に，$\lambda = -n^2$ として，$T_n(t) = e^{-kn^2 t}$ を得る．

(4) (8.8) より

$$u(x,0) = \sum_{m=1}^{\infty} b_m T_m(0) \sin mx = \sum_{m=1}^{\infty} b_m \sin mx$$

である．この両辺に $\sin nx$ を掛けて 0 から π まで積分すると

$$\int_0^\pi u(x,0) \sin nx\, dx = \int_0^\pi \sum_{m=1}^{\infty} b_m \sin mx \sin nx\, dx$$

$$= \sum_{m=1}^{\infty} b_m \int_0^\pi \sin mx \sin nx\, dx = \frac{\pi}{2} b_n$$

となり，(8.9) を得る．ここで，自然数 m, n に対して次を用いた．

$$\int_0^\pi \sin mx \sin nx\, dx = \frac{\pi}{2} \delta_{mn}.$$

(5) $g(x) = x(\pi - x)$ とおく．このとき，$g(0) = g(\pi) = 0$, $g''(x) = -2$ に注意して，部分積分を 2 回行うと

$$\int_0^\pi g(x) \sin nx\, dx = -\frac{1}{n}[g(x) \cos nx]_0^\pi + \frac{1}{n}\int_0^\pi g'(x) \cos nx\, dx$$

$$= \frac{1}{n}\int_0^\pi g'(x) \cos nx\, dx = \frac{1}{n^2}[g'(x) \sin nx]_0^\pi - \frac{1}{n^2}\int_0^\pi g''(x) \sin nx\, dx$$

$$= \frac{2}{n^2}\int_0^\pi \sin nx\, dx = \frac{2}{n^3}\{1 - (-1)^n\}$$

となる．よって，$b_n = \dfrac{4}{n^3\pi}\{1-(-1)^n\}$ であり，求める解は

$$u(x,t) = \frac{4}{\pi}\sum_{n=1}^{\infty}\frac{1-(-1)^n}{n^3}e^{-kn^2 t}\sin nx$$

$$= \frac{8}{\pi}\sum_{m=1}^{\infty}\frac{e^{-k(2m-1)^2 t}}{(2m-1)^3}\sin(2m-1)x \quad (0 \leq x \leq \pi,\ t \geq 0) \qquad (8.12)$$

となる．最後に，温度分布 $u(x,t)$ が時刻 t とともに変化する様子を，横軸 x，縦軸 u のグラフにして図示しよう．図 (a) は，無限級数 (8.12) の部分和

$$u_5(x,t) = \frac{8}{\pi}\sum_{m=1}^{5}\frac{e^{-k(2m-1)^2 t}}{(2m-1)^3}\sin(2m-1)x \qquad (8.13)$$

を $t = 0, 0.2, 0.4, 0.6, 0.8, 1$ に対して図示したもの（ただし，$k=2$）であり，時間の経過とともに温度が下がっていく様子が分かる．

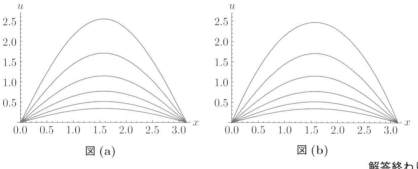

図 (a) 　　　　　　　　　　　　　　図 (b)

解答終わり

図 (b) は (8.12) の初項のみからなる関数

$$u_1(x,t) = \frac{8}{\pi}e^{-kt}\sin x$$

を $t = 0, 0.2, 0.4, 0.6, 0.8, 1$ に対して図示したもの（ただし，$k=2$）である．(8.12) を

$$u(x,t) = \frac{8}{\pi}e^{-kt}\left\{\sin x + \sum_{m=2}^{\infty}\frac{e^{-k\{(2m-1)^2-1\}t}}{(2m-1)^3}\sin(2m-1)x\right\}$$

と書き直してみれば，時間がある程度経過した後は，$u(x,t)$ は初項の $u_1(x,t)$ で十分近似されることが分かる．5つの項からなる部分和 (8.13) のグラフを手で描くのは難しいであろう．まして，無限級数 (8.12) のグラフを描くことはできない．そこで，試験の答案としては，$u_1(x,t)$ のグラフ（図 (b)）を描けばよいであろう．

フーリエ変換

前項では，フーリエ級数を用いて，熱方程式の初期・境界値問題の解を求めたが，次に，フーリエ変換を用いて，熱方程式の初期値問題の**基本解**を求める問題を考えよう．

例題 8.3（大阪大学大学院工学研究科電気電子情報工学専攻）
関数 $f(x,t)$ に関する次の偏微分方程式を考える．

$$\frac{\partial f(x,t)}{\partial t} = \frac{\partial^2 f(x,t)}{\partial x^2}, \quad f(x,0) = \delta(x) \quad (-\infty < x < \infty, \ t \geq 0) \tag{8.14}$$

ただし，$\delta(x)$ はデルタ関数を表す．次の (1)〜(4) の問いに答えよ．

(1) 関数 $f(x,t)$ の変数 x に関するフーリエ変換 $F(u,t)$ を

$$F(u,t) = \frac{1}{\sqrt{2\pi}} \int_{-\infty}^{\infty} f(x,t) e^{-iux} \, dx$$

と定義する．$F(u,t)$ が満たす微分方程式を求めよ．

(2) 初期条件 $f(x,0) = \delta(x)$ をフーリエ変換し，$F(u,0)$ を求めよ．

(3) $F(u,t)$ が満たす微分方程式を解き，$F(u,t)$ を求めよ．

(4) 小問 (3) で求めた $F(u,t)$ を逆フーリエ変換することにより，(8.14) の解 $f(x,t)$ を求めよ．その際，次の積分公式を用いてもよい．

$$\int_0^{\infty} e^{-a^2 y^2} \cos(by) \, dy = \frac{\sqrt{\pi}}{2a} \exp\left(-\frac{b^2}{4a^2}\right)$$

ただし，$a > 0$，b は実数である．

解答例 (1) $F(u,t)$ を t で微分し，$f(x,t)$ の満たす偏微分方程式を用いると

$$\begin{aligned}\frac{\partial F}{\partial t}(u,t) &= \frac{1}{\sqrt{2\pi}} \int_{-\infty}^{\infty} \frac{\partial f}{\partial t}(x,t) e^{-iux} \, dx \\ &= \frac{1}{\sqrt{2\pi}} \int_{-\infty}^{\infty} \frac{\partial^2 f}{\partial x^2}(x,t) e^{-iux} \, dx\end{aligned}$$

となる．ここで，部分積分を 2 回行うことにより

$$\begin{aligned}&\int_{-\infty}^{\infty} \frac{\partial^2 f}{\partial x^2}(x,t) e^{-iux} \, dx \\ &= \left[\frac{\partial f}{\partial x}(x,t) e^{-iux}\right]_{-\infty}^{\infty} + iu \int_{-\infty}^{\infty} \frac{\partial f}{\partial x}(x,t) e^{-iux} \, dx \\ &= -u^2 \int_{-\infty}^{\infty} f(x,t) e^{-iux} \, dx\end{aligned}$$

となるので，$F(u,t)$ は微分方程式

$$\frac{\partial F}{\partial t}(u,t) = -u^2 F(u,t)$$

を満たす．

(2) **デルタ関数**の定義より，任意の連続関数 $g(x)$ に対して

$$\int_{-\infty}^{\infty} g(x)\delta(x)\,dx = g(0)$$

となるから

$$F(u,0) = \frac{1}{\sqrt{2\pi}} \int_{-\infty}^{\infty} f(x,0) e^{-iux}\,dx = \frac{1}{\sqrt{2\pi}} \int_{-\infty}^{\infty} \delta(x) e^{-iux}\,dx$$
$$= \frac{1}{\sqrt{2\pi}}.$$

(3) 小問 (1), (2) で求めた常微分方程式の初期値問題の解は

$$F(u,t) = \frac{1}{\sqrt{2\pi}} e^{-u^2 t} \quad (-\infty < u < \infty,\ t \geq 0)$$

で与えられる．

(4) 小問 (3) で求めた $F(u,t)$ を u に関して逆フーリエ変換すると

$$f(x,t) = \frac{1}{\sqrt{2\pi}} \int_{-\infty}^{\infty} F(u,t) e^{ixu}\,du = \frac{1}{2\pi} \int_{-\infty}^{\infty} e^{-tu^2} e^{ixu}\,du.$$

ここで，オイラーの公式と関数の偶奇性より

$$\int_{-\infty}^{\infty} e^{-tu^2} e^{ixu}\,du$$
$$= \int_{-\infty}^{\infty} e^{-tu^2} \cos(xu)\,du + i \int_{-\infty}^{\infty} e^{-tu^2} \sin(xu)\,du$$
$$= 2 \int_{0}^{\infty} e^{-tu^2} \cos(xu)\,du = \frac{\sqrt{\pi}}{\sqrt{t}} \exp\left(-\frac{x^2}{4t}\right)$$

となる．ここで，$a = \sqrt{t}, b = x$ として，問題の最後にある積分公式を用いた．

以上により，求める解 $f(x,t)$ は

$$f(x,t) = \frac{1}{\sqrt{4\pi t}} \exp\left(-\frac{x^2}{4t}\right) \quad (-\infty < x < \infty,\ t > 0)$$

となる．

解答終わり

最後に，3次元空間におけるフーリエ変換の問題を考えよう．

例題 8.4 （京都大学大学院理学研究科物理学・宇宙物理学専攻）
m を正の実数，$\vec{r}$ を大きさが $r\ (\neq 0)$ の 3 次元の実ベクトルとして，

$$V(\vec{r}) = \int \frac{d^3p}{(2\pi)^3} \frac{1}{\vec{p}^2 + m^2} e^{i\vec{p}\cdot\vec{r}}$$

という 3 次元積分を実行し，$V(\vec{r}) = \dfrac{1}{4\pi r} e^{-mr}$ となることを示せ．

解答例 ベクトル $\vec{p}$ の大きさを p とし，$\vec{r}$ と $\vec{p}$ のなす角を θ とすると，被積分関数は

$$\frac{1}{\vec{p}^2 + m^2} e^{i\vec{p}\cdot\vec{r}} = \frac{e^{ipr\cos\theta}}{p^2 + m^2}$$

となり，これは $\vec{r}$ を軸とする回転に関して対称である．よって

$$\begin{aligned}
V(\vec{r}) &= \frac{2\pi}{(2\pi)^3} \int_0^\infty dp \int_0^\pi d\theta \, \frac{e^{ipr\cos\theta}}{p^2 + m^2} p^2 \sin\theta \\
&= \frac{1}{4\pi^2} \int_0^\infty \frac{p^2}{p^2 + m^2} \left(\int_0^\pi e^{ipr\cos\theta} \sin\theta \, d\theta \right) dp.
\end{aligned}$$

ここで，$s = -\cos\theta$ と変数変換すると

$$\int_0^\pi e^{ipr\cos\theta} \sin\theta \, d\theta = \int_{-1}^1 e^{-iprs} \, ds = \frac{2}{pr} \sin(rp)$$

だから

$$V(\vec{r}) = \frac{1}{2\pi^2 r} \int_0^\infty \frac{p \sin(rp)}{p^2 + m^2} \, dp = \frac{1}{2\pi^2 r} \int_0^\infty \frac{x \sin x}{x^2 + (mr)^2} \, dx.$$

最後の広義積分を計算するために，複素関数 $f(z) = \dfrac{z e^{iz}}{z^2 + (mr)^2}$ を用いる．R を $R > mr$ なる実数とし，複素平面上の 4 点 $R, R+iR, -R+iR, -R$ を頂点とする長方形に対して，**留数定理**（5.4 節）を用いると

$$\int_{-R}^R f(x)\, dx + \int_0^R f(R+iy)\, i\,dy - \int_{-R}^R f(x+iR)\, dx - \int_0^R f(-R+iy)\, i\,dy$$
$$= 2\pi i \lim_{z \to mri} (z - mri) f(z) = \pi i e^{-mr}$$

となる．ここで，$z = \pm R + iy\ (0 \le y \le R)$ に対して

$$|z| \le |\pm R + iR| = \sqrt{2} R,$$
$$|z^2 + (mr)^2| = |z + mri||z - mri| \ge R^2$$

だから

$$\left|\int_0^R f(\pm R + iy)\, i\, dy\right| \le \int_0^R \frac{|\pm R + iy|}{|(\pm R + iy)^2 + (mr)^2|}\, e^{-y}\, dy$$

$$\le \frac{\sqrt{2}}{R}\int_0^R e^{-y}\, dy = \frac{\sqrt{2}}{R}(1 - e^{-R}) \to 0 \quad (R \to \infty).$$

また，$z = x + iR$ $(-R \le x \le R)$ に対して

$$|z| \le |\pm R + iR| = \sqrt{2}R,$$
$$|z^2 + (mr)^2| \ge R^2 - (mr)^2$$

だから

$$\left|\int_{-R}^R f(x + iR)\, dx\right| \le \int_{-R}^R \frac{|x + iR|}{|(x + iR)^2 + (mr)^2|}\, e^{-R}\, dx$$

$$\le \frac{2\sqrt{2}\, R^2}{R^2 - (mr)^2}\, e^{-R} \to 0 \quad (R \to \infty)$$

となる．よって

$$\pi i e^{-mr} = \lim_{R \to \infty} \int_{-R}^R f(x)\, dx = 2i \lim_{R \to \infty} \int_0^R \frac{x \sin x}{x^2 + (mr)^2}\, dx$$

であり，

$$V(\vec{r}) = \frac{1}{2\pi^2 r}\int_0^\infty \frac{x \sin x}{x^2 + (mr)^2}\, dx = \frac{1}{4\pi r}e^{-mr}$$

となることが示された．　　　　　　　　　　　　　　　　　　　　　　**解答終わり**

$$V(\vec{r}) = \frac{1}{4\pi r}e^{-mr}$$

は**湯川ポテンシャル**と呼ばれる．例題 8.4 は，湯川ポテンシャルが $-\Delta + m^2$ の**基本解**であること，すなわち，$(-\Delta + m^2)V(\vec{r}) = \delta(\vec{r})$（ここで，$\delta(\vec{r})$ は 3 次元のデルタ関数）の解であることを，フーリエ変換を用いて示す問題である．

ま と め

フーリエ解析は純粋数学としても応用数学としても重要であり，様々な観点があるが，この PART では，主に，フーリエ級数とフーリエ変換を用いた，偏微分方程式の解法に関する問題を取り上げた．

第8章 演習問題A

A.1（東北大学大学院工学研究科応用物理学専攻）

$-\pi \leq x \leq \pi$ で定義された次の関数 $f(x)$ について，以下の問いに答えよ．

$$f(x) = \begin{cases} 1 & (-\pi < x < 0), \\ 0 & (x = -\pi, 0, \pi), \\ -1 & (0 < x < \pi). \end{cases}$$

(1) 関数 $f(x)$ をフーリエ級数

$$f(x) = \frac{a_0}{2} + \sum_{n=1}^{\infty}(a_n \cos nx + b_n \sin nx)$$

に展開したときの係数 $a_n\ (n=0,1,2,3,\cdots)$, $b_n\ (n=1,2,3,\cdots)$ を求めよ．

(2) 小問 (1) の結果を利用して，次の和を求めよ．

$$\sum_{n=1}^{\infty}(-1)^n \frac{1}{2n-1}.$$

A.2（東北大学大学院工学研究科機械系4専攻）

(1) 周期 2π を持つ関数 $f(x) = x\ (0 < x < 2\pi)$ のフーリエ級数展開を求めよ．その結果を利用して

$$\sum_{n=1}^{\infty} \frac{\sin nx}{n} = \frac{\pi - x}{2} \quad (0 < x < 2\pi)$$

を示せ．

(2) 周期 2π を持つ関数 $f(x) = x^2\ (-\pi < x < \pi)$ のフーリエ級数展開を求めよ．その結果を利用して

$$\sum_{n=1}^{\infty} \frac{1}{n^2} = \frac{\pi^2}{6}$$

を示せ．

(3) 小問 (1), (2) の結果を用いて

$$\sum_{n=1}^{\infty} \frac{\cos nx}{n^2} = \frac{2\pi^2 - 6\pi x + 3x^2}{12} \quad (0 \leq x \leq 2\pi)$$

を示せ．

A.3 (東北大学大学院工学研究科応用物理学専攻)

次のような関数 $f(x)$ が与えられている．以下の問いに答えよ．

$$f(x) = \begin{cases} \cos\left(\dfrac{\pi}{2}x\right) & (|x| \leq 1), \\ 0 & (|x| > 1). \end{cases}$$

(1) 関数 $f(x)$ をフーリエ変換せよ．

(2) 小問 (1) の結果を用いて次の積分の値を求めよ．

$$\int_0^\infty \frac{\cos(1+x)u + \cos(1-x)u}{2\{(\pi/2)^2 - u^2\}}\,du.$$

A.4 (大阪大学大学院工学研究科電気電子情報工学専攻)

関数 $h(\alpha)$ を次式で定義する．

$$h(\alpha) = \begin{cases} 1 - \dfrac{\alpha^2}{2} & (0 < \alpha < 1), \\ 0 & (\alpha \geq 1). \end{cases}$$

フーリエ変換を用いて，次の積分方程式を $g(x)$ について解け．

$$\int_0^\infty g(x)\cos\alpha x\,dx = h(\alpha).$$

A.5 (東京大学大学院新領域創成科学研究科複雑理工学専攻)

関数 $f(x)$ とそのフーリエ変換 $F(k)$ は以下の式で定義される関係にある．

$$F(k) = \frac{1}{\sqrt{2\pi}}\int_{-\infty}^\infty f(x)\,e^{-ikx}\,dx, \qquad ①$$

$$f(x) = \frac{1}{\sqrt{2\pi}}\int_{-\infty}^\infty F(k)\,e^{ikx}\,dk. \qquad ②$$

(問 1) デルタ関数 $\delta(x)$ を ③ で定義する．ここで $f(x)$ は任意の連続関数である．

$$\int_{-\infty}^\infty \delta(x-x_0)f(x)\,dx = f(x_0). \qquad ③$$

① と ② を用いて，$\delta(k)$ が次式で与えられることを示せ．

$$\delta(k) = \frac{1}{2\pi}\int_{-\infty}^\infty e^{ikx}\,dx. \qquad ④$$

(問 2) 次の問いに答えよ．

(a) 関数 $f(x) = \cos\lambda x$ のフーリエ変換 $F(k)$ をデルタ関数を用いて表せ．

(b) 関数 $g(x) = e^{-x^2/2}\cos x$ のフーリエ変換 $G(k)$ を求めよ．ただし，

$$\int_{-\infty}^{\infty} e^{-x^2/2} \cos ax\, dx = \sqrt{2\pi}\, e^{-a^2/2}$$

の関係は用いてよい．

(問 3) 関数 $g(x)$ のフーリエ変換を $G(k)$ とする．④ の関係を用いて次式を証明せよ．

$$\int_{-\infty}^{\infty}\int_{-\infty}^{\infty} \overline{g(x)} f(x-y) g(y)\, dxdy = \sqrt{2\pi} \int_{-\infty}^{\infty} F(k)|G(k)|^2\, dk.$$

ここで，複素数 z に対して，$\bar{z}$ は z の複素共役を表し，$|z|$ は z の絶対値を表す．

(問 4) 問2と問3の結果を用いて，次の積分を求めよ．

$$\int_{-\infty}^{\infty}\int_{-\infty}^{\infty} e^{-(x^2+y^2)/2} \cos\lambda(x-y)\{\cos(x-y) + \cos(x+y)\}\, dxdy.$$

第8章 演習問題 B

B.1# （東京大学大学院新領域創成科学研究科）

$f(x)$ は区間 $(-\pi, \pi)$ で与えられた複素数の値をとる関数であり，

$$\int_{-\pi}^{\pi} |f(x)|^2\, dx < \infty$$

であると仮定する．

(1) 任意の整数 k について，積分

$$c_k = \frac{1}{2\pi} \int_{-\pi}^{\pi} f(x) e^{-ikx}\, dx \qquad ①$$

が有限な値として定まることを示せ（この c_k を $f(x)$ のフーリエ係数と呼ぶ）．

ただし，次のシュワルツの不等式が成り立つことを用いてよい．

$$\left| \int_a^b f(x) \overline{g(x)}\, dx \right|^2 \leq \int_a^b |f(x)|^2\, dx \int_a^b |g(x)|^2\, dx. \qquad ②$$

(2) 任意の複素数 $a_{-n}, a_{-n+1}, \cdots, a_0, \cdots, a_{n-1}, a_n$ に対して

$$\frac{1}{2\pi} \int_{-\pi}^{\pi} \left| f(x) - \sum_{k=-n}^{n} a_k e^{ikx} \right|^2 dx$$
$$= \frac{1}{2\pi} \int_{-\pi}^{\pi} |f(x)|^2\, dx + \sum_{k=-n}^{n} |a_k - c_k|^2 - \sum_{k=-n}^{n} |c_k|^2 \qquad ③$$

が成り立つことを示せ．ただし，$c_{-n}, \cdots, c_n$ は $f(x)$ のフーリエ係数である．

(3) $f(x)$ のフーリエ係数 $c_0, c_{\pm 1}, \cdots$ について次の関係を証明せよ.

$$\sum_{k=-\infty}^{\infty} |c_k|^2 \leq \frac{1}{2\pi} \int_{-\pi}^{\pi} |f(x)|^2 \, dx. \qquad ④$$

(4) 任意の $\varepsilon \, (>0)$ に対して有限個の複素数 $a_{-n}, a_{-n+1}, \cdots, a_0, \cdots, a_{n-1}, a_n$ を選んで

$$\frac{1}{2\pi} \int_{-\pi}^{\pi} \left| f(x) - \sum_{k=-n}^{n} a_k e^{ikx} \right|^2 dx \leq \varepsilon \qquad ⑤$$

とできる場合に限って，関係式 ④ において等式が成り立つことを示せ.

B.2 （東京大学大学院工学系研究科）

関数 $f(x)$ のフーリエ変換 $F(\omega)$ を

$$F(\omega) = \frac{1}{\sqrt{2\pi}} \int_{-\infty}^{\infty} f(x) \exp(-i\omega x) \, dx$$

で定義すると，フーリエ逆変換は

$$f(x) = \frac{1}{\sqrt{2\pi}} \int_{-\infty}^{\infty} F(\omega) \exp(i\omega x) \, d\omega$$

で与えられる．次の問いに答えよ.

(1) ガウス型関数

$$f(x) = \exp\left(-\frac{x^2}{a^2}\right)$$

のフーリエ変換 $F(\omega)$ を計算せよ．なお，定積分の値 $\int_{-\infty}^{\infty} \exp(-\alpha x^2) \, dx = \sqrt{\frac{\pi}{\alpha}}$ を用いてよい.

(2) 2つの関数 $f(x)$ と $g(x)$ の畳み込みは

$$h(x) = \int_{-\infty}^{\infty} f(y) g(x-y) \, dy$$

で与えられる．$f(x), g(x), h(x)$ のフーリエ変換をそれぞれ $F(\omega), G(\omega), H(\omega)$ としたとき，次式が成り立つことを証明せよ.

$$H(\omega) = \sqrt{2\pi} F(\omega) G(\omega).$$

(3) 積分方程式

$$\int_{-\infty}^{\infty} f(y) \exp\left(-\frac{(x-y)^2}{b^2}\right) dy = \exp\left(-\frac{x^2}{a^2}\right)$$

の解 $f(x)$ を $a > b > 0$ の場合について求めよ.

B.3 (東京大学大学院新領域創成科学研究科複雑理工学専攻)

関数 $f(x)$ とそのフーリエ変換 $F(k)$ は以下の式で定義される関係にある.

$$F(k) = \int_{-\infty}^{\infty} f(x)\, e^{-2\pi i k x}\, dx, \quad f(x) = \int_{-\infty}^{\infty} F(k)\, e^{2\pi i k x}\, dk.$$

次の問いに答えよ. これ以降 $f(x)$ を微分可能な任意の関数で, ① のように規格化されているものとする.

$$\int_{-\infty}^{\infty} |f(x)|^2\, dx = 1. \qquad ①$$

ここで, 複素数 z に対して, $\bar{z}$ は複素共役を表し, $|z| = \sqrt{z\bar{z}}$ は z の絶対値を表す.

(1) $\displaystyle\int_{-\infty}^{\infty} |F(k)|^2\, dk$ を求めよ.

ここで, デルタ関数 $\delta(x)$ は ② で与えられることを用いてもよい.

$$\delta(x) = \int_{-\infty}^{\infty} e^{2\pi i k x}\, dk. \qquad ②$$

(2) ③ を証明せよ. ここで, ② を用いてもよい.

ただし, $f'(x)$ は $f'(x) = \dfrac{d}{dx}f(x)$ で定義される.

$$\int_{-\infty}^{\infty} |f'(x)|^2\, dx = 4\pi^2 \int_{-\infty}^{\infty} k^2 |F(k)|^2\, dk. \qquad ③$$

(3) $f(x)$ が

$$\int_{-\infty}^{\infty} x\,\frac{d}{dx}|f(x)|^2\, dx = -1 \qquad ④$$

を満たすとき, ⑤ を証明せよ.

$$\left(\int_{-\infty}^{\infty} x^2 |f(x)|^2\, dx \right) \left(\int_{-\infty}^{\infty} k^2 |F(k)|^2\, dk \right) \geq \frac{1}{16\pi^2}. \qquad ⑤$$

B.4 (大阪大学大学院工学研究科電気電子情報工学専攻)

関数 $f(x)$ のフーリエ変換 $F(k)$ を次式で定義する.

$$\mathcal{F}[f(x)] = F(k) = \int_{-\infty}^{\infty} f(x)\, e^{-ikx}\, dx.$$

ただし, $\displaystyle\int_{-\infty}^{\infty} |f(x)|^2\, dx < \infty$ とする. 次の問いに答えよ.

(1) 次の関数のフーリエ変換を求めよ.

$$f(x) = e^{-a|x|} \quad (a > 0).$$

(2) 次の関係が成立することを証明せよ.
$$\mathcal{F}\left[\frac{d}{dx}f(x)\right] = ikF(k), \quad \frac{d}{dk}F(k) = -i\mathcal{F}[xf(x)].$$

(3) 小問 (2) の結果を利用して, $f(x)$ に関する常微分方程式
$$\frac{d^2}{dx^2}f(x) + \frac{d}{dx}\{xf(x)\} = 0$$
に対し, $f(x)$ のフーリエ変換 $F(k)$ が満たすべき常微分方程式を導出せよ.

(4) 小問 (3) で得られた常微分方程式を条件 $\int_{-\infty}^{\infty} f(x)\,dx = 1$ の下で解き, $F(k)$ を求めよ.

B.5 (九州大学大学院総合理工学府先端エネルギー理工学専攻)

$f(x)$ のフーリエ変換 $F(\omega)$ を次の式で定義する.
$$F(\omega) = \int_{-\infty}^{\infty} f(x)\,e^{-i\omega x}\,dx.$$

次の問いに答えよ.

(1) $f(x) = \begin{cases} 1 - x^2 & (-1 \leq x \leq 1) \\ 0 & (x < -1,\ 1 < x) \end{cases}$ のフーリエ変換を求めよ.

(2) パーセバルの等式
$$\int_{-\infty}^{\infty} \{f(x)\}^2\,dx = \frac{1}{2\pi}\int_{-\infty}^{\infty} |F(\omega)|^2\,d\omega$$
を用いて, 以下の積分の値を求めよ.
$$\int_{-\infty}^{\infty} \frac{(\sin x - x\cos x)^2}{x^6}\,dx.$$

第9章 確　率

9.1 事象と確率

●**試行・標本点・標本空間・事象**●　結果が不確実な現象の観察や実験を**試行**（**試行実験**，**確率実験**）という．試行 T によって起こり得る個々の結果 ω を**標本点**（**標本**）といい，標本点全体からなる集合 Ω を試行 T の**標本空間**という．いくつかの標本点からなる集合，すなわち Ω の部分集合 A を**事象**という．

●**余事象・積事象・和事象など**●　試行 T の標本空間 Ω 自身も事象の一種である．これを**全事象**という．空集合 $\emptyset$ も事象である．これを**空事象**という．1点 ω ($\omega \in \Omega$) からなる事象 $\{\omega\}$ を**基本事象**という．

事象 A の補集合
$$A^c := \Omega \setminus A$$
を A の**余事象**という（$\overline{A}$ とも表す）．

事象 A, B に対し，

> $A \cap B : A$ と B の**積事象**（**共通事象**）という．
> $A \cap B = \emptyset$ のとき，A と B は互いに**排反である**（**排反事象である**）という．
> $A \cup B : A$ と B の**和事象**（**合併事象**）という．
> A と B が互いに排反であるとき，$A \cup B$ を $A + B$ とも表す．

●**確率モデル（確率空間）**●　Ω の部分集合（事象）の族 $\mathcal{F}$ を定義域とする関数 P が次の3つの条件 (P1), (P2), (P3) を満たすとき，P を Ω 上の**確率測度**，あるいは単に**確率**という．事象 $A \in \mathcal{F}$ に対して，$P(A)$ を A の**確率**という．また，標本空間 Ω，事象の族 $\mathcal{F}$，確率測度 P の3つ組 $(\Omega, \mathcal{F}, P)$ を**確率モデル**（**確率空間**）という．

> **(P1)**　$0 \leq P(A) \leq 1$ ($A \in \mathcal{F}$).
> **(P2)**　$P(\Omega) = 1$.
> **(P3)**　事象 $A_1, A_2, \cdots \in \mathcal{F}$ がどの2つも互いに排反であるとき，
> $$P(A_1 \cup A_2 \cup \cdots) = P(A_1) + P(A_2) + \cdots.$$

ここで，関数 P の定義域 $\mathcal{F}$ は，事象の族であって，次の 3 つの条件 (C1), (C2), (C3)（**完全加法性**）を満たすものとする．

(C1) $\Omega \in \mathcal{F}$.
(C2) $A \in \mathcal{F}$ ならば，$A^c \in \mathcal{F}$.
(C3) $A_i \in \mathcal{F}\ (i = 1, 2, \cdots)$ ならば，$\bigcup_{i=1}^{\infty} A_i \in \mathcal{F}$.

●**確率の基本的性質**● 確率モデル $(\Omega, \mathcal{F}, P)$ が与えられたとき，次が成立する．ここで，$A, B, A_1, \cdots, A_n$ などは $\mathcal{F}$ に属する事象とする．

(1) $P(\emptyset) = 0$.
(2) （**単調性**） $A \subset B$ ならば，$P(A) \leq P(B)$.
(3) （**有限加法性**） $A_1, \cdots, A_n$ がどの 2 つも互いに排反ならば，
$$P(A_1 \cup \cdots \cup A_n) = P(A_1) + \cdots + P(A_n).$$
(4) $P(A^c) = 1 - P(A)$.
(5) （**加法定理**） $P(A \cup B) = P(A) + P(B) - P(A \cap B)$.

●**離散型確率モデル**● Ω が有限集合または可算無限集合であって，$\mathcal{F}$ が Ω のすべての部分集合からなる集合族（Ω のべき集合）であるとき，確率モデル $(\Omega, \mathcal{F}, P)$ を**離散型確率モデル**という．

離散型確率モデルについては，事象 $A \in \mathcal{F}$ に対して，
$$P(A) = \sum_{\omega \in A} P(\{\omega\})$$
が成り立つ．

(1) Ω が有限集合のとき，$\Omega = \{\omega_1, \omega_2, \cdots, \omega_n\}$ とすると，非負実数の組 $p_1, p_2, \cdots, p_n$ であって，$p_1 + p_2 + \cdots + p_n = 1$ を満たすものを与えれば，
$$P(\{\omega_i\}) = p_i \quad (i = 1, 2, \cdots, n)$$
とすることにより確率モデルが構成できる．
(2) Ω が可算無限集合のとき，$\Omega = \{\omega_1, \omega_2, \cdots\}$ とすると，非負実数の列 $p_1, p_2, \cdots$ であって，$p_1 + p_2 + \cdots = 1$ を満たすものを与えれば，
$$P(\{\omega_i\}) = p_i \quad (i = 1, 2, \cdots)$$
とすることにより確率モデルが構成できる．

●**条件付き確率**● 事象 B が起こったという条件のもとで事象 A が起こる確率を**条件付き確率**といい，記号 $P(A|B)$ で表す．次のことが成り立つ．

(1) (**積の公式**)
$$P(A \cap B) = P(B)P(A|B).$$

(2) (**全確率の公式**) 事象 $B_1, \cdots, B_n$ は互いに排反で，
$$\bigcup_{i=1}^{n} B_i = \Omega, \quad P(B_i) > 0 \quad (i = 1, \cdots, n)$$
を満たすとする．このとき，任意の事象 A に対して
$$P(A) = \sum_{i=1}^{n} P(B_i)P(A|B_i).$$

(3) (**ベイズ (Bayes) の定理**) 上記の (2) と同じ仮定のもと，$P(A) > 0$ なる任意の事象 A と任意の $k = 1, \cdots, n$ に対して
$$P(B_k|A) = \frac{P(B_k)P(A|B_k)}{\sum_{i=1}^{n} P(B_i)P(A|B_i)}.$$

●**事象の独立性**● 2 つの事象 A, B が
$$P(A \cap B) = P(A)P(B)$$
を満たすとき，**互いに独立である**という．$P(B) > 0$ のとき，事象 A, B が独立であることと，
$$P(A|B) = P(A)$$
であることは同値である．

一般に，n 個の事象 $A_1, \cdots, A_n$ が互いに独立であるとは，$\{1, \cdots, n\}$ の任意の空でない部分集合 J に対して
$$P\Big(\bigcap_{i \in J} A_i\Big) = \prod_{i \in J} P(A_i)$$
が成り立つことをいう．

9.2 確率変数と確率分布

●**確率分布**● 標本空間が $\mathbb{R}$ であるような確率空間 $(\mathbb{R}, \mathcal{F}, P)$ を考えるとき，確率 P を**確率分布**（**確率法則**）あるいは単に**分布**（**分布法則**）という．

●**確率変数**● $(\Omega, \mathcal{F}, P)$ を確率空間とする．関数 $X: \Omega \to \mathbb{R}$ が確率空間 $(\Omega, \mathcal{F}, P)$ 上定義された**確率変数**であるとは，任意の $a \in \mathbb{R}$ に対して

$$\{\omega \in \Omega \mid X(\omega) \le a\} \in \mathcal{F}$$

となることである．

X, Y がともに $(\Omega, \mathcal{F}, P)$ 上定義された確率変数であるとき，それらの（関数としての）和 $X+Y$，積 XY，あるいは X の定数倍 aX（$a \in \mathbb{R}$）などもまた確率変数である．

●**確率変数の分布**● 確率変数 $X: \Omega \to \mathbb{R}$ が与えられると，確率分布 P_X が次のように誘導される：

$$\begin{aligned} P_X(A) &:= P\big(X^{-1}(A)\big) \\ &= P\Big(\{\omega \in \Omega \mid X(\omega) \in A\}\Big) \quad (A \subset \mathbb{R}, A \text{ はボレル（Borel）集合}). \end{aligned}$$

この P_X を**確率変数 X の分布**という（「ボレル集合」の正確な定義は述べないが，$\mathbb{R}$ 内の区間や，それらの高々可算個の和集合などを考えていただければよい）．

●**分布関数**● 確率変数 X に対して，X の**分布関数** F を

$$\begin{aligned} F(x) &= P(X \le x) \\ &= P\Big(\{\omega \in \Omega \mid X(\omega) \le x\}\Big) \quad (x \in \mathbb{R}) \end{aligned}$$

と定める．F は**累積分布関数**ともよばれる．F は次の性質を持つ．

(1) F は単調非減少である．
(2) $\lim_{x \to -\infty} F(x) = 0, \lim_{x \to \infty} F(x) = 1$.
(3) F は右連続である．

●**離散型確率分布**● 確率変数 X が可算個の値 $x_1, x_2, \cdots$（$x_1 < x_2 < \cdots$）のみをとるとき，X を**離散型確率変数**という．このとき，

$$\{\omega \in \Omega \mid X(\omega) = x_i\}$$

は事象であり，

$$P(X = x_i) = P\Big(\{\omega \in \Omega \,|\, X(\omega) = x_i\}\Big) = p_i \quad (i = 1, 2, \cdots)$$

とおけば，

$$p_i \geq 0, \quad \sum_{i=1}^{\infty} p_i = 1$$

を満たす．関数 $p : \{x_1, x_2, \cdots\} \to \mathbb{R}$ を $p(x_i) = p_i$ $(i = 1, 2, \cdots)$ によって定めると，X の確率分布は，この関数によって完全に定まる．このような分布を**離散型確率分布**といい，関数 p を X の**確率関数**という．

● **連続型確率分布** ● 分布関数 F が積分

$$F(x) = \int_{-\infty}^{x} f(u)du$$

で与えられることがある．この種の分布を**連続型確率分布**といい，f を**確率密度関数**という．f の値は非負であり，

$$\int_{-\infty}^{\infty} f(x)dx = 1$$

を満たす．

9.3 多次元の確率変数と確率分布

● n **次元確率ベクトル** ● 確率空間 $(\Omega, \mathcal{F}, P)$ 上で定義された n 個の確率変数 $X_1, \cdots, X_n$ の組 $(X_1, \cdots, X_n)$ を n **次元確率ベクトル**という．

関数 $F_{X_1 \cdots X_n} : \mathbb{R}^n \to \mathbb{R}$ を

$$F_{X_1 \cdots X_n}(x_1, \cdots, x_n) = P\Big(\{\omega \in \Omega \,|\, X_i(\omega) \leq x_i, i = 1, \cdots, n\}\Big)$$

により定義し，これを $X_1, \cdots, X_n$ の**同時分布関数**とよぶ．このとき，各 X_i の分布関数 F_{X_i} は**周辺分布関数**とよばれる $(i = 1, \cdots, n)$．

● **確率変数の独立性** ● $X_1, \cdots, X_n$ は確率空間 $(\Omega, \mathcal{F}, P)$ 上で定義された n 個の確率変数とする．任意の A_i $(A_i \subset \mathbb{R}, A_i$ はボレル集合，$i = 1, \cdots, n)$ に対して

$$P\Big(\{\omega \,|\, X_i(\omega) \in A_i, i = 1, \cdots, n\}\Big) = \prod_{i=1}^{n} P\Big(\{\omega \,|\, X_i(\omega) \in A_i\}\Big)$$

が成り立つとき，$X_1, \cdots, X_n$ は**独立である**という．このことは

$$F_{X_1 \cdots X_n}(x_1, \cdots, x_n) = \prod_{i=1}^{n} F_{X_i}(x_i) \quad (^{\forall}(x_1, \cdots, x_n) \in \mathbb{R}^n)$$

が成り立つことと同値である．ここで，$F_{X_1\cdots X_n}, F_{X_i}$ は，それぞれ同時分布関数および周辺分布関数を表す．

●**離散型確率ベクトルと連続型確率ベクトル**● n 次元確率ベクトル $(X_1, \cdots, X_n)$ に対して，$\mathbb{R}^n$ の可算部分集合 E が存在して

$$P\Big(\{\omega \in \Omega \,|\, (X_1(\omega), \cdots, X_n(\omega)) \in E\}\Big) = 1$$

が成り立つとき，$(X_1, \cdots, X_n)$ を**離散型確率ベクトル**という．

$X_1, \cdots, X_n$ の同時分布関数 $F_{X_1\cdots X_n}$ に対して，$\mathbb{R}^n$ 上の非負実数値関数 $f_{X_1\cdots X_n}$ が存在し，任意の $(x_1, \cdots, x_n) \in \mathbb{R}^n$ に対して

$$F_{X_1\cdots X_n}(x_1, \cdots, x_n) = \int_{-\infty}^{x_1} \cdots \int_{-\infty}^{x_n} f_{X_1\cdots X_n}(u_1, \cdots, u_n) du_1 \cdots du_n$$

となるとき，$(X_1, \cdots, X_n)$ を**連続型確率ベクトル**という．$f_{X_1\cdots X_n}$ を $X_1, \cdots, X_n$ の同時密度関数という．

9.4 確率変数の期待値と分散

●**期待値（平均値）**● 離散型確率変数 X が

$$P(X = x_i) = p_i \ (i = 1, 2, \cdots), \quad \sum_{i=1}^{\infty} p_i = 1$$

を満たすとき，X の**期待値（平均値）** $E(X)$ を

$$E(X) = \sum_{i=1}^{\infty} x_i p_i$$

により定める．上の式の右辺が収束しないとき，$E(X)$ は存在しない．

連続型確率変数 X の確率密度関数を f_X とするとき，X の**期待値（平均値）** $E(X)$ を

$$E(X) = \int_{-\infty}^{\infty} x f_X(x) dx$$

により定める．上の式の右辺が収束しないとき，$E(X)$ は存在しない．

確率変数 X, Y および定数 a, b に対して

$$E(aX + bY) = aE(X) + bE(Y)$$

が成り立つ．

●**分散と標準偏差**● 確率変数 X に対して，$E(X) = \mu$ であるとする．このとき，X の**分散** $V(X)$ を
$$V(X) = E((X-\mu)^2)$$
により定義する．すなわち，確率変数 $(X - E(X))^2$ の平均値を X の分散とよぶ．また，
$$\sigma = \sqrt{V(X)}$$
を X の**標準偏差**とよぶ．$V(X)$ や σ は定義されないこともある．

確率変数 X および定数 a, b に対して，次のことが成り立つ．

(1) $V(aX + b) = a^2 V(X)$
(2) $V(X) = E(X^2) - (E(X))^2$

●**共分散と相関係数**● 確率変数 X, Y に対して，$(X - E(X))(Y - E(Y))$ の平均値を，X と Y の**共分散**とよび，$\mathrm{Cov}(X, Y)$ などと表す：
$$\mathrm{Cov}(X, Y) = E\big((X - E(X))(Y - E(Y))\big).$$
$\mathrm{Cov}(X, X) = V(X)$ である．また，次の公式が成り立つ．
$$\mathrm{Cov}(X, Y) = E(XY) - E(X)E(Y).$$
X と Y の**相関係数** $\rho(X, Y)$ を
$$\rho(X, Y) = \frac{\mathrm{Cov}(X, Y)}{\sqrt{V(X)}\sqrt{V(Y)}}$$
により定める．

$\rho(X, Y) > 0$ のとき，X と Y に**正の相関がある**という．
$\rho(X, Y) < 0$ のとき，X と Y に**負の相関がある**という．
$\rho(X, Y) = 0$ のとき，X と Y は**無相関である**という．

X, Y が独立な確率変数ならば，X, Y は無相関である．しかし，逆は成立しない．
$X + Y$ の分散は，X, Y の分散と共分散を用いて，次の式で表される．
$$V(X + Y) = V(X) + 2\,\mathrm{Cov}(X, Y) + V(Y).$$
したがって，X, Y が無相関ならば，$V(X + Y) = V(X) + V(Y)$ が成り立つ．特に X, Y が独立ならば，$V(X + Y) = V(X) + V(Y)$ である．

例題 PART 9.1　不確実な現象をとらえる

数え上げと確率

　ここでは確率の問題を取り上げる．確率という概念は，不確実な現象を記述する手段として，我々の社会に深く浸透している．もちろん，大学院入試にも登場する．ただ，確率の関与する領域は非常に広く，また深いので，ここでは焦点をしぼり，理工系の学生がある程度共通の素養として持っていると期待される基本的な部分，特に数え上げの問題の延長としての確率の問題を取り扱うことにする．

例題 9.1　（東京大学大学院新領域創成科学研究科複雑理工学専攻）
1から5までの数値の書かれた5枚のカードを裏向きに置く．プレーヤは，1のカードが出るまで無作為に1枚ずつカードを表向きに返していくゲームを行う．ゲームの得点は表向きにしたカードの数値の総和とする．例えば，$3 \to 4 \to 1$ の場合の得点は $3+4+1=8$ 点となる．以下の問いに答えよ．
(1) $n\,(1 \leq n \leq 5)$ 枚目に1のカードが出る確率 p_n を求めよ．
(2) $(n-1)$ 枚目までは1以外のカードで n 枚目に1のカードが出る条件付き確率 q_n を求めよ．ただし，$2 \leq n \leq 5$ とする．また，q_5 の値を求めよ．
(3) 3枚目に1のカードが出る場合であっても，獲得される得点は必ずしも同じではない．このとき，獲得できる各得点に対してその得点が得られる確率を求め，表にせよ．
(4) 得点の期待値を数値で求めよ．

解答例　(1) $1 \leq n \leq 5$ なるすべての n に対して，$p_n = \frac{1}{5}$ である．
　実際，問題文の中で与えられた「1のカードが出るまで無作為にカードを表向きにして数値の和を得点とする」というゲーム（これを**ゲーム A** とよぶことにする）の代わりに，次のような「ゲーム B」を考える．

ゲーム B：「5枚のカードを裏向きのまま無作為に1枚ずつ取り出し，それを取り出した順に左から一列に並べ，その後で一斉に表に返し，いちばん左のカードから1のカードまでの数値の和を得点とする．」

　ゲーム A とゲーム B は互いに等価な試行である．ゲーム B では，結局，5枚のカードを無作為に並べ替えることになるので，1のカードが n 番目にくる確率はどれも等しく，$\frac{1}{5}$ である．

小問 (1) の別解 1番目に1のカードを引く確率 p_1 は $\frac{1}{5}$ である.

2番目のカードが1であるためには, 1番目のカードが1でなく (その確率は $\frac{4}{5}$), かつ, 2番目のカードが残りの4枚の中の特定の1枚である (その条件付き確率は $\frac{1}{4}$) ことが必要十分であるので,
$$p_2 = \frac{4}{5} \times \frac{1}{4} = \frac{1}{5}$$
である. 同様に考えれば次が得られる.
$$p_3 = \frac{4}{5} \times \frac{3}{4} \times \frac{1}{3} = \frac{1}{5}, \quad p_4 = \frac{4}{5} \times \frac{3}{4} \times \frac{2}{3} \times \frac{1}{2} = \frac{1}{5},$$
$$p_5 = \frac{4}{5} \times \frac{3}{4} \times \frac{2}{3} \times \frac{1}{2} \times 1 = \frac{1}{5}.$$

(2) 文章の意味が少しとりづらいが,「$(n-1)$ 枚目までのカードが1以外であった」という条件のもとで,「残りの $5-(n-1)$ 枚の中から1のカードを選ぶ」という条件付き確率が問われている. したがって, $q_n = \dfrac{1}{6-n}$ である. 特に $q_5 = 1$ である.

(3) i 番目のカードの数値を a_i と表すことにする $(1 \leq i \leq 5)$. 3番目のカードの数値が1であるとき, 得点は $a_1 + a_2 + 1$ であるが, その最小値は $2+3+1=6$, 最大値は $4+5+1=10$ である. a_1 と a_2 の組合せは全部で $4 \times 3 = 12$ 通りある.

得点が6となるのは $(a_1, a_2) = (2,3), (3,2)$ の2通り,
得点が7となるのは $(a_1, a_2) = (2,4), (4,2)$ の2通り,
得点が8となるのは $(a_1, a_2) = (2,5), (3,4), (4,3), (5,2)$ の4通り,
得点が9となるのは $(a_1, a_2) = (3,5), (5,3)$ の2通り,
得点が10となるのは $(a_1, a_2) = (4,5), (5,4)$ の2通りである.

a_1 と a_2 の組合せは等しい確率で起こるので, 求める確率を表にすれば次のようになる (「1のカードを3番目に引いた」という条件のもとで, それぞれの得点を得る条件付き確率を問うているのか,「1のカードを3番目に引き, かつ, その得点になった」という確率を聞いているのか, 判然としないので, 両方書いておく).

得点	6	7	8	9	10
条件付き確率	$\frac{1}{6}$	$\frac{1}{6}$	$\frac{1}{3}$	$\frac{1}{6}$	$\frac{1}{6}$
確率	$\frac{1}{30}$	$\frac{1}{30}$	$\frac{1}{15}$	$\frac{1}{30}$	$\frac{1}{30}$

(4) 1枚目に1を引いた場合, 得点は1である. 2枚目に1を引いた場合, その条件のもとで, a_1 の値が $2, 3, 4, 5$ となる確率がそれぞれ $\frac{1}{4}$ であるので, 得点の期待値は
$$3 \times \frac{1}{4} + 4 \times \frac{1}{4} + 5 \times \frac{1}{4} + 6 \times \frac{1}{4} = \frac{9}{2}$$
である. また, 小問 (3) の結果を用いれば, 3枚目に1を引いたという条件のもとでの得点の期待値は

$$6 \times \frac{1}{6} + 7 \times \frac{1}{6} + 8 \times \frac{1}{3} + 9 \times \frac{1}{6} + 10 \times \frac{1}{6} = 8$$

である．4 枚目に 1 を引く場合は，残り 1 枚のカードが 2, 3, 4, 5 のいずれかであるかに応じて，得点が 13, 12, 11, 10 のいずれかになるので，得点の期待値は

$$(13 + 12 + 11 + 10) \times \frac{1}{4} = \frac{23}{2}.$$

5 枚目に 1 を引いた場合の得点は 15 である．したがって，求める得点の期待値は

$$\left(1 + \frac{9}{2} + 8 + \frac{23}{2} + 15\right) \times \frac{1}{5} = 8.$$

小問 (4) の別解（対称性を利用した解法） 次のようなゲーム C を考える．

ゲーム C：「5 枚のカードを裏向きのまま無作為に 1 枚ずつ取り出し，それを取り出した順に左から一列に並べ，その後で一斉に表に返し，いちばん<u>右</u>のカードから 1 のカードまでの数値の和を得点とする．」

5 枚のカードの数値の合計は 15 であるので，左から 1 のカードまでの数値の和を k，右から 1 のカードまでの数値の和を l とするとき，$l = 16 - k$ である．したがって，ゲーム B において得点が k である確率を r_k とすれば，それはゲーム C において得点が $16 - k$ である確率と等しい．

一方，ゲーム C において，カードを一斉に表に返す前に，それらのカードの<u>並びを逆にする</u>（つまり，<u>時系列を反転させる</u>）という操作を加えれば，それはゲーム B と等価になるので，ゲーム C において得点が $16 - k$ である確率は，ゲーム B において得点が $16 - k$ である確率と等しい．

以上の考察より，$r_k = r_{16-k}$ が成り立つことが分かる．

いま，求める期待値を E とすると

$$E = \sum_{k=1}^{15} k r_k \tag{9.1}$$

であるが，$r_k = r_{16-k}$ に注意し，$l = 16 - k$ とおけば，$k = 16 - l$ であるので

$$E = \sum_{k=1}^{15} k r_{16-k} = \sum_{l=1}^{15} (16 - l) r_l \tag{9.2}$$

が得られる．(9.2) の右辺において l をあらためて k とおき直し，(9.1) と (9.2) とを辺々加えれば

$$2E = \sum_{k=1}^{15} \{k + (16 - k)\} r_k = \sum_{k=1}^{15} 16 r_k = 16 \sum_{k=1}^{15} r_k = 16$$

となるので $E = 8$ が得られる． **解答終わり**

条件付き確率

ある事象 A が起こったという条件のもとで事象 B が起こる確率は**条件付き確率**とよばれる．この概念はすでに前問にも出てきていたが，ここで条件付き確率を主たるテーマとした問題を取り扱うことにする．

> **例題 9.2**（東京工業大学大学院理工学研究科土木工学専攻）
> ベイズの定理に関する次の問いに答えよ．
> (1) 標本空間 Ω において，事象 $A_1, A_2, \cdots, A_n$ が互いに排反であり，$A_1 \cup A_2 \cup \cdots \cup A_n = \Omega$ ならば，任意の事象 B に対して
> $$P(A_i|B) = \frac{P(B|A_i)P(A_i)}{\sum_{j=1}^{n} P(B|A_j)P(A_j)}$$
> が成立することを示せ．ただし，$P(A_i) =$ 事象 A_i の確率，$P(A_i|B) =$ 事象 B を条件とする事象 A_i の条件付き確率である．
> (2) 形の同じ 3 枚のカードがある．1 枚目のカードは両面が白，2 枚目のカードは両面が赤，3 枚目のカードは片面が白で片面が赤である．いま，3 枚のカードから 1 枚を選んで机の上においたところ，カードの表は赤であった．このとき，裏が白である確率を小問 (1) を利用して求めよ．

解答例 (1) $P(A_i \cap B) = P(A_i|B)P(B) = P(B|A_i)P(A_i)$ より
$$P(A_i|B) = \frac{P(A_i \cap B)}{P(B)} = \frac{P(B|A_i)P(A_i)}{P(B)} \tag{9.3}$$
である．一方，$\Omega = A_1 \cup A_2 \cup \cdots \cup A_n$ であり，$i \neq j$ ならば $A_i \cap A_j = \emptyset$ であることより，$B = (A_1 \cap B) \cup (A_2 \cap B) \cup \cdots \cup (A_n \cap B)$ であり，$i \neq j$ ならば $(A_i \cap B) \cap (A_j \cap B) = \emptyset$ であることが分かる．したがって
$$P(B) = \sum_{j=1}^{n} P(A_j \cap B) = \sum_{j=1}^{n} P(B|A_j)P(A_j) \tag{9.4}$$
となる．(9.4) を (9.3) に代入すれば求める関係式が得られる．

(2) 「選んだカードが i 枚目のものである」という事象を A_i とすると，$P(A_i) = \frac{1}{3}$ である $(i = 1, 2, 3)$．また，「選んだカードの表が赤である」という事象を B とすると，$P(B|A_1) = 0, P(B|A_2) = 1, P(B|A_3) = \frac{1}{2}$ である．このとき，小問 (1) より
$$P(A_3|B) = \frac{P(B|A_3)P(A_3)}{P(B|A_1)P(A_1) + P(B|A_2)P(A_2) + P(B|A_3)P(A_3)} = \frac{1}{3}$$
となり，これが求める条件付き確率である．「選んだカードの表が赤である」という前提のもとで，「選んだカードの裏が白である」ことは，「選んだカードが 3 枚目のものである」ことと同値であるからである． **解答終わり**

一般に，2つの事象 A, B に対して，$P(A|B)$ と $P(A)$ は等しいとは限らない．事象 B が起こったことによって，事象 A の起こる確率が変化するかもしれないからである．そのような変化が生じないとき，すなわち，$P(A|B) = P(A)$ が成り立つとき，事象 A と B とは互いに**独立である**という（ここでは $P(A) > 0$ とする）．次の問題の小問 (3) までは，試行の独立性をテーマにしている．

例題 9.3（名古屋工業大学大学院工学研究科）
公正なサイコロを k 個投げる．このとき次の事象について (1) から (4) までの問いに答えよ．解答は導出過程も示すこと．
　事象 A：目の合計が偶数である．
　事象 B：目の合計が 3 の倍数である．
　事象 C：すべて 3 より大きな目である．
(1) 事象 A の確率 $P(A)$ を求めよ．
(2) $k = 5$ のとき，事象 C の下での事象 A の条件付き確率 $P(A|C)$ を求めよ．
(3) 事象 B と事象 C が独立であることを示せ．
(4) 1 回の試行で，目の合計 + ボーナス点の得点が得られるとする．ここで，ボーナス点は事象 A に当てはまる場合 +100 点，事象 B で +3 点，事象 C で -12 点（減点）とする．2 つ以上当てはまるときはボーナス点が加算される．このとき得点の期待値を求めよ．

解答例 (1) サイコロを k 個投げたときに出る目の組合せ全体の集合（**標本空間**）を Ω_k とすると，
$$\#(\Omega_k) = 6^k$$
であり，事象 A, B, C は Ω_k の部分集合である．ここで，有限集合 X に対して $\#(X)$ は X に属する元の個数を表すものとする．

いま，$a_k = \#(A)$ とおく．$k = 1$ のとき，$a_1 = 3$ である．実際，1 から 6 までの整数のうち，偶数は $2, 4, 6$ の 3 つである．また，$k \geq 2$ のとき，k 個のサイコロの目の和が偶数であることは，「$(k-1)$ 番目までのサイコロの目の和が偶数であり，かつ，k 番目のサイコロが偶数である」か，または，「$(k-1)$ 番目までのサイコロの目の和が奇数であり，かつ，k 番目のサイコロが奇数である」ということと同値であるので
$$a_k = 3a_{k-1} + 3(6^{k-1} - a_{k-1}) = \frac{1}{2} \cdot 6^k$$
が得られる．したがって，任意の k に対して
$$P(A) = \frac{a_k}{6^k} = \frac{1}{2}$$
である．

(2) ひとまず一般の k に対して考察する．$\#(C) = 3^k$ である．$a'_k = \#(A \cap C)$, $p_k = P(A|C)$ とおくと，
$$p_k = \frac{a'_k}{3^k}$$
である．

$k = 1$ については，$a'_1 = 2, p_1 = \frac{2}{3}$ である．実際，$4, 5, 6$ のうち，偶数は 4 と 6 の 2 つである．$l \geq 1$ なる l に対して，小問 (1) と同様に考えれば
$$a'_{l+1} = 2a'_l + 1 \cdot (3^l - a'_l) = 3^l + a'_l$$
が成り立つことが分かる．そこで，両辺を 3^{l+1} で割って，さらに $\frac{1}{2}$ を引けば
$$p_{l+1} - \frac{1}{2} = \frac{1}{3} + \frac{1}{3}p_l - \frac{1}{2} = \frac{1}{3}\left(p_l - \frac{1}{2}\right)$$
となる．よって
$$p_k = \left(p_1 - \frac{1}{2}\right)\left(\frac{1}{3}\right)^{k-1} + \frac{1}{2} = \frac{1}{6}\left(\frac{1}{3}\right)^{k-1} + \frac{1}{2}$$
$$= \frac{3^k + 1}{2 \cdot 3^k}$$
が得られる．したがって特に $p_5 = \frac{122}{243}$ である．

(3) $b_k = \#(B)$ とおく．また，「目の合計が 3 で割って 1 余る」という事象を F, 「目の合計が 3 で割って 2 余る」という事象を G とし，$f_k = \#(F), g_k = \#(G)$ とおく．$k = 1$ については，$b_1 = f_1 = g_1 = 2$ である．また，小問 (1) と同様に考えれば，$k \geq 2$ のとき
$$b_k = 2b_{k-1} + 2f_{k-1} + 2g_{k-1} = 2(b_{k-1} + f_{k-1} + g_{k-1})$$
$$= 2 \cdot 6^{k-1} = \frac{1}{3} \cdot 6^k$$
となることより，任意の k に対して
$$P(B) = \frac{1}{3}$$
であることが分かる．

一方，$b'_k = \#(B \cap C), f'_k = \#(F \cap C), g'_k = \#(G \cap C)$ とおくと，$4, 5, 6$ を 3 で割った余りを考えれば，$b'_1 = f'_1 = g'_1 = 1$ が得られる．また，$k \geq 2$ のときは
$$b'_k = 1 \cdot b'_{k-1} + 1 \cdot f'_{k-1} + 1 \cdot g'_{k-1} = 3^{k-1} = \frac{1}{3} \cdot 3^k$$
となることより，任意の k に対して
$$P(B|C) = \frac{1}{3}$$

であることが分かる．

よって，
$$P(B) = P(B|C)$$
が成り立つので，事象 B と事象 C は独立である．

(4) 一般に $X_1, X_2, \cdots, X_m$ が確率変数のとき，定数 $a_1, a_2, \cdots, a_m$ に対して
$$E\Bigl(\sum_{i=1}^{m} a_i X_i\Bigr) = \sum_{i=1}^{m} a_i E(X_i)$$
が成り立つことを用いる．ここで $E(X)$ は確率変数 X の**期待値**を表す．

いま，求める得点の期待値を E とし，サイコロの目の合計の期待値を E' とするとき，上に述べたことより
$$E = E' + 100 P(A) + 3 P(B) - 12 P(C)$$
が成り立つ．そこで E' を 2 通りの方法で求める．

方法1 k 個のサイコロの目の合計を確率変数 Y とし，i 番目のサイコロの目を確率変数 Y_i $(1 \leq i \leq k)$ とすれば，$Y = \sum_{i=1}^{k} Y_i$ であるので，再び上に述べたことより
$$E' = E(Y) = \sum_{i=1}^{k} E(Y_i)$$
が成り立つ．i 番目のサイコロの目は 1 から 6 まで等しい確率で出るので，
$$E(Y_i) = (1+2+3+4+5+6) \times \frac{1}{6} = \frac{7}{2}$$
である．よって $E' = \frac{7}{2}k$ である．

方法2 サイコロの目が x であるとき，その裏の目は $7-x$ である．k 個のサイコロの目の合計が y であるとき，その裏の目の合計は $7k-y$ である．したがって，例題 9.1 小問 (4) の別解と同様にして対称性の考察をすれば，サイコロの目の合計が y である確率と $7k-y$ である確率が等しいことより，$E' = \frac{7}{2}k$ となることが分かる．

いずれにせよ，
$$P(A) = \frac{1}{2}, \quad P(B) = \frac{1}{3}, \quad P(C) = \frac{3^k}{6^k} = \frac{1}{2^k}$$
より
$$E = \frac{7}{2}k + 100 \times \frac{1}{2} + 3 \times \frac{1}{3} - 12 \times \frac{1}{2^k} = \frac{7}{2}k - \frac{3}{2^{k-2}} + 51$$
が求める期待値である．

解答終わり

確率の推移を表す行列

今までは，数え上げの問題の延長としての確率の問題を取り扱ってきたが，最後に，行列によって確率の推移を記述する問題を考えることにする．

例題 9.4（東京大学大学院工学系研究科環境海洋工学専攻（当時））
A 製品と B 製品の所有者が，次のように製品を買い換えるものとする．A 製品の所有者が，買い換えの際に，そのまま A 製品を選択する確率が α $(0 < \alpha < 1)$，B 製品を選択する確率が $1-\alpha$，B 製品の所有者のうち，B 製品を選択する確率が β $(0 < \beta < 1)$，A 製品を選択する確率が $1-\beta$ である．このとき，次の問いに答えよ．
(1) 初めに A 製品を所有していた人が 2 回目の買い換え後に B 製品を所有している確率を求めよ．
(2) 初めに A 製品を所有していた人が n 回目の買い換え後に B 製品を所有している確率を求めよ．

解答例 n 回目の買い換え後に A 製品を所有している確率を a_n とし，n 回目の買い換え後に B 製品を所有している確率を b_n とする．$n = 0$ のときは初期状態を表すものとする．初めに A 製品を所有しているので $a_0 = 1, b_0 = 0$ である．

このとき $k \geq 0$ なる k に対して
$$\begin{cases} a_{k+1} = \alpha a_k + (1-\beta) b_k, \\ b_{k+1} = (1-\alpha) a_k + \beta b_k \end{cases}$$
が成り立つ．ここで，$A = \begin{pmatrix} \alpha & 1-\beta \\ 1-\alpha & \beta \end{pmatrix}$ とおけば，$\begin{pmatrix} a_{k+1} \\ b_{k+1} \end{pmatrix} = A \begin{pmatrix} a_k \\ b_k \end{pmatrix}$ であるので，

$$\begin{pmatrix} a_n \\ b_n \end{pmatrix} = A^n \begin{pmatrix} 1 \\ 0 \end{pmatrix} \tag{9.5}$$

が成り立つ．
(1) $A^2 = \begin{pmatrix} \alpha^2 + (1-\alpha)(1-\beta) & (\alpha+\beta)(1-\beta) \\ (\alpha+\beta)(1-\alpha) & \beta^2 + (1-\alpha)(1-\beta) \end{pmatrix}$ より
$$\begin{pmatrix} a_2 \\ b_2 \end{pmatrix} = A^2 \begin{pmatrix} 1 \\ 0 \end{pmatrix} = \begin{pmatrix} \alpha^2 + (1-\alpha)(1-\beta) \\ (\alpha+\beta)(1-\alpha) \end{pmatrix}$$
であるので，求める確率は $(\alpha+\beta)(1-\alpha)$ である．
(2) A の特性多項式を $\Phi_A(t)$ とすると，
$$\Phi_A(t) = \begin{vmatrix} t-\alpha & \beta-1 \\ \alpha-1 & t-\beta \end{vmatrix} = (t-1)(t-\alpha-\beta+1)$$

であるので，A の固有値は $1, \alpha + \beta - 1$ である．$0 < \alpha < 1, 0 < \beta < 1$ より $1 \neq \alpha + \beta - 1$ となる．$\boldsymbol{p}_1 = \begin{pmatrix} 1-\beta \\ 1-\alpha \end{pmatrix}, \boldsymbol{p}_2 = \begin{pmatrix} 1 \\ -1 \end{pmatrix}$ とおくと，$\boldsymbol{p}_1, \boldsymbol{p}_2$ は，それぞれ固有値 $1, \alpha + \beta - 1$ に対する固有ベクトルである．そこで

$$P = (\boldsymbol{p}_1 \ \boldsymbol{p}_2) = \begin{pmatrix} 1-\beta & 1 \\ 1-\alpha & -1 \end{pmatrix}$$

とおくと，P は正則行列であり，

$$P^{-1} = \frac{1}{2-\alpha-\beta} \begin{pmatrix} 1 & 1 \\ 1-\alpha & \beta-1 \end{pmatrix}$$

である．実際，$2 - \alpha - \beta > 0$ である．このとき，

$$P^{-1}AP = \begin{pmatrix} 1 & 0 \\ 0 & \alpha+\beta-1 \end{pmatrix}$$

であることより

$$P^{-1}A^nP = \begin{pmatrix} 1 & 0 \\ 0 & (\alpha+\beta-1)^n \end{pmatrix}$$

となり，

$$A^n = P \begin{pmatrix} 1 & 0 \\ 0 & (\alpha+\beta-1)^n \end{pmatrix} P^{-1}$$

が得られるので，前述の (9.5) を用いて b_n が求まる．実際に計算すれば

$$b_n = \frac{(1-\alpha)\{1-(\alpha+\beta-1)^n\}}{2-\alpha-\beta}$$

となる．これが求める確率である． **解答終わり**

上の解答例において，行列 A は確率の推移を表している．このような行列の成分は非負の実数であり，各列の成分の和が 1 である．ここでクイズを出しておこう．

クイズ 2つの n 次正方行列 A, B が，ともに成分が非負実数であり，各列の成分の和が 1 であるならば，積 AB もそのような性質を持つことを示せ．

行列 A, B が確率の推移を表しているとき，積 AB は推移の合成を表すと考えられる．証明は行列の成分を計算することによって容易にできる．

■ まとめ

この例題 PART では確率の問題を取り扱った．冒頭にも述べたように，確率の関わることがらは多岐にわたるので，ここでは基本的な問題のみを考察した．

第 9 章　演習問題 A

A.1　（東京工業大学大学院理工学研究科土木工学専攻）

一列に並んだ無数の箱を考える．これらの箱の 1 つにボールを 1 つ入れ，1 回の試行でボールは隣り合う 2 つの箱のうちいずれかに必ず移動するとする．1 回の試行でボールが右あるいは左の隣の箱に移る確率は等しく $\frac{1}{2}$ だとする．下図のように番号 ($i = \cdots, -2, -1, 0, 1, 2, \cdots$) を付けて箱の位置を表すことにし，最初にボールは $i = 0$ に入っていたとする．

(1) 以下の文章の空欄 A, B, C, D を埋めよ．

「$2N$ 回の試行の結果，$i = 2m$ の箱にボールが入っていたとする．この $2N$ 回の試行のうち，ボールが右側の箱に移動した総回数を N_R，同じく左側の箱に移動した総回数を N_L とする．このとき，N_R, N_L と N, m の間には

$$N_R + N_L = \boxed{\text{A}} \quad \text{①}$$

$$N_R - N_L = \boxed{\text{B}} \quad \text{②}$$

の関係が成り立つ．これらから，N_R, N_L をそれぞれ N, m を用いて表せば，

$$N_R = \boxed{\text{C}} \quad \text{③}$$

$$N_L = \boxed{\text{D}} \quad \text{④}$$

となる．」

(2) $2N$ 回の試行において右側に移動した総回数が N_R 回である確率（これを P_{N_R} とする）を求め，③ の関係式を用いて，$2N$ 回の試行の結果，$i = 2m$ の箱にボールが入る確率（これを Q_{2m} とする）を求めよ．

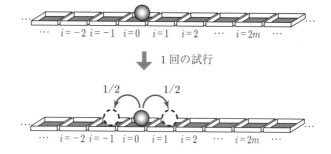

A.2　（東京大学大学院工学系研究科システム創成学専攻）

並んで置かれた 2 つの袋があり，一方には白玉が 2 個と黒玉が 8 個，もう一方には白玉が 6 個と黒玉が 4 個入っている．最初の人が左側の袋から玉を 1 個取り

出したら白だった．2 番目の人が右側の袋から玉を 1 個取り出したら黒だった．一人が取り出す玉の数は 1 個だけで，一度取り出した玉は袋に戻さないものとする．このとき，次の問いに答えよ．
(1) 3 番目の人が左側の袋から玉を 1 個取り出したとき，それが白玉である確率を求めよ．
(2) 3 番目の人が右側の袋から玉を 1 個取り出したとき，それが白玉である確率を求めよ．

A.3 (東京大学大学院工学系研究科システム創成学専攻)

ある病気 V にかかっているかどうかの検査がある．検査結果には陽性と陰性があり，陽性の場合には V にかかっていることが強く疑われるが，稀に V にかかっていなくても検査結果が陽性となることがある．逆に，稀に V にかかっていても検査結果が陰性になる場合もある．ここで，V にかかっている場合に検査結果が陽性となる確率を 0.9，V にかかっていない場合に検査結果が陰性となる確率を 0.8，そして，実際に V にかかっている人は 5 人に 1 人の割合でいるものとする．いま，ある人が検査を受けて結果が陽性になった．この人が V にかかっている確率を求めよ．

A.4 (名古屋工業大学大学院工学研究科)

次の確率分布で与えられる確率変数 X を考える．
$$P(X=1)=\frac{1}{5}, \quad P(X=2)=\frac{3}{10}, \quad P(X=3)=\frac{1}{2}$$
(1) X の期待値と分散を求めよ．
(2) 表が出る確率が p $(0<p<1)$ のコインを X 回投げる．コイン投げの回数 X は先に示した分布に従うものとし，コイン投げは独立試行とする．X 回のうち表が出た回数を Y とする．確率 $P(Y=2)$ ならびに期待値 $E(Y)$ を求めよ．

A.5 (東京大学大学院情報理工学系研究科)

各目の出る確率が $\frac{1}{6}$ のサイコロ 1 つを投げる．次の問いに答えよ．
(1) n 回目に初めて 1 の目が出る確率を求めよ．
(2) 1 の目が 1 回出るまで投げ続ける試行を A とする．試行 A でサイコロが投げ続けられる回数の期待値を求めよ．
(3) 試行 A でサイコロが投げ続けられる回数の分散を求めよ．
(4) 1 の目が 2 回出るまで投げ続ける試行を B とする．これを，独立な 2 つの試行 A の繰返しと考えて，試行 B でサイコロが投げ続けられる回数の期待値と分散を求めよ．
(5) 2 つの試行 A の繰返しと考えずに，試行 B でサイコロが投げ続けられる回数の期待値と分散を求め，小問 (4) と一致することを示せ．

第9章 演習問題B

B.1 （東京大学大学院工学系研究科システム創成学専攻）

1回300円で引けるくじ引きがある．くじには1から4のいずれかの番号が書かれていて，4種類の景品のうち，番号に対応する景品と交換することができる．くじ引きを続けて，4種類すべての景品を手に入れるまでにかかる費用の期待値を求めよ．ただし，くじは1から4の番号が等確率で出るものとし，これはくじを引き続けても変わらないものとする．

B.2# （東京大学大学院工学系研究科システム創成学専攻）

A, B, Cの3人で試合を行う．1試合目はA対Bで行い，次の試合からは，勝者が残りの1人と試合を行う．2回連続して勝てば優勝であり，誰かが優勝するまで繰り返す．A, B, Cのいずれも，各試合で勝つ確率が5割であるとする．
(1) 4試合以内にAが優勝する確率を求めよ．
(2) Aが優勝する確率を求めよ．

B.3 （東京工業大学大学院理工学研究科土木工学専攻：改題）

確率変数 Λ の平均（期待値）を $E(\Lambda)$，分散を $V(\Lambda)$ と書く．

(問1) 確率変数 X の確率密度関数は $f(x)$ とする．$f(x)$ を用いて $E(X)$ と $V(X)$ を表せ．

(問2) 以下の関係式 (a) と (b) が成り立つことを示せ．c は定数とし，確率変数 X_1 と X_2 は互いに独立であるとする．解答の際には X_1 と X_2 の確率密度関数を $f_1(x_1)$ および $f_2(x_2)$ で表せ．
  (a) $E(cX_1) = cE(X_1)$ および $V(cX_1) = c^2 V(X_1)$
  (b) $E(X_1 + X_2) = E(X_1) + E(X_2)$ および $V(X_1 + X_2) = V(X_1) + V(X_2)$

(問3) 互いに独立な n 個の確率変数 $X_1, X_2, X_3, \cdots, X_n$ は同じ期待値 μ と分散 σ^2 を持つとする．相加平均 $\overline{X}_n = \dfrac{1}{n}\sum_{i=1}^{n} X_i$ の期待値 $E(\overline{X}_n)$ と分散 $V(\overline{X}_n)$ を μ および σ^2 で表せ．また，$\lim_{n\to\infty} E(\overline{X}_n)$ および $\lim_{n\to\infty} V(\overline{X}_n)$ を求めよ．

B.4# （東京大学大学院新領域創成科学研究科先端エネルギー工学専攻）

図 (a) のような $n \times n$ の格子状の道と，3つの格子点 $O(0,0)$, $P(n,n)$, $Q(i,j)$ を考える．ただし i と j は $0, 1, \cdots, n$ の整数とする．いま，動点Aが点 $O(0,0)$ を出発し，最短距離を進む経路で点 $P(n,n)$ にいくことを考える．例えば $n=2$ の場合，動点Aが右向きに1ステップ（格子1つ分）進む動作を "→"，上向きに1ステップ進む動作を "↑" の矢印で表すと，最短距離を進む経路は以下の6通りとなる．

"→→↑↑", "→↑→↑", "→↑↑→", "↑→→↑", "↑→↑→", "↑↑→→"

動点 A がどの経路をとるかの確率はすべて等しいものとして，次の問いに答えよ．
(1) 点 O(0,0) から点 P(n,n) まで最短距離を進む経路の総数を，n を用いて表せ．
(2) 動点 A が点 O(0,0) から点 P(n,n) まで移動するとき，点 Q(i,j) を通過する確率を，i, j, n を用いて表せ．
(3) 点 O(0,0) から $(i+j)$ ステップだけ進んだとき，動点 A が点 Q(i,j) にいる確率を，i, j, n を用いて表せ．

次に，図 (a) の道の左上半分を取り除いた，図 (b) のような格子状の道を考える．点 O(0,0) から点 P(n,n) まで最短距離で進む経路の総数を a_n とおくとき，次の問いに答えよ．
(4) a_1, a_2, a_3, a_4 を求めよ．
(5) a_n を $a_1, a_2, \cdots, a_{n-1}$ を用いて表せ．

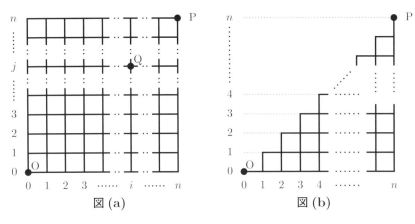

図 (a)　　　　　図 (b)

B.5# （東京大学大学院新領域創成科学研究科複雑理工学専攻）

ある粒子が，時刻 $t=0$ のとき $x=0$ にあるものとする．そして，時刻 t が 1 進むごとに x 軸上を確率 p で $+1$，確率 $(1-p)$ で -1 移動することとする．ただし，$0<p<1$ である．次の問いに答えよ．
(問1) この粒子が，時刻 $t=2$ のときに $x=0$ にある確率を求めよ．
(問2) この粒子が，時刻 $t=2m$ のときに $x=0$ にある確率 $\alpha(m)$ を考える．ただし m を非負整数とする．
　(a) この粒子の動きを，図 (a) のように tx 平面に経路として描くことにする．このとき，tx 平面における座標 $(0,0)$ から $(2m,0)$ への経路の個数を求めよ．
　(b) $\alpha(m)$ を求めよ．

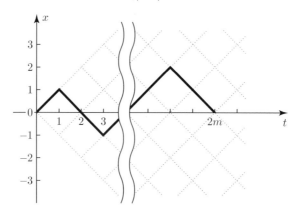

(問 3) 再度この粒子の動きを tx 平面に経路として描くことにする.
  (a) tx 平面における座標 $(1,1)$ から $(2m-1,1)$ への経路の個数を求めよ.
  (b) tx 平面における座標 $(1,-1)$ から $(2m-1,1)$ への経路の個数を求めよ.
  (c) tx 平面における座標 $(1,1)$ から $(2m-1,1)$ への経路のうち, $x=0$ を経由する経路の個数は, 問 3 (b) で求めた $(1,-1)$ から $(2m-1,1)$ への経路の個数と等しくなることを説明せよ.
  (d) tx 平面における座標 $(0,0)$ から $(2m,0)$ への経路のうち, 途中で $x=0$ を経由しない経路の個数を求めよ.

(問 4) この粒子が, 時刻 $t=2m$ のときにはじめて $x=0$ に戻ってくる確率を $\beta(m)$ とする. ただし, m は正の整数とする.
  (a) $\beta(m)$ を求めよ.
  (b) $\beta(m) = 4p(1-p)\alpha(m-1) - \alpha(m)$ が成り立つことを証明せよ.

演習問題解答

第 1 章

A.1 (a) 真である.例えば $x=1$ に対し,$x^2-1=0\geq 0$ が成り立つ.
(b) 偽である.例えば $x=0$ に対し,$x^2+2x-8=-8\neq 0$ である.
(c) 偽である.例えば $x=1$ に対し,$x^2-1=0\geq 0$ であるが,$x^2+2x-8=-5\neq 0$ である.

A.2 (1) $n>k$ とする.n 個のものの中から k 個を取り出す組合せの総数は $\binom{n}{k}$ である.n 個のうちの特定の 1 個(それを X とする)に着目する.
n 個のものの中から X を含むように k 個取り出すには,X を除く $(n-1)$ 個の中から $(k-1)$ 個を取り出し,それに X を加えて k 個とすればよいので,その取り出し方の総数は $(n-1)$ 個の中から $(k-1)$ 個を取り出す取り出し方の総数と一致する.すなわち,$\binom{n-1}{k-1}$ 通りの取り出し方がある.
一方,n 個のものの中から,X を含まないように k 個取り出すには,X を除く $(n-1)$ 個の中から k 個を取り出せばよいので,その取り出し方の総数は $\binom{n-1}{k}$ である.したがって
$$\binom{n}{k}=\binom{n-1}{k-1}+\binom{n-1}{k}.$$

(2) k 以上の整数 n に対して
$$\sum_{j=k}^{n}\binom{j}{k}=\binom{n+1}{k+1} \qquad (*)$$
が成り立つことを数学的帰納法により証明する.
$n=k$ のとき,$(*)$ の左辺は $\binom{k}{k}=1$ であり,右辺は $\binom{k+1}{k+1}=1$ であるので,等式 $(*)$ が成立する.
$m\geq k$ とし,$n=m$ に対して等式 $(*)$ が成立すると仮定すると
$$\sum_{j=k}^{m+1}\binom{j}{k}=\sum_{j=k}^{m}\binom{j}{k}+\binom{m+1}{k}=\binom{m+1}{k+1}+\binom{m+1}{k}$$
となるが,小問 (1) の結果により,さらにこれは $\binom{m+2}{k+1}$ に等しいので,等式 $(*)$ が $n=m+1$ に対しても成立することが分かる.よって,k 以上のすべての整数 n に対して等式 $(*)$ が成り立つことが示された.

(3) $x_1+\cdots+x_k=l$ を満たす非負整数 $x_1,\cdots,x_k$ を選ぶには,1 から k の番号の書かれたカードを重複を許して l 枚取り出し,$i=1,\cdots,k$ に対して,数字 i の書かれたカードの枚数を x_i と定めればよい.したがって,このような解の総数は,k 個の中から重複を許して l 個取り出す組合せの総数と等しく,それは
$$_k\mathrm{H}_l=\binom{k+l-1}{l}=\binom{k+l-1}{k-1}.$$

(3) の別解: 問題の流れを尊重して,小問 (2) の結果を用いることにするならば,次のような解答も可能である.

$k = 1$ のとき,問題の方程式の非負整数解は $x_1 = l$ の 1 個のみである.

$k = 2$ のとき,$x_1 + x_2 = l$ の非負整数解は,x_1 の値を 0 から l までの $(l+1)$ 通りの数に定め,$x_2 = l - x_1$ とすればよいので,解の個数は $\binom{l+1}{1}$ である.

$k = 3$ のとき,$i = 0, 1, \cdots, l$ に対して,$x_1 + x_2 = i$ の整数解を定め,さらに $x_3 = l - i$ とすればばよいので,解の個数は

$$\sum_{i=0}^{l} \binom{i+1}{1} = \sum_{j=1}^{l+1} \binom{j}{1}$$

であるが,小問 (2) の結果より,これは $\binom{l+2}{2}$ と等しい.

そこで一般に $x_1 + \cdots + x_k = l$ の非負整数解の個数が $\binom{k+l-1}{k-1}$ であることを数学的帰納法により証明する.

$k \leq 3$ のときは,上の考察より,この主張は正しい.そこで $m \geq 3$ とし,$k = m$ に対しては主張が正しいとして,$k = m+1$ の場合を考察する.

$x_1 + \cdots + x_m + x_{m+1} = l$ の非負整数解を定めるには,0 以上 l 以下の整数 i に対して $x_1 + \cdots + x_m = i$ の非負整数解を定め,さらに $x_{m+1} = l - i$ とすればよい.帰納法の仮定により,$x_1 + \cdots + x_m = i$ の非負整数解の個数は $\binom{m+i-1}{m-1}$ であるので,$x_1 + \cdots + x_m + x_{m+1} = l$ の非負整数解の個数は

$$\sum_{i=0}^{l} \binom{m+i-1}{m-1} = \sum_{j=m-1}^{m+l-1} \binom{j}{m-1}$$

であるが,小問 (2) の結果より,これは $\binom{m+l}{m}$ と等しいので,$k = m+1$ の場合も主張が正しいことが分かる.

よって,求める非負整数解の個数は $\binom{k+l-1}{k-1}$ である.

(4) $x_1 + \cdots + x_n \leq n$ の非負整数解の個数は,$x_1 + \cdots + x_n + x_{n+1} = n$ の非負整数解の個数と一致する.実際,$x_1 + \cdots + x_n \leq n$ を満たす $x_1, \cdots, x_n$ に対して,$x_{n+1} = n - (x_1 + \cdots + x_n)$ と定めれば,$x_1, \cdots, x_{n+1}$ はその和が n となる.また逆に,和が n となる非負整数 $x_1, \cdots, x_{n+1}$ に対して,$x_1, \cdots, x_n$ はその和が n 以下となる.

以上の考察より,求める解の個数は,方程式 $x_1 + \cdots + x_{n+1} = n$ の非負整数解の個数と等しく,それは小問 (3) の結果より

$$\binom{n+1+n-1}{n} = \binom{2n}{n}$$

である.

A.3 (1) $----, +--, -+-, --+, ++$ の 5 通りである.

(2) $n = 5$ のときの昇り方は,$-----, +---, -+--, --+-, ---+, ++-, +-+,$ $-++$ の 8 通りであるので,$S(5) = 8$ である.

また,$n = 6$ のときの昇り方は,$------, +----, -+---, --+--, ---+-,$ $----+, ++--, +-+-, +--+, -++-, -+-+, --++, +++$ の 13 通りであるので,$S(6) = 13$ である.

(3) $n \geq 3$ とする．n 段昇る昇り方は，最後に 2 段一度に昇る場合 (+) と，最後に 1 段昇る場合 (−) とのいずれかである．最後に 2 段昇る場合の数は，それまでに $(n-2)$ 段昇る場合の数と等しいので，それは $S(n-2)$ である．最後に 1 段昇る場合の数は，それまでに $(n-1)$ 段昇る場合の数と等しいので，それは $S(n-1)$ である．したがって，次の漸化式が得られる．

$$S(n) = S(n-1) + S(n-2) \quad (n \geq 3).$$

(4) いっぺんに 2 段昇る回数が i 回のとき，1 段のみ昇る回数は $(n-2i)$ 回であり，合計 $(n-i)$ 回となる．ここで，$0 \leq i$ かつ $2i \leq n$ であるので，$0 \leq i \leq Trunc[n/2]$ である．2 段昇りを i 回，1 段昇りを $(n-2i)$ 回使う昇り方の総数は，$(n-i)$ 回の全体のステップのうち，i 個を取り出す取り出し方の総数に等しいので，それは ${}_{n-i}C_i$ である．よって

$$S(n) = \sum_{i=0}^{Trunc[n/2]} {}_{n-i}C_i \tag{*}$$

が成り立つことが分かる．
ここで，n が偶数であるとすると，$n = 2k$ と表せば，$Trunc[n/2] = k$, $Trunc[(n+1)/2] = k$ であるので，$Trunc[n/2] + Trunc[(n+1)/2] = 2k = n$ が成り立つ．
また，n が奇数であるとして，$n = 2k+1$ と表せば，$Trunc[n/2] = k$, $Trunc[(n+1)/2] = k+1$ であるので，やはり $Trunc[n/2] + Trunc[(n+1)/2] = 2k+1 = n$ が成り立つ．
したがって，$i = Trunc[n/2]$ のとき，$n - i = Trunc[(n+1)/2]$ であり，

$$S(n) = \sum_{i=0}^{Trunc[n/2]} {}_{n-i}C_i = {}_nC_0 + {}_{n-1}C_1 + {}_{n-2}C_2 + \cdots + {}_{Trunc[(n+1)/2]}C_{Trunc[n/2]}$$

が成り立つことが示された．

(5) パスカルの三角形の上から m 番目の段の左から j 番目の数は ${}_{m-1}C_{j-1}$ である．ただし，$m \geq j$ である．
いま，$n \geq 2$ とする．$a(n)$ を問題文にあるような和の形に表したとき，その和の第 k 項はパスカルの三角形の上から $(n+1-k)$ 番目の段の左から k 番目の数であるので，それは ${}_{n-k}C_{k-1}$ である．ただし，k の動く範囲は

$$1 \leq k \quad \text{かつ} \quad n - k \geq k - 1$$

である．ここで $i = k - 1$ とおくと，$0 \leq i$ かつ $n - 1 - i \geq i$ であるので，i の動く範囲は $0 \leq i \leq Trunc[(n-1)/2]$ となる．このことより

$$a(n) = \sum_{i=0}^{Trunc[(n-1)/2]} {}_{n-1-i}C_i$$

が得られるが，これは (*) において，n のところに $n-1$ を代入したものであるので，$S(n-1)$ と等しい．すなわち次が成り立つ．

$$a(n) = S(n-1) \quad (n \geq 2).$$

A.4 100 人の学生がすべて相異なる点数をとったと仮定する．点数の取り得る値は，0 以上 100 以下の整数であるので，101 通りある．したがって，100 人の学生の点数の値は，ある整数（それを a とする）を除く 100 通りである．このとき，学生の点数の合計を I とすれば

$$I = \sum_{k=0}^{100} k - a = 5050 - a$$

であるが，$a \leq 100$ であるので
$$I \geq 5050 - 100 = 4950 > 4900$$
となり，$I = 4900$ という仮定に反する．よって，100 人の学生の中には，同じ点数を取った者がいることが示された．

A.5 $100 = 25 \times 4$ である．6^{2011} を 25 で割った余りと 4 で割った余りをそれぞれ求める．
$6^2 = 36 \equiv 11 \pmod{25}$, $6^3 \equiv 11 \times 6 \equiv 16 \pmod{25}$, $6^4 \equiv 16 \times 6 \equiv 21 \pmod{25}$, $6^5 \equiv 21 \times 6 \equiv 1 \pmod{25}$ である．よって，$6^{2011} = (6^5)^{402} \cdot 6 \equiv 6 \pmod{25}$ となる．
一方，6 は 2 の倍数であるので，6^2 は 4 の倍数である．したがって，n が 2 以上の整数ならば 6^n は 4 の倍数である．よって，$6^{2011} \equiv 0 \pmod 4$ となる．
そこで，次の連立合同式を解く．
$$\begin{cases} x \equiv 6 \pmod{25}, \\ x \equiv 0 \pmod{4}. \end{cases}$$
$25 = 4 \times 6 + 1$ より，$25 \times 1 + 4 \times (-6) = 1$ となるので，上の連立合同式の解は
$$x \equiv 0 \times 25 \times 1 + 6 \times 4 \times (-6) \equiv -144 \equiv 56 \pmod{100}$$
で与えられる．6^{2011} がこの連立合同式を満たすことより，$6^{2011} \equiv 56 \pmod{100}$ であることが分かる．よって，6^{2011} を 100 で割った余りは 56 である．

別解： $6^1, 6^2, 6^3, \cdots$ を 100 で割った余りは順に
$$6, 36, 16, 96, 76, 56, 36, 16, \cdots$$
となり，この数列は第 2 項から先は 5 項ずつ周期的に繰り返す．
$2011 - 1 = 5 \times 402$ より，この数列の 2011 番目の数は，周期 $\{36, 16, 96, 76, 56\}$ の 5 番目，すなわち 56 である．よって，6^{2011} を 100 で割った余りは 56 である．

A.6 (1) 656 を素因数分解すると $656 = 2^4 \times 41$ であるので，正の約数の個数は $(4+1)(1+1) = 10$（個）である．また，正の約数の和は
$$(1 + 2 + 2^2 + 2^3 + 2^4)(1 + 41) = (2^5 - 1) \times 42 = 1302.$$

(2) $2^n - 1$ が素数であるとき，$2^{n-1}(2^n - 1)$ の正の約数の和は
$$(1 + 2 + 2^2 + \cdots + 2^{n-1})\{1 + (2^n - 1)\} = 2^n(2^n - 1).$$

B.1 (1) 成り立つ．この問題においては，A, B, C はすべてある同一の集合 X の部分集合であるものとする．$x \in X$ に対して
$$\begin{aligned} x \in A \cap (B - C) &\Leftrightarrow x \in A \text{ かつ } x \in B - C \\ &\Leftrightarrow x \in A \text{ かつ } (x \in B \text{ かつ } x \notin C) \\ &\Leftrightarrow (x \in A \text{ かつ } x \in B) \text{ かつ } x \notin C \\ &\Leftrightarrow x \in A \cap B \text{ かつ } x \notin C \\ &\Leftrightarrow x \in (A \cap B) - C \end{aligned}$$
であるので，$A \cap (B - C) = (A \cap B) - C$ が成り立つ．

(2) 成り立たない．反例：例えば $A = \{1\}, B = \{2\}$ とすると，A のべき集合 2^A は A のすべての部分集合を元とする集合であるので，$2^A = \{\emptyset, \{1\}\}$ である．同様に，$2^B = \{\emptyset, \{2\}\}$ である．

それぞれ 2 個の元からなる集合であるので，それらの積集合 $2^A \times 2^B$ は，4 個の元からなる次のような集合である：
$$2^A \times 2^B = \Big\{ \big(\emptyset, \emptyset\big), \big(\emptyset, \{2\}\big), \big(\{1\}, \emptyset\big), \big(\{1\}, \{2\}\big) \Big\}.$$
一方，$A \times B = \{(1,2)\}$ であるので，$2^{(A \times B)}$ は 2 個の元からなる次のような集合である：
$$2^{(A \times B)} = \Big\{ \emptyset, \{(1,2)\} \Big\}.$$
したがって，$2^A \times 2^B$ と $2^{(A \times B)}$ とは別物である．

(3) 成り立つ．この問題においては，A はある集合 X の部分集合であるとし，B, C はある集合 Y の部分集合であるとする．
$(x,y) \in X \times Y$ が $(x,y) \in A \times (B - C)$ を満たすと仮定する．このとき，$x \in A$ かつ $y \in B - C$ が成り立つ．よって $y \in B, y \notin C$ であるので，$(x,y) \in A \times B, (x,y) \notin A \times C$ である．したがって，$(x,y) \in (A \times B) - (A \times C)$ である．よって，$A \times (B - C) \subset (A \times B) - (A \times C)$ が成り立つ．逆に，$(z,w) \in X \times Y$ が $(z,w) \in (A \times B) - (A \times C)$ を満たすと仮定する．このとき，$(z,w) \in A \times B$ より $z \in A, w \in B$ である．また，$(z,w) \notin A \times C$ より $z \notin A$ または $w \notin C$ が成り立つが，$z \in A$ であるので，$w \notin C$ でなければならない．よって $w \in B - C$ が成り立ち，$(z,w) \in A \times (B - C)$ が得られるので，$(A \times B) - (A \times C) \subset A \times (B - C)$ が成り立つ．
以上のことより $A \times (B - C) = (A \times B) - (A \times C)$ が成り立つことが示された．

B.2 (1) 正八面体を水平なテーブルの上に置く．数字 1 が書かれた面がテーブルに接するように置くとき，底面の中心を通って垂直な軸を考え，その軸を中心として 3 分の 1 回転するごとに，底面の正三角形がもとの位置と一致し，正八面体も同じ形状をとる．
テーブル面に隠れていない 7 つの面に 2 から 8 までの数字を入れる入れ方は 7! 通りあるが，3 分の 1 回転して一致する配列は同一のものとみなすので，求める場合の数は
$$\frac{1}{3} \cdot 7! = 1680 \,(通り)$$
である．よって八面体さいころは 1680 種類存在する．
(2) 数字 1 の書かれた面の 3 つの頂点を A, B, C とする．三角形 ABC と辺 BC を共有して接する面に書かれた数を x_1 とし，辺 CA を共有して接する面に書かれた数を x_2 とし，辺 AB を共有して接する面に書かれた数を x_3 とする．
また，三角形 ABC と点 A のみを共有する面に書かれた数を y_1 とし，点 B のみを共有する面に書かれた数を y_2 とし，点 C のみを共有する面に書かれた数を y_3 とする．
三角形 ABC と共有点を持たない面に書かれた数を z とする．
いま，$1 + 2 + \cdots + 8 = 36$ であるので，どの頂点についても，そこに会する 4 面につけられた数字の和が同一であるならば，その和は $36 \times (1/2) = 18$ でなければならず，さらに，次の 6 つの式を満たす．

$$x_1 + x_2 + y_3 = 17, \quad \cdots \text{(a)} \qquad x_2 + x_3 + y_1 = 17, \quad \cdots \text{(b)}$$
$$x_3 + x_1 + y_2 = 17, \quad \cdots \text{(c)} \qquad x_1 + y_2 + y_3 = 18 - z, \quad \cdots \text{(d)}$$
$$x_2 + y_3 + y_1 = 18 - z, \quad \cdots \text{(e)} \qquad x_3 + y_1 + y_2 = 18 - z. \quad \cdots \text{(f)}$$

さらに，$\{x_1, x_2, x_3, y_1, y_2, y_3, z\} = \{2, 3, 4, 5, 6, 7, 8\}$ である．
$x_1 = 2$ とすると，(a) と (c) より $x_2 + y_3 = x_3 + y_2 = 15$ であるが，8 以下の整数の和が 15 となるのは，7 と 8 の和のときのみであるので，この式を満たす 8 以下の相異なる 4 つの整数 x_2, x_3, y_2, y_3 は存在しない．よって $x_1 \neq 2$ である．同様に，$x_2 \neq 2, x_3 \neq 2$ である．

$x_1 = 3$ とすると, (a) と (c) より $x_2 + y_3 = x_3 + y_2 = 14$ であるが, 8 以下の相異なる整数の和が 14 とあるのは 6 と 8 の和のときのみであるので, 上と同様の理由により, この場合もあり得ない. よって, $x_1 \neq 3, x_2 \neq 3, x_3 \neq 3$ である.

そこで, $x_1 = 4$ と仮定する. このとき, (a) と (c) より $x_2 + y_3 = x_3 + y_2 = 13$ であるので,
$$\{x_2, x_3, y_2, y_3\} = \{5, 6, 7, 8\}$$
であることが分かる. さらに $x_2 = 5$ とすると, $y_3 = 8$, $\{x_3, y_2\} = \{6, 7\}$ であるので, $y_2 + y_3 \geq 6 + 8 = 14$ でなければならない. 一方, (d) より
$$18 - z = x_1 + y_2 + y_3 = 4 + y_2 + y_3 \geq 4 + 14 = 18$$
となるが, これは $z \geq 2$ に矛盾する. よって, $x_1 = 4$ のとき, $x_2 = 5$ ではあり得ない. 同様にして, $x_1 = 4$ のとき, $x_3 = 5$ でもあり得ない. したがって, $x_1 = 4$ のとき, y_2 と y_3 のいずれかが 5 である.

いま, $x_1 = 4, y_2 = 5$ とすると, $x_3 = 8$, $\{x_2, y_3\} = \{6, 7\}$ であるので, $\{y_1, z\} = \{2, 3\}$ でなければならない. さらに $x_2 = 6$ とすると, $y_3 = 7$ となり, (d) より $z = 2$ が得られ, $y_1 = 3$ となる.

$x_1 = 4, x_2 = 6, x_3 = 8, y_1 = 3, y_2 = 5, y_3 = 7, z = 2$ とすると, これらは確かに (a) から (f) までを満たすので, 求める配列の例が得られた.

B.3 (問 1) $9 = 3^2, 10 = 2 \times 5, 12 = 2^2 \times 3, 21 = 3 \times 7$ と素因数分解できるので, 次の 7 つの合同式が得られる.

$x \equiv 2 \pmod{9}$, $\cdots$ (a) $x \equiv 8 \pmod{2}$, $\cdots$ (b)
$x \equiv 8 \pmod{5}$, $\cdots$ (c) $x \equiv 2 \pmod{4}$, $\cdots$ (d)
$x \equiv 2 \pmod{3}$, $\cdots$ (e) $x \equiv 2 \pmod{3}$, $\cdots$ (f)
$x \equiv 2 \pmod{7}$, $\cdots$ (g)

(b) と (d) より $x \equiv 2 \pmod{4}$ が得られ, (a), (e), (f) より $x \equiv 2 \pmod{9}$ が得られる. そこで, 次の連立合同式を解く.
$$\begin{cases} x \equiv 2 \pmod{4}, \\ x \equiv 2 \pmod{9}, \\ x \equiv 3 \pmod{5}, \\ x \equiv 2 \pmod{7}. \end{cases}$$

まず, $x - 2$ が $4, 9, 7$ の公倍数であることより, $x - 2$ は 4 と 9 と 7 の最小公倍数 252 の倍数であることが分かる. すなわち $x \equiv 2 \pmod{252}$ が得られる. 結局, 連立合同式
$$\begin{cases} x \equiv 2 \pmod{252}, \\ x \equiv 3 \pmod{5} \end{cases}$$
を解けばよい. そこで, $252a + 5b = 1$ となる $a, b \in \mathbb{Z}$ を求める. ユークリッドの互除法により
$$\begin{cases} 252 = 5 \times 50 + 2, \\ 5 = 2 \times 2 + 1 \end{cases}$$
が得られるので, $5 \times 1 + 2 \times (-2) = 1$ が成り立つ. この式に $2 = 252 - 5 \times 50$ を代入すれば
$$1 = 5 \times 1 + (252 - 5 \times 50) \times (-2) = 252 \times (-2) + 5 \times 101$$
となる. よって, $a = -2, b = 101$ とおけば, $252a + 5b = 1$ が成り立つ. このとき, $252a \equiv 1$

(mod 5) かつ $5b \equiv 1 \pmod{252}$ である．そこで，
$$x = 3 \times 252a + 2 \times 5b = -502$$
とおけば，$x \equiv 2 \times 5b \equiv 2 \pmod{252}$ かつ $x \equiv 3 \times 252a \equiv 3 \pmod 5$ が成り立つ．252 と 5 の最小公倍数は 1260 であるので，
$$x \equiv -502 \equiv 758 \pmod{1260}$$
が解の候補である．実際，$x \equiv 758 \pmod{1260}$ のとき，問題文中で与えられた連立合同式を満たすので，
$$x \equiv 758 \pmod{1260}$$
が求める解である．

(問 2) (a) 例えば $n = 3$ とすればよい．実際，$x \equiv 1 \pmod 3$ と $x \equiv -1 \pmod 3$ の 2 つの剰余類が $x^2 \equiv 1 \pmod 3$ の解を与える．
(b) このような n は存在しない．以下にその証明を与える．
まず，剰余類が 3 個以上あることより，$n \geq 3$ である．
$x \equiv 0 \pmod n$ は $x^2 \equiv 1 \pmod n$ の解とはなり得ない．
$x \equiv a \pmod n$ が $x^2 \equiv 1 \pmod n$ を満たすならば，$x \equiv -a \pmod n$ もまた $x^2 \equiv 1 \pmod n$ を満たす．
n が奇数のとき，$a \not\equiv 0 \pmod n$ ならば $a \not\equiv -a \pmod n$ であるので，$x^2 \equiv 1 \pmod n$ の解は，$x \equiv a \pmod n$ の形のものと $x \equiv -a \pmod n$ の形のものとが対になっている．よって，この場合，$x^2 \equiv 1 \pmod n$ の解となる剰余類の個数は偶数個である．
したがって，$x^2 \equiv 1 \pmod n$ の解の個数が 3 個となるならば，n は 3 以上の偶数でなければならない．そこで，$n = 2m$ ($m \in \mathbb{Z}$) とおくと，$m \geq 2$ である．ここで再び「$x \equiv a \pmod n$ が $x^2 \equiv 1 \pmod n$ を満たすならば，$x \equiv -a \pmod n$ もまた $x^2 \equiv 1 \pmod n$ を満たす」ということを考えると，$x^2 \equiv 1 \pmod n$ の解が奇数個であることより，$a \equiv -a \pmod n$ かつ $a \not\equiv 0 \pmod n$ となる a に対して，$x \equiv a \pmod n$ が解でなければならない．すなわち，$x \equiv m \pmod n$ が解であることが分かる．このとき，$m^2 \equiv 1 \pmod {2m}$ であるので，特に $m^2 \equiv 1 \pmod m$ となるが，一方，$m^2 \equiv 0 \pmod m$ であるので，$1 \equiv 0 \pmod m$ でなければならない．これは $m \geq 2$ であることに矛盾する．
よって，このような n は存在しないことが証明された．
(c) 例えば $n = 8$ とすればよい．実際，$x \equiv \pm 1, \pm 3 \pmod 8$ の 4 つの剰余類が $x^2 \equiv 1 \pmod 8$ の解を与える．

B.4 (1) $(a, b) = d_1, (b, r) = d_2$ とする．
a も b も d_1 の倍数であるので，$r = a - qb$ も d_1 の倍数である．よって d_1 は b と r の公約数である．一方，d_2 は b と r の最大公約数であるので $d_1 \leq d_2$ が成り立つ．
また，b, r は d_2 の倍数であるので，$a = qb + r$ も d_2 の倍数である．よって d_2 は a と b の公約数である．一方，d_1 は a と b の最大公約数であるので，$d_1 \geq d_2$ が成り立つ．
以上のことより，$d_1 = d_2$，すなわち $(a, b) = (b, r)$ が示された．
(2) 例えば $0 \leq r < b$ という条件をつければよい．$a = a_1, b = a_2, r = a_3, q = q_1$ とおき，
$$a_1 = q_1 a_2 + a_3 \quad (0 \leq a_3 < a_2),$$
$$a_2 = q_2 a_3 + a_4 \quad (0 \leq a_4 < a_3),$$

$$a_3 = q_3 a_4 + a_5 \quad (0 \leq a_5 < a_4),$$
$$\cdots$$

と続ければ，$a_2, a_3, a_4, a_5, \cdots$ は単調に減少する非負整数の列であるので，ある自然数 n が存在して $a_{n+2} = 0$，すなわち $a_n = q_n a_{n+1}$ となる．このとき，小問 (1) の結果より

$$(a, b) = (a_1, a_2) = (a_2, a_3) = \cdots = (a_n, a_{n+1}) = (a_{n+1}, 0) = a_{n+1}$$

であるので，a_{n+1} が a と b の最大公約数となる．

(3) まず，$a\mathbb{Z} + b\mathbb{Z} \subset b\mathbb{Z} + r\mathbb{Z}$ であることを示す．$a\mathbb{Z} + b\mathbb{Z}$ の任意の元 x をとると，ある整数 y, z が存在して $x = ay + bz$ が成り立つ．このとき，$a = qb + r$ より

$$x = (qb + r)y + bz = b(qy + z) + ry \in b\mathbb{Z} + r\mathbb{Z}$$

となる．よって，$a\mathbb{Z} + b\mathbb{Z} \subset b\mathbb{Z} + r\mathbb{Z}$ である．
次に，$a\mathbb{Z} + b\mathbb{Z} \supset b\mathbb{Z} + r\mathbb{Z}$ であることを示す．$b\mathbb{Z} + r\mathbb{Z}$ の任意の元 x' をとると，ある整数 y', z' が存在して $x' = by' + rz'$ が成り立つ．このとき，$r = a - qb$ より

$$x' = by' + (a - qb)z' = az' + b(y' - qz') \in a\mathbb{Z} + b\mathbb{Z}$$

となる．よって，$a\mathbb{Z} + b\mathbb{Z} \supset b\mathbb{Z} + r\mathbb{Z}$ である．
以上のことより，$a\mathbb{Z} + b\mathbb{Z} = b\mathbb{Z} + r\mathbb{Z}$ であることが示された．
(4) 小問 (2) のように順次 $(a =) a_1, (b =) a_2, a_3, \cdots, a_{n+1}, a_{n+2} (= 0)$ を定めると，$d = (a, b) = a_{n+1}$ である．このとき

$$a\mathbb{Z} + b\mathbb{Z} = a_1\mathbb{Z} + a_2\mathbb{Z} = a_2\mathbb{Z} + a_3\mathbb{Z} = \cdots = a_{n+1}\mathbb{Z} + a_{n+2}\mathbb{Z} = d\mathbb{Z} + 0 \cdot \mathbb{Z} = d\mathbb{Z}$$

が得られる．

第 2 章

A.1 (1) $x - 4y - 1 = 0$ と $5x + 2y - 6 = 0$ の交点を通る直線の方程式は

$$a(x - 4y - 1) + b(5x + 2y - 6) = 0 \quad (a, b \text{ は定数})$$

で与えられる．この式を整理すると

$$(a + 5b)x + (-4a + 2b)y + (-a - 6b) = 0 \tag{$*$}$$

である．これが $3x + 4y = 1$ と直交することにより，$3(a + 5b) + 4(-4a + 2b) = 0$ が成り立つ．整理して $-13a + 23b = 0$ となるので，$a = 23, b = 13$ とおけば $(*)$ は $88x - 66y = 101$ となる．これが求める直線の方程式である．

(2) $l_1 : 2x + ay - 8 = 0, \quad l_2 : 4x - y - 2 = 0, \quad l_3 : ax - 5y + 7 = 0$
とおく．l_1 と l_2 は x 切片が異なるので，同一直線ではない．よって，l_1, l_2, l_3 が 1 点で交わるための条件は，l_1 と l_2 が平行でなく，かつ，ある $\alpha, \beta \in \mathbb{R}$ に対して

$$\alpha(2x + ay - 8) + \beta(4x - y - 2) = 0$$

が直線 l_3 を定めることである．後者の条件より，ベクトル $(2, a, -8), (4, -1, -2), (a, -5, 7)$ は線形従属であり，したがって

$$\begin{vmatrix} 2 & a & -8 \\ 4 & -1 & -2 \\ a & -5 & 7 \end{vmatrix} = 0$$

となる．左辺が $-2a^2 - 36a + 126$ であることより $(a-3)(a+21) = 0$ が得られるので，$a = 3$ または $a = -21$ であることが必要であることが分かる．
$a = 3$ のとき，$l_1: 2x + 3y - 8 = 0$ と $l_2: 4x - y - 2 = 0$ は平行でないので，1 点で交わり，l_3 もその点を通る．
$a = -21$ のとき，$l_1: 2x - 21y - 8 = 0$ と $l_2: 4x - y - 2 = 0$ は平行でないので，1 点で交わり，l_3 もその点を通る．
よって，求める a の値は $3, -21$ である．

A.2 $A = R + S$ と表されるとき，${}^tA = {}^tR + {}^tS = R - S$ であるので，

$$R = \frac{1}{2}(A + {}^tA), \quad S = \frac{1}{2}(A - {}^tA) \tag{$*$}$$

である．逆に，与えられた A に対して $(*)$ によって R, S を定めると，

$$R + S = \frac{1}{2}(A + {}^tA) + \frac{1}{2}(A - {}^tA) = A$$

であり，さらに

$${}^tR = \frac{1}{2}({}^tA + A) = R, \quad {}^tS = \frac{1}{2}({}^tA - A) = -S$$

を満たす．そこで，いまの場合は次のようにすればよい．

$$R = \frac{1}{2}(A + {}^tA) = \begin{pmatrix} 3 & 1 & -2 \\ 1 & 0 & 5 \\ -2 & 5 & -4 \end{pmatrix}, \quad S = \frac{1}{2}(A - {}^tA) = \begin{pmatrix} 0 & -5 & 1 \\ 5 & 0 & -6 \\ -1 & 6 & 0 \end{pmatrix}.$$

A.3 $A^n = \begin{pmatrix} a^n & na^{n-1}b & na^{n-1}d + \frac{n(n-1)}{2}a^{n-2}bc \\ 0 & a^n & na^{n-1}c \\ 0 & 0 & a^n \end{pmatrix} \tag{$*$}$

であることを数学的帰納法により証明する．

$n = 1$ のとき，$(*)$ の右辺は $\begin{pmatrix} a & b & d \\ 0 & a & c \\ 0 & 0 & a \end{pmatrix}$ となり，A と等しい．

k を自然数とし，$n = k$ については $(*)$ が成立していると仮定する．このとき

$$A^{k+1} = \begin{pmatrix} a^k & ka^{k-1}b & ka^{k-1}d + \frac{k(k-1)}{2}a^{k-2}bc \\ 0 & a^k & ka^{k-1}c \\ 0 & 0 & a^k \end{pmatrix} \begin{pmatrix} a & b & d \\ 0 & a & c \\ 0 & 0 & a \end{pmatrix}$$

$$= \begin{pmatrix} a^{k+1} & p & r \\ 0 & a^{k+1} & q \\ 0 & 0 & a^{k+1} \end{pmatrix} \tag{$**$}$$

の形となる．ここで

$$p = a^k b + ka^{k-1}b \cdot a = (k+1)a^k b,$$
$$q = a^k c + ka^{k-1}c \cdot a = (k+1)a^k c,$$
$$r = a^k d + ka^{k-1}b \cdot c + \left\{ ka^{k-1}d + \frac{k(k-1)}{2}a^{k-2}bc \right\} a$$
$$= (k+1)a^k d + \frac{k(k+1)}{2}a^{k-1}bc$$

となるので，$(**)$ の右辺は，$(*)$ の右辺において $n = k+1$ とおいたものに等しい．

よって，自然数 n に対して $(*)$ が成り立つことが示された．

A.4 与えられた行列の右に単位行列を並べ，行基本変形を施して，左半分が単位行列になるまで続ける．ここで，「$R_i + \alpha R_j$」は第 i 行に第 j 行の α 倍を加える変形を表し，「$R_i \times \alpha$」は第 i 行を α 倍することを表し，「$R_i \leftrightarrow R_j$」は第 i 行と第 j 行を取り替えることを表す．

$$\left(\begin{array}{ccc|ccc} 2 & -1 & 0 & 1 & 0 & 0 \\ -1 & 2 & -1 & 0 & 1 & 0 \\ 0 & -1 & 1 & 0 & 0 & 1 \end{array}\right) \xrightarrow[R_3 \times (-1)]{R_2 \times (-1)} \left(\begin{array}{ccc|ccc} 2 & -1 & 0 & 1 & 0 & 0 \\ 1 & -2 & 1 & 0 & -1 & 0 \\ 0 & 1 & -1 & 0 & 0 & -1 \end{array}\right)$$

$$\xrightarrow{R_1 \leftrightarrow R_2} \left(\begin{array}{ccc|ccc} 1 & -2 & 1 & 0 & -1 & 0 \\ 2 & -1 & 0 & 1 & 0 & 0 \\ 0 & 1 & -1 & 0 & 0 & -1 \end{array}\right) \xrightarrow{R_2 - 2R_1} \left(\begin{array}{ccc|ccc} 1 & -2 & 1 & 0 & -1 & 0 \\ 0 & 3 & -2 & 1 & 2 & 0 \\ 0 & 1 & -1 & 0 & 0 & -1 \end{array}\right)$$

$$\xrightarrow{R_2 \leftrightarrow R_3} \left(\begin{array}{ccc|ccc} 1 & -2 & 1 & 0 & -1 & 0 \\ 0 & 1 & -1 & 0 & 0 & -1 \\ 0 & 3 & -2 & 1 & 2 & 0 \end{array}\right) \xrightarrow[R_3 - 3R_2]{R_1 + 2R_2} \left(\begin{array}{ccc|ccc} 1 & 0 & -1 & 0 & -1 & -2 \\ 0 & 1 & -1 & 0 & 0 & -1 \\ 0 & 0 & 1 & 1 & 2 & 3 \end{array}\right)$$

$$\xrightarrow[R_2 + R_3]{R_1 + R_3} \left(\begin{array}{ccc|ccc} 1 & 0 & 0 & 1 & 1 & 1 \\ 0 & 1 & 0 & 1 & 2 & 2 \\ 0 & 0 & 1 & 1 & 2 & 3 \end{array}\right)$$

となるので，求める逆行列は $\left(\begin{array}{ccc} 1 & 1 & 1 \\ 1 & 2 & 2 \\ 1 & 2 & 3 \end{array}\right)$ である．

A.5 (1) サラスの規則により，求める行列式は $9 + 7 + 5 - 15 - 7 - 3 = -4$ である．

(2) $\left|\begin{array}{cccc} 1 & 1 & 1 & 1 \\ -1 & 1 & 1 & -1 \\ -1 & -1 & 1 & 1 \\ -1 & 1 & -1 & 1 \end{array}\right| \underset{(A)}{=} \left|\begin{array}{cccc} 1 & 1 & 1 & 1 \\ 0 & 2 & 2 & 0 \\ 0 & 0 & 2 & 2 \\ 0 & 2 & 0 & 2 \end{array}\right| \underset{(B)}{=} \left|\begin{array}{ccc} 2 & 2 & 0 \\ 0 & 2 & 2 \\ 2 & 0 & 2 \end{array}\right| = 16$

である．ここで，(A) の部分は，第 2 行に第 1 行を加え，第 3 行に第 1 行を加え，第 4 行に第 1 行を加えている．(B) の部分は，第 1 列に関する展開である．

A.6 (1) A の特性方程式は

$$\left|\begin{array}{cc} t-5 & 0 \\ -3 & t-2 \end{array}\right| = (t-5)(t-2)$$

であるので，A の固有値は $5, 2$ である．

$z = \left(\begin{array}{c} z_1 \\ z_2 \end{array}\right)$ に対して，$Az = 5z \Leftrightarrow z_1 = z_2$ より，固有値 5 に対する A の固有ベクトルは $c_1 \left(\begin{array}{c} 1 \\ 1 \end{array}\right)$ $(c_1 \neq 0)$ の形である．このうち，長さが 1 のものは，$\pm \frac{1}{\sqrt{2}} \left(\begin{array}{c} 1 \\ 1 \end{array}\right)$ である．

また，$Az = 2z \Leftrightarrow z_1 = 0$ より，固有値 2 に対する A の固有ベクトルは $c_2 \left(\begin{array}{c} 0 \\ 1 \end{array}\right)$ $(c_2 \neq 0)$ の形である．このうち，長さが 1 のものは，$\pm \left(\begin{array}{c} 0 \\ 1 \end{array}\right)$ である．

(2) $p_1 = \left(\begin{array}{c} 1 \\ 1 \end{array}\right)$, $p_2 = \left(\begin{array}{c} 0 \\ 1 \end{array}\right)$ とおき，$P = (p_1\, p_2) = \left(\begin{array}{cc} 1 & 0 \\ 1 & 1 \end{array}\right)$ とおくと，$P^{-1} = \left(\begin{array}{cc} 1 & 0 \\ -1 & 1 \end{array}\right)$ であり，$P^{-1}AP = \left(\begin{array}{cc} 5 & 0 \\ 0 & 2 \end{array}\right)$ となる．よって

$$P^{-1}A^m P = (P^{-1}AP)^m = \left(\begin{array}{cc} 5^m & 0 \\ 0 & 2^m \end{array}\right)$$

となる．したがって

$$A^m = P \begin{pmatrix} 5^m & 0 \\ 0 & 2^m \end{pmatrix} P^{-1} = \begin{pmatrix} 5^m & 0 \\ 5^m - 2^m & 2^m \end{pmatrix},$$

$$\begin{pmatrix} \alpha \\ \beta \end{pmatrix} = \begin{pmatrix} 5^m & 0 \\ 5^m - 2^m & 2^m \end{pmatrix} \begin{pmatrix} 1 \\ 2 \end{pmatrix} = \begin{pmatrix} 5^m \\ 5^m + 2^m \end{pmatrix}$$

となるので，$\lim_{m \to \infty} \dfrac{\alpha}{\beta} = \lim_{m \to \infty} \dfrac{5^m}{5^m + 2^m} = 1$ が得られる．

A.7 (1) A の特性多項式を $\Phi_A(t)$ と表すと

$$\Phi_A(t) = \det(tE - A) = \begin{vmatrix} t-1 & -1 & -2 \\ 0 & t-2 & -2 \\ 1 & -1 & t-3 \end{vmatrix} = (t-1)(t-2)(t-3)$$

であるので，A の固有値は $1, 2, 3$ である．

$\boldsymbol{x} = \begin{pmatrix} x_1 \\ x_2 \\ x_3 \end{pmatrix}$ に対して $A\boldsymbol{x} = \boldsymbol{x}$ を解くと，解は $\boldsymbol{x} = \alpha_1 \begin{pmatrix} 0 \\ 2 \\ -1 \end{pmatrix}$ （α_1 は任意定数）で与えられる．よって，固有値 1 に対する固有ベクトルで長さが 1 のものは $\pm \dfrac{1}{\sqrt{5}} \begin{pmatrix} 0 \\ 2 \\ -1 \end{pmatrix}$ である．

同様に，$A\boldsymbol{x} = 2\boldsymbol{x}$ を解くと，解は $\boldsymbol{x} = \alpha_2 \begin{pmatrix} 1 \\ 1 \\ 0 \end{pmatrix}$ （α_2 は任意定数）で与えられる．よって，固有値 2 に対する固有ベクトルで長さが 1 のものは $\pm \dfrac{1}{\sqrt{2}} \begin{pmatrix} 1 \\ 1 \\ 0 \end{pmatrix}$ である．

また，$A\boldsymbol{x} = 3\boldsymbol{x}$ を解くと，解は $\boldsymbol{x} = \alpha_3 \begin{pmatrix} 2 \\ 2 \\ 1 \end{pmatrix}$ （α_3 は任意定数）で与えられる．よって，固有値 3 に対する固有ベクトルで長さが 1 のものは $\pm \dfrac{1}{3} \begin{pmatrix} 2 \\ 2 \\ 1 \end{pmatrix}$ である．

(2) $A^2 = \begin{pmatrix} -1 & 5 & 10 \\ -2 & 6 & 10 \\ -4 & 4 & 9 \end{pmatrix}$.

(3) $\Phi_A(t) = (t-1)(t-2)(t-3) = t^3 - 6t^2 + 11t - 6$ であるので，ケーリー–ハミルトンの定理より $A^3 - 6A^2 + 11A - 6E = O$ である（ここで O は零行列を表す）．よって $A^3 = 6A^2 - 11A + 6E$ である．$c_2 = 6, c_1 = -11, c_0 = 6$ とおけばよい．

また，A の固有値がすべて相異なるので A は対角化可能であり，A の最小多項式もまた $(t-1)(t-2)(t-3)$ である．このことより，$A^3 = c_2 A^2 + c_1 A + c_0 E$ を満たす c_2, c_1, c_0 が一意的であることが分かる．実際，

$$A^3 = c_2 A^2 + c_1 A + c_0 E = c_2' A^2 + c_1' A + c_0' E$$

とすると，$(c_2 - c_2')A^2 + (c_1 - c_1')A + (c_0 - c_0')E = O$ となるが，A の最小多項式の次数 3 であるので，$c_2 - c_2' = c_1 - c_1' = c_0 - c_0' = 0$ でなければならない．

よって求める c_2, c_1, c_0 は，$c_2 = 6, c_1 = -11, c_0 = 6$ である．

A.8 (1) $\boldsymbol{p}, \boldsymbol{q}, \boldsymbol{r}$ を列ベクトルとして並べた行列を P とする：

$$P = (\boldsymbol{p}\,\boldsymbol{q}\,\boldsymbol{r}) = \begin{pmatrix} 1 & a & 1 \\ 2 & 2 & 1 \\ a & 4 & a \end{pmatrix}.$$

このとき, p, q, r が1次独立であることと, $\det P \neq 0$ であることとは同値である. $\det P = -a^2 + 4$ であるので, 求める条件は, 「$a \neq 2$ かつ $a \neq -2$」 である.

(2) $\begin{pmatrix} 1 \\ 0 \\ 1 \end{pmatrix}, \begin{pmatrix} 1 \\ 1 \\ 0 \end{pmatrix}, \begin{pmatrix} 0 \\ 1 \\ 1 \end{pmatrix}$ を列ベクトルとして並べた行列を B とする:

$$B = \begin{pmatrix} 1 & 1 & 0 \\ 0 & 1 & 1 \\ 1 & 0 & 1 \end{pmatrix}.$$

このとき

$$AP = A(p\,q\,r) = (Ap\,Aq\,Ar) = B$$

が成り立つ. そこで, 行列 P と B を縦に並べた行列に列基本変形を施し, 上半分が単位行列になるまで続ける. このとき, 下半分に現れた行列が $A (= BP^{-1})$ である. 実際, 列基本変形を繰り返し施すことは, 右からある正則行列 X を掛けることに対応する. P に右から X を掛けて $PX = E_3$ (単位行列) となったとすれば, $X = P^{-1}$ であり, このとき, P の下に置いた B にも同時に右から X が掛けられ,

$$BX = BP^{-1} = A$$

となる. ここで, 「$C_i \leftrightarrow C_j$」は第 i 列と第 j 列の交換を意味し, 「$C_i \times \alpha$」は第 i 列を α 倍することを意味し, 「$C_i + \alpha C_j$」は第 i 列に第 j 列の α 倍を加えることを意味する.

$$\begin{pmatrix} P \\ B \end{pmatrix} = \begin{pmatrix} 1 & 3 & 1 \\ 2 & 2 & 1 \\ 3 & 4 & 3 \\ 1 & 1 & 0 \\ 0 & 1 & 1 \\ 1 & 0 & 1 \end{pmatrix} \xrightarrow[C_3 - C_1]{C_2 - 3C_1} \begin{pmatrix} 1 & 0 & 0 \\ 2 & -4 & -1 \\ 3 & -5 & 0 \\ 1 & -2 & -1 \\ 0 & 1 & 1 \\ 1 & -3 & 0 \end{pmatrix} \xrightarrow{C_2 \leftrightarrow C_3} \begin{pmatrix} 1 & 0 & 0 \\ 2 & -1 & -4 \\ 3 & 0 & -5 \\ 1 & -1 & -2 \\ 0 & 1 & 1 \\ 1 & 0 & -3 \end{pmatrix}$$

$$\xrightarrow{C_2 \times (-1)} \begin{pmatrix} 1 & 0 & 0 \\ 2 & 1 & -4 \\ 3 & 0 & -5 \\ 1 & 1 & -2 \\ 0 & -1 & 1 \\ 1 & 0 & -3 \end{pmatrix} \xrightarrow[C_3 + 4C_2]{C_1 - 2C_2} \begin{pmatrix} 1 & 0 & 0 \\ 0 & 1 & 0 \\ 3 & 0 & -5 \\ -1 & 1 & 2 \\ 2 & -1 & -3 \\ 1 & 0 & -3 \end{pmatrix}$$

$$\xrightarrow{C_3 \times (-1/5)} \begin{pmatrix} 1 & 0 & 0 \\ 0 & 1 & 0 \\ 3 & 0 & 1 \\ -1 & 1 & -2/5 \\ 2 & -1 & 3/5 \\ 1 & 0 & 3/5 \end{pmatrix} \xrightarrow{C_1 - 3C_3} \begin{pmatrix} 1 & 0 & 0 \\ 0 & 1 & 0 \\ 0 & 0 & 1 \\ 1/5 & 1 & -2/5 \\ 1/5 & -1 & 3/5 \\ -4/5 & 0 & 3/5 \end{pmatrix}$$

となるので, $A = \begin{pmatrix} 1/5 & 1 & -2/5 \\ 1/5 & -1 & 3/5 \\ -4/5 & 0 & 3/5 \end{pmatrix}$ である.

A.9 $b_1 = b_1' = a_1 = \begin{pmatrix} 0 \\ 1 \\ 1 \end{pmatrix}$ とおく.

$$b_2' = a_2 - \frac{(a_2, b_1)}{\|b_1\|^2} b_1 = \begin{pmatrix} 1 \\ 0 \\ 1 \end{pmatrix} - \frac{1}{2} \begin{pmatrix} 0 \\ 1 \\ 1 \end{pmatrix} = \frac{1}{2} \begin{pmatrix} 2 \\ -1 \\ 1 \end{pmatrix}$$

と定め，$b_2 = 2b_2' = \begin{pmatrix} 2 \\ -1 \\ 1 \end{pmatrix}$ とおくと，$(b_2, b_1) = 0$ となる．

$$b_3' = a_3 - \frac{(a_3, b_1)}{\|b_1\|^2} b_1 - \frac{(a_3, b_2)}{\|b_2\|^2} b_2$$

とおくと，$b_3' = \begin{pmatrix} 2 \\ 2 \\ -1 \end{pmatrix} - \frac{1}{2} \begin{pmatrix} 0 \\ 1 \\ 1 \end{pmatrix} - \frac{1}{6} \begin{pmatrix} 2 \\ -1 \\ 1 \end{pmatrix} = \frac{5}{3} \begin{pmatrix} 1 \\ 1 \\ -1 \end{pmatrix}$ となる．そこで，

$b_3 = \frac{3}{5} b_3' = \begin{pmatrix} 1 \\ 1 \\ -1 \end{pmatrix}$ とおくと，$(b_3, b_1) = (b_3, b_2) = 0$ となる．このとき，$\|b_1\| = \sqrt{2}$, $\|b_2\| = \sqrt{6}$, $\|b_3\| = \sqrt{3}$ である．そこで，

$$e_1 = \frac{1}{\sqrt{2}} b_1 = \frac{1}{\sqrt{2}} \begin{pmatrix} 0 \\ 1 \\ 1 \end{pmatrix}, \quad e_2 = \frac{1}{\sqrt{6}} b_2 = \frac{1}{\sqrt{6}} \begin{pmatrix} 2 \\ -1 \\ 1 \end{pmatrix}, \quad e_3 = \frac{1}{\sqrt{3}} b_3 = \frac{1}{\sqrt{3}} \begin{pmatrix} 1 \\ 1 \\ -1 \end{pmatrix}$$

とすれば，e_1, e_2, e_3 は $\mathbb{R}^3$ の正規直交基底となる．

注意 原理的にいえば，b_i' からわざわざ b_i を作る必要はない．しかし，こうすることによって，分数の計算を避け，計算ミスのリスクを減らすことができる．

A.10 (1) K の特性多項式を $\Phi_K(t)$ とすると

$$\Phi_K(t) = \begin{vmatrix} t - 2i & -3 - 3i \\ 3 - 3i & t - 5i \end{vmatrix} = (t - 8i)(t + i)$$

となるので，K の固有値は $8i, -i$ である．

(2) $x = \begin{pmatrix} x \\ y \end{pmatrix}$ に対して

$$Ax = 8ix \Leftrightarrow \begin{cases} -6ix + (3 + 3i)y = 0 \\ (-3 + 3i)x - 3iy = 0 \end{cases} \Leftrightarrow x = \frac{1-i}{2} y$$

であるので，固有値 $8i$ に対する固有ベクトルは $c_1 \begin{pmatrix} 1-i \\ 2 \end{pmatrix}$ $(c_1 \in \mathbb{C} \setminus \{0\})$ の形である．また，

$$Ax = -ix \Leftrightarrow \begin{cases} 3ix + (3 + 3i)y = 0 \\ (-3 + 3i)x + 6iy = 0 \end{cases} \Leftrightarrow x = (-1 + i)y$$

であるので，固有値 $-i$ に対する固有ベクトルは $c_2 \begin{pmatrix} -1+i \\ 1 \end{pmatrix}$ $(c_2 \in \mathbb{C} \setminus \{0\})$ の形である．ベクトル x, y の内積を (x, y) と表すとき，

$$\left(c_1 \begin{pmatrix} 1-i \\ 2 \end{pmatrix}, c_2 \begin{pmatrix} -1+i \\ 1 \end{pmatrix} \right) = c_1 \bar{c}_2 \{(1-i)\overline{(-1+i)} + 2 \cdot \bar{1}\}$$
$$= c_1 \bar{c}_2 \{(1-i)(-1-i) + 2\} = 0$$

であるので，固有値 $8i$ に対する固有ベクトルと，固有値 $-i$ に対する固有ベクトルは直交する．ここで，複素数 z に対して $\bar{z}$ はその複素共役を表す．

(3) $\begin{pmatrix} 1-i \\ 2 \end{pmatrix}$ のノルムは $\sqrt{|1-i|^2 + |2|^2} = \sqrt{6}$ であるので，例えば $u_1 = \frac{1}{\sqrt{6}} \begin{pmatrix} 1-i \\ 2 \end{pmatrix}$ とおけば $\|u_1\| = 1$ となる．$\begin{pmatrix} -1+i \\ 1 \end{pmatrix}$ のノルムは $\sqrt{|-1+i|^2 + |1|^2} = \sqrt{3}$ であるので，例

えば $\boldsymbol{u}_2 = \dfrac{1}{\sqrt{3}} \begin{pmatrix} -1+i \\ 1 \end{pmatrix}$ とおけば $\|\boldsymbol{u}_2\| = 1$ となる．そこで次のようにすればよい．

$$U = (\boldsymbol{u}_1\,\boldsymbol{u}_2) = \begin{pmatrix} (1-i)/\sqrt{6} & (-1+i)/\sqrt{3} \\ 2/\sqrt{6} & 1/\sqrt{3} \end{pmatrix}.$$

(4) $\Lambda = \begin{pmatrix} 8i & 0 \\ 0 & -i \end{pmatrix}$ とおく．このとき $KU = K(\boldsymbol{u}_1\,\boldsymbol{u}_2) = (K\boldsymbol{u}_1\,K\boldsymbol{u}_2) = (8i\boldsymbol{u}_1\,-i\boldsymbol{u}_2)$ となる．一方 $U\Lambda = (\boldsymbol{u}_1\,\boldsymbol{u}_2)\begin{pmatrix} 8i & 0 \\ 0 & -i \end{pmatrix} = (8i\boldsymbol{u}_1\,-i\boldsymbol{u}_2)$ であるので，$KU = U\Lambda$ である．

(5) $U^*U = \begin{pmatrix} {}^t\overline{\boldsymbol{u}}_1 \\ {}^t\overline{\boldsymbol{u}}_2 \end{pmatrix}(\boldsymbol{u}_1\,\boldsymbol{u}_2) = \begin{pmatrix} {}^t\overline{\boldsymbol{u}}_1\boldsymbol{u}_1 & {}^t\overline{\boldsymbol{u}}_1\boldsymbol{u}_2 \\ {}^t\overline{\boldsymbol{u}}_2\boldsymbol{u}_1 & {}^t\overline{\boldsymbol{u}}_2\boldsymbol{u}_2 \end{pmatrix} = \begin{pmatrix} \overline{{}^t\boldsymbol{u}_1\overline{\boldsymbol{u}}_1} & \overline{{}^t\boldsymbol{u}_1\overline{\boldsymbol{u}}_2} \\ \overline{{}^t\boldsymbol{u}_2\overline{\boldsymbol{u}}_1} & \overline{{}^t\boldsymbol{u}_2\overline{\boldsymbol{u}}_2} \end{pmatrix}$
$= \begin{pmatrix} \overline{(\boldsymbol{u}_1,\boldsymbol{u}_1)} & \overline{(\boldsymbol{u}_1,\boldsymbol{u}_2)} \\ \overline{(\boldsymbol{u}_2,\boldsymbol{u}_1)} & \overline{(\boldsymbol{u}_2,\boldsymbol{u}_2)} \end{pmatrix} = \begin{pmatrix} 1 & 0 \\ 0 & 1 \end{pmatrix}$

であるので，U は正則行列であり，$U^{-1} = U^*$ である．
小問 (4) より $KU = U\Lambda$ であるので，この式の両辺に左から U^{-1} を掛ければ $U^{-1}KU = \Lambda$ となり，行列 K が行列 U によって対角化される：

$$\begin{pmatrix} (1+i)/\sqrt{6} & 2/\sqrt{6} \\ (-1-i)/\sqrt{3} & 1/\sqrt{3} \end{pmatrix} \begin{pmatrix} 2i & 3+3i \\ -3+3i & 5i \end{pmatrix} \begin{pmatrix} (1-i)/\sqrt{6} & (-1+i)/\sqrt{3} \\ 2/\sqrt{6} & 1/\sqrt{3} \end{pmatrix} = \begin{pmatrix} 8i & 0 \\ 0 & -i \end{pmatrix}.$$

A.11 (1) $A = \begin{pmatrix} 6 & -2 \\ -2 & 9 \end{pmatrix}$ である．

(2) A の特性多項式を $\Phi_A(t)$ とおくと

$$\Phi_A(t) = \begin{vmatrix} t-6 & 2 \\ 2 & t-9 \end{vmatrix} = t^2 - 15t + 50 = (t-5)(t-10)$$

であるので，A の固有値は $5, 10$ である．
$\boldsymbol{x} = \begin{pmatrix} x \\ y \end{pmatrix}$ について，$A\boldsymbol{x} = 5\boldsymbol{x} \Leftrightarrow x - 2y = 0$ が成り立つので，固有値 5 に対する固有ベクトルは $c_1 \begin{pmatrix} 2 \\ 1 \end{pmatrix}$ $(c_1 \neq 0)$ の形である．よって，ノルムが 1 の固有ベクトルとして，$\boldsymbol{p}_1 = \dfrac{1}{\sqrt{5}} \begin{pmatrix} 2 \\ 1 \end{pmatrix}$ を選ぶことができる．また，

$$A\boldsymbol{x} = 10\boldsymbol{x} \Leftrightarrow 2x + y = 0$$

が成り立つので，固有値 10 に対する固有ベクトルは $c_2 \begin{pmatrix} -1 \\ 2 \end{pmatrix}$ $(c_2 \neq 0)$ の形である．よって，ノルムが 1 の固有ベクトルとして，$\boldsymbol{p}_2 = \dfrac{1}{\sqrt{5}} \begin{pmatrix} -1 \\ 2 \end{pmatrix}$ を選ぶことができる．
$\boldsymbol{p}_1$ と $\boldsymbol{p}_2$ は，ともにノルムが 1 であり，かつ，互いに直交するので，

$$P = (\boldsymbol{p}_1\,\boldsymbol{p}_2) = \dfrac{1}{\sqrt{5}} \begin{pmatrix} 2 & -1 \\ 1 & 2 \end{pmatrix}$$

とおけば，P は直交行列であり，次のようになる．

$$P^{-1}AP = {}^tPAP = \begin{pmatrix} 5 & 0 \\ 0 & 10 \end{pmatrix}.$$

(3) ${}^t\boldsymbol{x}A\boldsymbol{x} = {}^t(P\boldsymbol{x}')A(P\boldsymbol{x}') = {}^t\boldsymbol{x}'\,{}^tPAP\boldsymbol{x}' = 5x'^2 + 10y'^2$ となり，直交標準形が得られた．
(4) P は回転行列である．$x' = \pm\sqrt{2}, y' = 0$ とすると，$5x'^2 + 10y'^2 = 10$ を満たす．この x', y' に対応する x, y は

第2章の解答

$$\begin{pmatrix} x \\ y \end{pmatrix} = \frac{1}{\sqrt{5}} \begin{pmatrix} 2 & -1 \\ 1 & 2 \end{pmatrix} \begin{pmatrix} \pm\sqrt{2} \\ 0 \end{pmatrix} = \pm\frac{1}{\sqrt{5}} \begin{pmatrix} 2\sqrt{2} \\ \sqrt{2} \end{pmatrix}$$

である．また $x'=0, y'=\pm 1$ とすると，$5x'^2 + 10y'^2 = 10$ を満たす．この x', y' に対応する x, y は

$$\begin{pmatrix} x \\ y \end{pmatrix} = \frac{1}{\sqrt{5}} \begin{pmatrix} 2 & -1 \\ 1 & 2 \end{pmatrix} \begin{pmatrix} 0 \\ \pm 1 \end{pmatrix} = \pm\frac{1}{\sqrt{5}} \begin{pmatrix} -1 \\ 2 \end{pmatrix}$$

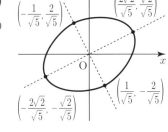

である．したがって，$6x^2 - 4xy + 9y^2 = 10$ のグラフは，2点 $\left(\frac{2\sqrt{2}}{\sqrt{5}}, \frac{\sqrt{2}}{\sqrt{5}}\right), \left(-\frac{2\sqrt{2}}{\sqrt{5}}, -\frac{\sqrt{2}}{\sqrt{5}}\right)$ を結ぶ直線を長軸とし，2点 $\left(-\frac{1}{\sqrt{5}}, \frac{2}{\sqrt{5}}\right), \left(\frac{1}{\sqrt{5}}, -\frac{2}{\sqrt{5}}\right)$ を結ぶ直線を短軸とし，これら4点を通る楕円である．

B.1 (1) $\begin{vmatrix} x_1^2 & x_1 & 1 \\ x_2^2 & x_2 & 1 \\ x_3^2 & x_3 & 1 \end{vmatrix} = x_1^2 x_2 + x_2^2 x_3 + x_3^2 x_1 - x_1 x_2^2 - x_2 x_3^2 - x_3 x_1^2$

$= (x_2 - x_3) x_1^2 - (x_2^2 - x_3^2) x_1 + x_2 x_3 (x_2 - x_3)$
$= (x_2 - x_3) \{ x_1^2 - (x_2 + x_3) x_1 + x_2 x_3 \} = (x_1 - x_2)(x_1 - x_3)(x_2 - x_3)$

であるが，x_1, x_2, x_3 が相異なるので，この値は 0 でない．

(2) $f(x, y) = \begin{vmatrix} x_1 & y_1 & 1 \\ x_2 & y_2 & 1 \\ x & y & 1 \end{vmatrix}$ とおくと $f(x, y) = (y_1 - y_2) x - (x_1 - x_2) y + x_1 y_2 - x_2 y_1$

である．$f(x, y)$ は x, y に関する高々1次の式である．さらに，$x_1 \neq x_2$ より，$f(x, y)$ は1次式である．したがって，$f(x, y) = 0$ は直線の方程式を与える．

また，同じ行を2つ以上含む行列式は 0 であるので

$$f(x_1, y_1) = \begin{vmatrix} x_1 & y_1 & 1 \\ x_2 & y_2 & 1 \\ x_1 & y_1 & 1 \end{vmatrix} = 0, \quad f(x_2, y_2) = \begin{vmatrix} x_1 & y_1 & 1 \\ x_2 & y_2 & 1 \\ x_2 & y_2 & 1 \end{vmatrix} = 0$$

である．このことより，$f(x, y) = 0$ が，2点 $(x_1, y_1), (x_2, y_2)$ を通る直線の方程式を与えることが分かる．

仮定より，3点 $(x_1, y_1), (x_2, y_2), (x_3, y_3)$ が一直線上にないので，点 (x_3, y_3) は直線 $f(x, y) = 0$ 上にない．よって次が成り立つ．

$$f(x_3, y_3) = \begin{vmatrix} x_1 & y_1 & 1 \\ x_2 & y_2 & 1 \\ x_3 & y_3 & 1 \end{vmatrix} \neq 0.$$

(3) $\begin{vmatrix} x_1^2 & x_1 & 1 \\ x_2^2 & x_2 & 1 \\ x_3^2 & x_3 & 1 \end{vmatrix} \neq 0$ より，行列 $\begin{pmatrix} x_1^2 & x_1 & 1 \\ x_2^2 & x_2 & 1 \\ x_3^2 & x_3 & 1 \end{pmatrix}$ は正則行列である．そこで

$$\begin{pmatrix} a \\ b \\ c \end{pmatrix} = \begin{pmatrix} x_1^2 & x_1 & 1 \\ x_2^2 & x_2 & 1 \\ x_3^2 & x_3 & 1 \end{pmatrix}^{-1} \begin{pmatrix} y_1 \\ y_2 \\ y_3 \end{pmatrix}$$

とおくと，a, b, c は $\begin{pmatrix} y_1 \\ y_2 \\ y_3 \end{pmatrix} = \begin{pmatrix} x_1^2 & x_1 & 1 \\ x_2^2 & x_2 & 1 \\ x_3^2 & x_3 & 1 \end{pmatrix} \begin{pmatrix} a \\ b \\ c \end{pmatrix}$ を満たす．いい換えれば

$$\begin{cases} y_1 = ax_1^2 + bx_1 + c, \\ y_2 = ax_2^2 + bx_2 + c, \\ y_3 = ax_3^2 + bx_3 + c \end{cases}$$

である．これは，方程式 $y = ax^2 + bx + c$ で表される図形が 3 点 $(x_1, y_1), (x_2, y_2), (x_3, y_3)$ を通ることを意味する．このとき，$a \neq 0$ である．実際，$a = 0$ ならばこの方程式は $y = bx + c$ となるが，仮定より，3 点 $(x_1, y_1), (x_2, y_2), (x_3, y_3)$ が一直線上にないので，このようなことは起こらない．したがって，$y = ax^2 + bx + c$ は放物線であり，かつ，3 点 $(x_1, y_1), (x_2, y_2), (x_3, y_3)$ を通る．

B.2 (1) $\boldsymbol{a} = \begin{pmatrix} a_1 \\ a_2 \\ a_3 \end{pmatrix}, \boldsymbol{b} = \begin{pmatrix} b_1 \\ b_2 \\ b_3 \end{pmatrix}, \boldsymbol{c} = \begin{pmatrix} c_1 \\ c_2 \\ c_3 \end{pmatrix}$ とおくと，$\boldsymbol{a} \times \boldsymbol{b} = \begin{pmatrix} a_2 b_3 - a_3 b_2 \\ a_3 b_1 - a_1 b_3 \\ a_1 b_2 - a_2 b_1 \end{pmatrix}$
である．このとき

$$\begin{aligned} (\boldsymbol{a} \times \boldsymbol{b}, \boldsymbol{c}) &= (a_2 b_3 - a_3 b_2) c_1 + (a_3 b_1 - a_1 b_3) c_2 + (a_1 b_2 - a_2 b_1) c_3 \\ &= a_1 b_2 c_3 + a_2 b_3 c_1 + a_3 b_1 c_2 - a_1 b_3 c_2 - a_2 b_1 c_3 - a_3 b_2 c_1 \end{aligned}$$

となる．これは $\det(\boldsymbol{a}\,\boldsymbol{b}\,\boldsymbol{c})$ にほかならない．

(2) $(\boldsymbol{a} \times \boldsymbol{b}, \boldsymbol{a}) = \det(\boldsymbol{a}\,\boldsymbol{b}\,\boldsymbol{a}) = 0$ である．同様に，$(\boldsymbol{a} \times \boldsymbol{b}, \boldsymbol{b}) = 0$ である．また，

$$\begin{aligned} \|\boldsymbol{a}\|^2 \|\boldsymbol{b}\|^2 - (\boldsymbol{a}, \boldsymbol{b})^2 &= (a_1^2 + a_2^2 + a_3^2)(b_1^2 + b_2^2 + b_3^2) - (a_1 b_1 + a_2 b_2 + a_3 b_3)^2 \\ &= (a_2 b_3 - a_3 b_2)^2 + (a_3 b_1 - a_1 b_3)^2 + (a_1 b_2 - a_2 b_1)^2 \\ &= \|\boldsymbol{a} \times \boldsymbol{b}\|^2 \end{aligned} \qquad (*1)$$

より，

$$\|\boldsymbol{a} \times \boldsymbol{b}\| \leq \|\boldsymbol{a}\| \cdot \|\boldsymbol{b}\| \qquad (*2)$$

が成り立つ．等号成立は，$(\boldsymbol{a}, \boldsymbol{b}) = 0$ のときである．また，シュワルツの不等式より，ベクトル $\boldsymbol{x}, \boldsymbol{y}$ に対して

$$|(\boldsymbol{x}, \boldsymbol{y})| \leq \|\boldsymbol{x}\| \cdot \|\boldsymbol{y}\| \qquad (*3)$$

が成り立つ．等号成立は，$\boldsymbol{x}, \boldsymbol{y}$ が線形従属のときである．
小問 (1) の結果と $(*2)$ を用い，さらに $(*3)$ を $\boldsymbol{x} = \boldsymbol{a} \times \boldsymbol{b}, \boldsymbol{y} = \boldsymbol{c}$ に対して適用すれば

$$|\det A| = |(\boldsymbol{a} \times \boldsymbol{b}, \boldsymbol{c})| \leq \|\boldsymbol{a} \times \boldsymbol{b}\| \cdot \|\boldsymbol{c}\| \leq \|\boldsymbol{a}\| \cdot \|\boldsymbol{b}\| \cdot \|\boldsymbol{c}\| \qquad (*4)$$

が示される．等号が成立する条件について，次の 2 つの場合に分けて考察する．
(場合 1) $\boldsymbol{a}, \boldsymbol{b}, \boldsymbol{c}$ のうち，少なくともいずれか 1 つが零ベクトルのとき：
このとき，$\det A = 0, \|\boldsymbol{a}\| \cdot \|\boldsymbol{b}\| \cdot \|\boldsymbol{c}\| = 0$ であるので，不等式 $(*4)$ において，等号が成立する．
(場合 2) $\boldsymbol{a}, \boldsymbol{b}, \boldsymbol{c}$ のいずれも零ベクトルでないとき：
このとき，不等式 $(*4)$ において等号が成立するのは，$\boldsymbol{a} \times \boldsymbol{b}$ と $\boldsymbol{c}$ が線形従属であり，かつ，$(\boldsymbol{a}, \boldsymbol{b}) = 0$ であるときである．そこで，$(\boldsymbol{a}, \boldsymbol{b}) = 0$ を式 $(*1)$ に代入すれば

$$\|\boldsymbol{a} \times \boldsymbol{b}\| = \|\boldsymbol{a}\| \cdot \|\boldsymbol{b}\| \neq 0$$

となるので，$\boldsymbol{a} \times \boldsymbol{b} \neq \boldsymbol{0}$ である．さらに $\boldsymbol{a} \times \boldsymbol{b}$ と $\boldsymbol{c}$ が線形従属であることより，ある実数 k が存在して $\boldsymbol{c} = k(\boldsymbol{a} \times \boldsymbol{b})$ となる．このことと $(\boldsymbol{a} \times \boldsymbol{b}, \boldsymbol{a}) = 0, (\boldsymbol{a} \times \boldsymbol{b}, \boldsymbol{b}) = 0$ とを考え合わせれば，

$$(\boldsymbol{c}, \boldsymbol{a}) = (\boldsymbol{c}, \boldsymbol{b}) = 0$$

が得られる．$(\boldsymbol{a}, \boldsymbol{b}) = 0$ と合わせれば，$\boldsymbol{a}, \boldsymbol{b}, \boldsymbol{c}$ は互いに直交することが分かる．

逆に，$\mathbf{0}$ でないベクトル $\mathbf{a}, \mathbf{b}, \mathbf{c}$ が互いに直交するとき，$\mathbb{R}^3$ において $\mathbf{a}, \mathbf{b}$ の双方と直交するベクトル全体は 1 次元線形部分空間をなし，2 つのベクトル $\mathbf{a} \times \mathbf{b}, \mathbf{c}$ がその部分空間に属することから，$\mathbf{a} \times \mathbf{b}$ と $\mathbf{c}$ は線形従属であることが分かる．さらに $(\mathbf{a}, \mathbf{b}) = 0$ であるので，不等式 $(*4)$ において等号が成立する．

したがって，不等式 $(*4)$ において等号が成立するための条件は，$\mathbf{a}, \mathbf{b}, \mathbf{c}$ のうち，少なくとも 1 つが零ベクトルであるか，または，$\mathbf{a}, \mathbf{b}, \mathbf{c}$ が互いに直交することである．

B.3 $B = (\mathbf{b}_1\ \mathbf{b}_2\ \mathbf{b}_3\ \mathbf{b}_4) = \begin{pmatrix} 1 & 2 & 0 & 3 \\ 0 & 1 & 3 & 2 \\ 3 & 0 & 2 & 1 \\ 2 & 3 & 1 & 0 \end{pmatrix}$ とおく．B の階数 $\mathrm{rank}(B)$ は，B の線形独立な列ベクトルの最大個数に等しい．その個数を k とするとき，$\mathbf{b}_i$ $(i = 1, 2, 3, 4)$ の中から k 個の線形独立なベクトルを選べば，それが W の基底となる．したがって，$\mathrm{rank}(B) = \dim W$ である．ここで，$\dim W$ は W の次元を表す．

そこで，掃き出し法を用いて $\mathrm{rank}(B)$ を求める．（ここで，「$C_i + \alpha C_j$」は第 i 列に第 j 列の α 倍を加える変形を表し，「$C_i \times \alpha$」は第 i 列を α 倍することを表す．）

$$\begin{pmatrix} 1 & 2 & 0 & 3 \\ 0 & 1 & 3 & 2 \\ 3 & 0 & 2 & 1 \\ 2 & 3 & 1 & 0 \end{pmatrix} \xrightarrow[C_4 - 3C_1]{C_2 - 2C_1} \begin{pmatrix} 1 & 0 & 0 & 0 \\ 0 & 1 & 3 & 2 \\ 3 & -6 & 2 & -8 \\ 2 & -1 & 1 & -6 \end{pmatrix}$$

$$\xrightarrow[C_4 - 2C_2]{C_3 - 3C_2} \begin{pmatrix} 1 & 0 & 0 & 0 \\ 0 & 1 & 0 & 0 \\ 3 & -6 & 20 & 4 \\ 2 & -1 & 4 & -4 \end{pmatrix} \xrightarrow{C_3 \times (1/20)} \begin{pmatrix} 1 & 0 & 0 & 0 \\ 0 & 1 & 0 & 0 \\ 3 & -6 & 1 & 4 \\ 2 & -1 & 1/5 & -4 \end{pmatrix}$$

$$\xrightarrow{C_4 - 4C_3} \begin{pmatrix} 1 & 0 & 0 & 0 \\ 0 & 1 & 0 & 0 \\ 3 & -6 & 1 & 0 \\ 2 & -1 & 1/5 & -24/5 \end{pmatrix} \xrightarrow{C_4 \times (-5/24)} \begin{pmatrix} 1 & 0 & 0 & 0 \\ 0 & 1 & 0 & 0 \\ 3 & -6 & 1 & 0 \\ 2 & -1 & 1/5 & 1 \end{pmatrix}$$

となるので，$\mathrm{rank}(B) = 4$ である．したがって，$\dim W = 4$ である．

別解 上の変形の最後に現れた行列の第 i 列ベクトルを $\mathbf{c}_i$ $(i = 1, 2, 3, 4)$ とすると，各 $\mathbf{c}_i$ は $\mathbf{b}_1, \mathbf{b}_2, \mathbf{b}_3, \mathbf{b}_4$ の線形結合であるので，$\mathbf{c}_i \in W$ $(i = 1, 2, 3, 4)$ となる．したがって，$\mathbf{c}_1, \mathbf{c}_2, \mathbf{c}_3, \mathbf{c}_4$ で生成された $\mathbb{R}^4$ の部分空間を W' とすれば，$W' \subset W$ が成り立つ．一方，基本変形は可逆であるので，上の議論の $\mathbf{b}_i$ と $\mathbf{c}_i$ の役割を入れかえることにより，$W \subset W'$ が得られる．よって $W' = W$ である．$\mathbf{c}_1, \mathbf{c}_2, \mathbf{c}_3, \mathbf{c}_4$ は，その形から線形独立であることが分かる．実際，$\alpha_1 \mathbf{c}_1 + \alpha_2 \mathbf{c}_2 + \alpha_3 \mathbf{c}_3 + \alpha_4 \mathbf{c}_4 = \mathbf{0}$ とすると，両辺の第 1 成分を比較することにより $\alpha_1 = 0$ が得られ，次に第 2 成分を比較して $\alpha_2 = 0$ が得られ，さらに順次 $\alpha_3 = \alpha_4 = 0$ が得られる．よって，$\mathbf{c}_1, \mathbf{c}_2, \mathbf{c}_3, \mathbf{c}_4$ が W の基底をなし，$\dim W = 4$ であることが分かる．

B.4 (1) $x + y - 2z = 0$ を解くと，解は

$$\begin{cases} x = -\alpha + 2\beta, \\ y = \alpha, \\ z = \beta \end{cases} \Leftrightarrow \begin{pmatrix} x \\ y \\ z \end{pmatrix} = \alpha \begin{pmatrix} -1 \\ 1 \\ 0 \end{pmatrix} + \beta \begin{pmatrix} 2 \\ 0 \\ 1 \end{pmatrix} \quad (\alpha, \beta \text{ は任意定数})$$

で与えられる．$\mathbf{w}_1 = \begin{pmatrix} -1 \\ 1 \\ 0 \end{pmatrix}, \mathbf{w}_2 = \begin{pmatrix} 2 \\ 0 \\ 1 \end{pmatrix}$ とおくと，$\mathbf{w}_1, \mathbf{w}_2$ は W を生成する．また，$c_1 \mathbf{w}_1 + c_2 \mathbf{w}_2 = \mathbf{0}$ となる $c_1, c_2 \in \mathbb{R}$ は $c_1 = c_2 = 0$ に限られる．実際，$c_1 \mathbf{w}_1 + c_2 \mathbf{w}_2$ が零ベ

クトルならば，その第 2 成分 c_1，第 3 成分 c_2 も 0 でなければならない．
したがって，$\langle \boldsymbol{w}_1, \boldsymbol{w}_2 \rangle$ は W の基底であるので，「$f(W) \subset W$ であること」は，「$f(\boldsymbol{w}_1) \in W$ かつ $f(\boldsymbol{w}_2) \in W$」と同値である．

$$f(\boldsymbol{w}_1) = \begin{pmatrix} -s-3 \\ -1 \\ -1+t \end{pmatrix} \in W \Leftrightarrow (-s-3) + (-1) - 2(-1+t) = 0 \Leftrightarrow s + 2t = -2,$$

$$f(\boldsymbol{w}_2) = \begin{pmatrix} 2s \\ 4 \\ 2+2t \end{pmatrix} \in W \Leftrightarrow 2s + 4 - 2(2+2t) = 0 \Leftrightarrow s - 2t = 0$$

であるので，s, t に関する連立 1 次方程式 $\begin{cases} s + 2t = -2 \\ s - 2t = 0 \end{cases}$ を解くことにより，$s = -1, t = -1/2$ が得られる．

(2) $s = -1, t = -1/2$ のとき $A = \begin{pmatrix} -1 & -3 & 0 \\ 1 & 0 & 2 \\ 1 & -1/2 & -1 \end{pmatrix}$ である．このとき

$$\det A = \begin{vmatrix} -1 & -3 & 0 \\ 1 & 0 & 2 \\ 1 & -1/2 & -1 \end{vmatrix} = -10.$$

(3) $\begin{pmatrix} x \\ y \\ z \end{pmatrix} \in W$ であることと，$\begin{pmatrix} x \\ y \\ z \end{pmatrix}$ と $\begin{pmatrix} 1 \\ 1 \\ -2 \end{pmatrix}$ が直交することが同値であるので，$\begin{pmatrix} 1 \\ 1 \\ -2 \end{pmatrix} \in W^\perp$ である．$\dim W = 2$ より $\dim W^\perp = 3 - 2 = 1$ である．よって $\begin{pmatrix} 1 \\ 1 \\ -2 \end{pmatrix}$ は $W^\perp$ の基底である．そこで $\boldsymbol{v} = \dfrac{1}{\sqrt{6}} \begin{pmatrix} 1 \\ 1 \\ -2 \end{pmatrix}$ とおけば，$\|\boldsymbol{v}\| = 1$ であり，$\langle \boldsymbol{v} \rangle$ は $W^\perp$ の正規直交基底である（ここでは単に基底を求めればよいのであるが，後の解答の都合上，正規直交基底まで求めた）．

(4) $f(\boldsymbol{v}) = \dfrac{1}{\sqrt{6}} \begin{pmatrix} -4 \\ -3 \\ 5/2 \end{pmatrix}$ と $\boldsymbol{v}$ との内積は $(f(\boldsymbol{v}), \boldsymbol{v}) = -2$ となるので，$f(\boldsymbol{v})$ の $W^\perp$ への正射影は $-2\boldsymbol{v}$ となる．実際，$\mathbb{R}^3$ の正規直交基底 $\langle \boldsymbol{v}_1, \boldsymbol{v}_2, \boldsymbol{v}_3 \rangle$ を $\boldsymbol{v}_3 = \boldsymbol{v}$ となるように選び，この基底に関する f の表現行列を $B = \begin{pmatrix} b_{11} & b_{12} & b_{13} \\ b_{21} & b_{22} & b_{23} \\ b_{31} & b_{32} & b_{33} \end{pmatrix}$ とすると，

$$f(\boldsymbol{v}) = f(\boldsymbol{v}_3) = b_{13}\boldsymbol{v}_1 + b_{23}\boldsymbol{v}_2 + b_{33}\boldsymbol{v}_3 \qquad (*)$$

であるので，$f(\boldsymbol{v})$ の $W^\perp$ への正射影は $b_{33}\boldsymbol{v}_3$ である．一方，上の $(*)$ と $\boldsymbol{v}_3$ との内積をとると，$\langle \boldsymbol{v}_1, \boldsymbol{v}_2, \boldsymbol{v}_3 \rangle$ が正規直交基底であることに注意すれば，$(f(\boldsymbol{v}_3), \boldsymbol{v}_3) = b_{33}$ が得られるので，$f(\boldsymbol{v})$ の $W^\perp$ への正射影は $(f(\boldsymbol{v}), \boldsymbol{v})\boldsymbol{v}_3$ である．

(5) 小問 (4) の解答で用いた記号をここでも用いる．$\boldsymbol{v}_1 \in W$，$f(W) \subset W$ より

$$f(\boldsymbol{v}_1) = b_{11}\boldsymbol{v}_1 + b_{21}\boldsymbol{v}_2 + b_{31}\boldsymbol{v}_3 \in W$$

であるので，$b_{31} = 0$ である．同様に $f(\boldsymbol{v}_2) \in W$ より $b_{32} = 0$ である．また，小問 (4) の結果

より $b_{33} = -2$ である．したがって $B = \begin{pmatrix} b_{11} & b_{12} & b_{13} \\ b_{21} & b_{22} & b_{23} \\ 0 & 0 & -2 \end{pmatrix}$ となる．
このとき，
$$\det B = \det A = -10$$
である．実際，$\mathbb{R}^3$ の自然基底に関する f の表現行列は A である．また，自然基底から基底 $\langle \boldsymbol{v}_1, \boldsymbol{v}_2, \boldsymbol{v}_3 \rangle$ への変換行列を P とすれば $B = P^{-1}AP$ が成り立つので
$$\det B = \frac{1}{\det P} \det A \det P = \det A$$
が成り立ち，線形変換の表現行列の行列式は，基底の選び方によらないことが分かる．
そこで $B' = \begin{pmatrix} b_{11} & b_{12} \\ b_{21} & b_{22} \end{pmatrix}$ とおくと，B' は，W の基底 $\langle \boldsymbol{v}_1, \boldsymbol{v}_2 \rangle$ に関する $f|_W$ の表現行列にほかならない（ここで $f|_W$ は f を W に制限した写像を表す）．さらに
$$\det B = (-2) \cdot \det B'$$
より，$\det B' = 5$ が得られる．これが求める行列式である．

(5) の別解： 小問 (1) の解答のように W の基底 $\langle \boldsymbol{w}_1, \boldsymbol{w}_2 \rangle$ を選ぶ．
$$f(\boldsymbol{w}_1) = \begin{pmatrix} -2 \\ -1 \\ -3/2 \end{pmatrix} = (-1) \cdot \boldsymbol{w}_1 + \left(-\frac{3}{2}\right) \cdot \boldsymbol{w}_2,$$
$$f(\boldsymbol{w}_2) = \begin{pmatrix} -2 \\ 4 \\ 1 \end{pmatrix} = 4\boldsymbol{w}_1 + 1 \cdot \boldsymbol{w}_2$$
より，この基底に関する $f|_W$ の表現行列は $\begin{pmatrix} -1 & 4 \\ -3/2 & 1 \end{pmatrix}$ であり，その行列式は
$\begin{vmatrix} -1 & 4 \\ -3/2 & 1 \end{vmatrix} = 5$ である（この値は W の基底の取り方によらない）．

B.5 (1) A の特性多項式を $\Phi_A(t)$ とすると
$$\Phi_A(t) = \begin{vmatrix} t-a & a & 0 \\ b & t-2b & b \\ 0 & a & t-a \end{vmatrix} = t(t-a)\{t-(a+2b)\}$$
より，A の固有値は $0, a, a+2b$ である．
(2), (4) この 2 つの小問については，いくつかの場合に分けて，同時に解答する．
（場合 1）$a \neq 0$ かつ $b \neq 0$ かつ $a+2b \neq 0$ のとき．
このとき $0, a, a+2b$ は相異なるので，A は相異なる 3 つの固有値を持つ．
$\boldsymbol{x} = \begin{pmatrix} x \\ y \\ z \end{pmatrix}$ に対して
$$A\boldsymbol{x} = 0 \cdot \boldsymbol{x} \Leftrightarrow \begin{cases} a(x-y) = 0, \\ b(-x+2y-z) = 0, \\ a(-y+z) = 0 \end{cases}$$
であるが，$a \neq 0, b \neq 0$ より，この条件は「$x = y = z$」と同値である．よって，固有値 0 に対する固有ベクトルは $c_1 \begin{pmatrix} 1 \\ 1 \\ 1 \end{pmatrix}$ $(c_1 \neq 0)$ の形である．

$$A\boldsymbol{x} = a\boldsymbol{x} \Leftrightarrow \begin{cases} -ay = 0, \\ -bx + (-a+2b)y - bz = 0 \end{cases}$$

であるが，この条件は「$y=0$ かつ $x+z=0$」と同値である．よって，固有値 a に対する固有ベクトルは $c_2 \begin{pmatrix} 1 \\ 0 \\ -1 \end{pmatrix}$ ($c_2 \neq 0$) の形である．

$$A\boldsymbol{x} = (a+2b)\boldsymbol{x} \Leftrightarrow \begin{cases} -2bx - ay = 0, \\ -bx - ay - bz = 0, \\ -ay - 2bz = 0 \end{cases}$$

であるが，この条件は「$x:y:z = a:-2b:a$」と同値である．よって，固有値 $a+2b$ に対する固有ベクトルは $c_3 \begin{pmatrix} a \\ -2b \\ a \end{pmatrix}$ ($c_3 \neq 0$) の形である．

このとき，例えば $\boldsymbol{u}_1 = \begin{pmatrix} 1 \\ 1 \\ 1 \end{pmatrix}, \boldsymbol{u}_2 = \begin{pmatrix} 1 \\ 0 \\ -1 \end{pmatrix}, \boldsymbol{u}_3 = \begin{pmatrix} a \\ -2b \\ a \end{pmatrix}$ とおけば，これらは相異なる固有値に対する固有ベクトルであるので，線形独立である．よって

$$P = (\boldsymbol{u}_1 \; \boldsymbol{u}_2 \; \boldsymbol{u}_3) = \begin{pmatrix} 1 & 1 & a \\ 1 & 0 & -2b \\ 1 & -1 & a \end{pmatrix}$$

とおけば，P は正則行列であり，$P^{-1}AP = \begin{pmatrix} 0 & 0 & 0 \\ 0 & a & 0 \\ 0 & 0 & a+2b \end{pmatrix}$ となる．

(場合 2) $a=0$ かつ $b=0$ のとき．
このとき $a+2b = 0$ であり，A は零行列である．固有値は 0 のみであり，$\boldsymbol{0}$ 以外のすべての 3 次元ベクトルが固有値 0 に対する固有ベクトルである．A はすでに対角行列であるが，例えば $\boldsymbol{u}_1 = \begin{pmatrix} 1 \\ 0 \\ 0 \end{pmatrix}, \boldsymbol{u}_2 = \begin{pmatrix} 0 \\ 1 \\ 0 \end{pmatrix}, \boldsymbol{u}_3 = \begin{pmatrix} 0 \\ 0 \\ 1 \end{pmatrix}$ とおき，$P = (\boldsymbol{u}_1 \; \boldsymbol{u}_2 \; \boldsymbol{u}_3)$ とおけば，P は単位行列であり，$P^{-1}AP = O$ (零行列) である．

(場合 3) $a=0$ かつ $b \neq 0$ のとき．
このとき $a+2b = 2b \neq 0$ である．$A = \begin{pmatrix} 0 & 0 & 0 \\ -b & 2b & -b \\ 0 & 0 & 0 \end{pmatrix}$ であり，固有値は $0, 2b$ のみである．$A\boldsymbol{x} = \boldsymbol{0} \Leftrightarrow b(-x+2y-z) = 0 \Leftrightarrow -x+2y-z = 0$ である．$\boldsymbol{u}_1 = \begin{pmatrix} 1 \\ 1 \\ 1 \end{pmatrix}, \boldsymbol{u}_2 = \begin{pmatrix} 1 \\ 0 \\ -1 \end{pmatrix}$ とおくと，これらは固有値 0 に対する A の固有ベクトルであり，これらは線形独立である．さらに，固有値 0 に対する A の任意の固有ベクトルは $c_1 \boldsymbol{u}_1 + c_2 \boldsymbol{u}_2$ ($c_1 \neq 0$ または $c_2 \neq 0$) の形である．

$$A\boldsymbol{x} = 2b\boldsymbol{x} \Leftrightarrow \begin{cases} -2bx = 0, \\ -b(x+z) = 0, \quad \Leftrightarrow x = z = 0 \\ -2bz = 0 \end{cases}$$

より，固有値 $2b\,(=a+2b)$ に対する固有ベクトルは $c_3 \begin{pmatrix} 0 \\ 1 \\ 0 \end{pmatrix}$ $(c_3 \neq 0)$ の形である．そこで，
$u_3 = \begin{pmatrix} 0 \\ 1 \\ 0 \end{pmatrix}$ とおき，上の u_1, u_2 と合わせて

$$P = (u_1\, u_2\, u_3) = \begin{pmatrix} 1 & 1 & 0 \\ 1 & 0 & 1 \\ 1 & -1 & 0 \end{pmatrix}$$

とおけば，P は正則行列であり，$P^{-1}AP = \begin{pmatrix} 0 & 0 & 0 \\ 0 & 0 & 0 \\ 0 & 0 & 2b \end{pmatrix}$ となる．

(場合 4) $a \neq 0$ かつ $b = 0$ のとき．
このとき $a + 2b = a \neq 0$ である．$A = \begin{pmatrix} a & -a & 0 \\ 0 & 0 & 0 \\ 0 & -a & a \end{pmatrix}$ であり，固有値は $0, a$ のみである．

$$Ax = 0 \Leftrightarrow \begin{cases} a(x-y) = 0, \\ a(-y+z) = 0 \end{cases} \Leftrightarrow x = y = z$$

であるので，$u_1 = \begin{pmatrix} 1 \\ 1 \\ 1 \end{pmatrix}$ とおけば，これは固有値 0 に対する A の固有ベクトルであり，固有値 0 に対する A の任意の固有ベクトルは $c_1 u_1$ $(c_1 \neq 0)$ の形である．

$$Ax = ax \Leftrightarrow -ay = 0 \Leftrightarrow y = 0$$

である．そこで，$u_2 = \begin{pmatrix} 1 \\ 0 \\ 0 \end{pmatrix}, u_3 = \begin{pmatrix} 0 \\ 0 \\ 1 \end{pmatrix}$ とおけば，これらは固有値 a に対する A の固有ベクトルであり，これらは線形独立である．固有値 a に対する A の任意の固有ベクトルは，$c_2 u_2 + c_3 u_3$ $(c_2 \neq 0$ または $c_3 \neq 0)$ の形である．そこで

$$P = (u_1\, u_2\, u_3) = \begin{pmatrix} 1 & 1 & 0 \\ 1 & 0 & 0 \\ 1 & 0 & 1 \end{pmatrix}$$

とおけば，P は正則行列であり，$P^{-1}AP = \begin{pmatrix} 0 & 0 & 0 \\ 0 & a & 0 \\ 0 & 0 & a \end{pmatrix}$ となる．

(場合 5) $a \neq 0$ かつ $b \neq 0$ かつ $a + 2b = 0$ のとき．
このとき $a = -2b$ であり，$A = \begin{pmatrix} -2b & 2b & 0 \\ -b & 2b & -b \\ 0 & 2b & -2b \end{pmatrix}$ であり，固有値は $0, a\,(=-2b)$ のみである．また，$\Phi_A(t) = t^2(t-a)$ である．

$$Ax = 0 \Leftrightarrow \begin{cases} 2b(-x+y) = 0, \\ b(-x+2y-z) = 0, \\ 2b(y-z) = 0 \end{cases} \Leftrightarrow x = y = z$$

であるので，固有値 0 に対する A の固有空間を W とおくと

$$W = \left\{ c_1 \begin{pmatrix} 1 \\ 1 \\ 1 \end{pmatrix} \,\middle|\, c_1 \in \mathbb{R} \right\}$$

である．この空間の次元は 1 であり，A の特性方程式の根 0 の重複度 2 よりも小さい．よって，この場合，A は対角化不可能である．

固有値 0 に対する A の固有ベクトルは $c_1 \begin{pmatrix} 1 \\ 1 \\ 1 \end{pmatrix}$ $(c_1 \neq 0)$ の形である．

$$A\boldsymbol{x} = -2b\boldsymbol{x} \Leftrightarrow \begin{cases} 2by = 0, \\ b(-x + 4y - z) = 0 \end{cases} \Leftrightarrow \begin{cases} y = 0, \\ x + z = 0 \end{cases}$$

であるので，固有値 a に対する固有ベクトルは $c_3 \begin{pmatrix} 1 \\ 0 \\ -1 \end{pmatrix}$ $(c_3 \neq 0)$ の形である．

場合 1 から場合 5 までの考察により，次のことが成り立つことが分かる．

$$A \text{ が対角化不可能} \Leftrightarrow a \neq 0 \text{ かつ } b \neq 0 \text{ かつ } a + 2b = 0,$$

$$A \text{ が対角化可能} \Leftrightarrow a = 0 \text{ または } b = 0 \text{ または } a + 2b \neq 0$$

(3) A の 3 つの固有ベクトルを選んで直交系とすることができるならば，それらの固有ベクトルを定数倍して，ノルムを 1 にすることにより，A の固有ベクトルからなる $\mathbb{R}^3$ の正規直交基底を作ることができる．逆に，A の固有ベクトルからなる $\mathbb{R}^3$ の正規直交基底は，直交系をなす．よって，A の 3 つの固有ベクトルを選んで直交系とすることができるということと，A の固有ベクトルからなる $\mathbb{R}^3$ の正規直交基底が存在するということは同値である．さらにこのことは，A が直交行列によって対角化可能であることと同値である．そしてそれは A が対称行列であることと同値であり，いまの場合，さらにそれは $a = b$ と同値である．よって，求める条件は「$a = b$」である．

(5) A の特性多項式 $\Phi_A(t)$ は

$$\Phi_A(t) = t(t-a)\{t - (a+2b)\} = t^3 - 2(a+b)t^2 + a(a+2b)t$$

であるので，ケーリー–ハミルトンの定理より

$$\Phi_A(A) = A^3 - 2(a+b)A^2 + a(a+2b)A = O \text{ （零行列）．}$$

B.6 (1) 一般に，行列 X の特性多項式を $\Phi_X(t)$ と表すことにする．このとき

$$\Phi_A(t) = \begin{vmatrix} t & -1 & 0 \\ 2 & t+3 & -1 \\ 0 & 0 & t+\frac{1}{2} \end{vmatrix} = \left(t + \frac{1}{2}\right)(t+1)(t+2)$$

であるので，A の固有値は $-1/2, -1, -2$ である．$\boldsymbol{x} = \begin{pmatrix} x_1 \\ x_2 \\ x_3 \end{pmatrix}$ に対して $A\boldsymbol{x} = -\frac{1}{2}\boldsymbol{x} \Leftrightarrow \left(A + \frac{1}{2}E_3\right)\boldsymbol{x} = \boldsymbol{0}$ を解くと $\boldsymbol{x} = c_1 \begin{pmatrix} 4 \\ -2 \\ 3 \end{pmatrix}$ $(c_1$ は任意定数) が得られるので，固有値 $-\frac{1}{2}$ に対する固有ベクトルは $\boldsymbol{x} = c_1 \begin{pmatrix} 4 \\ -2 \\ 3 \end{pmatrix}$ $(c_1 \neq 0)$ である．

同様に，$A\boldsymbol{x} = -\boldsymbol{x} \Leftrightarrow (A + E_3)\boldsymbol{x} = \boldsymbol{0}$ を解くことにより，固有値 -1 に対する固有ベクトルが

$\boldsymbol{x} = c_2 \begin{pmatrix} 1 \\ -1 \\ 0 \end{pmatrix}$ $(c_2 \neq 0)$ であることが分かる.

また,$A\boldsymbol{x} = -2\boldsymbol{x} \Leftrightarrow (A + 2E_3)\boldsymbol{x} = \boldsymbol{0}$ を解くことにより,固有値 -2 に対する固有ベクトルが $\boldsymbol{x} = c_3 \begin{pmatrix} 1 \\ -2 \\ 0 \end{pmatrix}$ $(c_3 \neq 0)$ であることが分かる.

(2) $\lambda_1 = -\dfrac{1}{2}$, $\lambda_2 = -1$, $\lambda_3 = -2$, $\boldsymbol{t}_1 = \begin{pmatrix} 4 \\ -2 \\ 3 \end{pmatrix}$, $\boldsymbol{t}_2 = \begin{pmatrix} 1 \\ -1 \\ 0 \end{pmatrix}$, $\boldsymbol{t}_3 = \begin{pmatrix} 1 \\ -2 \\ 0 \end{pmatrix}$

とすると,$A\boldsymbol{t}_i = \lambda_i \boldsymbol{t}_i$ $(i = 1, 2, 3)$ が成り立つ.相異なる固有値に対する固有ベクトルは線形独立であるので,$\boldsymbol{t}_1, \boldsymbol{t}_2, \boldsymbol{t}_3$ は線形独立である.
($\alpha_1 \boldsymbol{t}_1 + \alpha_2 \boldsymbol{t}_2 + \alpha_3 \boldsymbol{t}_3 = \boldsymbol{0}$ を解いて,これを満たす $\alpha_1, \alpha_2, \alpha_3$ が $\alpha_1 = \alpha_2 = \alpha_3 = 0$ に限られることを示すことにより,$\boldsymbol{t}_1, \boldsymbol{t}_2, \boldsymbol{t}_3$ が線形独立であることを示してもよい.)
行列の階数は,その行列の線形独立な列ベクトルの最大個数に等しく,$\boldsymbol{t}_1, \boldsymbol{t}_2, \boldsymbol{t}_3$ が線形独立であることより,3 次の正方行列 $T = (\boldsymbol{t}_1\,\boldsymbol{t}_2\,\boldsymbol{t}_3)$ の階数は 3 である.したがって T は正則行列であり,逆行列を持つ.
$\Lambda = \begin{pmatrix} \lambda_1 & 0 & 0 \\ 0 & \lambda_2 & 0 \\ 0 & 0 & \lambda_3 \end{pmatrix}$ とおく.このとき
$$AT = A(\boldsymbol{t}_1\,\boldsymbol{t}_2\,\boldsymbol{t}_3) = (A\boldsymbol{t}_1\,A\boldsymbol{t}_2\,A\boldsymbol{t}_3) = (\lambda_1\boldsymbol{t}_1\,\lambda_2\boldsymbol{t}_2\,\lambda_3\boldsymbol{t}_3)$$
である.一方
$$T\Lambda = (\boldsymbol{t}_1\,\boldsymbol{t}_2\,\boldsymbol{t}_3)\begin{pmatrix} \lambda_1 & 0 & 0 \\ 0 & \lambda_2 & 0 \\ 0 & 0 & \lambda_3 \end{pmatrix} = (\lambda_1\boldsymbol{t}_1\,\lambda_2\boldsymbol{t}_2\,\lambda_3\boldsymbol{t}_3)$$
であるので $AT = T\Lambda$ が成り立つ.両辺に左から T^{-1} を掛ければ $T^{-1}AT = \Lambda$ が得られる.

(3) $f_n(a_1, a_2, \cdots, a_n; t) = a_1 + a_2 t + \cdots + a_n t^{n-1} + t^n = \sum_{i=1}^n a_i t^{i-1} + t^n$ とおく.
$\Phi_B(t) = f_n(a_1, a_2, \cdots, a_n; t)$ であることを数学的帰納法により証明する.
$n = 2$ のとき $B = \begin{pmatrix} 0 & 1 \\ -a_1 & -a_2 \end{pmatrix}$ であるので,
$$\Phi_B(t) = \begin{vmatrix} t & -1 \\ a_1 & t + a_2 \end{vmatrix} = a_1 + a_2 t + t^2 = f_2(a_1, a_2; t)$$
となる.($n = 1$ のとき $B = (-a_1)$ であり,$\Phi_B(t) = a_1 + t = f_1(a_1; t)$ である,というところから始めてもよい.)
$n \geq 3$ とし(最初に $n = 1$ の場合から始めた場合は,ここで $n \geq 2$ とする),$n - 1$ までは主張が成り立つと仮定する.このとき
$$\Phi_B(t) = \begin{vmatrix} t & -1 & & & \\ & t & -1 & & \\ & & \ddots & \ddots & \\ & & & t & -1 \\ a_1 & a_2 & \cdots & a_{n-1} & t + a_n \end{vmatrix}$$
であるが,この行列式を第 1 列に関して展開することにより

$$\Phi_B(t) = t \begin{vmatrix} t & -1 & & & \\ & t & -1 & & \\ & & \ddots & \ddots & \\ & & & t & -1 \\ a_2 & a_3 & \cdots & a_{n-1} & t+a_n \end{vmatrix} + (-1)^{n+1} a_1 \begin{vmatrix} -1 & & & & \\ t & -1 & & & \\ & t & \ddots & & \\ & & \ddots & -1 & \\ & & & t & -1 \end{vmatrix}$$

$$= t f_{n-1}(a_2, a_3, \cdots, a_n; t) + (-1)^{n+1} a_1 \cdot (-1)^{n-1}$$

$$= a_1 + t(a_2 + a_3 t + \cdots + a_n t^{n-2} + t^{n-1}) = f_n(a_1, a_2, \cdots, a_n; t)$$

である．よって B の固有多項式は $a_1 + a_2 t + \cdots + a_n t^{n-1} + t^n$ である．

(4) 等式

$$\Phi_B(t) = \det(tE_n - B) = \prod_{i=1}^n (t - \lambda_i) = \sum_{i=1}^n a_i t^{i-1} + t^n \quad (*)$$

において，$t = 0$ とおくと，$\det(-B) = \prod_{i=1}^n (-\lambda_i) = a_1$ となる．

$$\det(-B) = (-1)^n \det B, \quad \prod_{i=1}^n (-\lambda_i) = (-1)^n \prod_{i=1}^n \lambda_i$$

より，$(*)$ の両辺を $(-1)^n$ 倍すれば，$\det B = \prod_{i=1}^n \lambda_i = (-1)^n a_1$ が得られる．
次に，$(*)$ の t^{n-1} の係数を比較する．一般に，n 次正方行列 $C = (c_{ij})$ の固有多項式 $\Phi_C(t)$ の t^{n-1} の係数は $-\mathrm{tr}(C)$ である．実際，行列 $tE_n - C$ の (i,j) 成分を $\gamma_{ij}(t)$ とすれば，

$$\gamma_{ii}(t) = t - c_{ii}, \quad \gamma_{ij}(t) = -c_{ij} \quad (i \neq j \text{ のとき})$$

である．行列式の定義より

$$\det(tE_n - C) = \sum_{\sigma \in S_n} \mathrm{sgn}(\sigma) \gamma_{\sigma(1)1}(t) \gamma_{\sigma(2)2}(t) \cdots \gamma_{\sigma(n)n}(t) \quad (**)$$

である（ここで S_n は n 文字の置換全体を表し，$\mathrm{sgn}(\sigma)$ は置換 σ の符号を表す）．$(**)$ の右辺において，$\sigma \neq \mathrm{id}$ （id は恒等置換を表す）ならば，1 以上 n 以下のある自然数 k に対して $\sigma(k) \neq k$ となる．このとき，$\deg \gamma_{\sigma(k)k}(t) = 0$ である（ここで deg は t に関する次数を表す）．また，$\sigma(k) = l$ とおくとき，もし $\sigma(l) = l$ ならば，$\sigma(k) = \sigma(l)$ および σ が全単射であることより $k = l$ となり，$\sigma(k) \neq k$ に反するので，$\sigma(l) \neq l$ となる．このとき，

$$\deg \gamma_{\sigma(l)l}(t) = 0$$

である．したがって，$\sigma \neq \mathrm{id}$ のときは

$$\deg \gamma_{\sigma(1)1}(t) \gamma_{\sigma(2)2}(t) \cdots \gamma_{\sigma(n)n}(t) \leq n - 2$$

である．よって，$(**)$ の右辺において t^{n-1} の項が現れるのは，$\sigma = \mathrm{id}$ のときのみである．ゆえに，$\Phi_C(t)$ の t^{n-1} の係数は $(t - c_{11})(t - c_{22}) \cdots (t - c_{nn})$ の t^{n-1} の係数と等しく，それは $-c_{11} - c_{22} - \cdots - c_{nn} = -\mathrm{tr}(C)$ と等しい．
このことを用いて，$(*)$ において t^{n-1} の係数を比較すれば，$-\mathrm{tr}(B) = \sum_{i=1}^n (-\lambda_i) = a_n$ が得られ，両辺を (-1) 倍することにより $\mathrm{tr}(B) = \sum_{i=1}^n \lambda_i = -a_n$ が示される．

(5) $\boldsymbol{v}_i = \begin{pmatrix} 1 \\ \lambda_i \\ \lambda_i^2 \\ \vdots \\ \lambda_i^{n-1} \end{pmatrix}$ $(i = 1, 2, \cdots, n)$ とおく．このとき

$$B\boldsymbol{v}_i = \begin{pmatrix} 0 & 1 & 0 & \cdots & 0 \\ 0 & 0 & 1 & \ddots & \vdots \\ \vdots & \vdots & \ddots & \ddots & 0 \\ 0 & 0 & \cdots & 0 & 1 \\ -a_1 & -a_2 & \cdots & \cdots & -a_n \end{pmatrix} \begin{pmatrix} 1 \\ \lambda_i \\ \lambda_i^2 \\ \vdots \\ \lambda_i^{n-1} \end{pmatrix} = \begin{pmatrix} \lambda_i \\ \lambda_i^2 \\ \vdots \\ \lambda_i^{n-1} \\ \varepsilon_i \end{pmatrix}$$

が得られる．ここで，$\varepsilon_i = -a_1 - a_2\lambda_i - a_3\lambda_i^2 - \cdots - a_n\lambda_i^{n-1}$ である．λ_i が $a_1 + a_2 t + \cdots + a_n t^{n-1} + t^n = 0$ の根であることより $a_1 + a_2\lambda_i + \cdots + a_n\lambda_i^{n-1} + \lambda_i^n = 0$ であるので，$\varepsilon_i = \lambda_i^n$ である．よって $B\boldsymbol{v}_i = \lambda_i \boldsymbol{v}_i$ が成り立ち，$\boldsymbol{v}_i$ が固有値 λ_i に対する固有ベクトルであることが分かる．仮定より $\lambda_1, \cdots, \lambda_n$ が相異なるので，それらに対する固有ベクトルは線形独立であり，行列 $V = (\boldsymbol{v}_1 \cdots \boldsymbol{v}_n)$ は正則行列である．さらに

$$BV = (B\boldsymbol{v}_1 \cdots B\boldsymbol{v}_n) = (\lambda_1 \boldsymbol{v}_1 \cdots \lambda_n \boldsymbol{v}_n) = V \begin{pmatrix} \lambda_1 & & \\ & \ddots & \\ & & \lambda_n \end{pmatrix}$$

が成り立つ．この式に左から V^{-1} を掛けることにより，$V^{-1}BV$ が対角行列であることが示される．

(6) A は小問 (1) のものとし，λ_i, $\boldsymbol{t}_i$ $(i = 1, 2, 3)$, Λ は小問 (2) で得られたものとする．$a_1 = -\lambda_1\lambda_2\lambda_3 = 1$, $a_2 = \lambda_1\lambda_2 + \lambda_2\lambda_3 + \lambda_3\lambda_1 = 7/2$, $a_3 = -\lambda_1 - \lambda_2 - \lambda_3 = 7/2$ とおけば

$$(t - \lambda_1)(t - \lambda_2)(t - \lambda_3) = a_1 + a_2 t + a_3 t^2 + t^3$$

が成り立つ．さらに

$$B = \begin{pmatrix} 0 & 1 & 0 \\ 0 & 0 & 1 \\ -a_1 & -a_2 & -a_3 \end{pmatrix} = \begin{pmatrix} 0 & 1 & 0 \\ 0 & 0 & 1 \\ -1 & -7/2 & -7/2 \end{pmatrix}$$

とおく．$V = \begin{pmatrix} 1 & 1 & 1 \\ \lambda_1 & \lambda_2 & \lambda_3 \\ \lambda_1^2 & \lambda_2^2 & \lambda_3^2 \end{pmatrix} = \begin{pmatrix} 1 & 1 & 1 \\ -1/2 & -1 & -2 \\ 1/4 & 1 & 4 \end{pmatrix}$ とすれば，$V^{-1}BV = \Lambda$ となる．このとき $B = V\Lambda V^{-1} = VT^{-1}ATV^{-1} = (TV^{-1})^{-1}A(TV^{-1})$ が成り立つ．

$$Q = TV^{-1} = \begin{pmatrix} 4 & 1 & 1 \\ -2 & -1 & -2 \\ 3 & 0 & 0 \end{pmatrix} \begin{pmatrix} 1 & 1 & 1 \\ -1/2 & -1 & -2 \\ 1/4 & 1 & 4 \end{pmatrix}^{-1} = \begin{pmatrix} 9 & 12 & 4 \\ -4 & -5 & -2 \\ 8 & 12 & 4 \end{pmatrix}$$

とおけば $Q^{-1}AQ = B = \begin{pmatrix} 0 & 1 & 0 \\ 0 & 0 & 1 \\ -1 & -7/2 & -7/2 \end{pmatrix}$ が得られる．

B.7 $\Phi_X(t) = \det(tE_3 - X) = t^3 - \varphi_1(X)t^2 + \varphi_2(X)t - \varphi_3(X)$ (*)

とおく．(*) に $t = 0$ を代入すると，$\Phi_X(0) = \det(-X) = -\varphi_3(X)$ が得られるが，$\det(-X) = (-1)^3 \det X = -\det X$ より $\varphi_3(X) = \det X$ となる．
X の (i, j) 成分を x_{ij} とおき，$tE_3 - X$ の (i, j) 成分を $f_{ij}(t)$ とすると

$$f_{ij}(t) = \begin{cases} t - x_{ii} & (i = j \text{ のとき}), \\ -x_{ij} & (i \neq j \text{ のとき}) \end{cases}$$

であり，

$$\Phi_X(t) = f_{11}(t)f_{22}(t)f_{33}(t) + f_{21}(t)f_{32}(t)f_{13}(t) + f_{31}(t)f_{12}(t)f_{23}(t)$$
$$- f_{11}(t)f_{32}(t)f_{23}(t) - f_{21}(t)f_{12}(t)f_{33}(t) - f_{31}(t)f_{22}(t)f_{13}(t)$$

であるが，この式の右辺において t^2 が現れるのは

$$f_{11}(t)f_{22}(t)f_{33}(t) = (t-x_{11})(t-x_{22})(t-x_{33})$$

の中のみである．そこで，$(*)$ において t^2 の係数を比較すれば

$$-x_{11} - x_{22} - x_{33} = -\varphi_1(X)$$

が得られ，これより $\varphi_1(X) = \operatorname{tr}(X)$ が従う．

次に，$\varphi_2(X)$ を求めるために，$(*)$ を t で微分する．一般に，(i,j) 成分が t に関する微分可能関数 $y_{ij}(t)$ である 3 次正方行列 $Y(t)$ について，

$$\det Y(t) = \sum_{\sigma \in S_3} \operatorname{sgn}(\sigma) y_{\sigma(1)1}(t) y_{\sigma(2)2}(t) y_{\sigma(3)3}(t)$$

である．ここで，S_3 は 3 文字の置換全体を表し，$\operatorname{sgn}(\sigma)$ は置換 σ の符号を表す．この式の両辺を t で微分すると

$$(\det Y(t))' = \sum_{\sigma \in S_3} \operatorname{sgn}(\sigma) y'_{\sigma(1)1}(t) y_{\sigma(2)2}(t) y_{\sigma(3)3}(t)$$
$$+ \sum_{\sigma \in S_3} \operatorname{sgn}(\sigma) y_{\sigma(1)1}(t) y'_{\sigma(2)2}(t) y_{\sigma(3)3}(t)$$
$$+ \sum_{\sigma \in S_3} \operatorname{sgn}(\sigma) y_{\sigma(1)1}(t) y_{\sigma(2)2}(t) y'_{\sigma(3)3}(t)$$

となる．ここで，$'$ は t に関する微分を表す．右辺の i 番目の項は，$Y(t)$ の第 i 列の成分 $(i=1,2,3)$ をすべてその導関数でおきかえた行列の行列式にほかならない．

このことを $\Phi_X(t)$ に対して適用し，これを t で微分した後に $t=0$ を代入すれば

$$\Phi'_X(0) = \begin{vmatrix} 1 & -x_{12} & -x_{13} \\ 0 & -x_{22} & -x_{23} \\ 0 & -x_{32} & -x_{33} \end{vmatrix} + \begin{vmatrix} -x_{11} & 0 & -x_{13} \\ -x_{21} & 1 & -x_{23} \\ -x_{31} & 0 & -x_{33} \end{vmatrix} + \begin{vmatrix} -x_{11} & -x_{12} & 0 \\ -x_{21} & -x_{22} & 0 \\ -x_{31} & -x_{32} & 1 \end{vmatrix}$$

$$= \begin{vmatrix} -x_{22} & -x_{23} \\ -x_{32} & -x_{33} \end{vmatrix} + \begin{vmatrix} -x_{11} & -x_{13} \\ -x_{31} & -x_{33} \end{vmatrix} + \begin{vmatrix} -x_{11} & -x_{12} \\ -x_{21} & -x_{22} \end{vmatrix}$$

$$= \begin{vmatrix} x_{22} & x_{23} \\ x_{32} & x_{33} \end{vmatrix} + \begin{vmatrix} x_{11} & x_{13} \\ x_{31} & x_{33} \end{vmatrix} + \begin{vmatrix} x_{11} & x_{12} \\ x_{21} & x_{22} \end{vmatrix} = \sum_{k=1}^{3} \det\left(X^{(k,k)}\right)$$

となる．一方，$(*)$ の最右辺を t で微分した後に $t=0$ を代入したものは $\varphi_2(X)$ であるので，結局 $\varphi_2(X) = \sum_{k=1}^{3} \det\left(X^{(k,k)}\right)$ が得られる．

B.8 (1) $1 \leq i \leq n$ なる自然数 i に対して

$$(\boldsymbol{x}, \boldsymbol{v}_i) = \Big(\sum_{j=1}^{n} c_j \boldsymbol{v}_j, \boldsymbol{v}_i\Big) = \sum_{j=1}^{n} c_j (\boldsymbol{v}_j, \boldsymbol{v}_i) = c_i (\boldsymbol{v}_i, \boldsymbol{v}_i) + \sum_{j \neq i} c_j (\boldsymbol{v}_j, \boldsymbol{v}_i) \qquad (*)$$

が成り立つ．仮定より $(\boldsymbol{v}_i, \boldsymbol{v}_i) = 1$ であり，$j \neq i$ のときは $(\boldsymbol{v}_j, \boldsymbol{v}_i) = 0$ であるので，これを $(*)$ に代入することにより，$(\boldsymbol{x}, \boldsymbol{v}_i) = c_i$ が得られる．

(2) $\boldsymbol{w}_1 = \boldsymbol{v}_1 + \boldsymbol{v}_2, \boldsymbol{w}_2 = \boldsymbol{v}_2 + \boldsymbol{v}_3, \cdots, \boldsymbol{w}_{n-1} = \boldsymbol{v}_{n-1} + \boldsymbol{v}_n, \boldsymbol{w}_n = \boldsymbol{v}_n + \boldsymbol{v}_1$ とおく．$c_1, c_2, \cdots, c_n \in \mathbb{R}$ が

第 2 章の解答

$$c_1 \boldsymbol{w}_1 + c_2 \boldsymbol{w}_2 + \cdots + c_{n-1} \boldsymbol{w}_{n-1} + c_n \boldsymbol{w}_n = \boldsymbol{0} \tag{**}$$

を満たすとすると

$$c_1(\boldsymbol{v}_1 + \boldsymbol{v}_2) + c_2(\boldsymbol{v}_2 + \boldsymbol{v}_3) + \cdots + c_{n-1}(\boldsymbol{v}_{n-1} + \boldsymbol{v}_n) + c_n(\boldsymbol{v}_n + \boldsymbol{v}_1) = \boldsymbol{0}$$

となる.これを整理して

$$(c_n + c_1)\boldsymbol{v}_1 + (c_1 + c_2)\boldsymbol{v}_2 + \cdots + (c_{n-1} + c_n)\boldsymbol{v}_n = \boldsymbol{0}$$

が得られる.$\boldsymbol{v}_1, \cdots, \boldsymbol{v}_n$ が 1 次独立であることより

$$c_n + c_1 = 0, \tag{1}$$

$$c_1 + c_2 = 0, \tag{2}$$

$$c_2 + c_3 = 0, \tag{3}$$

$$\cdots,$$

$$c_{n-1} + c_n = 0 \tag{n}$$

が成り立つ.
式 (2) から (n) までより,$c_2 = -c_1, c_3 = -c_2 = (-1)^2 c_1, \cdots, c_n = -c_{n-1} = (-1)^{n-1} c_1$ が得られ,これを式 (1) に代入することにより $\{(-1)^{n-1} + 1\}c_1 = 0$ が得られる.
n が奇数のとき,$(-1)^{n-1} + 1 = 2 \neq 0$ より $c_1 = 0$ となり,これを上の式に順次代入すれば $c_1 = c_2 = \cdots = c_n = 0$ が得られる.これは,$\boldsymbol{w}_1, \cdots, \boldsymbol{w}_n$ が 1 次独立であることを意味する.
n が偶数のとき,$c_i = (-1)^{i-1}$ $(i = 1, \cdots, n)$ とおくと,これらは上の式 (2) から (n) までを満たす.また,$(-1)^{n-1} + 1 = 0$ より式 (1) も満たす.したがって,この $c_1, \cdots, c_n$ に対して式 (1) から (n) までがすべて成り立ち,上の議論を逆にたどることにより,$(**)$ が成り立つことが分かる.$c_1, \cdots, c_n$ はいずれも 0 でないので,$\boldsymbol{w}_1, \cdots, \boldsymbol{w}_n$ は 1 次従属である.
よって,$\boldsymbol{w}_1, \cdots, \boldsymbol{w}_n$ が 1 次独立であるための必要十分条件は,n が奇数であることである.

B.9 (1) $\boldsymbol{b}_2$ と $\boldsymbol{b}_1$ が直交していることより,$0 = (\boldsymbol{b}_2, \boldsymbol{b}_1) = (\alpha_1 \boldsymbol{b}_1 + \boldsymbol{a}_2, \boldsymbol{b}_1) = \alpha_1 \|\boldsymbol{b}_1\|^2 + (\boldsymbol{a}_2, \boldsymbol{b}_1)$ が成り立つ.$\boldsymbol{b}_1 = \boldsymbol{a}_1 \neq \boldsymbol{0}$ より $\|\boldsymbol{b}_1\| \neq 0$ であるので

$$\alpha_1 = -\frac{(\boldsymbol{a}_2, \boldsymbol{b}_1)}{\|\boldsymbol{b}_1\|^2}$$

である.このとき,$\boldsymbol{b}_2 \neq \boldsymbol{0}$ である.実際,もし $\boldsymbol{b}_2 = \boldsymbol{0}$ ならば,$\boldsymbol{a}_1, \boldsymbol{a}_2$ が線形従属となり,仮定に反する.また,$\boldsymbol{b}_3$ と $\boldsymbol{b}_1$ が直交し,$\boldsymbol{b}_2$ と $\boldsymbol{b}_1$ が直交していることより

$$\begin{aligned}0 &= (\boldsymbol{b}_3, \boldsymbol{b}_1) = (\beta_1 \boldsymbol{b}_1 + \beta_2 \boldsymbol{b}_2 + \boldsymbol{a}_3, \boldsymbol{b}_1) \\ &= \beta_1(\boldsymbol{b}_1, \boldsymbol{b}_1) + \beta_2(\boldsymbol{b}_2, \boldsymbol{b}_1) + (\boldsymbol{a}_3, \boldsymbol{b}_1) = \beta_1 \|\boldsymbol{b}_1\|^2 + (\boldsymbol{a}_3, \boldsymbol{b}_1)\end{aligned}$$

が成り立つので $\beta_1 = -\dfrac{(\boldsymbol{a}_3, \boldsymbol{b}_1)}{\|\boldsymbol{b}_1\|^2}$ である.同様に,$\boldsymbol{b}_3$ と $\boldsymbol{b}_2$ が直交し,$\boldsymbol{b}_1$ と $\boldsymbol{b}_2$ が直交していることより

$$\begin{aligned}0 &= (\boldsymbol{b}_3, \boldsymbol{b}_2) = (\beta_1 \boldsymbol{b}_1 + \beta_2 \boldsymbol{b}_2 + \boldsymbol{a}_3, \boldsymbol{b}_2) \\ &= \beta_1(\boldsymbol{b}_1, \boldsymbol{b}_2) + \beta_2(\boldsymbol{b}_2, \boldsymbol{b}_2) + (\boldsymbol{a}_3, \boldsymbol{b}_2) = \beta_2 \|\boldsymbol{b}_2\|^2 + (\boldsymbol{a}_3, \boldsymbol{b}_2)\end{aligned}$$

が成り立つので $\beta_2 = -\dfrac{(\boldsymbol{a}_3, \boldsymbol{b}_2)}{\|\boldsymbol{b}_2\|^2}$ である.

(2) まず,$\boldsymbol{b}_3 \neq \boldsymbol{0}$ であることを示す.実際,もし $\boldsymbol{b}_3 = \boldsymbol{0}$ ならば,$\boldsymbol{a}_3$ が $\boldsymbol{b}_1$ と $\boldsymbol{b}_2$ の線形結合

で表され，さらに b_1 と b_2 が a_1 と a_2 の線形結合で表されるので，a_3 が a_1 と a_2 の線形結合で表されることになり，a_1, a_2, a_3 が線形独立であるという仮定に反する．よって $b_3 \neq 0$ であり，$\|b_3\| \neq 0$ である．

次に，a_i $(i=1,2,3)$ を q_j $(j=1,2,3)$ で表す．まず，
$$a_1 = b_1 = \|b_1\|q_1 = \|a_1\|q_1$$
である．次に
$$a_2 = \frac{(a_2, b_1)}{\|b_1\|^2}b_1 + b_2 = \frac{\|b_1\|(a_2, q_1)}{\|b_1\|^2}\|b_1\|q_1 + b_2 = (a_2, q_1)q_1 + b_2$$
を得る．よって $b_2 = a_2 - (a_2, q_1)q_1$ となるので
$$\|b_2\| = \|a_2 - (a_2, q_1)q_1\|$$
が成り立ち，したがって $a_2 = (a_2, q_1)q_1 + \|a_2 - (a_2, q_1)q_1\|q_2$ が得られる．同様に
$$a_3 = \frac{(a_3, b_1)}{\|b_1\|^2}b_1 + \frac{(a_3, b_2)}{\|b_2\|^2}b_2 + b_3 = (a_3, q_1)q_1 + (a_3, q_2)q_2 + b_3$$
より
$$b_3 = a_3 - (a_3, q_1)q_1 - (a_3, q_2)q_2, \quad \|b_3\| = \|a_3 - (a_3, q_1)q_1 - (a_3, q_2)q_2\|$$
であるので，
$$a_3 = (a_3, q_1)q_1 + (a_3, q_2)q_2 + \|a_3 - (a_3, q_1)q_1 - (a_3, q_2)q_2\|q_3$$
である．そこで，$r_{11} = \|a_1\|$, $r_{12} = (a_2, q_1)$, $r_{22} = \|a_2 - (a_2, q_1)q_1\|$, $r_{13} = (a_3, q_1)$, $r_{23} = (a_3, q_2)$, $r_{33} = \|a_3 - (a_3, q_1)q_1 - (a_3, q_2)q_2\|$ とおけば次が成り立つ．
$$A = (a_1\, a_2\, a_3) = (q_1\, q_2\, q_3)\begin{pmatrix} r_{11} & r_{12} & r_{13} \\ 0 & r_{22} & r_{23} \\ 0 & 0 & r_{33} \end{pmatrix} = QR.$$

(3) q_i $(i=1,2,3)$ の作り方より，$(q_i, q_j) = 0$ $(i \neq j$ のとき$)$, $(q_i, q_i) = \|q_i\|^2 = 1$ が成り立つので
$$
{}^tQQ = \begin{pmatrix} {}^tq_1 \\ {}^tq_2 \\ {}^tq_3 \end{pmatrix}(q_1\, q_2\, q_3) = \begin{pmatrix} {}^tq_1 q_1 & {}^tq_1 q_2 & {}^tq_1 q_3 \\ {}^tq_2 q_1 & {}^tq_2 q_2 & {}^tq_2 q_3 \\ {}^tq_3 q_1 & {}^tq_3 q_2 & {}^tq_3 q_3 \end{pmatrix}
$$
$$
= \begin{pmatrix} (q_1, q_1) & (q_1, q_2) & (q_1, q_3) \\ (q_2, q_1) & (q_2, q_2) & (q_2, q_3) \\ (q_3, q_1) & (q_3, q_2) & (q_3, q_3) \end{pmatrix} = \begin{pmatrix} 1 & 0 & 0 \\ 0 & 1 & 0 \\ 0 & 0 & 1 \end{pmatrix}
$$
である．これより Q が正則行列であり，$Q^{-1} = {}^tQ$ であることが分かる．

(4) (「小問 (1), (2), (3) の結果を利用して」という理不尽な注文がなければ，連立 1 次方程式
$$\begin{cases} x_3 = -3, \\ 2x_1 + x_2 + 3x_3 = -4, \\ 3x_2 - x_3 = 6 \end{cases}$$
を解いて，簡単に $x_1 = 2, x_2 = 1, x_3 = -3$ が得られる．受験生としては，この結果をあらかじめ得た上で解答し，最後に検算に利用するのが得策である．)

$a_1 = \begin{pmatrix} 0 \\ 2 \\ 0 \end{pmatrix}, a_2 = \begin{pmatrix} 0 \\ 1 \\ 3 \end{pmatrix}, a_3 = \begin{pmatrix} 1 \\ 3 \\ -1 \end{pmatrix}$ とおき，

第 2 章の解答

$$A = (a_1\, a_2\, a_3) = \begin{pmatrix} 0 & 0 & 1 \\ 2 & 1 & 3 \\ 0 & 3 & -1 \end{pmatrix}$$

とおいて，問題文のやり方に従って $b_1, b_2, b_3, q_1, q_2, q_3$ を定める．
まず，$b_1 = a_1 = \begin{pmatrix} 0 \\ 2 \\ 0 \end{pmatrix}$ である．$\|b_1\| = 2$ より $q_1 = \begin{pmatrix} 0 \\ 1 \\ 0 \end{pmatrix}$ である．このとき $(a_2, q_1) = 1$
であり，$b_2 = a_2 - (a_2, q_1)q_1 = \begin{pmatrix} 0 \\ 0 \\ 3 \end{pmatrix}$ が得られる．したがって

$$\|b_2\| = \|a_2 - (a_2, q_1)q_1\| = 3, \quad q_2 = \begin{pmatrix} 0 \\ 0 \\ 1 \end{pmatrix}$$

となる．さらに，$(a_3, q_1) = 3, (a_3, q_2) = -1$ であり，

$$b_3 = a_3 - (a_3, q_1)q_1 - (a_3, q_2)q_2 = \begin{pmatrix} 1 \\ 0 \\ 0 \end{pmatrix}$$

が得られる．よって

$$\|b_3\| = \|a_3 - (a_3, q_1)q_1 - (a_3, q_2)q_2\| = 1, \quad q_3 = \begin{pmatrix} 1 \\ 0 \\ 0 \end{pmatrix}$$

となる．以上のことより

$$R = \begin{pmatrix} 2 & 1 & 3 \\ 0 & 3 & -1 \\ 0 & 0 & 1 \end{pmatrix}, \quad Q = (q_1\, q_2\, q_3) = \begin{pmatrix} 0 & 0 & 1 \\ 1 & 0 & 0 \\ 0 & 1 & 0 \end{pmatrix}$$

とおけば，$A = QR$ が成り立つことが分かる．そこで

$$x = \begin{pmatrix} x_1 \\ x_2 \\ x_3 \end{pmatrix}, \quad y = \begin{pmatrix} y_1 \\ y_2 \\ y_3 \end{pmatrix} = Rx = \begin{pmatrix} 2x_1 + x_2 + 3x_3 \\ 3x_2 - x_3 \\ x_3 \end{pmatrix}$$

とおけば，$Q \begin{pmatrix} y_1 \\ y_2 \\ y_3 \end{pmatrix} = \begin{pmatrix} -3 \\ -4 \\ 6 \end{pmatrix}$ となり，左から ${}^tQ = Q^{-1}$ を掛ければ

$$\begin{pmatrix} y_1 \\ y_2 \\ y_3 \end{pmatrix} = \begin{pmatrix} 0 & 1 & 0 \\ 0 & 0 & 1 \\ 1 & 0 & 0 \end{pmatrix} \begin{pmatrix} -3 \\ -4 \\ 6 \end{pmatrix} = \begin{pmatrix} -4 \\ 6 \\ -3 \end{pmatrix}$$

が得られる．次に $Rx = y$ を解く．すなわち，連立 1 次方程式

$$\begin{cases} 2x_1 + x_2 + 3x_3 = -4, \\ 3x_2 - x_3 = 6, \\ x_3 = -3 \end{cases}$$

を解いて，$x_1 = 2, x_2 = 1, x_3 = -3$ が得られる．

注意 直交行列の逆行列は転置行列と等しいので，簡単に求まる．また，上三角行列を係数行列とする連立 1 次方程式を解くことは簡単である．行列をこのような 2 種類の行列の積に分解して考えることは，この問題の場合はひとまずおくとしても，一般論としては有効である．

B.10 (問1) $f(t) = t^2 - 1 = (t-1)(t+1)$ とおくと，$f(A) = A^2 - E = O$ である．A の最小多項式を $\varphi_A(t)$ とすると，$\varphi_A(t)$ は $f(t)$ を割り切るので，$\varphi_A(t) = t - 1$, $\varphi_A(t) = t + 1$ または $\varphi_A(t) = (t-1)(t+1)$ のいずれかが成り立つ．

もし $\varphi_A(t) = t - 1$ ならば $A - E = O$ より $A = E$ である．このとき，$O = AB + BA = 2B$ より $B = O$ となり，$B^2 = E$ という仮定に反する．よって $\varphi_A(t) \neq t - 1$ である．

もし $\varphi_A(t) = t + 1$ ならば $A + E = O$ より $A = -E$ である．このとき，$O = AB + BA = -2B$ より $B = O$ となり，$B^2 = E$ という仮定に反する．よって $\varphi_A(t) \neq t + 1$ である．

よって $\varphi_A(t) = (t-1)(t+1)$ である．A の固有値全体の集合と，A の最小多項式の根全体の集合は一致するので，A の固有値は 1 と -1 である．

(問2) $C^2 = (-iAB)^2 = -A(BA)B = A(AB)B = A^2 B^2 = EE = E$ である．また，
$$BC = B(-iAB) = -i(BA)B = i(AB)B = iAB^2 = iAE = iA,$$
$$CB = (-iAB)B = -iAB^2 = -iAE = -iA$$
より，$BC + CB = O$ が成り立つ．さらに
$$CA = -iA(BA) = iA(AB) = iA^2 B = iEB = iB,$$
$$AC = A(-iAB) = -iA^2 B = -iEB = -iB$$
より，$CA + AC = O$ が成り立つ．

(問3) $D^2 = (A + iB)^2 = A^2 + i(AB + BA) - B^2 = E + O - E = O$ である．また，もし $D = O$ ならば，$A = -iB$ より $E = A^2 = (-iB)^2 = -B^2 = -E$ となり矛盾するので，$D \neq O$ である．

(問4) (a) $D = A + iB$ より $-iB = A - D$ であることに注意すれば
$$C\boldsymbol{p} = -iAB\boldsymbol{p} = A(-iB)\boldsymbol{p} = A(A - D)\boldsymbol{p} = A^2\boldsymbol{p} - AD\boldsymbol{p} = E\boldsymbol{p} - A \cdot \boldsymbol{0} = \boldsymbol{p}$$
が得られる．仮定より $\boldsymbol{p} \neq \boldsymbol{0}$ であるので，$\boldsymbol{p}$ は C の固有ベクトルであって，対応する固有値は 1 である．また，
$$C\boldsymbol{q} = \frac{1}{2}(-iAB)(A - iB)\boldsymbol{p} = \frac{1}{2}\{-iA(BA) - AB^2\}\boldsymbol{p} = \frac{1}{2}(iA^2 B - AB^2)\boldsymbol{p}$$
$$= \frac{1}{2}(iB - A)\boldsymbol{p} = -\frac{1}{2}(A - iB)\boldsymbol{p} = -\boldsymbol{q}$$
が成り立つ．一方，
$$\boldsymbol{q} = \frac{1}{2}(A - iB)\boldsymbol{p} = \frac{1}{2}\{2A - (A + iB)\}\boldsymbol{p} = \frac{1}{2}(2A\boldsymbol{p} - D\boldsymbol{p}) = A\boldsymbol{p}$$
である．もし $\boldsymbol{q} = \boldsymbol{0}$ であるならば，$A\boldsymbol{p} = \boldsymbol{0}$ であるが，仮定より $\boldsymbol{p} \neq \boldsymbol{0}$ であるので，$\boldsymbol{p}$ は A の固有ベクトルであって，対応する固有値は 0 である．ところが，小問 (1) の結果より，A の固有値は ± 1 以外にはあり得ないので，矛盾する．よって $\boldsymbol{q} \neq \boldsymbol{0}$ である．

$\boldsymbol{q} \neq \boldsymbol{0}$ かつ $C\boldsymbol{q} = -\boldsymbol{q}$ であるので，$\boldsymbol{q}$ は C の固有ベクトルであって，対応する固有値は -1 であることが分かる．

(b) $\alpha, \beta \in \mathbb{C}$ が
$$\alpha \boldsymbol{p} + \beta \boldsymbol{q} = \boldsymbol{0} \qquad (*1)$$
を満たすと仮定する．$(*1)$ の両辺に左から C を掛けると $\alpha C\boldsymbol{p} + \beta C\boldsymbol{q} = \boldsymbol{0}$ が得られるが，$C\boldsymbol{p} = \boldsymbol{p}$，$C\boldsymbol{q} = -\boldsymbol{q}$ であるので
$$\alpha \boldsymbol{p} - \beta \boldsymbol{q} = \boldsymbol{0} \qquad (*2)$$

である．(∗1) と (∗2) を辺々加えて 2 で割ることにより $\alpha\boldsymbol{p} = \boldsymbol{0}$ が得られ，これを (∗1) に代入することにより $\beta\boldsymbol{q} = \boldsymbol{0}$ が得られる．$\boldsymbol{p} \neq \boldsymbol{0}, \boldsymbol{q} \neq \boldsymbol{0}$ より $\alpha = \beta = 0$ でなければならない．よって，$\boldsymbol{p}, \boldsymbol{q}$ は線形独立である．

(問 5) (a) 一般に，行列の階数は，その行列の線形独立な列ベクトルの最大個数に等しい．また，n 次正方行列が正則であることと，その行列の階数が n であることとは同値である．いまの場合，P の 2 つの列ベクトル $\boldsymbol{p}, \boldsymbol{q}$ が線形独立であるので，P の階数は 2 であり，したがって，P は正則である．

(b) $CP = (C\boldsymbol{p}\ C\boldsymbol{q}) = (\boldsymbol{p}\ -\boldsymbol{q})$ である．一方
$$P \begin{pmatrix} 1 & 0 \\ 0 & -1 \end{pmatrix} = (\boldsymbol{p}\ \boldsymbol{q}) \begin{pmatrix} 1 & 0 \\ 0 & -1 \end{pmatrix} = (\boldsymbol{p}\ -\boldsymbol{q})$$
が成り立つ．よって $CP = P \begin{pmatrix} 1 & 0 \\ 0 & -1 \end{pmatrix}$ である．この式の両辺に左から P^{-1} を掛ければ $P^{-1}CP = \begin{pmatrix} 1 & 0 \\ 0 & -1 \end{pmatrix}$ が得られる．

(c) ベクトル $\boldsymbol{p}$ の選び方より，$D\boldsymbol{p} = \boldsymbol{0}$ である．また
$$(A+iB)(A-iB) = A^2 + B^2 + i(BA - AB) = E + E - 2iAB = 2(E + C)$$
より
$$D\boldsymbol{q} = \frac{1}{2}(A+iB)(A-iB)\boldsymbol{p} = (E+C)\boldsymbol{p} = \boldsymbol{p} + \boldsymbol{p} = 2\boldsymbol{p}$$
が成り立つ．したがって
$$(A+iB)P = DP = (D\boldsymbol{p}\ D\boldsymbol{q}) = (\boldsymbol{0}\ 2\boldsymbol{p}) = (\boldsymbol{p}\ \boldsymbol{q}) \begin{pmatrix} 0 & 2 \\ 0 & 0 \end{pmatrix} = P \begin{pmatrix} 0 & 2 \\ 0 & 0 \end{pmatrix}$$
が成り立つ．両辺に左から P^{-1} を掛ければ次が得られる．
$$P^{-1}(A+iB)P = \begin{pmatrix} 0 & 2 \\ 0 & 0 \end{pmatrix}. \tag{∗3}$$
また，$(A-iB)\boldsymbol{p} = 2 \cdot (1/2)(A-iB)\boldsymbol{p} = 2\boldsymbol{q}$ である．さらに
$$(A-iB)^2 = A^2 - i(AB + BA) - B^2 = E - O - E = O$$
であるので，$(A-iB)\boldsymbol{q} = (1/2)(A-iB)^2\boldsymbol{p} = \boldsymbol{0}$ である．したがって
$$(A-iB)P = \bigl((A-iB)\boldsymbol{p}\ (A-iB)\boldsymbol{q}\bigr) = (2\boldsymbol{q}\ \boldsymbol{0}) = (\boldsymbol{p}\ \boldsymbol{q}) \begin{pmatrix} 0 & 0 \\ 2 & 0 \end{pmatrix} = P \begin{pmatrix} 0 & 0 \\ 2 & 0 \end{pmatrix}$$
が成り立つ．両辺に左から P^{-1} を掛ければ
$$P^{-1}(A-iB)P = \begin{pmatrix} 0 & 0 \\ 2 & 0 \end{pmatrix}. \tag{∗4}$$
(∗3) と (∗4) を辺々加えて 2 で割ることにより $P^{-1}AP = \begin{pmatrix} 0 & 1 \\ 1 & 0 \end{pmatrix}$.

(∗3) と (∗4) を辺々引いて $2i$ で割ることにより $P^{-1}BP = \begin{pmatrix} 0 & -i \\ i & 0 \end{pmatrix}$.

(問 6) $A' = P^{-1}AP, B' = P^{-1}BP$ とおくと，$A'^2 = P^{-1}APP^{-1}AP = P^{-1}A^2P = P^{-1}EP = E$ である．同様に $B'^2 = E$ である．また，
$$A'B' + B'A' = P^{-1}APP^{-1}BP + P^{-1}BPP^{-1}AP = P^{-1}(AB + BA)P = O$$
を満たす．したがって，A, B のかわりに A', B' を用いても問題文の条件を満たす．

そこで, A', B' をあらためて A, B とおいてもよい. すなわち

$$A = \begin{pmatrix} 0 & 1 \\ 1 & 0 \end{pmatrix}, \quad B = \begin{pmatrix} 0 & -i \\ i & 0 \end{pmatrix}$$

とおくと, $A^2 = B^2 = E$, $AB + BA = O$ を満たす. このとき

$$C = -i \begin{pmatrix} 0 & 1 \\ 1 & 0 \end{pmatrix} \begin{pmatrix} 0 & -i \\ i & 0 \end{pmatrix} = \begin{pmatrix} 1 & 0 \\ 0 & -1 \end{pmatrix}$$

である. この A, B, C が 1 組の具体例を与える.

注意 n 次正方行列 A, B であって, $A^2 = B^2 = E$ かつ $AB + BA = O$ を満たすものが存在するならば, n は偶数でなければならない.

第 3 章

A.1 (1) $x = \sinh t$ とおくと, $dx/dt = \cosh t = \sqrt{\sinh^2 t + 1} = \sqrt{x^2 + 1}$ だから,

$$\int \frac{1}{\sqrt{x^2 + 1}}\, dx = \sinh^{-1} x + C \quad (C \text{ は任意定数}).$$

(2) $t = \log x$ とおくと, $I := \int_1^\infty x^{-\alpha} (\log x)^2\, dx = \int_0^\infty e^{-(\alpha-1)t} t^2\, dt.$
さらに, 部分積分により,

$$I = \left[-\frac{1}{\alpha-1} e^{-(\alpha-1)t} t^2 \right]_0^\infty + \frac{2}{\alpha-1} \int_0^\infty e^{-(\alpha-1)t} t\, dt = \frac{2}{\alpha-1} \int_0^\infty e^{-(\alpha-1)t} t\, dt$$

$$= \frac{2}{\alpha-1} \left\{ \left[-\frac{1}{\alpha-1} e^{-(\alpha-1)t} t \right]_0^\infty + \frac{1}{\alpha-1} \int_0^\infty e^{-(\alpha-1)t}\, dt \right\}$$

$$= \frac{2}{(\alpha-1)^2} \int_0^\infty e^{-(\alpha-1)t}\, dt = \frac{2}{(\alpha-1)^3}.$$

A.2 (1) 任意の $x > 0$ と非負整数 n に対して, $e^{ax^2} = \sum_{k=0}^\infty \frac{a^k}{k!} x^{2k} \geq \frac{a^n}{n!} x^{2n}$ だから, $0 \leq x^n e^{-ax^2} \leq \frac{n!}{a^n x^n}$. よって, $\lim_{x \to +\infty} x^n e^{-ax^2} = 0$ が成り立つ.

(2) まず, $t = \sqrt{a} x$ と置換すると, $I_0 = \int_0^\infty e^{-ax^2}\, dx = \frac{1}{\sqrt{a}} \int_0^\infty e^{-t^2}\, dt = \frac{\sqrt{\pi}}{2\sqrt{a}}.$
また, $s = x^2$ と置換すると, $I_1 = \int_0^\infty x e^{-ax^2}\, dx = \frac{1}{2} \int_0^\infty e^{-as}\, ds = \frac{1}{2a}.$
さらに, 部分積分により,

$$I_0 = \int_0^\infty e^{-ax^2}\, dx = \left[x e^{-ax^2} \right]_0^\infty - \int_0^\infty x(-2ax) e^{-ax^2}\, dx = 2a I_2.$$

ここで, 小問 (1) の結果を用いた. よって, $I_2 = \frac{1}{2a} I_0 = \frac{\sqrt{\pi}}{4a\sqrt{a}}.$

(3) I_2 の計算と同様に, 部分積分と小問 (1) の結果より,

$$I_n = \int_0^\infty x^n e^{-ax^2}\, dx = \left[\frac{x^{n+1}}{n+1} e^{-ax^2} \right]_0^\infty - \int_0^\infty \frac{x^{n+1}}{n+1} (-2ax) e^{-ax^2}\, dx$$

$$= \frac{2a}{n+1} I_{n+2}.$$

よって, $I_{n+2} = \frac{n+1}{2a} I_n.$

(4) 小問 (2) と (3) の結果を用いる．まず，$n = 2m$ のとき，
$$I_{2m} = \frac{2m-1}{2a} I_{2m-2} = \cdots = \frac{(2m-1)!!}{(2a)^m} I_0 = \frac{(2m-1)!! \sqrt{\pi}}{(2a)^m 2\sqrt{a}}.$$
また，$n = 2m+1$ のとき，$I_{2m+1} = \frac{2m}{2a} I_{2m-1} = \cdots = \frac{(2m)!!}{(2a)^m} I_1 = \frac{m!}{2a^{m+1}}$．

A.3 (1) $\theta = x - \pi/2$ と変換すると，
$$\int_0^\pi \left(x - \frac{\pi}{2}\right) f(\sin x)\, dx = \int_{-\pi/2}^{\pi/2} \theta f(\cos\theta)\, d\theta$$
となる．ここで，$\theta f(\cos\theta)$ は奇関数だから，上の積分値は 0 であり，
$$\int_0^\pi x f(\sin x)\, dx = \frac{\pi}{2} \int_0^\pi f(\sin x)\, dx$$
が成り立つ．また，この結果を用いると，
$$\int_0^\pi \frac{x \sin x}{4 - \cos^2 x}\, dx = \int_0^\pi x \frac{\sin x}{3 + \sin^2 x}\, dx = \frac{\pi}{2} \int_0^\pi \frac{\sin x}{3 + \sin^2 x}\, dx$$
$$= \frac{\pi}{2} \int_0^\pi \frac{\sin x}{4 - \cos^2 x}\, dx = \frac{\pi}{2} \int_{-1}^1 \frac{1}{4 - t^2}\, dt = \pi \int_0^1 \frac{1}{4 - t^2}\, dt$$
$$= \frac{\pi}{4} \int_0^1 \left(\frac{1}{2+t} + \frac{1}{2-t}\right) dt = \frac{\pi}{4} \left[\log \frac{2+t}{2-t}\right]_0^1 = \frac{\pi}{4} \log 3.$$

(2) $t = n\pi x$ と変換すると，$\int_0^1 x f(|\sin(n\pi x)|)\, dx = \frac{1}{(n\pi)^2} \int_0^{n\pi} t f(|\sin t|)\, dt$．
さらに，$x = t - k\pi$ と変換すると，
$$\int_0^{n\pi} t f(|\sin t|)\, dt = \sum_{k=0}^{n-1} \int_{k\pi}^{(k+1)\pi} t f(|\sin t|)\, dt$$
$$= \sum_{k=0}^{n-1} \int_0^\pi (x + k\pi) f(\sin x)\, dx = \sum_{k=0}^{n-1} \int_0^\pi \left(\frac{\pi}{2} + k\pi\right) f(\sin x)\, dx$$
$$= \frac{\pi}{2} n \int_0^\pi f(\sin x)\, dx + \frac{n(n-1)}{2} \pi \int_0^\pi f(\sin x)\, dx = \frac{\pi n^2}{2} \int_0^\pi f(\sin x)\, dx$$
だから，任意の n に対して，
$$\int_0^1 x f(|\sin(n\pi x)|)\, dx = \frac{1}{2\pi} \int_0^\pi f(\sin x)\, dx$$
が成り立つ．特に，
$$\lim_{n\to\infty} \int_0^1 x f(|\sin(n\pi x)|)\, dx = \frac{1}{2\pi} \int_0^\pi f(\sin x)\, dx.$$

A.4 (1) 部分積分により，
$$I_n = \int \frac{x'}{(x^2 + a^2)^n}\, dx = \frac{x}{(x^2 + a^2)^n} + \int \frac{2nx^2}{(x^2 + a^2)^{n+1}}\, dx$$
$$= \frac{x}{(x^2 + a^2)^n} + 2n(I_n - a^2 I_{n+1}).$$
これから，$I_{n+1} = \frac{2n-1}{2na^2} I_n + \frac{x}{2na^2(x^2 + a^2)^n}$．

(2) まず，$I_1 = \int \dfrac{1}{x^2+a^2}\,dx = \dfrac{1}{a}\arctan\left(\dfrac{x}{a}\right)$.
これと小問 (1) で求めた漸化式より，
$$I_2 = \dfrac{1}{2a^2}I_1 + \dfrac{x}{2a^2(x^2+a^2)} = \dfrac{1}{2a^3}\arctan\left(\dfrac{x}{a}\right) + \dfrac{x}{2a^2(x^2+a^2)}.$$

(3) 部分分数分解
$$\dfrac{4x^4+2x^3+10x^2+3x+9}{(x+1)(x^2+2)^2} = \dfrac{a}{x+1} + \dfrac{b_1+c_1 x}{(x^2+2)^2} + \dfrac{b_2+c_2 x}{x^2+2} \qquad (*)$$
の係数を求める．まず，$(*)$ の両辺に $x+1$ を掛けると，
$$a = \dfrac{4x^4+2x^3+10x^2+3x+9}{(x^2+2)^2} - (x+1)\left\{\dfrac{b_1+c_1 x}{(x^2+2)^2} + \dfrac{b_2+c_2 x}{x^2+2}\right\}.$$
ここに，$x=-1$ を代入すると，$a = \left.\dfrac{4x^4+2x^3+10x^2+3x+9}{(x^2+2)^2}\right|_{x=-1} = 2.$
次に，$(*)$ の両辺に $(x+2)^2$ を掛けると，
$$b_1 + c_1 x + (b_2+c_2 x)(x^2+2) = \dfrac{4x^4+2x^3+10x^2+3x+9}{x+1} - \dfrac{a}{x+1}(x^2+2)^2. \qquad (**)$$
ここに，$x=\sqrt{2}i$ を代入すると，
$$b_1 + c_1\sqrt{2}i = \left.\dfrac{4x^4+2x^3+10x^2+3x+9}{x+1}\right|_{x=\sqrt{2}i} = 1 - 2\sqrt{2}i$$
となり，$b_1 = 1$, $c_1 = -2$ である．
さらに，$(**)$ を x で微分し，$x=\sqrt{2}i$ を代入すると，
$$c_1 + c_2(x^2+2) + 2x(b_2+c_2 x)\Big|_{x=\sqrt{2}i} = 2\sqrt{2}i - 4c_2 - 2$$
$$= \left.\left(\dfrac{4x^4+2x^3+10x^2+3x+9}{x+1}\right)'\right|_{x=\sqrt{2}i} = -10$$
となり，$b_2 = 0$, $c_2 = 2$ である．よって，小問 (2) の結果を用いると，
$$\int \dfrac{4x^4+2x^3+10x^2+3x+9}{(x+1)(x^2+2)^2}\,dx$$
$$= \int \dfrac{2}{x+1}\,dx + \int \dfrac{1}{(x^2+2)^2}\,dx - \int \dfrac{2x}{(x^2+2)^2}\,dx + \int \dfrac{2x}{x^2+2}\,dx$$
$$= 2\log|x+1| + \dfrac{1}{4\sqrt{2}}\arctan\left(\dfrac{x}{\sqrt{2}}\right) + \dfrac{x}{4(x^2+2)} + \dfrac{1}{x^2+2} + \log(x^2+2)$$
$$= \log\left\{(x+1)^2(x^2+2)\right\} + \dfrac{1}{4\sqrt{2}}\arctan\left(\dfrac{x}{\sqrt{2}}\right) + \dfrac{x+4}{4(x^2+2)}.$$

A.5 (問 1) (a) $x \to +0$ のとき，$x^\alpha \to 0$．また，$\dfrac{\sin x}{x} \to 1$ だから，$\log \dfrac{\sin x}{x} \to 0$．
よって，$\displaystyle\lim_{x\to+0} x^\alpha \log \dfrac{\sin x}{x} = 0$．
(b) まず，$0 < x < 1$ に対して，
$$0 \le -\log x = \int_x^1 \dfrac{1}{t}\,dt \le \int_x^1 \dfrac{1}{t^2}\,dt = \dfrac{1}{x} - 1 \le \dfrac{1}{x}$$
が成り立つ．ここで，$0 < \beta < \alpha$, $0 < x < 1$ に対して，$0 < x^\beta < 1$ だから，
$$0 \le -\beta x^\alpha \log x = -x^\alpha \log(x^\beta) \le x^{\alpha-\beta}$$

が成り立つ．さらに，$\alpha - \beta > 0$ より，$x \to +0$ のとき，$x^{\alpha-\beta} \to 0$ だから，$\lim_{x \to +0} x^\alpha \log x = 0$ が成り立つ．

(問 2)　仮定より，$x^\alpha |f(x)|$ は区間 $(0, b]$ で有界だから，$x^\alpha |f(x)| \leq M$ $(0 < x \leq b)$ を満たす定数 M が存在する．また，$0 < \alpha < 1$ だから，

$$\int_0^b |f(x)|\, dx \leq \int_0^b \frac{M}{x^\alpha}\, dx = \left[\frac{M}{1-\alpha} x^{1-\alpha}\right]_0^b = \frac{M}{1-\alpha} b^{1-\alpha}.$$

よって，広義積分 $\int_0^b f(x)\, dx$ は絶対収束し，故に，収束する．

(問 3)　$\log \sin x$ は区間 $(0, \pi/2]$ において連続である．また，小問 (1) より，

$$\lim_{x \to +0} x^{1/2} \log \sin x = \lim_{x \to +0} x^{1/2} \log \frac{\sin x}{x} + \lim_{x \to +0} x^{1/2} \log x = 0$$

だから，$x^{1/2} |\log \sin x|$ は区間 $(0, \pi/2]$ で有界である．
よって，小問 (2) より，$\int_0^{\pi/2} \log \sin x\, dx$ は収束する．

(問 4)　$t = x/2$ と変換すると，

$$\int_0^\pi \log \sin x\, dx = 2\int_0^{\pi/2} \log \sin 2t\, dt = 2\int_0^{\pi/2} \log(2\sin t \cos t)\, dt$$
$$= 2\int_0^{\pi/2} (\log 2 + \log \sin t + \log \cos t)\, dt.$$

よって，

$$\int_0^\pi \log \sin x\, dx = \pi \log 2 + 2\int_0^{\pi/2} \log \sin x\, dx + 2\int_0^{\pi/2} \log \cos x\, dx.$$

(問 5)　関数の対称性より，

$$\int_0^\pi \log \sin x\, dx = 2\int_0^{\pi/2} \log \sin x\, dx, \quad \int_0^{\pi/2} \log \cos x\, dx = \int_0^{\pi/2} \log \sin x\, dx$$

が成り立つ．これと小問 (4) の結果より，$\int_0^{\pi/2} \log \sin x\, dx = -\dfrac{\pi}{2} \log 2$ を得る．

A.6　(1)　部分積分により

$$\Gamma(p+1) = \int_0^\infty x^p e^{-x}\, dx = \left[-x^p e^{-x}\right]_0^\infty + p\int_0^\infty x^{p-1} e^{-x}\, dx = p\Gamma(p).$$

(2)　$t = x^{1/2}$ と変数変換すると，$\Gamma\left(\dfrac{1}{2}\right) = \int_0^\infty x^{-1/2} e^{-x}\, dx = 2\int_0^\infty e^{-t^2}\, dt = \sqrt{\pi}.$

(3)　$\Gamma(1) = \int_0^\infty e^{-x}\, dx = 1$ だから，小問 (1) の関係式より，自然数 n に対して，

$$\Gamma(n) = (n-1)\Gamma(n-1) = \cdots = (n-1)!\Gamma(1) = (n-1)!$$

(4)　$0 \leq x < n$ に対して，$f(x) = x + n\log\left(1 - \dfrac{x}{n}\right)$ とおくと，$f'(x) = -\dfrac{x}{n-x} \leq 0$ だから，$f(x) \leq f(0) = 0$．よって，

$$\left(1 - \frac{x}{n}\right)^n \leq e^{-x} \quad (0 \leq x \leq n).$$

ここで，$g(x) = x^{p-1} e^{-x}$ $(0 < x < \infty)$,

$$g_n(x) = \begin{cases} x^{p-1}\left(1 - \dfrac{x}{n}\right)^n & (0 < x \leq n) \\ 0 & (n < x < \infty) \end{cases}$$

とおくと，すべての $x>0$ に対して，$\lim_{n\to\infty}g_n(x)=g(x)$，かつすべての $x>0, n$ に対して，$0\le g_n(x)\le g(x)$ だから，ルベーグの収束定理より，
$$\Gamma(p)=\int_0^\infty g(x)\,dx=\lim_{n\to\infty}\int_0^\infty g_n(x)\,dx=\lim_{n\to\infty}\int_0^n x^{p-1}\left(1-\frac{x}{n}\right)^n dx.$$
また，$t=x/n$ と置換し，部分積分を繰り返すと，
$$\int_0^n x^{p-1}\left(1-\frac{x}{n}\right)^n dx=n^p\int_0^1 t^{p-1}(1-t)^n\,dt$$
$$=n^p\left\{\left[\frac{1}{p}t^p(1-t)^n\right]_0^1+\frac{n}{p}\int_0^1 t^p(1-t)^{n-1}\,dt\right\}$$
$$=n^p\frac{n}{p}\int_0^1 t^p(1-t)^{n-1}\,dt=n^p\frac{n(n-1)}{p(p+1)}\int_0^1 t^{p+1}(1-t)^{n-2}\,dt$$
$$=\cdots=n^p\frac{n(n-1)\cdots 1}{p(p+1)\cdots(p+n-1)}\int_0^1 t^{p+n-1}\,dt$$
$$=\frac{1\cdot 2\cdot 3\cdots n}{p(p+1)(p+2)(p+3)\cdots(p+n)}n^p$$
となり，次が示された．
$$\Gamma(p)=\lim_{n\to\infty}\frac{1\cdot 2\cdot 3\cdots n}{p(p+1)(p+2)(p+3)\cdots(p+n)}n^p.$$

A.7 (1) 帰納法で示す．まず，$n=1$ の場合を考える．
$y=f(x)=\tan^{-1}x$ を x で微分すると，
$$f'(x)=\frac{1}{1+x^2}=\frac{1}{1+\tan^2 y}=\cos^2 y=\cos y\cdot\sin\left(y+\frac{\pi}{2}\right)$$
となり，$n=1$ のとき成立することが示された．
次に，$n=k$ のときに成り立つことを仮定すると，$y'=\cos^2 y$ だから，
$$f^{(k+1)}(x)=(k-1)!$$
$$\times\left\{-k\cos^{k-1}y\cdot\sin y\cdot\sin\left(k\left(y+\frac{\pi}{2}\right)\right)+k\cos^k y\cdot\cos\left(k\left(y+\frac{\pi}{2}\right)\right)\right\}y'$$
$$=k!\cos^{k+1}y\cdot\left\{\cos y\cdot\cos\left(k\left(y+\frac{\pi}{2}\right)\right)-\sin y\cdot\sin\left(k\left(y+\frac{\pi}{2}\right)\right)\right\}$$
$$=k!\cos^{k+1}y\cdot\cos\left((k+1)y+k\frac{\pi}{2}\right)$$
$$=k!\cos^{k+1}y\cdot\sin\left((k+1)\left(y+\frac{\pi}{2}\right)\right)$$
となり，$n=k+1$ の場合にも成り立つことが示された．
よって，すべての自然数 n に対して，小問 (1) の公式が成り立つことが証明された．
(2) 小問 (1) の公式と $f(0)=0$ より，
$$f^{(n)}(0)=(n-1)!\cos^n 0\cdot\sin\left(\frac{n\pi}{2}\right)=(n-1)!\sin\left(\frac{n\pi}{2}\right)$$
であり，$\sin\left(\frac{n\pi}{2}\right)=\begin{cases}(-1)^m & (n=2m+1)\\ 0 & (n=2m)\end{cases}$ だから，小問 (2) の公式が成り立つ．
(3) $|x|\le 1$ のとき，
$$|R_{2n}(x)|=\frac{1}{2n}|\cos z|^{2n}\left|\sin\left(2n\left(z+\frac{\pi}{2}\right)\right)\right||x|^{2n}\le\frac{1}{2n}$$

だから，$\lim_{n\to\infty} |R_{2n}(x)| = 0$ が成り立つ．

(4) 小問 (3) の公式に $x = 1$ を代入すると，$\dfrac{\pi}{4} = \tan^{-1} 1 = \sum_{k=0}^{n-1} (-1)^k \dfrac{1}{2k+1} + R_{2n}(1)$．
ここで，$n \to \infty$ とすると，$R_{2n}(1) \to 0$ だから，次が成り立つ．

$$\frac{\pi}{4} = \sum_{k=0}^{\infty} (-1)^k \frac{1}{2k+1} = 1 - \frac{1}{3} + \frac{1}{5} - \frac{1}{7} + \cdots.$$

A.8 まず，$y = \dfrac{b}{2}\left\{\exp\left(\dfrac{x}{b}\right) + \exp\left(-\dfrac{x}{b}\right)\right\} = b\cosh\left(\dfrac{x}{b}\right)$ と $y = 2b$ の交点を求めると，$(a, 2b)$，$(-a, 2b)$ である．ここで，$a = b\cosh^{-1} 2 = b\log(2 + \sqrt{3})$ とおいた．
このとき，求める面積 S は

$$S = \int_{-a}^{a} \left\{2b - b\cosh\left(\frac{x}{b}\right)\right\} dx = 4ab - 2b^2 \sinh\left(\frac{a}{b}\right)$$
$$= 4b^2 \log(2 + \sqrt{3}) - 2b^2 \sinh(\cosh^{-1} 2)$$
$$= 4b^2 \log(2 + \sqrt{3}) - 2\sqrt{3}\, b^2.$$

A.9 (1) y と Y の関係は $Y = \sqrt{1 + p^2}\, y$ だから，求める楕円の方程式は

$$1 = \frac{x^2}{a^2} + \frac{y^2}{b^2} + \frac{p^2 y^2}{c^2} = \frac{x^2}{a^2} + \frac{(b^2 p^2 + c^2)}{b^2 c^2 (1 + p^2)} Y^2.$$

(2) 楕円 $\dfrac{x^2}{a^2} + \dfrac{y^2}{b^2} = 1$ の面積は πab だから，小問 (1) より，

$$S = \pi a \sqrt{\frac{b^2 c^2 (1 + p^2)}{b^2 p^2 + c^2}} = \pi abc \sqrt{\frac{1 + p^2}{b^2 p^2 + c^2}}.$$

また，小問 (1) の楕円を xy 平面，xz 平面に正射影した方程式は，それぞれ，

$$\frac{x^2}{a^2} + \frac{b^2 p^2 + c^2}{b^2 c^2} y^2 = 1, \quad \frac{x^2}{a^2} + \frac{b^2 p^2 + c^2}{b^2 c^2 p^2} z^2 = 1$$

だから，$S_{xy} = \dfrac{\pi abc}{\sqrt{b^2 p^2 + c^2}}$，$S_{xz} = \dfrac{\pi abcp}{\sqrt{b^2 p^2 + c^2}}$．

(3) $f(p) = \dfrac{S_{xy} + S_{xz}}{\pi abc} = \dfrac{p + 1}{\sqrt{b^2 p^2 + c^2}}$ とおくと，

$$f'(p) = \frac{c^2 - b^2 p}{(b^2 p^2 + c^2)^{3/2}}$$

だから，$S_{xy} + S_{xz}$ は $p = \dfrac{c^2}{b^2}$ において最大値 $\pi a \sqrt{b^2 + c^2}$ をとる．

(4) 小問 (1) の楕円が円となるための条件は，$\dfrac{1}{a^2} = \dfrac{(b^2 p^2 + c^2)}{b^2 c^2 (1 + p^2)}$ より，

$$b^2 (a^2 - c^2) p^2 = c^2 (b^2 - a^2)$$

である．ここで，a, b, c の大小関係で場合分けする．

(i) $a > c$ かつ $b > a$，すなわち，$c < a < b$ のとき，$p = \dfrac{c\sqrt{b^2 - a^2}}{b\sqrt{a^2 - c^2}}$．

(ii) $a < c$ かつ $b < a$，すなわち，$b < a < c$ のとき，$p = \dfrac{c\sqrt{a^2 - b^2}}{b\sqrt{c^2 - a^2}}$．

(iii) $a=c$ かつ $b=a$, すなわち, $a=b=c$ のとき, p は任意である.

A.10 (1) $f(x,y) = y + xe^y - 1 = 0$ より, $x = (1-y)e^{-y}$ である. $g(y) = (1-y)e^{-y}$ とおくと, $g'(y) = (y-2)e^{-y}$ だから, $g(y)$ は $y=2$ で極小値 $-e^{-2}$ をとる.
また, $\lim_{y \to \infty} g(y) = 0$, $\lim_{y \to -\infty} g(y) = \infty$ だから, $-e^{-2} \leq x < 0$ で定義された陰関数 $y_1(x)$ と $-e^{-2} \leq x < \infty$ で定義された陰関数 $y_2(x)$ が存在する.
(2) $y_1(x)$ の導関数は $-e^{-2} < x < 0$ のとき存在する. また, $y_2(x)$ の導関数は $-e^{-2} < x < \infty$ のとき存在する.
このとき, $f(x, y(x)) = 0$ を x で微分すると,
$$0 = f_x(x,y(x)) + f_y(x,y(x))y'(x) = e^{y(x)} + \{1 + xe^{y(x)}\}y'(x)$$
となり, $y'(x) = -\dfrac{e^{y(x)}}{1+xe^{y(x)}} = \dfrac{e^{y(x)}}{y(x)-2}$.

B.1 (1) $f(x,y) = (1/2)\log(x^2+y^2)$ だから,
$$f_x(x,y) = \frac{x}{x^2+y^2}, \qquad f_y(x,y) = \frac{y}{x^2+y^2},$$
$$f_{xx}(x,y) = \frac{y^2-x^2}{(x^2+y^2)^2}, \quad f_{yy}(x,y) = \frac{x^2-y^2}{(x^2+y^2)^2}.$$
よって, $\Delta f(x,y) = 0$. また,
$$g_x(x,y) = -\frac{y}{x^2+y^2}, \qquad g_y(x,y) = \frac{x}{x^2+y^2},$$
$$g_{xx}(x,y) = \frac{2xy}{(x^2+y^2)^2}, \quad g_{yy}(x,y) = -\frac{2xy}{(x^2+y^2)^2}$$
より, $\Delta g(x,y) = 0$. さらに,
$$F_x(x,y) = \exp(ax-by)\{a\cos(bx+ay) - b\sin(bx+ay)\},$$
$$F_y(x,y) = -\exp(ax-by)\{b\cos(bx+ay) + a\sin(bx+ay)\},$$
$$F_{xx}(x,y) = \exp(ax-by)\{(a^2-b^2)\cos(bx+ay) - 2ab\sin(bx+ay)\},$$
$$F_{yy}(x,y) = -\exp(ax-by)\{(a^2-b^2)\cos(bx+ay) - 2ab\sin(bx+ay)\}$$
より, $\Delta F(x,y) = 0$.
(2) 小問 (1) の計算より,
$$f_x(x,y)g_x(x,y) + f_y(x,y)g_y(x,y) = -\frac{xy}{(x^2+y^2)^2} + \frac{xy}{(x^2+y^2)^2} = 0,$$
$$f_x(x,y)^2 + f_y(x,y)^2 = \frac{1}{x^2+y^2} = g_x(x,y)^2 + g_y(x,y)^2.$$
(3) 連鎖律より,
$$G_x(x,y) = F_x\bigl(f(x,y),g(x,y)\bigr)f_x(x,y) + F_y\bigl(f(x,y),g(x,y)\bigr)g_x(x,y),$$
$$G_{xx}(x,y) = F_{xx}\bigl(f(x,y),g(x,y)\bigr)f_x(x,y)^2$$
$$\qquad + 2F_{xy}\bigl(f(x,y),g(x,y)\bigr)f_x(x,y)g_x(x,y) + F_{yy}\bigl(f(x,y),g(x,y)\bigr)g_x(x,y)^2$$
$$\qquad + F_x\bigl(f(x,y),g(x,y)\bigr)f_{xx}(x,y) + F_y\bigl(f(x,y),g(x,y)\bigr)g_{xx}(x,y).$$
同様に,
$$G_y(x,y) = F_x\bigl(f(x,y),g(x,y)\bigr)f_y(x,y) + F_y\bigl(f(x,y),g(x,y)\bigr)g_y(x,y),$$

第 3 章の解答　　　303

$$G_{yy}(x,y) = F_{xx}\bigl(f(x,y), g(x,y)\bigr)f_y(x,y)^2$$
$$+ 2F_{xy}\bigl(f(x,y), g(x,y)\bigr)f_y(x,y)g_y(x,y) + F_{yy}\bigl(f(x,y), g(x,y)\bigr)g_y(x,y)^2$$
$$+ F_x\bigl(f(x,y), g(x,y)\bigr)f_{yy}(x,y) + F_y\bigl(f(x,y), g(x,y)\bigr)g_{yy}(x,y)$$

だから，

$$\Delta G(x,y) = F_{xx}\bigl(f(x,y), g(x,y)\bigr)\{f_x(x,y)^2 + f_y(x,y)^2\}$$
$$+ 2F_{xy}\bigl(f(x,y), g(x,y)\bigr)\{f_x(x,y)g_x(x,y) + f_y(x,y)g_y(x,y)\}$$
$$+ F_{yy}\bigl(f(x,y), g(x,y)\bigr)\{g_x(x,y)^2 + g_y(x,y)^2\}$$
$$+ F_x\bigl(f(x,y), g(x,y)\bigr)\{f_{xx}(x,y) + f_{yy}(x,y)\}$$
$$+ F_y\bigl(f(x,y), g(x,y)\bigr)\{g_{xx}(x,y) + g_{yy}(x,y)\}.$$

ここで，小問 (1) と (2) の結果を用いると，

$$\Delta G(x,y) = \Delta F\bigl(f(x,y), g(x,y)\bigr)\{f_x(x,y)^2 + f_y(x,y)^2\}$$
$$+ F_x\bigl(f(x,y), g(x,y)\bigr)\Delta f(x,y) + F_y\bigl(f(x,y), g(x,y)\bigr)\Delta g(x,y) = 0.$$

B.2 n 次元実ベクトル $\boldsymbol{x} = (x_1, \cdots, x_n)$ と $\boldsymbol{y} = (y_1, \cdots, y_n)$ の内積とノルムを

$$\langle \boldsymbol{x}, \boldsymbol{y} \rangle = \sum_{i=1}^n x_i y_i, \quad \|\boldsymbol{x}\| = \langle \boldsymbol{x}, \boldsymbol{x} \rangle^{1/2}$$

と定める．このとき，ワイエルシュトラスの最大値定理より，$F(\boldsymbol{x}) = \sum_{i,j=1}^n a_{ij} x_i x_j = \langle \boldsymbol{x}, A\boldsymbol{x} \rangle$ は有界閉集合 $S := \{\boldsymbol{x} \mid \|\boldsymbol{x}\|^2 = 1\}$ において最大値をとる．最大値をとる点を $\boldsymbol{b} = (b_1, \cdots, b_n) \in S$ とし，最大値を $\mu = F(\boldsymbol{b})$ とする．
また，n 次元実ベクトル $\boldsymbol{\xi}$ を任意にとり，実数 t に対して，

$$g(t) = F\left(\frac{\boldsymbol{b} + t\boldsymbol{\xi}}{\|\boldsymbol{b} + t\boldsymbol{\xi}\|}\right) = \frac{F(\boldsymbol{b} + t\boldsymbol{\xi})}{\|\boldsymbol{b} + t\boldsymbol{\xi}\|^2} = \frac{\langle \boldsymbol{b} + t\boldsymbol{\xi}, A(\boldsymbol{b} + t\boldsymbol{\xi}) \rangle}{\langle \boldsymbol{b} + t\boldsymbol{\xi}, \boldsymbol{b} + t\boldsymbol{\xi} \rangle}$$

とおくと，$g(t)$ は $t=0$ で最大値をとる．このとき，$g'(0) = 0$ だから，

$$0 = g'(0) = \frac{\{\langle \boldsymbol{\xi}, A\boldsymbol{b} \rangle + \langle \boldsymbol{b}, A\boldsymbol{\xi} \rangle\}\langle \boldsymbol{b}, \boldsymbol{b} \rangle - \langle \boldsymbol{b}, A\boldsymbol{b} \rangle\{\langle \boldsymbol{\xi}, \boldsymbol{b} \rangle + \langle \boldsymbol{b}, \boldsymbol{\xi} \rangle\}}{\langle \boldsymbol{b}, \boldsymbol{b} \rangle^2}$$
$$= 2\{\langle \boldsymbol{\xi}, A\boldsymbol{b} \rangle - \mu \langle \boldsymbol{\xi}, \boldsymbol{b} \rangle\} = 2\langle \boldsymbol{\xi}, A\boldsymbol{b} - \mu \boldsymbol{b} \rangle$$

となる．ここで，$\langle \boldsymbol{b}, \boldsymbol{b} \rangle = \|\boldsymbol{b}\|^2 = 1$, $\langle \boldsymbol{b}, A\boldsymbol{b} \rangle = F(\boldsymbol{b}) = \mu$ であり，A は実対称行列であることを用いた．よって，任意の n 次元ベクトル $\boldsymbol{\xi}$ に対して，$\langle \boldsymbol{\xi}, A\boldsymbol{b} - \mu \boldsymbol{b} \rangle = 0$ だから，$A\boldsymbol{b} = \mu \boldsymbol{b}$ となり，μ は A の固有値である．
さらに，A の固有値を $\lambda_1, \cdots, \lambda_n$ とし，$i = 1, \cdots, n$ に対して，$\boldsymbol{e}_i$ を λ_i に対応する単位固有ベクトルとすると，$A\boldsymbol{e}_i = \lambda_i \boldsymbol{e}_i$, $\boldsymbol{e}_i \in S$ だから，

$$\mu = \max_{\boldsymbol{x} \in S} F(\boldsymbol{x}) \geq F(\boldsymbol{e}_i) = \langle \boldsymbol{e}_i, A\boldsymbol{e}_i \rangle = \langle \boldsymbol{e}_i, \lambda_i \boldsymbol{e}_i \rangle = \lambda_i \|\boldsymbol{e}_i\|^2 = \lambda_i.$$

よって，S 上の F の最大値 μ は A の最大の固有値に等しい．
同様に，S 上の F の最小値は A の最小の固有値に等しいことが証明される．

B.3 $f(x,y) = xy(1 - x^2 - y^2)$, $D = \{(x,y) \mid x \geq 0, y \geq 0, x^2 + y^2 \leq 1\}$ とおくとき，D における $f(x,y)$ の最大値を求めればよい．

$f(x, y)$ は有界閉集合 D 上で連続だから，ワイエルシュトラスの最大値定理より，最大値をとる点が存在する．D の境界では $f(x, y) = 0$ であり，D の内部では $f(x, y) > 0$ だから，$f(x, y)$ は D の境界では最大値はとらず，最大値をとる点は D の内部にある．
また，
$$f_x(x, y) = y(1 - 3x^2 - y^2), \quad f_y(x, y) = x(1 - x^2 - 3y^2)$$
より，D の内部における f の停留点は $(x, y) = (1/2, 1/2)$ のみである．
よって，D における $f(x, y)$ の最大値は $f(1/2, 1/2) = 1/8$ である．

B.4 積分領域 $D = \{(x, y, z) \mid x^2 + y^2 + z^2 \leq a^2\}$ の対称性より，
$$\iiint_D x^2 \, dxdydz = \iiint_D y^2 \, dxdydz = \iiint_D z^2 \, dxdydz.$$
よって，3次元の極座標変換を用いると，
$$\iiint_D x^2 \, dxdydz = \frac{1}{3} \iiint_D (x^2 + y^2 + z^2) \, dxdydz = \frac{4\pi}{3} \int_0^a r^2 \cdot r^2 \, dr = \frac{4\pi}{15} a^5.$$

B.5 (1) 二重積分 I_1 を累次積分に直すと，
$$I_1 = \int_1^3 \left(\int_y^{y^2} \sin\left(\frac{\pi x}{2y}\right) dx \right) dy$$
となる．ここで，
$$\int_y^{y^2} \sin\left(\frac{\pi x}{2y}\right) dx = \left[-\frac{2y}{\pi} \cos\left(\frac{\pi x}{2y}\right) \right]_{x=y}^{x=y^2}$$
$$= -\frac{2y}{\pi} \cos\left(\frac{\pi}{2} y\right) + \frac{2y}{\pi} \cos\left(\frac{\pi}{2}\right) = -\frac{2}{\pi} y \cos\left(\frac{\pi}{2} y\right)$$
だから，$t = (\pi/2) y$ と置換すると，
$$I_1 = -\frac{2}{\pi} \int_1^3 y \cos\left(\frac{\pi}{2} y\right) dy = -\left(\frac{2}{\pi}\right)^3 \int_{\pi/2}^{3\pi/2} t \cos t \, dt.$$
さらに，部分積分により，$\int t \cos t \, dt = t \sin t - \int \sin t \, dt = t \sin t + \cos t$ だから，
$$I_1 = -\left(\frac{2}{\pi}\right)^3 [t \sin t + \cos t]_{\pi/2}^{3\pi/2} = \frac{16}{\pi^2}.$$

(2) 累次積分 I_2 を重積分に直すと，小問 (1) と同じ積分領域 D になるので，
$$I_2 = \iint_D e^y \, dxdy = \int_1^3 \left(\int_y^{y^2} e^y \, dx \right) dy = \int_1^3 (y^2 - y) e^y \, dy.$$
ここで，部分積分により，
$$\int y e^y \, dy = y e^y - \int e^y \, dy = (y - 1) e^y,$$
$$\int y^2 e^y \, dy = y^2 e^y - \int 2y e^y \, dy = (y^2 - 2y + 2) e^y$$
だから，$I_2 = \left[(y^2 - 3y + 3) e^y \right]_1^3 = 3e^3 - e.$

B.6 (1) $p = \sqrt{a} \, x, q = \sqrt{b} \, y$ とおくと，
$$I_1 = \int_0^\infty \int_0^\infty e^{-(ax^2 + by^2)} \, dx \, dy = \frac{1}{\sqrt{ab}} \int_0^\infty \int_0^\infty e^{-(p^2 + q^2)} \, dp \, dq.$$

ここで，$p = r\cos\theta, q = r\sin\theta$ ($r \geq 0, 0 \leq \theta \leq \pi/2$) と極座標変換すると，
$$I_1 = \frac{\pi}{2\sqrt{ab}} \int_0^\infty e^{-r^2} r\,dr = \frac{\pi}{2\sqrt{ab}} \left[-\frac{1}{2}e^{-r^2}\right]_0^\infty = \frac{\pi}{4\sqrt{ab}}.$$

(2) パラメータ $t > 0$ を導入すると，小問 (1) より，
$$\int_0^\infty \int_0^\infty e^{-t(ax^2+by^2)}\,dx\,dy = \int_0^\infty \int_0^\infty e^{-(tax^2+tby^2)}\,dx\,dy = \frac{\pi}{4\sqrt{t^2 ab}} = \frac{\pi}{4\sqrt{ab}} t^{-1}.$$

両辺を t で微分すると，
$$-\int_0^\infty \int_0^\infty (ax^2+by^2) e^{-t(ax^2+by^2)}\,dx\,dy = -\frac{\pi}{4\sqrt{ab}} t^{-2}$$

となり，$t = 1$ を代入すれば，
$$I_2 = \int_0^\infty \int_0^\infty (ax^2+by^2) e^{-(ax^2+by^2)}\,dx\,dy = \frac{\pi}{4\sqrt{ab}}.$$

(3) $0 < e^{-\varepsilon} < 1$ だから，等比級数の和の公式より，$s_1 = \sum_{n=0}^\infty (e^{-\varepsilon})^n = \dfrac{1}{1-e^{-\varepsilon}}$.

(4) s_1 を ε の関数と考え，ε で微分すると，$\dfrac{ds_1}{d\varepsilon} = \sum_{n=0}^\infty (-n) e^{-n\varepsilon} = \dfrac{-e^{-\varepsilon}}{(1-e^{-\varepsilon})^2}$.

よって，$s_2 = \sum_{n=0}^\infty n\varepsilon e^{-n\varepsilon} = \dfrac{\varepsilon e^{-\varepsilon}}{(1-e^{-\varepsilon})^2}$.

(5) $\dfrac{s_1}{s_2} = \dfrac{1-e^{-\varepsilon}}{\varepsilon e^{-\varepsilon}} = \dfrac{e^\varepsilon - 1}{\varepsilon}$ だから，$\displaystyle\lim_{\varepsilon \to 0} \dfrac{s_1}{s_2} = 1$. よって，$\displaystyle\lim_{\varepsilon \to 0} \dfrac{s_2}{s_1} = 1$.

B.7 (**問 1**) (a) 極座標変換 $x = r\cos\theta, y = r\sin\theta$ ($r \geq 0, 0 \leq \theta \leq 2\pi$) により，
$$\int_{-\infty}^\infty \int_{-\infty}^\infty e^{-a(x^2+y^2)}\,dx\,dy = 2\pi \int_{-\infty}^\infty e^{-ar^2} r\,dr = \frac{\pi}{a}\left[-e^{-ar^2}\right]_0^\infty = \frac{\pi}{a}.$$

(b) 問 1 (a) の結果を使うと，
$$I^2 = \left(\int_{-\infty}^\infty e^{-ax^2}\,dx\right)\left(\int_{-\infty}^\infty e^{-ay^2}\,dy\right) = \int_{-\infty}^\infty \int_{-\infty}^\infty e^{-a(x^2+y^2)}\,dx\,dy = \frac{\pi}{a}$$

であり，$I > 0$ だから，$I = \sqrt{\dfrac{\pi}{a}}$.

(**問 2**) (a) $A\boldsymbol{r} = \begin{pmatrix} 2 & 1 \\ 1 & 2 \end{pmatrix} \begin{pmatrix} x \\ y \end{pmatrix} = \begin{pmatrix} 2x+y \\ x+2y \end{pmatrix}$

より，${}^t\boldsymbol{r} A\boldsymbol{r} = x(2x+y) + y(x+2y) = 2(x^2 + xy + y^2)$.

(b) A の固有方程式は $(\lambda - 2)^2 - 1 = 0$ だから，A の固有値は $\lambda_1 = 2-1 = 1, \lambda_2 = 2+1 = 3$ である．

次に，$A\boldsymbol{r} = \boldsymbol{r}$ より，$x + y = 0$ だから，$\lambda_1 = 1$ に対応する規格化された固有ベクトルとして，$\boldsymbol{e}_1 = \dfrac{1}{\sqrt{2}}\begin{pmatrix} 1 \\ -1 \end{pmatrix}$ を得る．

また，$A\boldsymbol{r} = 3\boldsymbol{r}$ より，$x - y = 0$ だから，$\lambda_2 = 3$ に対応する規格化された固有ベクトルとして，$\boldsymbol{e}_2 = \dfrac{1}{\sqrt{2}}\begin{pmatrix} 1 \\ 1 \end{pmatrix}$ を得る．

(c) $\boldsymbol{r} = u\boldsymbol{e}_1 + v\boldsymbol{e}_2$ とすると，$A\boldsymbol{r} = uA\boldsymbol{e}_1 + vA\boldsymbol{e}_2 = \lambda_1 u \boldsymbol{e}_1 + \lambda_2 v \boldsymbol{e}_2$. また，$\boldsymbol{e}_1, \boldsymbol{e}_2$ は正規直交系だから，$2(x^2 + xy + y^2) = {}^t\boldsymbol{r} A\boldsymbol{r} = \lambda_1 u^2 + \lambda_2 v^2$ であり，変数変換 $\boldsymbol{r} = u\boldsymbol{e}_1 + v\boldsymbol{e}_2$ のヤコ

ビ行列式の絶対値は 1 である．よって，
$$K = \int_{-\infty}^{\infty} \int_{-\infty}^{\infty} e^{-(u^2+3v^2)} \, dudv.$$

(d) 問 1 の結果を用いると，
$$K = \left(\int_{-\infty}^{\infty} e^{-u^2} \, du \right) \left(\int_{-\infty}^{\infty} e^{-3v^2} \, dv \right) = \sqrt{\pi} \sqrt{\frac{\pi}{3}} = \frac{\pi}{\sqrt{3}}.$$

B.8 (1) $f(x) = \arctan x$ とおくと，$f'(x) = \dfrac{1}{1+x^2}$．また，$x > 0$ に対して，$f(x) + f\left(\dfrac{1}{x}\right) = \dfrac{\pi}{2}$ である．よって，$t = \dfrac{1}{x}$ とおくと，

$$\lim_{x \to +\infty} x \left(\frac{\pi}{2} - \arctan x \right) = \lim_{x \to +\infty} x \arctan \frac{1}{x} = \lim_{t \to +0} \frac{\arctan t}{t} = f'(0) = 1.$$

(2) 二重積分 I を累次積分に直して計算すると，
$$I = \int_0^{\infty} \left(\int_{x^a}^{\infty} \frac{x}{x^2+y^2} \, dy \right) xe^{-bx} \, dx = \int_0^{\infty} xe^{-bx} \left[\arctan \frac{y}{x} \right]_{y=x^a}^{\infty} dx$$
$$= \int_0^{\infty} xe^{-bx} \left(\frac{\pi}{2} - \arctan x^{a-1} \right) dx.$$

ここで，小問 (1) より，$\displaystyle\lim_{x \to +\infty} x^{a-2} e^{bx} \cdot xe^{-bx} \left(\frac{\pi}{2} - \arctan x^{a-1} \right) = 1$
だから，$b > 0$ のとき，すべての a に対して，I は収束する．
また，$b < 0$ のとき，すべての a に対して，I は発散する．
さらに，$b = 0$ のときは，$a > 3$ ならば，I は収束し，$a \leq 3$ ならば，I は発散する．

(3) $a = b = 1$ のとき，部分積分により，
$$I = \int_0^{\infty} xe^{-x} \left(\frac{\pi}{2} - \arctan 1 \right) dx = \frac{\pi}{4} \int_0^{\infty} xe^{-x} \, dx$$
$$= \frac{\pi}{4} \left(-[xe^{-x}]_0^{\infty} + \int_0^{\infty} e^{-x} \, dx \right) = \frac{\pi}{4}.$$

B.9 $\displaystyle\lim_{n \to \infty} f_n(x) = g(x) := \begin{cases} 0 & (0 \leq x < 1) \\ 1 & (x = 1) \end{cases}$ である．

関数列 $\{f_n(x)\}$ が区間 $[0,1]$ 上で一様収束すると仮定する．このとき，一様収束極限関数は各点収束極限関数と一致するから，$\{f_n(x)\}$ は $g(x)$ に $[0,1]$ 上で一様収束する．さらに，すべての n に対して，$f_n(x)$ は区間 $[0,1]$ 上で連続だから，$g(x)$ も $[0,1]$ 上で連続となる．しかし，$g(x)$ は $x = 1$ で連続でないから，$\{f_n(x)\}$ は $g(x)$ に $[0,1]$ 上で一様収束しない．

B.10 (1) $f_n(x) = \dfrac{\sin nx}{2^n}$ $(-\pi \leq x \leq \pi)$ とおくと，$|f_n(x)| \leq \dfrac{1}{2^n}$ $(-\pi \leq x \leq \pi)$ であり，$\displaystyle\sum_{n=1}^{\infty} \frac{1}{2^n} = 1$ だから，3.4 節のワイエルシュトラスの M 判定法より，$\displaystyle\sum_{n=1}^{\infty} \frac{\sin nx}{2^n}$ は区間 $[-\pi, \pi]$ 上で一様収束する．

(2) $f_n'(x) = \dfrac{n \cos nx}{2^n}$ より，$|f_n'(x)| \leq \dfrac{n}{2^n}$ $(-\pi \leq x \leq \pi)$ であり，$\displaystyle\sum_{n=1}^{\infty} \frac{n}{2^n} < \infty$ だから，$f(x) = \displaystyle\sum_{n=1}^{\infty} \frac{\sin nx}{2^n}$ は項別微分可能であり，$f'(x) = \displaystyle\sum_{n=1}^{\infty} \frac{n \cos nx}{2^n}$ $(-\pi \leq x \leq \pi)$．

特に，$f'(0) = \sum_{n=1}^{\infty} \dfrac{n}{2^n}$.

また，$g(x) = \sum_{n=0}^{\infty} x^n = \dfrac{1}{1-x}$ $(-1 < x < 1)$ とおくと，$g'(x) = \sum_{n=1}^{\infty} nx^{n-1} = \dfrac{1}{(1-x)^2}$ だから，

$$xg'(x) = \sum_{n=1}^{\infty} nx^n = \dfrac{x}{(1-x)^2} \quad (-1 < x < 1).$$

ここで，$x = \dfrac{1}{2}$ を代入すると，$\sum_{n=1}^{\infty} \dfrac{n}{2^n} = 2$ となる．よって，$f'(0) = 2$ である．

第 4 章

以下，C, C_1, C_2 などは任意定数を表すものとする．

A.1 (1) $w(x) = y(x)^2$ とおくと，
$$w'(x) = 2y(x)y'(x) = -\{w(x) - 1\}\sin x$$
と変数分離型微分方程式になる．よって，
$$\int \dfrac{dw}{w-1} = \log(w-1) = -\int \sin x\,dx = \cos x + C.$$
これから $y(x)^2 = w(x) = 1 + e^{\cos x + C} = 1 + Ce^{\cos x}$ だから，$y(x) = \pm\sqrt{1 + Ce^{\cos x}}$.

(2) 方程式を整理すると，$y' + \left(x - \dfrac{1}{x}\right)y = -x^2$ となるから，
$$\dfrac{d}{dx}\left\{\exp\left(\dfrac{x^2}{2} - \log x\right)y(x)\right\} = \exp\left(\dfrac{x^2}{2} - \log x\right)\left\{y' + \left(x - \dfrac{1}{x}\right)y\right\}$$
$$= -x^2 \exp\left(\dfrac{x^2}{2} - \log x\right) = -xe^{x^2/2}.$$
これを積分すると，$\exp\left(\dfrac{x^2}{2} - \log x\right)y(x) = -\int xe^{x^2/2}\,dx = -e^{x^2/2} + C.$
よって，
$$y(x) = \exp\left(-\dfrac{x^2}{2} + \log x\right)\left(-e^{x^2/2} + C\right) = xe^{-x^2/2}\left(-e^{x^2/2} + C\right) = -x + Cxe^{-x^2/2}.$$

A.2 (1) 方程式の両辺を x で割ると，$\dfrac{dy}{dx} = \dfrac{y}{x} + \sqrt{1 + \left(\dfrac{y}{x}\right)^2}$.

ここで，$w(x) = \dfrac{y(x)}{x}$ とおくと，$y(x) = xw(x)$ だから，
$$y'(x) = xw'(x) + w(x) = w(x) + \sqrt{1 + w(x)^2}$$
となる．よって，w は変数分離型微分方程式 $\dfrac{dw}{dx} = \dfrac{\sqrt{1+w^2}}{x}$ を満たす．このとき，
$$\int \dfrac{dw}{\sqrt{1+w^2}} = \sinh^{-1} w = \int \dfrac{dx}{x} = \log x + C$$
だから $w(x) = \sinh(\log x + C)$. よって求める一般解は $y(x) = x\sinh(\log x + C)$.

(2) $z(x) = \dfrac{1}{y(x)}$ とおくと，$z' = -y^{-2}y' = -y^{-2}\left(\dfrac{y}{x} - xy^2\right) = -\dfrac{z}{x} + x$. これから，

$$\frac{d}{dx}(xz) = xz' + z = x\left(z' + \frac{z}{x}\right) = x^2$$

だから，$xz = \dfrac{x^3}{3} + C$. よって，求める一般解は $y(x) = \dfrac{1}{z(x)} = \dfrac{3x}{x^3 + C}$.

A.3 $\displaystyle\int \tan x\, dx = -\log \cos x$ だから，$e^{-\int \tan x\, dx} = \cos x$. よって，

$$\frac{d}{dx}\{y(x)\cos x\} = y'(x)\cos x - y(x)\sin x = \cos x\{y'(x) - y(x)\tan x\}$$

$$= 4\sin x \cos x = 2\sin 2x.$$

これを積分すると，$y(x)\cos x = C - \cos 2x$ となり，求める一般解は

$$y(x) = \frac{C}{\cos x} - \frac{\cos 2x}{\cos x}.$$

A.4 (1) $u = y^{-1}$ とすると，$\dfrac{du}{dx} = -y^{-2}\dfrac{dy}{dx} = y^{-1}\sin x - \sin x = u\sin x - \sin x$.

(2) u を $\dfrac{du}{dx} - u\sin x = 0$ の解とすると，

$$\frac{d}{dx}(e^{\cos x}u) = e^{\cos x}\left(\frac{du}{dx} - u\sin x\right) = 0$$

より，$u = Ce^{-\cos x}$.

(3) $f(x) = u(x)e^{\cos x}$ とすると，$f'(x) = e^{\cos x}\{u'(x) - u(x)\sin x\} = -e^{\cos x}\sin x$. これを積分すると，$f(x) = C + e^{\cos x}$ となる．

よって，$u(x) = f(x)e^{-\cos x} = Ce^{-\cos x} + 1$ だから，求める一般解は

$$y(x) = \frac{1}{u(x)} = \frac{1}{Ce^{-\cos x} + 1}.$$

A.5 $u(x) = xe^{y(x)}$ とおくと，

$$xu'(x) = xe^{y(x)} + x^2 e^{y(x)} y'(x) = xe^{y(x)} + x^2 e^{y(x)}\left\{\frac{1}{x} + e^{y(x)}\right\} = 2u(x) + u(x)^2$$

となる．これから

$$\int \frac{du}{2u + u^2} = \frac{1}{2}\int\left(\frac{1}{u} - \frac{1}{u+2}\right) du = \frac{1}{2}\log\frac{u}{u+2} = \int \frac{dx}{x} = \log x + C$$

より，$\dfrac{u}{u+2} = Cx^2$ となり，$u(x) = \dfrac{2Cx^2}{1 - Cx^2}$.

よって，求める一般解は $y(x) = \log\dfrac{2Cx}{1 - Cx^2}$.

A.6 (1) $a'(x)\cos x + b'(x)\sin x = 0$ だから，

$$y' = a'(x)\cos x - a(x)\sin x + b'(x)\sin x + b(x)\cos x = -a(x)\sin x + b(x)\cos x,$$

$$y'' = -a'(x)\sin x - a(x)\cos x + b'(x)\cos x - b(x)\sin x.$$

よって，$f(x) = y'' + y = -a'(x)\sin x + b'(x)\cos x$.

(2) $a'(x)\cos x + b'(x)\sin x = 0,\ -a'(x)\sin x + b'(x)\cos x = f(x)$ より，

$$a'(x) = -f(x)\sin x, \quad b'(x) = f(x)\cos x.$$

よって，$a(x) = -\displaystyle\int f(x)\sin x\, dx,\ b(x) = \displaystyle\int f(x)\cos x\, dx$.

(3) 小問 (2) の結果に $f(x) = e^{-x}$ を代入すると，
$$a(x) = -\int e^{-x} \sin x \, dx = \frac{1}{2} e^{-x} (\cos x + \sin x) + C_1,$$
$$b(x) = \int e^{-x} \cos x \, dx = \frac{1}{2} e^{-x} (-\cos x + \sin x) + C_2$$
となる．よって，
$$y(x) = C_1 \cos x + C_2 \sin x + \frac{1}{2} e^{-x} (\cos x + \sin x) \cos x + \frac{1}{2} e^{-x} (-\cos x + \sin x) \sin x$$
$$= C_1 \cos x + C_2 \sin x + \frac{1}{2} e^{-x}.$$

A.7 まず，右辺を 0 とした斉次のオイラーの微分方程式
$$x^3 \frac{d^3 y}{dx^3} - 3x^2 \frac{d^2 y}{dx^2} + 6x \frac{dy}{dx} - 6y = 0 \tag{$*1$}$$
を考える．$w(t) = y(e^t)$ と変換すると，
$$w'(t) = e^t y'(e^t) = xy'(x),$$
$$w''(t) = e^{2t} y''(e^t) + e^t y'(e^t) = x^2 y''(x) + xy'(x),$$
$$w'''(t) = e^{3t} y'''(e^t) + 3e^{2t} y''(e^t) + e^t y'(e^t) = x^3 y'''(x) + 3x^2 y''(x) + xy'(x)$$
だから，$w(t)$ は定数係数線形方程式
$$w''' - 6w'' + 11w' - 6w = 0 \tag{$*2$}$$
を満たす．この特性方程式は
$$\lambda^3 - 6\lambda^2 + 11\lambda - 6 = (\lambda - 1)(\lambda - 2)(\lambda - 3) = 0$$
となるから，特性根は $\lambda = 1, 2, 3$ である．よって，方程式 $(*2)$ の一般解は $w(t) = C_1 e^t + C_2 e^{2t} + C_3 e^{3t}$ となり，方程式 $(*1)$ の一般解は $y(x) = C_1 x + C_2 x^2 + C_3 x^3$ となる．
次に，非斉次方程式
$$x^3 \frac{d^3 y}{dx^3} - 3x^2 \frac{d^2 y}{dx^2} + 6x \frac{dy}{dx} - 6y = 2x^4 e^x \tag{$*3$}$$
の特殊解を求めるために，$y(x) = f(x) e^x$ とおくと，
$$y'(x) = e^x \{f'(x) + f(x)\},$$
$$y''(x) = e^x \{f''(x) + 2f'(x) + f(x)\},$$
$$y'''(x) = e^x \{f'''(x) + 3f''(x) + 3f'(x) + f(x)\}$$
より，$f(x)$ は
$$x^3 f'''(x) + 3(x^3 - x^2) f''(x) + 3(x^3 - 2x^2 + 2x) f'(x) + (x^3 - 3x^2 + 6x - 6) f(x) = 2x^4$$
を満たす．さらに，$f(x) = ax$ （a は定数）とおくと，
$$2x^4 = 3a(x^3 - 2x^2 + 2x) + ax(x^3 - 3x^2 + 6x - 6) = ax^4$$
より，$a = 2$ となる．よって，非斉次方程式 $(*3)$ の特殊解 $y(x) = 2xe^x$ が求まった．
以上により，方程式 $(*3)$ の一般解は $y(x) = C_1 x + C_2 x^2 + C_3 x^3 + 2xe^x$.

B.1 (1) 考えている区間から t_0 を 1 つとり，$x'' + a_1(t) x' + a_2(t) x = 0$ の解 $x_2(t)$ で，初期条件 $x_2(t_0) = 0, x_2'(t_0) = 1$ を満たすものを求める．

$W(t) = x_1(t)x_2'(t) - x_2(t)x_1'(t)$ とおくと，
$$W'(t) = x_1(t)x_2''(t) - x_2(t)x_1''(t)$$
$$= x_2(t)\{a_1(t)x_1'(t) + a_2(t)x_1(t)\} - x_1(t)\{a_1(t)x_2'(t) + a_2(t)x_2(t)\} = -a_1(t)W(t).$$

また $x_2(t_0) = 0$, $x_2'(t_0) = 1$ より，$W(t_0) = x_1(t_0)x_2'(t_0) - x_2(t_0)x_1'(t_0) = x_1(t_0)$ だから，
$$W(t) = W(t_0) \cdot \exp\left(-\int_{t_0}^{t} a_1(s)\,ds\right) = x_1(t_0) \cdot \exp\left(-\int_{t_0}^{t} a_1(s)\,ds\right).$$

さらに，
$$\frac{d}{dt}\left\{\frac{x_2(t)}{x_1(t)}\right\} = \frac{W(t)}{\{x_1(t)\}^2} = \frac{x_1(t_0)}{\{x_1(t)\}^2} \cdot \exp\left(-\int_{t_0}^{t} a_1(s)\,ds\right)$$

だから，これを t_0 から t まで積分すると，次のようになる.
$$x_2(t) = \frac{x_2(t_0)}{x_1(t_0)}x_1(t) + x_1(t)\int_{t_0}^{t} \frac{x_1(t_0)}{\{x_1(\tau)\}^2} \cdot \exp\left(-\int_{t_0}^{\tau} a_1(s)\,ds\right) d\tau$$
$$= x_1(t)\int_{t_0}^{t} \frac{x_1(t_0)}{\{x_1(\tau)\}^2} \cdot \exp\left(-\int_{t_0}^{\tau} a_1(s)\,ds\right) d\tau.$$

(2) $W(x_1, x_2)(t) = x_1(t)x_2'(t) - x_2(t)x_1'(t)$ とおくと，小問 (1) で計算したように，
$$W(x_1, x_2)(t) = x_1(t_0) \cdot \exp\left(-\int_{t_0}^{t} a_1(s)\,ds\right) \neq 0$$

となるから，$x_1(t)$, $x_2(t)$ は互いに 1 次独立な基本解系である.

(3) $x'' - 4tx' + (4t^2 - 2)x = 0$ の特殊解を求めるために，$x(t) = e^{f(t)}$ とおく. このとき，$f(t)$ は
$$f''(t) + f'(t)^2 - 4tf'(t) + 4t^2 - 2 = 0$$

を満たす. さらに，$f(t) = at^2 + bt$ とおくと，$a = 1, b = 0$ となり，$x'' - 4tx' + (4t^2 - 2)x = 0$ の特殊解 $x_1(t) = e^{t^2}$ が求まった.

さらに，$t_0 = 0, a_1(t) = -4t$ として小問 (1) の結果を用いると，もう 1 つの特殊解
$$x_2(t) = x_1(t)\int_0^t \frac{x_1(0)}{\{x_1(\tau)\}^2} \cdot \exp\left(\int_0^\tau 4s\,ds\right) d\tau = te^{t^2}$$

が得られる. よって，$x'' - 4tx' + (4t^2 - 2)x = 0$ の一般解は
$$x(t) = C_1 x_1(t) + C_2 x_2(t) = C_1 e^{t^2} + C_2 t e^{t^2} \quad (C_1, C_2 \text{ は任意定数}).$$

B.2 (1) $I = \begin{pmatrix} 1 & 0 \\ 0 & 1 \end{pmatrix}, J = \begin{pmatrix} 0 & -1 \\ 1 & 0 \end{pmatrix}$ とおくと，$A = aI + bJ$ である.
また，$J^2 = -I$ だから，
$$\exp(bJ) = \sum_{n=0}^{\infty} \frac{b^n}{n!}J^n = \sum_{k=0}^{\infty} \frac{(-1)^k b^{2k}}{(2k)!}I + \sum_{k=0}^{\infty} \frac{(-1)^k b^{2k+1}}{(2k+1)!}J = (\cos b)I + (\sin b)J.$$

さらに，$IJ = JI$ より，$\exp A = \exp(aI)\exp(bJ)$ だから，
$$\exp A = \exp(aI)\exp(bJ) = e^a \begin{pmatrix} \cos b & -\sin b \\ \sin b & \cos b \end{pmatrix}.$$

(2) $A = \begin{pmatrix} 2 & -1 \\ 1 & 2 \end{pmatrix}$ とおくと，与えられた初期値問題は

$$\frac{d}{dt}\begin{pmatrix} x(t) \\ y(t) \end{pmatrix} = A\begin{pmatrix} x(t) \\ y(t) \end{pmatrix}, \quad \begin{pmatrix} x(0) \\ y(0) \end{pmatrix} = \begin{pmatrix} 3 \\ -1 \end{pmatrix}$$

とかける.このとき,解は次のように与えられる.

$$\begin{pmatrix} x(t) \\ y(t) \end{pmatrix} = \exp(tA)\begin{pmatrix} x(0) \\ y(0) \end{pmatrix} = e^{2t}\begin{pmatrix} \cos t & -\sin t \\ \sin t & \cos t \end{pmatrix}\begin{pmatrix} 3 \\ -1 \end{pmatrix}$$
$$= \begin{pmatrix} e^{2t}(3\cos t + \sin t) \\ e^{2t}(3\sin t - \cos t) \end{pmatrix}.$$

B.3 (1) A の特性方程式 $0 = \begin{vmatrix} \lambda & -2 & -2 \\ -2 & \lambda-1 & 0 \\ -2 & 0 & \lambda+1 \end{vmatrix} = \lambda(\lambda+3)(\lambda-3)$ より,A の固有値は $\lambda_1 = -3, \lambda_2 = 0, \lambda_3 = 3$ である.また,$\lambda_1, \lambda_2, \lambda_3$ に対する大きさが 1 に規格化された固有ベクトルは,それぞれ,

$$\boldsymbol{e}_1 = \frac{1}{3}\begin{pmatrix} -2 \\ 1 \\ 2 \end{pmatrix}, \quad \boldsymbol{e}_2 = \frac{1}{3}\begin{pmatrix} 1 \\ -2 \\ 2 \end{pmatrix}, \quad \boldsymbol{e}_3 = \frac{1}{3}\begin{pmatrix} 2 \\ 2 \\ 1 \end{pmatrix}.$$

(2) $j = 1, 2, 3$ に対して,$A\boldsymbol{e}_j = \lambda_j \boldsymbol{e}_j$ だから,

$$P = (\boldsymbol{e}_1\ \boldsymbol{e}_2\ \boldsymbol{e}_3) = \frac{1}{3}\begin{pmatrix} -2 & 1 & 2 \\ 1 & -2 & 2 \\ 2 & 2 & 1 \end{pmatrix}$$

とすると,$AP = P\Lambda$ となる.このとき $P^{-1} = {}^tP = P$ であり,$P^{-1}AP = \Lambda$ となる.

(3) 求める解は $\begin{pmatrix} x(t) \\ y(t) \\ z(t) \end{pmatrix} = \exp(tA)\begin{pmatrix} x(0) \\ y(0) \\ z(0) \end{pmatrix}$ で与えられる.ここで,

$$\exp(tA) = \sum_{n=0}^{\infty} \frac{t^n}{n!}A^n = P\left(\sum_{n=0}^{\infty} \frac{t^n}{n!}\Lambda^n\right)P^{-1} = P\exp(t\Lambda)P^{-1}$$

だから,

$$P^{-1}\begin{pmatrix} x(t) \\ y(t) \\ z(t) \end{pmatrix} = \exp(t\Lambda)P^{-1}\begin{pmatrix} x(0) \\ y(0) \\ z(0) \end{pmatrix}$$
$$= \frac{1}{3}\begin{pmatrix} e^{\lambda_1 t} & 0 & 0 \\ 0 & e^{\lambda_2 t} & 0 \\ 0 & 0 & e^{\lambda_3 t} \end{pmatrix}\begin{pmatrix} -2 & 1 & 2 \\ 1 & -2 & 2 \\ 2 & 2 & 1 \end{pmatrix}\begin{pmatrix} 1 \\ -1 \\ 0 \end{pmatrix}$$
$$= \begin{pmatrix} e^{\lambda_1 t} & 0 & 0 \\ 0 & e^{\lambda_2 t} & 0 \\ 0 & 0 & e^{\lambda_3 t} \end{pmatrix}\begin{pmatrix} -1 \\ 1 \\ 0 \end{pmatrix} = \begin{pmatrix} -e^{-3t} \\ 1 \\ 0 \end{pmatrix}.$$

よって,求める解は $\begin{pmatrix} x(t) \\ y(t) \\ z(t) \end{pmatrix} = P\begin{pmatrix} -e^{-3t} \\ 1 \\ 0 \end{pmatrix} = \frac{1}{3}\begin{pmatrix} 2e^{-3t} + 1 \\ -e^{-3t} - 2 \\ -2e^{-3t} + 2 \end{pmatrix}.$

B.4 (1) $A = \begin{pmatrix} 0 & 4 \\ 1 & 0 \end{pmatrix}, \lambda_1 = -2, \lambda_2 = 2, \boldsymbol{q}_1 = \begin{pmatrix} 2 \\ -1 \end{pmatrix}, \boldsymbol{q}_2 = \begin{pmatrix} 2 \\ 1 \end{pmatrix}.$

(2) $u(x,t) = P\begin{pmatrix} s_1(x,t) \\ s_2(x,t) \end{pmatrix} = s_1(x,t)q_1 + s_2(x,t)q_2$ を①に代入すると,

$$0 = \sum_{j=1}^{2}\left\{\frac{\partial s_j}{\partial t}q_j + \frac{\partial s_j}{\partial x}Aq_j\right\} = \sum_{j=1}^{2}\left\{\frac{\partial s_j}{\partial t} + \lambda_j\frac{\partial s_j}{\partial x}\right\}q_j$$

となる. q_1 と q_2 は 1 次独立だから, $s_1(x,t), s_2(x,t)$ は次を満たす.

$$\frac{\partial s_1}{\partial t} - 2\frac{\partial s_1}{\partial x} = 0, \quad \frac{\partial s_2}{\partial t} + 2\frac{\partial s_2}{\partial x} = 0.$$

(3) まず,

$$\begin{pmatrix} s_1(x,0) \\ s_2(x,0) \end{pmatrix} = P^{-1}u(x,0) = \frac{1}{4}\begin{pmatrix} 1 & -2 \\ 1 & 2 \end{pmatrix}\begin{pmatrix} e^{-x^2} \\ 0 \end{pmatrix} = \frac{1}{4}\begin{pmatrix} e^{-x^2} \\ e^{-x^2} \end{pmatrix}$$

だから, $s_1(x,t) = \frac{1}{4}e^{-(x+2t)^2}, s_2(x,t) = \frac{1}{4}e^{-(x-2t)^2}$. よって,

$$\begin{pmatrix} u_1(x,t) \\ u_2(x,t) \end{pmatrix} = \frac{1}{4}e^{-(x+2t)^2}q_1 + \frac{1}{4}e^{-(x-2t)^2}q_2$$

だから, $u_1(x,t) = \frac{1}{2}e^{-(x+2t)^2} + \frac{1}{2}e^{-(x-2t)^2}, u_2(x,t) = -\frac{1}{4}e^{-(x+2t)^2} + \frac{1}{4}e^{-(x-2t)^2}.$

B.5 (1) $\displaystyle\frac{dI}{dt} = \int_{-\infty}^{+\infty}\left(\frac{1}{v^2}\frac{\partial u}{\partial t}\frac{\partial^2 u}{\partial t^2} + \frac{\partial u}{\partial x}\frac{\partial^2 u}{\partial x \partial t}\right)dx.$

ここで,

$$\int_{-\infty}^{+\infty}\frac{\partial u}{\partial x}\frac{\partial^2 u}{\partial x \partial t}dx = \left[\frac{\partial u}{\partial x}\frac{\partial u}{\partial t}\right]_{x\to -\infty}^{x\to +\infty} - \int_{-\infty}^{+\infty}\frac{\partial^2 u}{\partial x^2}\frac{\partial u}{\partial t}dx = -\int_{-\infty}^{+\infty}\frac{\partial^2 u}{\partial x^2}\frac{\partial u}{\partial t}dx$$

だから, $\displaystyle\frac{dI}{dt} = \int_{-\infty}^{+\infty}\left(\frac{1}{v^2}\frac{\partial^2 u}{\partial t^2} - \frac{\partial^2 u}{\partial x^2}\right)\frac{\partial u}{\partial t}dx = 0.$ よって, I は t に依存しない.

(2) ダランベールの公式より,

$$u(x,t) = \frac{1}{2}\{u_0(x+vt) + u_0(x-vt)\} + \frac{1}{2v}\int_{x-vt}^{x+vt}u_1(y)\,dy$$

$$= \frac{v}{2\pi}\int_{x-vt}^{x+vt}\frac{b}{(y-a)^2 + b^2}\,dy = \frac{v}{2\pi}\int_{x-a-vt}^{x-a+vt}\frac{b}{z^2+b^2}\,dz$$

$$= \frac{v}{2\pi}\left(\arctan\frac{x-a+vt}{b} - \arctan\frac{x-a-vt}{b}\right).$$

B.6 $\sin\pi x(1 + 2\cos\pi x) = \sin\pi x + \sin 2\pi x$ だから,

$$f(x,y) = u_1(y)\sin\pi x + u_2(y)\sin 2\pi x$$

とおき, $u_1(y), u_2(y)$ を求める. まず, 境界条件 $f(0,y) = f(1,y) = 0$ は常に満たされる.
また,

$$\frac{\partial^2 f}{\partial x^2}(x,y) = -\pi^2 u_1(y)\sin\pi x - 4\pi^2 u_2(y)\sin 2\pi x$$

$$= \frac{\partial^2 f}{\partial y^2}(x,y) = u_1''(y)\sin\pi x + u_2''(y)\sin 2\pi x$$

より, $u_1''(y) = -\pi^2 u_1(y), u_2''(y) = -4\pi^2 u_2(y).$ \hfill (*)

さらに, $f(x,0) = u_1(0)\sin\pi x + u_2(0)\sin 2\pi x = \sin\pi x + \sin 2\pi x,$

第 5 章の解答

$$\frac{\partial f}{\partial y}(x,0) = u_1'(0) \sin \pi x + u_2'(0) \sin 2\pi x = \sin \pi x + \sin 2\pi x$$

より，$u_1(0) = u_1'(0) = 1$, $u_2(0) = u_2'(0) = 1$. $\qquad\qquad (**)$

$(*)$, $(**)$ より，$u_1(y) = \cos \pi y + \dfrac{1}{\pi} \sin \pi y$, $u_2(y) = \cos 2\pi y + \dfrac{1}{2\pi} \sin 2\pi y$
だから，

$$f(x,y) = \sin \pi x \left(\cos \pi y + \frac{1}{\pi} \sin \pi y \right) + \sin 2\pi x \left(\cos 2\pi y + \frac{1}{2\pi} \sin 2\pi y \right).$$

第5章

A.1 (1) $f(z)$ は D 内の任意の点 $z = x + iy$ で微分可能だから，実数 h に対して，

$$f'(z) = \lim_{h \to 0} \frac{f(z+h) - f(z)}{h} = \lim_{h \to 0} \left\{ \frac{u(x+h,y) - u(x,y)}{h} + i \frac{v(x+h,y) - v(x,y)}{h} \right\}$$
$$= \frac{\partial u}{\partial x}(x,y) + i \frac{\partial v}{\partial x}(x,y).$$

また，実数 h に対して，

$$f'(z) = \lim_{h \to 0} \frac{f(z+ih) - f(z)}{ih} = \lim_{h \to 0} \left\{ \frac{u(x,y+h) - u(x,y)}{ih} + i \frac{v(x,y+h) - v(x,y)}{ih} \right\}$$
$$= \frac{\partial v}{\partial y}(x,y) - i \frac{\partial u}{\partial y}(x,y)$$

が成り立つ．よって，D 内のすべての点 (x,y) に対して，次が成り立つ．

$$\frac{\partial u}{\partial x}(x,y) = \frac{\partial v}{\partial y}(x,y), \quad \frac{\partial u}{\partial y}(x,y) = -\frac{\partial v}{\partial x}(x,y).$$

(2) $u(x,y) = \dfrac{x}{x^2 + y^2}$ のとき，

$$\frac{\partial v}{\partial x}(x,y) = -\frac{\partial u}{\partial y}(x,y) = \frac{2xy}{(x^2+y^2)^2}$$

となる．これを x で積分すると，y のある関数 $f(y)$ により，

$$v(x,y) = -\frac{y}{x^2+y^2} + f(y)$$

となる．これを y で微分すると，

$$\frac{\partial v}{\partial y}(x,y) = \frac{y^2 - x^2}{(x^2+y^2)^2} + f'(y) = \frac{\partial u}{\partial x}(x,y) = \frac{y^2 - x^2}{(x^2+y^2)^2}$$

だから，$f'(y) = 0$, すなわち，$f(y)$ は実定数である．
よって，$v(x,y) = -\dfrac{y}{x^2+y^2} + C$ (C は実定数) となる．

A.2 (1) コーシー–リーマンの方程式の第 1 式を x で偏微分すると $u_{xx} = v_{xy}$ となり，第 2 式を y で偏微分すると $u_{yy} = -v_{xy}$ となるから，$u_{xx} + u_{yy} = v_{xy} - v_{xy} = 0$ が成り立つ．
同様に，コーシー–リーマンの方程式の第 1 式を y で偏微分すると $u_{xy} = v_{yy}$ となり，第 2 式を x で偏微分すると $u_{xy} = -v_{xx}$ となるから，$v_{xx} + v_{yy} = 0$ が成り立つ．
(2) $u_x(x,y) = 2x + 2$, $u_{xx}(x,y) = 2$, $u_y(x,y) = -2y$, $u_{yy}(x,y) = -2$ だから，$u_{xx}(x,y) + u_{yy}(x,y) = 0$ となる．
(3) コーシー–リーマンの方程式より，

$$v_x(x,y) = -u_y(x,y) = 2y, \quad v_y(x,y) = u_x(x,y) = 2x+2$$

となる．第 1 式を x で積分すると，y のある実関数 $f(y)$ により，$v(x,y) = 2xy + f(y)$ となる．このとき，$v_y(x,y) = 2x + f'(y)$ だから，これを第 2 式に代入すると，$f'(y) = 2$ となる．よって，$f(y) = 2y + C$（C は実定数）となり，$v(x,y) = 2xy + 2y + C$ となる．特に，$C = 0$ ととると，

$$f(z) = u(x,y) + iv(x,y) = x^2 + 2x - y^2 + 2ixy + 2iy = z^2 + 2z$$

となる．これは複素平面上の正則関数であり，小問 (2) の $u(x,y)$ を実部に持つ．

A.3 $0 < |z-1| < 2$ のとき，

$$\frac{z}{z^2-1} = \frac{z}{(z-1)(z+1)} = \frac{1}{z-1}\frac{(z-1)+1}{(z-1)+2} = \frac{1}{2}\left(1+\frac{1}{z-1}\right)\frac{1}{1+\frac{z-1}{2}}$$

$$= \frac{1}{2}\left(1+\frac{1}{z-1}\right)\sum_{n=0}^{\infty}(-1)^n\left(\frac{z-1}{2}\right)^n = \frac{1}{2(z-1)} + \frac{1}{4}\sum_{n=0}^{\infty}\frac{(-1)^n}{2^n}(z-1)^n.$$

A.4 被積分関数 $\dfrac{\sin \pi z}{(2z-1)(3z-2)}$ の極 $z = \dfrac{1}{2}, \dfrac{2}{3}$ はどちらも単位円板内にある．
また，$z = 1/2$ における留数は

$$\lim_{z \to 1/2}\left(z-\frac{1}{2}\right)\frac{\sin \pi z}{(2z-1)(3z-2)} = \frac{1}{2}\frac{\sin \pi z}{3z-2}\bigg|_{z=1/2} = -1$$

であり，$z = 2/3$ における留数は

$$\lim_{z \to 2/3}\left(z-\frac{2}{3}\right)\frac{\sin \pi z}{(2z-1)(3z-2)} = \frac{1}{3}\frac{\sin \pi z}{2z-1}\bigg|_{z=2/3} = \frac{\sqrt{3}}{2}$$

である．よって，留数の定理より，

$$\int_{|z|=1}\frac{\sin \pi z}{(2z-1)(3z-2)}\,dz = 2\pi i\left(-1+\frac{\sqrt{3}}{2}\right) = (-2+\sqrt{3})\pi i.$$

A.5 $f(z) = \dfrac{3}{z(z+2)}$ とおくと，C で囲まれる領域内にある $f(z)$ の極は $z = -2$ のみである．また，$f(z)$ の $z = -2$ における留数 $\mathrm{Res}\,[f(z), -2]$ は

$$\mathrm{Res}\,[f(z), -2] = \lim_{z \to -2}(z+2)f(z) = \lim_{z \to -2}\frac{3}{z} = -\frac{3}{2}$$

だから，留数定理より，

$$\oint_C f(z)\,dz = 2\pi i\,\mathrm{Res}\,[f(z), -2] = -3\pi i.$$

A.6 (1) $\tan z = \dfrac{\sin z}{\cos z}$ だから，$\tan z$ の特異点は $\cos z$ の零点と一致する．

$$\cos z = \frac{1}{2}(e^{iz} + e^{-iz}) = 0 \iff e^{2iz} = -1$$

だから，$\cos z$ の零点は $z = \dfrac{(2n+1)\pi}{2}$（n は整数）である．
よって，単位円板内の $\dfrac{\tan \pi z}{z^3}$ の極は $z = 0, \pm\dfrac{1}{2}$ である．

(2) $f(z) = \dfrac{\tan \pi z}{z^3}$ とおく．まず，

$$\tan z = \frac{\sin z}{\cos z} = \left(z - \frac{z^3}{6} + \cdots\right)\left(1 + \frac{z^2}{2} + \cdots\right) = z + \frac{1}{3}z^3 + \cdots$$

より，$f(z) = \dfrac{\pi}{z^2} + \dfrac{1}{3}\pi^3 + \cdots$ だから，$f(z)$ の $z = 0$ における留数は 0 である．
また，$a = \pm 1/2$ に対して，
$$(z-a)f(z) = \dfrac{\sin \pi z}{\dfrac{\cos \pi z - \cos \pi a}{z-a}}\dfrac{1}{z^3} \to \dfrac{\sin \pi a}{-\pi \sin \pi a}\dfrac{1}{a^3} = -\dfrac{1}{\pi a^3} \quad (z \to a)$$
だから，$f(z)$ の $z = \pm 1/2$ における留数は $\mp 8/\pi$ である．
よって，留数の定理より，$\displaystyle\int_C \dfrac{\tan \pi z}{z^3} dz = 2\pi i \left(0 - \dfrac{8}{\pi} + \dfrac{8}{\pi}\right) = 0$.

B.1 (1) まず，$\dfrac{1}{z(z+2)} = \dfrac{1}{2}\left(\dfrac{1}{z} - \dfrac{1}{z+2}\right)$ に注意する．ここで，$|z-1| > 1$ のとき，
$$\dfrac{1}{z} = \dfrac{1}{(z-1)+1} = \dfrac{1}{z-1}\dfrac{1}{1+\frac{1}{z-1}} = \dfrac{1}{z-1}\sum_{n=0}^{\infty}\dfrac{(-1)^n}{(z-1)^n} = \sum_{n=0}^{\infty}\dfrac{(-1)^n}{(z-1)^{n+1}}.$$
また，$|z-1| < 3$ のとき，
$$\dfrac{1}{z+2} = \dfrac{1}{(z-1)+3} = \dfrac{1}{3}\dfrac{1}{1+\frac{z-1}{3}} = \sum_{n=0}^{\infty}\dfrac{(-1)^n}{3^{n+1}}(z-1)^n.$$
よって，$1 < |z-1| < 3$ のとき，次が成り立つ．
$$f(z) = \dfrac{1}{2}\dfrac{1}{z-1}\dfrac{1}{z} - \dfrac{1}{2}\dfrac{1}{z-1}\dfrac{1}{z+2} = \dfrac{1}{2}\sum_{n=0}^{\infty}\dfrac{(-1)^n}{(z-1)^{n+2}} - \dfrac{1}{2}\sum_{n=0}^{\infty}\dfrac{(-1)^n}{3^{n+1}}(z-1)^{n-1}.$$

(2) C で囲まれる領域内の $f(z)$ の極は $z = 0, 1$ の 2 点である．$f(z)$ の $z = 0$ における留数は
$$\lim_{z\to 0} z f(z) = \lim_{z\to 0} \dfrac{1}{(z-1)(z+2)} = -\dfrac{1}{2}.$$
また，$z = 1$ における留数は $\displaystyle\lim_{z\to 1}(z-1)f(z) = \lim_{z\to 1}\dfrac{1}{z(z+2)} = \dfrac{1}{3}$.
よって，留数の定理より，$\displaystyle\int_C f(z)\, dz = 2\pi i\left(-\dfrac{1}{2} + \dfrac{1}{3}\right) = -\dfrac{\pi}{3}i$.

B.2 (1) $|z|=1$ 上の点を $z = e^{i\theta}\ (0 \le \theta \le 2\pi)$ と表すと，
$$\int_0^{2\pi} \dfrac{d\theta}{a+b\sin\theta} = \int_{|z|=1} \dfrac{1}{a+\frac{b}{2i}(z-\frac{1}{z})}\dfrac{dz}{iz} = \int_{|z|=1} \dfrac{2dz}{bz^2+2aiz-b}.$$

(2) $b = 0$ のときは明らかだから，$b \ne 0$ とする．$bz^2 + 2aiz - b = 0$ の 2 根を
$$z_1 = i\dfrac{-a+\sqrt{a^2-b^2}}{b}, \quad z_2 = i\dfrac{-a-\sqrt{a^2-b^2}}{b}$$
とおく．このとき，$|z_1| < 1 < |z_2|$ だから，小問 (1) の結果と留数の定理より，
$$\int_0^{2\pi}\dfrac{d\theta}{a+b\sin\theta} = \int_{|z|=1}\dfrac{2dz}{bz^2+2aiz-b} = \dfrac{2}{b}\int_{|z|=1}\dfrac{dz}{(z-z_1)(z-z_2)}$$
$$= \dfrac{2}{b}\dfrac{2\pi i}{z_1 - z_2} = \dfrac{2\pi}{\sqrt{a^2-b^2}}.$$

B.3 まず，C を単位円周 $z = e^{i\theta}\ (0 \le \theta \le 2\pi)$ とし，
$$\int_C f(z)\, dz = \int_0^{2\pi}\dfrac{1}{(5-3\cos\theta)^2}d\theta \qquad\qquad ①$$
となる複素関数 $f(z)$ を求める．

$$\int_C f(z)\,dz = \int_0^{2\pi} f(e^{i\theta})\,ie^{i\theta}\,d\theta,$$
$$\int_0^{2\pi} \frac{1}{(5-3\cos\theta)^2}\,d\theta = \int_0^{2\pi} \frac{ie^{i\theta}\,d\theta}{ie^{i\theta}\left\{5-\frac{3}{2}(e^{i\theta}+e^{-i\theta})\right\}^2}$$

だから,
$$f(z) = \frac{1}{iz\left\{5-\frac{3}{2}(z+\frac{1}{z})\right\}^2} = \frac{4z}{i(3z-1)^2(z-3)^2}$$

ととれば, ① が成り立つ. $f(z)$ は単位円板内に 2 位の極 $z=1/3$ を持つ. 次に, その点における留数を計算する. $g(z) = \left(z-\frac{1}{3}\right)^2 f(z) = \frac{4}{9i}\frac{z}{(z-3)^2}$ とおくと, $g'(z) = -\frac{4}{9i}\frac{z+3}{(z-3)^3}$ だから, $z=\frac{1}{3}$ における $f(z)$ の留数は $g'\left(\frac{1}{3}\right) = \frac{5}{64i}$ となる. よって, 留数の定理より,

$$\int_0^{2\pi} \frac{1}{(5-3\cos\theta)^2}\,d\theta = \int_C f(z)\,dz = 2\pi i \cdot \frac{5}{64i} = \frac{5}{32}\pi.$$

B.4 (1) $f(z)$ の極は $(1+z^2)(1+z^4)=0$ の解と一致するので, 上半平面 $\operatorname{Im} z>0$ 上にある $f(z)$ の極は, $z=i, e^{i\pi/4}=\frac{1}{\sqrt{2}}(1+i), e^{i3\pi/4}=\frac{1}{\sqrt{2}}(-1+i)$ である.

また, それぞれの点は 1 位の極だから, 留数は
$$\operatorname{Res}[f(z),i] = \lim_{z\to i}(z-i)f(z) = \frac{1}{2z(1+z^4)}\bigg|_{z=i} = \frac{1}{4i} = -\frac{i}{4},$$
$$\operatorname{Res}[f(z),e^{i\pi/4}] = \lim_{z\to e^{i\pi/4}}(z-e^{i\pi/4})f(z) = \frac{1}{(1+z^2)\cdot 4z^3}\bigg|_{z=e^{i\pi/4}}$$
$$= \frac{1}{4(e^{i3\pi/4}+e^{i5\pi/4})} = -\frac{1}{4\sqrt{2}},$$
$$\operatorname{Res}[f(z),e^{i3\pi/4}] = \lim_{z\to e^{i3\pi/4}}(z-e^{i3\pi/4})f(z) = \frac{1}{(1+z^2)\cdot 4z^3}\bigg|_{z=e^{i3\pi/4}}$$
$$= \frac{1}{4(e^{i\pi/4}+e^{-i\pi/4})} = \frac{1}{4\sqrt{2}}.$$

(2) $R>1$ とし, Γ_R を $z=Re^{i\theta}$ $(0\leq\theta\leq\pi)$ で定義される半円弧とする. このとき, 線分 $[-R,R]$ と Γ_R で囲まれる領域内にある $f(z)$ の極は小問 (1) で求めた 3 点のみだから, 留数定理より,

$$\int_{-R}^R f(x)\,dx + \int_{\Gamma_R} f(z)\,dz$$
$$= 2\pi i\left(\operatorname{Res}[f(z),i] + \operatorname{Res}[f(z),e^{i\pi/4}] + \operatorname{Res}[f(z),e^{i3\pi/4}]\right) = \frac{\pi}{2}.$$

また, $z\in\Gamma_R$ のとき, $|1+z^2|\geq R^2-1, |1+z^4|\geq R^4-1$ だから,

$$\left|\int_{\Gamma_R} f(z)\,dz\right| = \left|\int_0^\pi f(Re^{i\theta})Rie^{i\theta}\,d\theta\right| \leq \int_0^\pi |f(Re^{i\theta})|R\,d\theta$$
$$\leq \frac{\pi R}{(R^2-1)(R^4-1)} \to 0 \quad (R\to\infty).$$

よって, $I = \displaystyle\int_{-\infty}^\infty \frac{dx}{(1+x^2)(1+x^4)} = \lim_{R\to\infty}\int_{-R}^R f(x)\,dx = \frac{\pi}{2}.$

B.5 (1) 上半平面にある $z^4 = -1$ の根を求めればよいので,$g(z)$ の極のうち,上半平面にあるものは $z = e^{i\pi/4} = \dfrac{1}{\sqrt{2}}(1+i)$, $e^{i3\pi/4} = \dfrac{1}{\sqrt{2}}(-1+i)$ の 2 点である.

(2) $a_1 = e^{i\pi/4}$, $a_2 = e^{i3\pi/4}$ とおく.$k = 1, 2$ に対して,$g(z)$ の $z = a_k$ における留数は

$$\mathrm{Res}\,[g(z), a_k] = \lim_{z \to a_k}(z - a_k)g(z) = \frac{a_k^2}{4a_k^3} = \frac{1}{4a_k}$$

で与えられる.また,$R > 1$ とし,Γ_R を $z = Re^{i\theta}$ $(0 \leq \theta \leq \pi)$ で定義される半円弧とする.このとき線分 $[-R, R]$ と Γ_R で囲まれる領域内にある $f(z)$ の極は a_1, a_2 のみだから,留数定理より,

$$\int_{-R}^{R} g(x)\,dx + \int_{\Gamma_R} g(z)\,dz$$
$$= 2\pi i\,(\mathrm{Res}\,[g(z), a_1] + \mathrm{Res}\,[g(z), a_2]) = \frac{2\pi i}{4}\left(e^{-i\pi/4} + e^{-i3\pi/4}\right) = \frac{\pi}{\sqrt{2}}.$$

また,$z \in \Gamma_R$ のとき,$|z^2| = R^2$, $|z^4 + 1| \geq R^4 - 1$ だから,

$$\left|\int_{\Gamma_R} g(z)\,dz\right| = \left|\int_0^\pi g(Re^{i\theta})Rie^{i\theta}\,d\theta\right| \leq \int_0^\pi |g(Re^{i\theta})|R\,d\theta \leq \frac{\pi R^3}{R^4 - 1} \to 0 \quad (R \to \infty).$$

よって,

$$\int_{-\infty}^{\infty} \frac{x^2}{x^4 + 1}\,dx = \lim_{R \to \infty} \int_{-R}^{R} g(x)\,dx = \frac{\pi}{\sqrt{2}}.$$

B.6 $0 < r < R$ に対して,C_r を $z = re^{i\theta}$ $(0 \leq \theta \leq 2\pi)$ で定義される閉曲線とする.

(1) 整数 n に対して,

$$\int_{C_r} z^n\,dz = \int_0^{2\pi} r^n e^{in\theta} \cdot ire^{i\theta}\,d\theta = ir^{n+1}\int_0^{2\pi} e^{i(n+1)\theta}\,d\theta = \begin{cases} 2\pi i & (n = -1), \\ 0 & (n \neq -1). \end{cases}$$

よって,$n = 0, 1, 2, \cdots$ に対して,項別積分により,

$$\int_{C_r} \frac{f(z)}{z^{n+1}}\,dz = \sum_{m=0}^{\infty} c_m \int_{C_r} z^{m-n-1}\,dz = 2\pi i\,c_n.$$

これから,

$$|c_n| = \frac{1}{2\pi}\left|\int_{C_r}\frac{f(z)}{z^{n+1}}\,dz\right| = \frac{1}{2\pi}\left|\int_0^{2\pi}\frac{f(re^{i\theta})ire^{i\theta}}{r^{n+1}e^{i(n+1)\theta}}\,d\theta\right| \leq \frac{1}{2\pi r^n}\int_0^{2\pi}|f(re^{i\theta})|\,d\theta.$$

(2) 整数 m, n に対して,

$$\int_0^{2\pi} e^{i(m-n)\theta}\,d\theta = \begin{cases} 2\pi & (m = n), \\ 0 & (m \neq n) \end{cases}$$

である.また,$0 < r < R$ に対して,$f(re^{i\theta}) = \sum_{n=0}^{\infty} c_n r^n e^{in\theta}$ であり,$\sum_{n=0}^{\infty}|c_n|r^n < \infty$ だから,項別積分でき,

$$\int_0^{2\pi}|f(re^{i\theta})|^2\,d\theta = \int_0^{2\pi}\sum_{m=0}^{\infty}\sum_{n=0}^{\infty}c_m\overline{c_n}r^{m+n}e^{i(m-n)\theta}\,d\theta$$
$$= \sum_{m=0}^{\infty}\sum_{n=0}^{\infty}c_m\overline{c_n}r^{m+n}\int_0^{2\pi}e^{i(m-n)\theta}\,d\theta = 2\pi\sum_{n=0}^{\infty}|c_n|^2 r^{2n}.$$

(3) $D_R(0)$ 上のすべての点 z に対して, $|f(z)| \leq |f(0)| = |c_0|$ だから, 小問 (2) より, $0 < r < R$ に対して,

$$|c_0|^2 + \sum_{n=1}^{\infty} |c_n|^2 r^{2n} = \frac{1}{2\pi} \int_0^{2\pi} |f(re^{i\theta})|^2 \, d\theta \leq \frac{1}{2\pi} \int_0^{2\pi} |c_0|^2 \, d\theta = |c_0|^2$$

となる. これから, $n = 1, 2, \cdots$ に対して, $c_n = 0$ であり, $f(z) = c_0$ となる.

第 6 章

A.1 (1) $\dfrac{\partial \rho}{\partial x} = \dfrac{x}{\rho}$.

(2) $\dfrac{\partial \varphi}{\partial x} = -\dfrac{x}{\rho} \sin \rho,\ \dfrac{\partial \varphi}{\partial y} = -\dfrac{y}{\rho} \sin \rho,\ \dfrac{\partial \varphi}{\partial z} = 0$ より $\mathrm{grad}\, \varphi = \left(-\dfrac{x}{\rho} \sin \rho, -\dfrac{y}{\rho} \sin \rho, 0\right)$.

(3) $\mathrm{div}\, \boldsymbol{A} = \dfrac{xy}{\rho} \cos \rho - \dfrac{xy}{\rho} \cos \rho + \sin \rho = \sin \rho$.

(4) $\mathrm{rot}\, \boldsymbol{A} = \left(\dfrac{yz}{\rho} \cos \rho, -\dfrac{zx}{\rho} \cos \rho, -2\sin \rho - \rho \cos \rho\right)$.

A.2 (1) $\mathrm{rot}\,(\mathrm{grad}\,\varphi)$ の第 1 成分は $\dfrac{\partial}{\partial y}\left(\dfrac{\partial \varphi}{\partial z}\right) - \dfrac{\partial}{\partial z}\left(\dfrac{\partial \varphi}{\partial y}\right) = \dfrac{\partial^2 \varphi}{\partial y \partial z} - \dfrac{\partial^2 \varphi}{\partial z \partial y} = 0.$

同様に, $\mathrm{rot}\,(\mathrm{grad}\,\varphi)$ の第 2 成分と第 3 成分も 0 となり, $\mathrm{rot}\,(\mathrm{grad}\,\varphi) = \boldsymbol{0}$ となる.

(2) $\mathrm{rot}\,\boldsymbol{a}$ を成分ごとに計算すると,

$$\frac{\partial}{\partial y}(-xy \sin z) - \frac{\partial}{\partial z}(x \cos z) = -x \sin z + x \sin z = 0,$$

$$\frac{\partial}{\partial z}(2x + y \cos z) - \frac{\partial}{\partial x}(-xy \sin z) = -y \sin z + y \sin z = 0,$$

$$\frac{\partial}{\partial x}(x \cos z) - \frac{\partial}{\partial y}(2x + y \cos z) = \cos z - \cos z = 0$$

だから, $\mathrm{rot}\,\boldsymbol{a} = (0, 0, 0)$ となる.

(3) まず, $\varphi_x(x, y, z) = 2x + y \cos z$ を x で積分すると, $\varphi(x, y, z) = x^2 + xy \cos z + f(y, z)$ となる. これを y で微分すると,

$$\varphi_y(x, y, z) = x \cos z + f_y(y, z) = x \cos z,$$

$$\varphi_z(x, y, z) = -xy \sin z + f_z(y, z) = -xy \sin z$$

より, $f(x, y)$ は定数である. よって, $\varphi(x, y, z) = x^2 + xy \cos z + C$ (C は定数) となる.

A.3 $F(x, y, z) = x^2 y^2 + yz + 2z^2 x - 4$ とおくと,

$$F_x(x, y, z) = 2xy^2 + 2z^2, \quad F_y(x, y, z) = 2x^2 y + z, \quad F_z(x, y, x) = y + 4zx,$$

$$F_x(-1, 2, 1) = -6, \quad F_y(-1, 2, 1) = 5, \quad F_z(-1, 2, 1) = -2$$

だから, $(x, y, z) = (-1, 2, 1)$ のまわりで $F(x, y, z) = 0$ の陰関数 $\varphi(x, y)$ が存在し, 曲面は $(x, y, \varphi(x, y))$ とパラメータ表示される.

$F(x, y, \varphi(x, y)) = 0$ を x と y で偏微分すると,

$$F_x(x, y, \varphi(x, y)) + F_z(x, y, \varphi(x, y)) \varphi_x(x, y) = 0,$$

$$F_y(x, y, \varphi(x, y)) + F_z(x, y, \varphi(x, y)) \varphi_y(x, y) = 0$$

だから, 曲面上の点 $(-1, 2, 1)$ における接ベクトル

第 6 章の解答

$$\boldsymbol{p} := \big(1, 0, \varphi_x(-1, 2)\big) = (1, 0, -3), \quad \boldsymbol{q} := \big(0, 1, \varphi_y(-1, 2)\big) = \left(0, 1, \frac{5}{2}\right)$$

を得る．これから，曲面上の点 $(-1, 2, 1)$ における単位法線ベクトル

$$\frac{\boldsymbol{p} \times \boldsymbol{q}}{\|\boldsymbol{p} \times \boldsymbol{q}\|} = \frac{2}{\sqrt{65}} \left(3, -\frac{5}{2}, 1\right)$$

と接平面の方程式

$$0 = \left(3, -\frac{5}{2}, 1\right) \cdot (x+1, y-2, z-1) = 3x - \frac{5}{2}y + z + 7$$

を得る．

A.4 経路 C を $\boldsymbol{r}(t) = (t, t^2)$ $(0 \leq t \leq 1)$ とパラメータ表示すると，

$$\int_C \boldsymbol{F} \cdot d\boldsymbol{r} = \int_0^1 \{(t - t^4) + (t^2 - t^2) \cdot 2t\} \, dt = \frac{3}{10}.$$

A.5 $\dfrac{d\boldsymbol{r}}{dt}(t) = -(\sin t)\,\boldsymbol{i} + (\cos t)\,\boldsymbol{j} + \boldsymbol{k}$ だから，

$$\int_C \boldsymbol{a} \cdot d\boldsymbol{r} = \int_0^{\pi/4} \boldsymbol{a}(t) \cdot \frac{d\boldsymbol{r}}{dt}(t)\, dt = \int_0^{\pi/4} (-\sin^2 t + \cos^2 t)\, dt = \int_0^{\pi/4} \cos 2t\, dt = \frac{1}{2}.$$

B.1 (1) $f(x, y) = x^2 + y^2$ とおくと，S は $(x, y, f(x, y))$ とパラメータ表示される．このとき，S 上の接ベクトル

$$\boldsymbol{p} := \big(1, 0, f_x(x, y)\big) = (1, 0, 2x), \quad \boldsymbol{q} := \big(0, 1, f_y(x, y)\big) = (0, 1, 2y)$$

より，z 軸正の向きと鋭角を成す S の単位法線ベクトル $\boldsymbol{n}$ は

$$\boldsymbol{n} = \frac{\boldsymbol{p} \times \boldsymbol{q}}{\|\boldsymbol{p} \times \boldsymbol{q}\|} = \frac{(-2x, -2y, 1)}{\sqrt{1 + 4x^2 + 4y^2}}.$$

(2) $x^2 + y^2 = 2x$ より，$(x-1)^2 + y^2 = 1$ だから，曲線 C を xy 平面上に射影したものは，$(x, y) = (1, 0)$ を中心とする半径 1 の円周である（図は省略）．

(3) 曲線 C は

$$x = 1 + \cos\theta, \quad y = \sin\theta, \quad z = 2(1 + \cos\theta) \quad (-\pi \leq \theta \leq \pi)$$

とパラメータ表示される．よって，

$$\int_C \boldsymbol{A} \cdot d\boldsymbol{r}$$
$$= \int_{-\pi}^{\pi} \{2(1 + \cos\theta)^2(-\sin\theta) + (1 + \cos\theta)\sin^2\theta \cos\theta + \sin^2\theta(-2\sin\theta)\}\, d\theta$$
$$= \int_{-\pi}^{\pi} \{-2(1 + 2\cos\theta + \cos^2\theta + \sin^2\theta)\sin\theta + \cos\theta\sin^2\theta + \cos^2\theta\sin^2\theta\}\, d\theta$$
$$= \int_{-\pi}^{\pi} (\cos\theta\sin^2\theta + \cos^2\theta\sin^2\theta)\, d\theta.$$

ここで，奇関数の積分が 0 となることを用いた．

さらに，$\cos 2\theta = 2\cos^2\theta - 1 = 1 - 2\sin^2\theta$ より，

$$\int_C \boldsymbol{A} \cdot d\boldsymbol{r} = \int_{-\pi}^{\pi} \left\{\frac{1}{2}\cos\theta(1 - \cos 2\theta) + \frac{1}{4}(1 - \cos^2 2\theta)\right\} d\theta$$
$$= \int_{-\pi}^{\pi} \left(\frac{1}{8} + \frac{1}{2}\cos\theta - \frac{1}{2}\cos\theta\cos 2\theta - \frac{1}{8}\cos 4\theta\right) d\theta = \int_{-\pi}^{\pi} \frac{1}{8}\, d\theta = \frac{\pi}{4}.$$

B.2 (1) S 上の外向き単位法線ベクトルは $\vec{r}/r$ で与えられるから，
$$\iint_S \left(\frac{\vec{r}}{r^3}\right) \cdot d\vec{S} = \iint_S \left(\frac{\vec{r}}{r^3}\right) \cdot \frac{\vec{r}}{r} dS = \iint_S \frac{1}{a^2} dS = 4\pi.$$

(2) $\vec{E} = -\vec{\nabla}\varphi = \dfrac{\vec{r}}{r^3}$ だから，S で囲まれる球の内部を V とすると，ガウスの発散定理と小問 (1) の結果より，
$$\iiint_V \nabla \cdot \vec{E}\, dV = \iint_S \vec{E} \cdot d\vec{S} = \iint_S \left(\frac{\vec{r}}{r^3}\right) \cdot d\vec{S} = 4\pi.$$

(3) $\vec{\nabla} \cdot (f(r)\vec{r}) = \dfrac{\partial}{\partial x}(xf(r)) + \dfrac{\partial}{\partial y}(yf(r)) + \dfrac{\partial}{\partial z}(zf(r)) = rf'(r) + 3f(r)$

だから，オイラーの微分方程式 $rf'(r) + 3f(r) = k$ を解けばよい．$r = e^t$，$g(t) = f(r)$ と変換すると，$g'(t) = rf'(r)$ だから，$g'(t) + 3g(t) = k$ となる．この方程式の一般解は $g(t) = \dfrac{k}{3} + Ce^{-3t}$ (C は定数) だから，求める関数は $f(r) = \dfrac{k}{3} + \dfrac{C}{r^3}$ となる．

B.3 (1) 曲線 C は $\boldsymbol{r}(\theta) = (\cos\theta)\boldsymbol{i} + (\sin\theta)\boldsymbol{j}$ $(0 \leq \theta \leq 2\pi)$ とパラメータ表示されるから，
$$\int_C \boldsymbol{r} \cdot d\boldsymbol{r} = \int_0^{2\pi} \boldsymbol{r}(\theta) \cdot \frac{\partial \boldsymbol{r}}{\partial \theta}(\theta)\, d\theta = \int_0^{2\pi} (-\cos\theta\sin\theta + \sin\theta\cos\theta)\, d\theta = 0.$$

また，S で囲まれる領域を V とすると，ガウスの発散定理より，
$$\int_S \boldsymbol{r} \cdot \boldsymbol{n}\, dS = \int_V \mathrm{div}\,\boldsymbol{r}\, dV = 3\int_V dV = 3\pi a^2 h.$$

(2) C のパラメータ表示 $\boldsymbol{r}(\theta) = (\cos\theta)\boldsymbol{i} + (\sin\theta)\boldsymbol{j}$ $(0 \leq \theta \leq 2\pi)$ を用いると，
$$\int_C \boldsymbol{A} \cdot d\boldsymbol{r} = \int_0^{2\pi} (\cos^2\theta\sin\theta \cdot \cos\theta + 3\cos\theta\sin^2\theta \cdot \sin\theta)\, d\theta$$
$$= \frac{1}{4}\int_0^{2\pi} \frac{d}{d\theta}\left(-\cos^4\theta + 3\sin^4\theta\right)d\theta = 0.$$

(3) $\mathrm{div}\,\boldsymbol{A} = 2xy + 6xy = 8xy$，$\mathrm{div}\,(\nabla \times \boldsymbol{A}) = 0$ だから，ガウスの発散定理より，
$$\int_S (\boldsymbol{A} + \nabla \times \boldsymbol{A}) \cdot \boldsymbol{n}\, dS = \int_V 8xy\, dV = 8h \iint_{x^2+y^2 \leq a^2} xy\, dx\, dy = 0.$$

B.4 (1) 発散定理より，$\displaystyle\int_V \nabla^2 f\, dV = \int_V \nabla \cdot \nabla f\, dV = \int_S \nabla f \cdot \boldsymbol{n}\, dS = \int_S \frac{df}{dn}\, dS.$

(2) $\nabla \cdot (f\nabla g) = \nabla f \cdot \nabla g + f\nabla^2 g = \nabla f \cdot \nabla g$ だから，発散定理より，
$$\int_V \nabla f \cdot \nabla g\, dV = \int_V \nabla \cdot (f\nabla g)\, dV = \int_S f\frac{dg}{dn}\, dS.$$

同様に，
$$\int_V \nabla g \cdot \nabla f\, dV = \int_V \nabla \cdot (g\nabla f)\, dV = \int_S g\frac{df}{dn}\, dS$$

だから，$\displaystyle\int_S \left(f\frac{dg}{dn} - g\frac{df}{dn}\right) dS = 0.$

B.5 (1) $\boldsymbol{r} = x\boldsymbol{i} + y\boldsymbol{j} + z\boldsymbol{k}$ に対して，$\mathrm{rot}\,\boldsymbol{r} = \boldsymbol{0}$ だから，C を境界とする曲面を S とすると，ストークスの定理より，
$$\oint_C \boldsymbol{r} \cdot d\boldsymbol{\ell} = \int_S \mathrm{rot}\,\boldsymbol{A} \cdot d\boldsymbol{S} = 0$$

となる.
(2) $\boldsymbol{A} = ax\boldsymbol{i} + by\boldsymbol{j} + cz\boldsymbol{k}$ に対して，$\mathrm{div}\,\boldsymbol{A} = a + b + c$ であり，V の体積は abc だから，
$$\int_V \mathrm{div}\,\boldsymbol{A}\,dV = (a+b+c)abc.$$
次に，右辺を計算する．$\boldsymbol{n}$ を S 上の外向き単位法線ベクトルとする．
yz 平面に平行な平面 $x = a$ 上にある S の面を S_1 とすると，S_1 上では，$\boldsymbol{n} = \boldsymbol{i}$ だから，$\boldsymbol{A} \cdot \boldsymbol{n} = ax = a^2$ であり，S_1 の面積は bc だから，
$$\int_{S_1} \boldsymbol{A} \cdot d\boldsymbol{S} = a^2 bc.$$
また，平面 $x = 0$ 上にある S の面を S_2 とすると，S_2 上では，$\boldsymbol{n} = -\boldsymbol{i}$ だから，$\boldsymbol{A} \cdot \boldsymbol{n} = -ax = 0$．よって，
$$\int_{S_2} \boldsymbol{A} \cdot d\boldsymbol{S} = 0.$$
他の面でも同様に計算すると，$\int_S \boldsymbol{A} \cdot d\boldsymbol{S} = a^2 bc + b^2 ca + c^2 ab = (a+b+c)abc$ となり，
$$\int_V \mathrm{div}\,\boldsymbol{A}\,dV = \int_S \boldsymbol{A} \cdot d\boldsymbol{S}$$
が成り立つことが確かめられた．

第 7 章

A.1 $f(t) = t\cos at$, $g(t) = \cos at$ とし，$\mathrm{Re}\,s > 0$ に対して，$F(s) = \mathcal{L}[f(t)]$, $G(s) = \mathcal{L}[g(t)]$ とおく．このとき，$G(s) = \dfrac{s}{s^2+a^2}$．さらに，
$$F(s) = \mathcal{L}[f(t)] = \mathcal{L}[tg(t)] = -G'(s) = -\left(\frac{s}{s^2+a^2}\right)' = \frac{s^2-a^2}{(s^2+a^2)^2}.$$

A.2 (1) $\mathcal{L}[e^{-\gamma t}] = \dfrac{1}{s+\gamma}$ だから，$\{s^2 + (\alpha+\beta)s + \alpha\beta\}X(s) = \dfrac{1}{s+\gamma}$．

(2) $s^2 + (\alpha+\beta)s + \alpha\beta = (s+\alpha)(s+\beta)$ だから，$X(s) = \dfrac{1}{(s+\alpha)(s+\beta)(s+\gamma)}$．

(3) (i) α, β, γ がすべて異なる場合，
$$\frac{1}{(s+\alpha)(s+\beta)(s+\gamma)} = \frac{a}{s+\alpha} + \frac{b}{s+\beta} + \frac{c}{s+\gamma}$$
と部分分数分解する．この両辺に $s+\alpha$ を掛けて，$s = -\alpha$ を代入すると，
$$a = \frac{1}{(s+\beta)(s+\gamma)}\bigg|_{s=-\alpha} = \frac{1}{(\beta-\alpha)(\gamma-\alpha)}.$$
同様に，$b = \dfrac{1}{(\alpha-\beta)(\gamma-\beta)}$, $c = \dfrac{1}{(\alpha-\gamma)(\beta-\gamma)}$ だから，
$$X(s) = \frac{1}{(\beta-\alpha)(\gamma-\alpha)(s+\alpha)} + \frac{1}{(\alpha-\beta)(\gamma-\beta)(s+\beta)} + \frac{1}{(\alpha-\gamma)(\beta-\gamma)(s+\gamma)}.$$

(ii) α, β, γ が 2 つだけが等しい場合，例えば，$\alpha = \beta \neq \gamma$ のとき，
$$\frac{1}{(s+\alpha)^2(s+\gamma)} = \frac{a}{(s+\alpha)^2} + \frac{b}{s+\alpha} + \frac{c}{s+\gamma}$$
と部分分数分解する．この両辺に $(s+\alpha)^2$ を掛けると，

$$\frac{1}{s+\gamma} = a + b(s+\alpha) + \frac{c(s+\alpha)^2}{s+\gamma}. \qquad (**)$$

ここで, $s = -\alpha$ を代入すると, $a = \frac{1}{s+\gamma}\Big|_{s=-\gamma} = \frac{1}{\gamma-\alpha}$ となる. さらに, $(**)$ を微分して, $s = -\alpha$ を代入すると, $b = -\frac{1}{(s+\gamma)^2}\Big|_{s=-\gamma} = -\frac{1}{(\gamma-\alpha)^2}$ となる.
また, (i) と同様に, $c = \frac{1}{(s+\alpha)^2}\Big|_{s=-\gamma} = \frac{1}{(\alpha-\gamma)^2}$ を得る. よって,

$$X(s) = \frac{1}{(\gamma-\alpha)(s+\alpha)^2} - \frac{1}{(\gamma-\alpha)^2(s+\alpha)} + \frac{1}{(\alpha-\gamma)^2(s+\gamma)}.$$

(iii) α, β, γ が3つとも等しい場合, 例えば, $\alpha = \beta = \gamma$ のとき, $X(s) = 1/(s+\alpha)^3$ はすでに部分分数分解されている.

(4) 小問 (3) の結果を用いる.

(i) α, β, γ がすべて異なる場合, $\mathcal{L}[e^{at}] = \frac{1}{s-a}$ だから,

$$x(t) = \frac{e^{-\alpha t}}{(\beta-\alpha)(\gamma-\alpha)} + \frac{e^{-\beta t}}{(\alpha-\beta)(\gamma-\beta)} + \frac{e^{-\gamma t}}{(\alpha-\gamma)(\beta-\gamma)}.$$

(ii) $\alpha = \beta \neq \gamma$ のとき, $\mathcal{L}[te^{at}] = \frac{1}{(s-a)^2}$ だから,

$$x(t) = \frac{te^{-\alpha t}}{\gamma-\alpha} - \frac{e^{-\alpha t}}{(\gamma-\alpha)^2} + \frac{e^{-\gamma t}}{(\alpha-\gamma)^2}.$$

(iii) $\alpha = \beta = \gamma$ のとき, $\mathcal{L}[t^2 e^{at}] = \frac{2}{(s-a)^3}$ だから, $x(t) = \frac{t^2}{2}e^{-\alpha t}$.

A.3 まず, 斉次方程式 $y'' - y' - 2y = 0$ の特性方程式は $s^2 - s - 2 = (s+1)(s-2) = 0$ だから, 一般解は $y(t) = C_1 e^{-t} + C_2 e^{2t}$ (C_1, C_2 は任意定数).
次に, 非斉次方程式 $y'' - y' - 2y = 2e^t + 10\sin t$ の解で, 初期条件 $y(0) = y'(0) = 0$ を満たすものを求める. $y(t)$ のラプラス変換を $Y(s)$ とすると,

$$(s^2 - s - 2)Y(s) = 2\mathcal{L}\left[e^t\right] + 10\mathcal{L}\left[\sin t\right] = \frac{2}{s-1} + \frac{10}{s^2+1}$$

より, $Y(s) = \frac{2}{(s+1)(s-2)(s-1)} + \frac{10}{(s+1)(s-2)(s^2+1)}$. ここで,

$$\frac{2}{(s+1)(s-2)(s-1)} = \frac{a_1}{s+1} + \frac{a_2}{s-2} + \frac{a_3}{s-1}$$

と部分分数分解すると, $a_3 = \frac{2}{(s+1)(s-2)}\Big|_{s=1} = -1$ だから,

$$\mathcal{L}^{-1}\left[\frac{2}{(s+1)(s-2)(s-1)}\right] = a_1 e^{-t} + a_2 e^{2t} - e^t.$$

また,

$$\frac{10}{(s+1)(s-2)(s^2+1)} = \frac{b_1}{s+1} + \frac{b_2}{s-2} + \frac{b_3 s}{s^2+1} + \frac{b_4}{s^2+1}$$

と部分分数分解すると, $b_4 + b_3 i = \frac{10}{(s+1)(s-2)}\Big|_{s=i} = -3 + i$ より, $b_3 = 1, b_4 = -3$ だから,

$$\mathcal{L}^{-1}\left[\frac{10}{(s+1)(s-2)(s^2+1)}\right] = b_1 e^{-t} + b_2 e^{2t} + \cos t - 3\sin t.$$

よって，$y'' - y' - 2y = 2e^t + 10\sin t$ の一般解は
$$y(t) = C_1 e^{-t} + C_2 e^{2t} - e^t + \cos t - 3\sin t \quad (C_1, C_2 \text{ は任意定数}).$$

A.4 まず，斉次方程式 $y'' + 4y' + 4y = 0$ の特性方程式は $s^2 + 4s + 4 = (s+2)^2 = 0$ だから，一般解は $y(t) = C_1 e^{-2t} + C_2 t e^{-2t}$ (C_1, C_2 は任意定数)．
次に，非斉次方程式 $y'' + 4y' + 4y = 4e^{2t}$ の解で，初期条件 $y(0) = y'(0) = 0$ を満たすものを求める．$y(t)$ のラプラス変換を $Y(s)$ とすると，
$$(s^2 + 4s + 4)Y(s) = 4\mathcal{L}\left[e^{2t}\right] = \frac{4}{s-2}$$
より，$Y(s) = \dfrac{4}{(s-2)(s+2)^2}$．ここで，
$$\frac{4}{(s-2)(s+2)^2} = \frac{a_1}{s-2} + \frac{a_2}{s+2} + \frac{a_3}{(s+2)^2}$$
と部分分数分解すると，$a_1 = \dfrac{4}{(s+2)^2}\Big|_{s=2} = \dfrac{1}{4}$ だから，
$$\mathcal{L}^{-1}\left[\frac{4}{(s-2)(s+2)^2}\right] = \frac{1}{4}e^{2t} + a_2 e^{-2t} + a_3 t e^{-2t}.$$
よって，$y'' + 4y' + 4y = 4e^{2t}$ の一般解は
$$y(t) = C_1 e^{-2t} + C_2 t e^{-2t} + \frac{1}{4}e^{2t} \quad (C_1, C_2 \text{ は任意定数}).$$

A.5 まず，斉次方程式 $y'' + 2y' + y = 0$ の特性方程式は $s^2 + 2s + 1 = (s+1)^2 = 0$ だから，一般解は
$$y(t) = C_1 e^{-t} + C_2 t e^{-t} \quad (C_1, C_2 \text{ は任意定数}).$$
次に，非斉次方程式 $y'' + 2y' + y = e^{-t}\sin t + t^2$ の解で，初期条件 $y(0) = y'(0) = 0$ を満たすものを求める．$y(t)$ のラプラス変換を $Y(s)$ とすると，
$$(s^2 + 2s + 1)Y(s) = \mathcal{L}\left[e^{-t}\sin t\right] + \mathcal{L}\left[t^2\right] = \frac{1}{(s+1)^2 + 1} + \frac{2}{s^3}$$
より，$Y(s) = \dfrac{1}{(s+1)^2}\dfrac{1}{(s+1)^2 + 1} + \dfrac{2}{s^3(s+1)^2}$．ここで，
$$\frac{1}{(s+1)^2}\frac{1}{(s+1)^2 + 1} = \frac{1}{(s+1)^2} - \frac{1}{(s+1)^2 + 1}$$
だから，
$$\mathcal{L}^{-1}\left[\frac{1}{(s+1)^2}\frac{1}{(s+1)^2 + 1}\right] = te^{-t} - e^{-t}\sin t.$$
また，
$$\frac{2}{s^3(s+1)^2} = \frac{a_1}{s} + \frac{a_2}{s^2} + \frac{a_3}{s^3} + \frac{a_4(s+1) + a_5}{(s+1)^2}$$
と部分分数分解すると，$a_1 = 6, a_2 = -4, a_3 = 2$ だから，
$$\mathcal{L}^{-1}\left[\frac{2}{s^3(s+1)^2}\right] = 6 - 4t + t^2 + a_4 e^{-t} + a_5 t e^{-t}.$$
よって，$y'' + 2y' + y = e^{-t}\sin t + t^2$ の一般解は
$$y(t) = C_1 e^{-t} + C_2 t e^{-t} - e^{-t}\sin t + 6 - 4t + t^2 \quad (C_1, C_2 \text{ は任意定数}).$$

B.1 (1) $\mathrm{Re}\, s > 0$ に対して,
$$\mathcal{L}[u(t-a)] = \int_0^\infty u(t-a)e^{-st}\,dt = \int_a^\infty e^{-st}\,dt = \frac{e^{-as}}{s}.$$

(2) 定義に従って計算すると,
$$\mathcal{L}[f(t-a)u(t-a)] = \int_0^\infty f(t-a)u(t-a)e^{-st}\,dt$$
$$= \int_a^\infty f(t-a)e^{-st}\,dt = \int_0^\infty f(\tau)e^{-s(\tau+a)}\,d\tau = e^{-as}F(s).$$

(3) $X(s) = \mathcal{L}[x(t)]$ とおくと,
$$\mathcal{L}\left[\frac{dx(t)}{dt}\right] = sX(s) - x(0) = sX(s),$$
$$\mathcal{L}\left[\frac{d^2x(t)}{dt^2}\right] = s^2X(s) - sx(0) - \frac{dx}{dt}(0) = s^2X(s).$$

よって,与えられた微分方程式をラプラス変換すると,小問 (1) の結果より,
$$(s^2 + 4s + 3)X(s) = \mathcal{L}[u(t-2)] - \mathcal{L}[u(t-5)] = \frac{e^{-2s} - e^{-5s}}{s}$$

だから,
$$X(s) = \frac{e^{-2s} - e^{-5s}}{s(s+1)(s+3)}.$$

ここで $f(t) = \mathcal{L}^{-1}\left[\dfrac{1}{s(s+1)(s+3)}\right]$ とおくと,
$$\frac{1}{s(s+1)(s+3)} = \frac{1}{3}\frac{1}{s} - \frac{1}{2}\frac{1}{s+1} + \frac{1}{6}\frac{1}{s+3}$$

だから,
$$f(t) = \mathcal{L}\left[\frac{1}{s(s+1)(s+3)}\right] = \frac{1}{3} - \frac{1}{2}e^{-t} + \frac{1}{6}e^{-3t}.$$

さらに,小問 (2) の結果より,
$$x(t) = \mathcal{L}^{-1}[X(s)] = \mathcal{L}^{-1}\left[\frac{e^{-2s} - e^{-5s}}{s(s+1)(s+3)}\right] = f(t-2)u(t-2) - f(t-5)u(t-5).$$

B.2 (1) $\dfrac{1}{t} = \int_0^\infty e^{-tx}\,dx$ だから,積分の順序交換を用いると,$s > 0$ に対して,
$$\mathcal{L}\left[\frac{f(t)}{t}\right](s) = \int_0^\infty \frac{f(t)}{t}e^{-st}\,dt = \int_0^\infty \left(\int_0^\infty e^{-tx}\,dx\right)f(t)e^{-st}\,dt$$
$$= \int_0^\infty \left(\int_0^\infty f(t)e^{-(x+s)t}\,dt\right)dx = \int_0^\infty F(x+s)\,dx = \int_s^\infty F(\sigma)\,d\sigma.$$

(2) まず,$F(s) = \mathcal{L}[\sin^3 t](s)$ とおくと,
$$F(s) = \frac{3}{4}\mathcal{L}[\sin t](s) - \frac{1}{4}\mathcal{L}[\sin 3t](s) = \frac{3}{4}\frac{1}{s^2+1} - \frac{1}{4}\frac{3}{s^2+9}$$

だから,小問 (1) の結果より,

$$\mathcal{L}\left[\frac{\sin^3 t}{t}\right](s) = \int_s^\infty F(\sigma)\,d\sigma = \frac{3}{4}\int_s^\infty \frac{1}{\sigma^2+1}\,d\sigma - \frac{1}{4}\int_s^\infty \frac{3}{\sigma^2+9}\,d\sigma$$
$$= \frac{3}{4}\left[\arctan\sigma\right]_s^\infty - \frac{1}{4}\left[\arctan\frac{\sigma}{3}\right]_s^\infty$$
$$= \frac{\pi}{4} - \frac{3}{4}\arctan s + \frac{1}{4}\arctan\frac{s}{3}.$$

また，一般に，$\mathcal{L}[g(t)](s) = G(s)$ とすると，$\mathcal{L}\left[\int_0^t g(\tau)\,d\tau\right](s) = \frac{1}{s}G(s)$ だから，

$$\mathcal{L}\left[\int_0^t \frac{\sin^3\tau}{\tau}\,d\tau\right](s) = \frac{1}{s}\mathcal{L}\left[\frac{\sin^3 t}{t}\right](s)$$
$$= \frac{1}{s}\left(\frac{\pi}{4} - \frac{3}{4}\arctan s + \frac{1}{4}\arctan\frac{s}{3}\right).$$

B.3 $Y(s) = \mathcal{L}[y(t)]$ とおくと，

$$\mathcal{L}[y'(t)] = sY(s) - y(0) = sY(s) - 1, \quad \mathcal{L}\left[\int_0^t y(\tau)\,d\tau\right] = \frac{1}{s}Y(s)$$

だから，$\left(s + 3 + \frac{2}{s}\right)Y(s) = 1 + \frac{2}{s}(e^{-s} - e^{-2s})$. これから，

$$Y(s) = \frac{s}{(s+1)(s+2)} + \frac{2}{(s+1)(s+2)}(e^{-s} - e^{-2s}).$$

ここで，$f(t) = \mathcal{L}^{-1}\left[\frac{1}{(s+1)(s+2)}\right]$ とおくと，

$$f(t) = \mathcal{L}^{-1}\left[\frac{1}{s+1}\right] - \mathcal{L}^{-1}\left[\frac{1}{s+2}\right] = e^{-t} - e^{-2t}$$

であり，$\mathcal{L}[f'(t)] = \frac{s}{(s+1)(s+2)} - f(0) = \frac{s}{(s+1)(s+2)}$ だから，

$$y(t) = \mathcal{L}^{-1}[Y(s)] = f'(t) + 2f(t-1)H(t-1) - 2f(t-2)H(t-2)$$
$$= -e^{-t} + 2e^{-2t} + 2\left(e^{-(t-1)} - e^{-2(t-1)}\right)H(t-1)$$
$$\qquad - 2\left(e^{-(t-2)} - e^{-2(t-2)}\right)H(t-2).$$

B.4 (1) $X(s) = \mathcal{L}[x(t)] = \int_0^T e^{-st}\,dt = \frac{1}{s}(1 - e^{-sT}).$

(2) $u(t) = \begin{cases} 1 & (t>0) \\ 0 & (t<0) \end{cases}$ とする．

$$Y(s) = \frac{X(s)}{2s+1} = \frac{1}{s(2s+1)}(1 - e^{-sT}) = \left(\frac{1}{s} - \frac{1}{s+\frac{1}{2}}\right)(1 - e^{-sT})$$

だから，

$$y(t) = \mathcal{L}^{-1}[Y(s)] = \mathcal{L}^{-1}\left[\frac{1}{s} - \frac{1}{s+\frac{1}{2}}\right] - \mathcal{L}^{-1}\left[\left(\frac{1}{s} - \frac{1}{s+\frac{1}{2}}\right)e^{-sT}\right]$$
$$= 1 - e^{-t/2} - \left(1 - e^{-(t-T)/2}\right)u(t-T) = \begin{cases} 1 - e^{-t/2} & (0 \le t \le T), \\ (e^{T/2} - 1)e^{-t/2} & (t \ge T). \end{cases}$$

B.5 $\mathcal{L}[h(t)] = \int_0^\infty h(t)e^{-st}\,dt = \sum_{n=0}^\infty \int_{nT}^{(n+1)T} h(t)e^{-st}\,dt$

$= \sum_{n=0}^\infty \int_{nT}^{(n+1)T} (-1)^n g(t-nT)e^{-st}\,dt = \sum_{n=0}^\infty (-1)^n e^{-snT} \int_0^T g(t)e^{-st}\,dt$

だから，$\operatorname{Re} s > 0$ のとき，$A(s) = \sum_{n=0}^\infty (-1)^n e^{-snT} = \sum_{n=0}^\infty (-e^{-sT})^n = \dfrac{1}{1+e^{-sT}}$.

第8章

A.1 (1) $f(x)$ は奇関数だから，
$$a_n = \frac{1}{\pi}\int_{-\pi}^\pi f(x)\cos nx\,dx = 0,$$
$$b_n = \frac{1}{\pi}\int_{-\pi}^\pi f(x)\sin nx\,dx = -\frac{2}{\pi}\int_0^\pi \sin nx\,dx = \frac{2}{n\pi}(\cos n\pi - 1)$$
$$= \frac{2}{n\pi}\{(-1)^n - 1\}.$$

(2) 小問 (1) より，$0 < x < \pi$ に対して，
$$-1 = \sum_{n=1}^\infty \frac{2}{n\pi}\{(-1)^n - 1\}\sin nx = -\frac{4}{\pi}\sum_{k=1}^\infty \frac{1}{2k-1}\sin(2k-1)x$$

が成り立つ．ここで，$x = \dfrac{\pi}{2}$ を代入すると，$\sin\dfrac{(2k-1)\pi}{2} = (-1)^{k+1}$ だから，
$$\sum_{n=1}^\infty (-1)^n \frac{1}{2n-1} = -\frac{\pi}{4}.$$

A.2 (1) まず，$\pi a_0 = \displaystyle\int_0^{2\pi} x\,dx = 2\pi^2$.

また，$n = 1, 2, \cdots$ に対して，部分積分により，
$$\pi a_n = \int_0^{2\pi} x\cos nx\,dx = \left[\frac{x}{n}\sin nx\right]_0^{2\pi} - \frac{1}{n}\int_0^{2\pi}\sin nx\,dx = 0,$$
$$\pi b_n = \int_0^{2\pi} x\sin nx\,dx = -\left[\frac{x}{n}\cos nx\right]_0^{2\pi} + \frac{1}{n}\int_0^{2\pi}\cos nx\,dx = -\frac{2\pi}{n}.$$

よって，$0 < x < 2\pi$ に対して，
$$x = \frac{a_0}{2} + \sum_{n=1}^\infty (a_n\cos nx + b_n\sin nx) = \pi - 2\sum_{n=1}^\infty \frac{\sin nx}{n}$$

が成り立つ．また，これから，$\displaystyle\sum_{n=1}^\infty \frac{\sin nx}{n} = \frac{\pi - x}{2}\quad (0 < x < 2\pi)$.

(2) まず，x^2 は偶関数だから，$\pi a_0 = \displaystyle\int_{-\pi}^\pi x^2\,dx = 2\int_0^\pi x^2\,dx = \frac{2}{3}\pi^3$.

また，$n = 1, 2, \cdots$ に対して，部分積分により，
$$\pi a_n = \int_{-\pi}^\pi x^2\cos nx\,dx = 2\int_0^\pi x^2\cos nx\,dx$$
$$= 2\left[\frac{x^2}{n}\sin nx\right]_0^\pi - \frac{4}{n}\int_0^\pi x\sin nx\,dx$$

第 8 章の解答　　**327**

$$= -\frac{4}{n}\left\{\left[-\frac{x}{n}\cos nx\right]_0^\pi + \frac{1}{n}\int_0^\pi \cos nx\,dx\right\} = (-1)^n\frac{4\pi}{n^2},$$

$$\pi b_n = \int_{-\pi}^{\pi} x^2 \sin nx\,dx = 0.$$

よって，$-\pi < x < \pi$ に対して，

$$x^2 = \frac{a_0}{2} + \sum_{n=1}^{\infty}(a_n\cos nx + b_n\sin nx) = \frac{\pi^2}{3} + 4\sum_{n=1}^{\infty}\frac{(-1)^n}{n^2}\cos nx \qquad (*)$$

が成り立つ．また，周期的に拡張された関数 $f(x)$ は実数全体で連続だから，$x = \pi$ に対しても $(*)$ は成り立つ．これから，$\sum_{n=1}^{\infty}\frac{1}{n^2} = \frac{\pi^2}{6}$ を得る．

(3) $0 \leq t \leq 2\pi$ に対して，小問 (1) の結果を $0 \leq x \leq t$ で積分すると，

$$\int_0^t \sum_{n=1}^{\infty}\frac{\sin nx}{n}\,dx = -\sum_{n=1}^{\infty}\frac{1}{n^2}(\cos nt - 1) = -\sum_{n=1}^{\infty}\frac{\cos nt}{n^2} + \sum_{n=1}^{\infty}\frac{1}{n^2}$$

$$= \int_0^t \frac{\pi - x}{2}\,dx = \frac{\pi^2}{4} - \frac{(\pi-t)^2}{4} = \frac{2\pi t - t^2}{4}.$$

また，小問 (2) の結果を用いると，$0 \leq x \leq 2\pi$ に対して，次を得る．

$$\sum_{n=1}^{\infty}\frac{\cos nx}{n^2} = \sum_{n=1}^{\infty}\frac{1}{n^2} - \frac{2\pi x - x^2}{4} = \frac{\pi^2}{6} - \frac{2\pi x - x^2}{4} = \frac{2\pi^2 - 6\pi x + 3x^2}{12}.$$

A.3 (1) 実数 k に対して，$F(k) = \int_{-\infty}^{\infty} f(x)e^{-ikx}\,dx$ とおくと，

$$F(k) = \int_{-1}^{1}\cos\left(\frac{\pi}{2}x\right)\cos kx\,dx - i\int_{-1}^{1}\cos\left(\frac{\pi}{2}x\right)\sin kx\,dx$$

$$= 2\int_0^1 \cos\left(\frac{\pi}{2}x\right)\cos kx\,dx = \int_0^1 \left\{\cos\left(k+\frac{\pi}{2}\right)x + \cos\left(k-\frac{\pi}{2}\right)x\right\}dx$$

$$= \frac{1}{k+\pi/2}\sin\left(k+\frac{\pi}{2}\right) + \frac{1}{k-\pi/2}\sin\left(k-\frac{\pi}{2}\right)$$

$$= \frac{1}{k+\pi/2}\cos k - \frac{1}{k-\pi/2}\cos k = \frac{\pi\cos k}{(\pi/2)^2 - k^2}.$$

(2) 小問 (1) の結果を逆変換すると

$$f(x) = \frac{1}{2\pi}\int_{-\infty}^{\infty} F(u)e^{ixu}\,du$$

$$= \frac{1}{2\pi}\int_{-\infty}^{\infty}\frac{\pi\cos u}{(\pi/2)^2 - u^2}(\cos xu + i\sin xu)\,du = \int_0^{\infty}\frac{\cos u\cos xu}{(\pi/2)^2 - u^2}\,du.$$

よって，

$$\int_0^{\infty}\frac{\cos(1+x)u + \cos(1-x)u}{2\{(\pi/2)^2 - u^2\}}\,du = \int_0^{\infty}\frac{\cos u\cos xu}{(\pi/2)^2 - u^2}\,du = f(x)$$

$$= \begin{cases}\cos\left(\dfrac{\pi}{2}x\right) & (|x| \leq 1), \\ 0 & (|x| > 1).\end{cases}$$

A.4 $g(x), h(\alpha)$ を偶関数として実数全体に拡張した関数をそれぞれ，$\widetilde{g}(x), \widetilde{h}(\alpha)$ とする．このとき，

$$\int_{-\infty}^{\infty} \widetilde{g}(x) e^{-i\alpha x} \, dx = 2 \int_{0}^{\infty} g(x) \cos \alpha x \, dx = 2\widetilde{h}(\alpha)$$

だから，フーリエ逆変換により，$x > 0$ に対して，

$$g(x) = \frac{1}{2\pi} \int_{-\infty}^{\infty} 2\widetilde{h}(\alpha) e^{ix\alpha} \, d\alpha = \frac{2}{\pi} \int_{0}^{\infty} h(\alpha) \cos x\alpha \, d\alpha$$
$$= \frac{1}{\pi} \int_{0}^{1} (2 - \alpha^2) \cos x\alpha \, d\alpha = \frac{(x^2 + 2) \sin x - 2x \cos x}{\pi x^3}.$$

A.5 (問 1) デルタ関数の定義より，

$$\frac{1}{\sqrt{2\pi}} \int_{-\infty}^{\infty} \delta(k) e^{ikx} \, dk = \frac{1}{\sqrt{2\pi}}.$$

よって，小問 (1) で，$f(x) = \dfrac{1}{\sqrt{2\pi}}$, $F(k) = \delta(k)$ とすると，

$$\delta(k) = \frac{1}{\sqrt{2\pi}} \int_{-\infty}^{\infty} \frac{1}{\sqrt{2\pi}} e^{-ikx} \, dx = \frac{1}{2\pi} \int_{-\infty}^{\infty} e^{ikx} \, dx.$$

(問 2) (a) $f(x) = \cos \lambda x = \dfrac{1}{2}(e^{i\lambda x} + e^{-i\lambda x})$ だから，

$$F(k) = \frac{1}{\sqrt{2\pi}} \int_{-\infty}^{\infty} \cos \lambda x \, e^{-ikx} \, dx$$
$$= \frac{1}{2\sqrt{2\pi}} \int_{-\infty}^{\infty} e^{i(\lambda - k)x} \, dx + \frac{1}{2\sqrt{2\pi}} \int_{-\infty}^{\infty} e^{-i(\lambda + k)x} \, dx = \sqrt{\frac{\pi}{2}} \left\{ \delta(k - \lambda) + \delta(k + \lambda) \right\}.$$

(b) $e^{-x^2/2} \cos x \, e^{-ikx} = \dfrac{1}{2} e^{-x^2/2} (e^{-i(k+1)x} + e^{-i(k-1)x})$
$$= \frac{1}{2} e^{-x^2/2} \{\cos(k+1)x + \cos(k-1)x\}$$
$$- \frac{i}{2} e^{-x^2/2} \{\sin(k+1)x + \sin(k-1)x\}$$

であり，虚部は奇関数だから，

$$G(k) = \frac{1}{\sqrt{2\pi}} \int_{-\infty}^{\infty} e^{-x^2/2} \cos x \, e^{-ikx} \, dx$$
$$= \frac{1}{2\sqrt{2\pi}} \int_{-\infty}^{\infty} e^{-x^2/2} \cos(k+1)x \, dx + \frac{1}{2\sqrt{2\pi}} \int_{-\infty}^{\infty} e^{-x^2/2} \cos(k-1)x \, dx$$
$$= \frac{1}{2} \left(e^{-(k+1)^2/2} + e^{-(k-1)^2/2} \right).$$

(問 3) 積分の順序交換と ④ の関係式より，

$$\sqrt{2\pi} \int_{-\infty}^{\infty} F(k)|G(k)|^2 \, dk$$
$$= \frac{1}{2\pi} \int_{-\infty}^{\infty} \left(\int_{-\infty}^{\infty} f(z) e^{-ikz} \, dz \int_{-\infty}^{\infty} \overline{g(x)} e^{ikx} \, dx \int_{-\infty}^{\infty} g(y) e^{-iky} \, dy \right) dk$$
$$= \int_{-\infty}^{\infty} \int_{-\infty}^{\infty} \int_{-\infty}^{\infty} \overline{g(x)} f(z) g(y) \left(\frac{1}{2\pi} \int_{-\infty}^{\infty} e^{ik(x - y - z)} \, dk \right) dz \, dx \, dy$$
$$= \int_{-\infty}^{\infty} \int_{-\infty}^{\infty} \left(\int_{-\infty}^{\infty} \overline{g(x)} f(z) g(y) \delta(x - y - z) \, dz \right) dx \, dy$$
$$= \int_{-\infty}^{\infty} \int_{-\infty}^{\infty} \overline{g(x)} f(x - y) g(y) \, dx \, dy.$$

(問 4) $\cos(x-y) + \cos(x+y) = 2\cos x \cos y$ だから，

$$\int_{-\infty}^{\infty}\int_{-\infty}^{\infty} e^{-(x^2+y^2)/2} \cos\lambda(x-y)\{\cos(x-y) + \cos(x+y)\}\,dxdy$$
$$= 2\int_{-\infty}^{\infty}\int_{-\infty}^{\infty} e^{-x^2/2} \cos x \cos\lambda(x-y)\, e^{-y^2/2} \cos y\,dxdy.$$

ここで，$f(x) = \cos\lambda x$, $g(x) = e^{-x^2/2}\cos x$ とおくと，小問 (2) と (3) の結果より，

$$\int_{-\infty}^{\infty}\int_{-\infty}^{\infty} e^{-x^2/2}\cos x \cos\lambda(x-y)\, e^{-y^2/2}\cos y\,dxdy$$
$$= \sqrt{2\pi}\int_{-\infty}^{\infty}\sqrt{\frac{\pi}{2}}\{\delta(k-\lambda) + \delta(k+\lambda)\}\frac{1}{4}\left(e^{-(k+1)^2/2} + e^{-(k-1)^2/2}\right)^2 dk$$
$$= \frac{\pi}{4}\left\{\left(e^{-(\lambda+1)^2/2} + e^{-(\lambda-1)^2/2}\right)^2 + \left(e^{-(-\lambda+1)^2/2} + e^{-(-\lambda-1)^2/2}\right)^2\right\}$$
$$= \frac{\pi}{2}\left(e^{-(\lambda+1)^2/2} + e^{-(\lambda-1)^2/2}\right)^2.$$

B.1 (1) $\left|\int_{-\pi}^{\pi} f(x)e^{-ikx}\,dx\right|^2 \leq \int_{-\pi}^{\pi}|f(x)|^2\,dx\int_{-\pi}^{\pi}|e^{-ikx}|^2\,dx = 2\pi\int_{-\pi}^{\pi}|f(x)|^2\,dx < \infty.$

(2)
$$\frac{1}{2\pi}\int_{-\pi}^{\pi}\left|f(x) - \sum_{k=-n}^{n} a_k e^{ikx}\right|^2 dx$$
$$= \frac{1}{2\pi}\int_{-\pi}^{\pi}|f(x)|^2\,dx - 2\,\mathrm{Re}\sum_{k=-n}^{n}\overline{a_k}\cdot\frac{1}{2\pi}\int_{-\pi}^{\pi}f(x)e^{-ikx}\,dx$$
$$+ \sum_{k,l=-n}^{n} a_k\overline{a_l}\cdot\frac{1}{2\pi}\int_{-\pi}^{\pi}e^{i(k-l)x}\,dx$$
$$= \frac{1}{2\pi}\int_{-\pi}^{\pi}|f(x)|^2\,dx - 2\,\mathrm{Re}\sum_{k=-n}^{n}\overline{a_k}c_k + \sum_{k=-n}^{n}|a_k|^2$$
$$= \frac{1}{2\pi}\int_{-\pi}^{\pi}|f(x)|^2\,dx + \sum_{k=-n}^{n}|a_k - c_k|^2 - \sum_{k=-n}^{n}|c_k|^2.$$

(3) 任意の自然数 n に対して，③ で $a_k = c_k$ $(-n \leq k \leq n)$ とすると，

$$\frac{1}{2\pi}\int_{-\pi}^{\pi}\left|f(x) - \sum_{k=-n}^{n} c_k e^{ikx}\right|^2 dx = \frac{1}{2\pi}\int_{-\pi}^{\pi}|f(x)|^2\,dx - \sum_{k=-n}^{n}|c_k|^2.$$

よって，$\sum_{k=-n}^{n}|c_k|^2 \leq \frac{1}{2\pi}\int_{-\pi}^{\pi}|f(x)|^2\,dx$. ここで，$n \to \infty$ とすれば，④ を得る.

(4) まず，任意の $\varepsilon > 0$ に対して，有限個の複素数 $a_{-n}, a_{-n+1}, \cdots, a_0, \cdots, a_{n-1}, a_n$ を選んで，⑤ とできると仮定する．このとき，③ より，

$$\frac{1}{2\pi}\int_{-\pi}^{\pi}|f(x)|^2\,dx \leq \sum_{k=-n}^{n}|c_k|^2 + \frac{1}{2\pi}\int_{-\pi}^{\pi}\left|f(x) - \sum_{k=-n}^{n} a_k e^{ikx}\right|^2 dx$$
$$\leq \sum_{k=-\infty}^{\infty}|c_k|^2 + \varepsilon$$

となる．ここで，$\varepsilon > 0$ は任意に小さくとれるから，
$$\frac{1}{2\pi}\int_{-\pi}^{\pi}|f(x)|^2\,dx \le \sum_{k=-\infty}^{\infty}|c_k|^2$$
が成り立つ．よって，関係式 ④ において等式が成り立つ．
逆に，関係式 ④ において等式が成り立つと仮定すると，小問 (3) で示した等式より，任意の $\varepsilon > 0$ に対して，n を十分に大きくとり，$a_k = c_k$ $(-n \le k \le n)$ と選べば，⑤ が成り立つ．

B.2 (1) $F(\omega) = \dfrac{1}{\sqrt{2\pi}}\displaystyle\int_{-\infty}^{\infty}\exp\left(-\dfrac{x^2}{a^2}\right)\exp(-i\omega x)\,dx$

$= \dfrac{1}{\sqrt{2\pi}}\exp\left(-\dfrac{a^2\omega^2}{4}\right)\displaystyle\int_{-\infty}^{\infty}\exp\left(-\dfrac{1}{a^2}\left(x+i\dfrac{\omega a^2}{2}\right)^2\right)dx$

$= \dfrac{1}{\sqrt{2\pi}}\exp\left(-\dfrac{a^2\omega^2}{4}\right)\displaystyle\int_{-\infty}^{\infty}\exp\left(-\dfrac{x^2}{a^2}\right)dx = \dfrac{a}{\sqrt{2}}\exp\left(-\dfrac{a^2\omega^2}{4}\right).$

(2) $H(\omega) = \dfrac{1}{\sqrt{2\pi}}\displaystyle\int_{-\infty}^{\infty}\left(\int_{-\infty}^{\infty}f(y)g(x-y)\,dy\right)e^{-i\omega x}\,dx$

$= \displaystyle\int_{-\infty}^{\infty}\left(\dfrac{1}{\sqrt{2\pi}}\int_{-\infty}^{\infty}g(x-y)e^{-i\omega(x-y)}\,dx\right)f(y)e^{-i\omega y}\,dy$

$= \displaystyle\int_{-\infty}^{\infty}G(\omega)f(y)e^{-i\omega y}\,dy = \sqrt{2\pi}F(\omega)G(\omega).$

(3) 積分方程式をフーリエ変換すると，小問 (1) と (2) の結果より，
$$\sqrt{2\pi}\,F(\omega)\frac{b}{\sqrt{2}}\exp\left(-\frac{b^2\omega^2}{4}\right) = \frac{a}{\sqrt{2}}\exp\left(-\frac{a^2\omega^2}{4}\right).$$

よって，
$$F(\omega) = \frac{1}{\sqrt{2\pi}}\frac{a}{b}\exp\left(-\frac{(a^2-b^2)\omega^2}{4}\right)$$
$$= \frac{a}{\sqrt{\pi}\,b\sqrt{a^2-b^2}}\frac{\sqrt{a^2-b^2}}{\sqrt{2}}\exp\left(-\frac{(a^2-b^2)\omega^2}{4}\right).$$

これをフーリエ逆変換すると，小問 (1) の結果より，$f(x) = \dfrac{a}{\sqrt{\pi}\,b\sqrt{a^2-b^2}}\exp\left(-\dfrac{x^2}{a^2-b^2}\right).$

B.3 (1) $\displaystyle\int_{-\infty}^{\infty}|F(k)|^2\,dk$

$= \displaystyle\int_{-\infty}^{\infty}\left(\int_{-\infty}^{\infty}f(x)e^{-2\pi ikx}\,dx\right)\overline{\left(\int_{-\infty}^{\infty}f(y)e^{-2\pi iky}\,dy\right)}dk$

$= \displaystyle\int_{-\infty}^{\infty}\int_{-\infty}^{\infty}f(x)\overline{f(y)}\left(\int_{-\infty}^{\infty}e^{2\pi ik(y-x)}\,dk\right)dy\,dx$

$= \displaystyle\int_{-\infty}^{\infty}\int_{-\infty}^{\infty}f(x)\overline{f(y)}\delta(y-x)\,dy\,dx = \int_{-\infty}^{\infty}|f(x)|^2\,dx = 1.$

(2) $f'(x)$ のフーリエ変換を $G(k)$ とおくと，
$$G(k) = \int_{-\infty}^{\infty}f'(x)\,e^{-2\pi ikx}\,dx$$
$$= \left[f(x)e^{-2\pi ikx}\right]_{-\infty}^{\infty} + 2\pi ik\int_{-\infty}^{\infty}f(x)\,e^{-2\pi ikx}\,dx = 2\pi ikF(k).$$

よって，小問 (1) より，

$$\int_{-\infty}^{\infty} |f'(x)|^2\, dx = \int_{-\infty}^{\infty} |G(k)|^2\, dk = 4\pi^2 \int_{-\infty}^{\infty} k^2 |F(k)|^2\, dk.$$

(3) $\dfrac{d}{dx}|f(x)|^2 = 2\operatorname{Re}\{\overline{f(x)}f'(x)\}$ だから，④ とシュワルツの不等式より，

$$1 = \left| \int_{-\infty}^{\infty} x\, \frac{d}{dx}|f(x)|^2\, dx \right|^2 \leq 4 \left(\int_{-\infty}^{\infty} x|f(x)| \cdot |f'(x)|\, dx \right)^2$$
$$\leq 4 \left(\int_{-\infty}^{\infty} x^2 |f(x)|^2\, dx \right) \left(\int_{-\infty}^{\infty} |f'(x)|^2\, dx \right).$$

さらに，③ を用いると，

$$1 \leq 16\pi^2 \left(\int_{-\infty}^{\infty} x^2 |f(x)|^2\, dx \right) \left(\int_{-\infty}^{\infty} k^2 |F(k)|^2\, dk \right)$$

だから，⑤ が成り立つ．

B.4 (1) $\mathcal{F}[e^{-a|x|}] = \displaystyle\int_{-\infty}^{0} e^{ax}\, e^{-ikx}\, dx + \int_{0}^{\infty} e^{-ax}\, e^{-ikx}\, dx$

$$= \left[\frac{1}{a-ik} e^{(a-ik)x} \right]_{-\infty}^{0} - \left[\frac{1}{a+ik} e^{-(a+ik)x} \right]_{0}^{\infty}$$
$$= \frac{1}{a-ik} + \frac{1}{a+ik} = \frac{2a}{a^2+k^2}.$$

(2) 部分積分により，

$$\mathcal{F}\left[\frac{d}{dx}f(x)\right] = \int_{-\infty}^{\infty} f'(x)\, e^{-ikx}\, dx = \left[f(x)\, e^{-ikx} \right]_{-\infty}^{\infty} - \int_{-\infty}^{\infty} f(x)(-ik)\, e^{-ikx}\, dx$$
$$= ik \int_{-\infty}^{\infty} f(x)\, e^{-ikx}\, dx = ik F(k).$$

また，微分と積分の順序交換により，

$$\frac{d}{dk}F(k) = \frac{d}{dk}\int_{-\infty}^{\infty} f(x)\, e^{-ikx}\, dx = \int_{-\infty}^{\infty} f(x)(-ix)\, e^{-ikx}\, dx$$
$$= -i \int_{-\infty}^{\infty} f(x)\, e^{-ikx}\, dx = -i\mathcal{F}[xf(x)].$$

(3) 小問 (2) の結果より，

$$\mathcal{F}\left[\frac{d^2}{dx^2}f(x)\right] = -k^2 F(k), \quad \mathcal{F}\left[\frac{d}{dx}\{xf(x)\}\right] = ik\mathcal{F}[xf(x)] = -k\frac{d}{dk}F(k)$$

だから，$F(k)$ が満たすべき常微分方程式は $\dfrac{d}{dk}F(k) = -kF(k)$．

(4) 小問 (3) で求めた常微分方程式の一般解は $F(k) = Ce^{-k^2/2}$ である．ここで，定数 C は

$$C = F(0) = \int_{-\infty}^{\infty} f(x)\, dx = 1$$

となるから，$F(k) = e^{-k^2/2}$ である．

B.5 (1) $f(x)$ は偶関数であることと部分積分により，

$$\int_{-\infty}^{\infty} f(x)\, e^{-i\omega x}\, dx = \int_{-\infty}^{\infty} f(x)\cos\omega x\, dx - i\int_{-\infty}^{\infty} f(x)\sin\omega x\, dx$$
$$= 2\int_{0}^{1} f(x)\cos\omega x\, dx = \frac{2}{\omega}\Big[f(x)\sin\omega x\Big]_{0}^{1} - \frac{2}{\omega}\int_{0}^{1} f'(x)\sin\omega x\, dx$$

$$= \frac{4}{\omega}\int_0^1 x\sin\omega x\,dx = -\frac{4}{\omega^2}\Big[x\cos\omega x\Big]_0^1 + \frac{4}{\omega^2}\int_0^1 \cos\omega x\,dx$$
$$= -\frac{4}{\omega^2}\cos\omega + \frac{4}{\omega^3}\sin\omega = \frac{4(\sin\omega - \omega\cos\omega)}{\omega^3}.$$

(2) 小問 (1) の結果とパーセバルの等式より,
$$16\int_{-\infty}^{\infty}\frac{(\sin\omega - \omega\cos\omega)^2}{\omega^6}\,d\omega = 2\pi\int_{-\infty}^{\infty}f(x)^2\,dx = 4\pi\int_0^1 (1-x^2)^2\,dx = \frac{32}{15}\pi$$

となる. よって, $\int_{-\infty}^{\infty}\frac{(\sin x - x\cos x)^2}{x^6}\,dx = \frac{2}{15}\pi$.

第 9 章

A.1 (1) $N_\text{R} + N_\text{L} = 2N$, $N_\text{R} - N_\text{L} = 2m$ であるので, これを N_R, N_L について解けば, $N_\text{R} = N + m$, $N_\text{L} = N - m$ となる. よって空欄 A, B, C, D は, それぞれ A $= 2N$, B $= 2m$, C $= N+m$, D $= N-m$ である.

(2) $2N$ 回において右側に移動した回数が N_R 回である場合の数は, $2N$ 個の中から N_R 個取り出す組合せの総数に等しいので, それは $\binom{2N}{N_\text{R}}$ である. したがって
$$P_{N_\text{R}} = \binom{2N}{N_\text{R}}\left(\frac{1}{2}\right)^{2N}$$
である. この式に $N_\text{R} = N + m$ を代入することにより次が得られる.
$$Q_{2m} = \binom{2N}{N+m}\left(\frac{1}{2}\right)^{2N}.$$

A.2 最初に白玉が 2 個と黒玉が 8 個入っていた袋を A とし, 白玉が 6 個と黒玉が 4 個入っていた袋を B とする. A, B が左右どちらに置かれていたかは不明であり, その置かれ方はランダムであったと仮定して解答する. このとき, A が左に置かれ, B が右に置かれていた確率は 1/2 であり, A が右に置かれ, B が左に置かれていた確率も 1/2 である.

(1) 袋 A が左に置かれていた場合, 2 番目の人が玉を取り出した後, 左の袋 A には白玉が 1 個と黒玉が 8 個入っている. このとき, 左の袋 A から 3 番目の人が取り出した玉が白である確率は 1/9 である.
袋 B が左に置かれていた場合, 2 番目の人が玉を取り出した後, 左の袋 B には白玉が 5 個と黒玉が 4 個入っている. このとき, 左の袋 A から 3 番目の人が取り出した玉が白である確率は 5/9 である.
したがって, 求める確率は $\frac{1}{2}\times\frac{1}{9} + \frac{1}{2}\times\frac{5}{9} = \frac{1}{3}$ である.

(2) 袋 A が左に置かれていた場合, 2 番目の人が玉を取り出した後, 右の袋 B には白玉が 6 個と黒玉が 3 個入っている. このとき, 右の袋 B から 3 番目の人が取り出した玉が白である確率は 6/9 である.
袋 B が左に置かれていた場合, 2 番目の人が玉を取り出した後, 右の袋 A には白玉が 2 個と黒玉が 7 個入っている. このとき, 右の袋 A から 3 番目の人が取り出した玉が白である確率は 2/9 である.
したがって, 求める確率は $\frac{1}{2}\times\frac{6}{9} + \frac{1}{2}\times\frac{2}{9} = \frac{4}{9}$ である.

A.3 検査が陽性であるという事象を A_+, 陰性であるという事象を A_- とし, V にかかっているという事象を B_+, V にかかっていないという事象を B_- とする. このとき,

第 9 章の解答

$$P(B_+) = 1/5, \quad P(B_-) = 4/5, \quad P(A_+|B_+) = 9/10,$$
$$P(A_-|B_+) = 1/10, \quad P(A_+|B_-) = 1/5, \quad P(A_-|B_-) = 4/5$$

である.ここで,事象 X, Y に対し,$P(X)$ は事象 X の起こる確率を表し,$P(Y|X)$ は事象 X が起こったという条件のもとで事象 Y の起こる条件付き確率を表すものとする.
このとき,ベイズの定理より

$$P(B_+|A_+) = \frac{P(B_+)P(A_+|B_+)}{P(B_+)P(A_+|B_+) + P(B_-)P(A_+|B_-)}$$

である.右辺を計算すれば,求める確率は $\left(\dfrac{1}{5} \times \dfrac{9}{10}\right) \Big/ \left(\dfrac{1}{5} \times \dfrac{9}{10} + \dfrac{4}{5} \times \dfrac{1}{5}\right) = \dfrac{9}{17}.$

A.4 (1) 期待値 $E(X)$ を求めると $E(X) = \displaystyle\sum_{i=1}^{3} iP(X=i) = 1 \times \dfrac{1}{5} + 2 \times \dfrac{3}{10} + 3 \times \dfrac{1}{2} = \dfrac{23}{10}.$

次に $E(X^2)$ を求めると $E(X^2) = \displaystyle\sum_{i=1}^{3} i^2 P(X=i) = 1 \times \dfrac{1}{5} + 4 \times \dfrac{3}{10} + 9 \times \dfrac{1}{2} = \dfrac{59}{10}.$

このとき,分散を $V(X)$ とすれば $V(X) = E(X^2) - \bigl(E(X)\bigr)^2 = \dfrac{59}{10} - \left(\dfrac{23}{10}\right)^2 = \dfrac{61}{100}.$

(2) $X = k$ という条件のもとで $Y = l$ となる条件付き確率は以下の通りである($1 \leq k \leq 3$,$0 \leq l \leq k$).

$P(Y=0\,|\,X=1) = 1 - p, \qquad P(Y=1\,|\,X=1) = p,$
$P(Y=0\,|\,X=2) = (1-p)^2, \qquad P(Y=1\,|\,X=2) = 2p(1-p), \qquad P(Y=2\,|\,X=2) = p^2,$
$P(Y=0\,|\,X=3) = (1-p)^3, \qquad P(Y=1\,|\,X=3) = 3p(1-p)^2,$
$P(Y=2\,|\,X=3) = 3p^2(1-p), \quad P(Y=3\,|\,X=3) = p^3.$

このとき

$$P(Y=2) = P(Y=2\,|\,X=2)P(X=2) + P(Y=2\,|\,X=3)P(X=3)$$

であるので,これを計算すれば

$$P(Y=2) = \frac{3}{10}p^2 + \frac{1}{2} \cdot 3p^2(1-p) = \frac{9}{5}p^2 - \frac{3}{2}p^3$$

が得られる.同様に

$$P(Y=1) = \frac{1}{5}p + \frac{3}{10} \cdot 2p(1-p) + \frac{1}{2} \cdot 3p(1-p)^2, \quad P(Y=3) = \frac{1}{2}p^3$$

である.このとき,期待値 $E(Y)$ は

$$E(Y) = 1 \cdot P(Y=1) + 2 \cdot P(Y=2) + 3 \cdot P(Y=3)$$

であるので,これを計算すれば次が得られる.

$$E(Y) = \frac{23}{10}p.$$

注意 「$P(Y=2)$ を求めよ」という設問が存在するので $P(Y=2) = \dfrac{9}{5}p^2 - \dfrac{3}{2}p^3$ となるまで計算したが,$E(Y)$ を求めるにあたっては,その前の段階

$$P(Y=2) = \frac{3}{10}p^2 + \frac{1}{2} \cdot 3p^2(1-p)$$

でとどめておくほうが計算の見通しがよい．というのも，この段階でとどめておけば，次の別解と本質的に同じ計算方法を用いることができるからである．そのために，$P(Y=1)$ や $P(Y=3)$ もあえて未整理の状態にとどめている．

(2) の $E(Y)$ を求める別解： 表の出る確率が p のコインを n 回投げたとき，表の出る回数は二項分布に従い，その期待値は pn である（$(*)$ 証明は下に記す）．$i=1,2,3$ に対して，$X=i$ という条件のもとで $Y=j$ となる条件付き確率も二項分布に従うので

$$\sum_{j=1}^{i} jP(Y=j \mid X=i) = pi$$

となる．ここで，$j>i$ ならば $P(Y=j \mid X=i)=0$ であることに注意すると

$$\sum_{j=1}^{3} jP(Y=j \mid X=i) = pi$$

が得られる．さらに

$$P(Y=j) = \sum_{i=1}^{3} P(Y=j \mid X=i)P(X=i)$$

である．このとき次が得られる．

$$E(Y) = \sum_{j=1}^{3} jP(Y=j) = \sum_{j=1}^{3} j\left(\sum_{i=1}^{3} P(Y=j \mid X=i)P(X=i)\right)$$

$$= \sum_{i=1}^{3} P(X=i)\left(\sum_{j=1}^{3} jP(Y=j \mid X=i)\right) = \sum_{i=1}^{3} P(X=i)pi$$

$$= p\sum_{i=1}^{3} iP(X=i) = pE(X) = \frac{23}{10}p.$$

$(*)$ の証明： 定数 c に対して $f(x) = (x+c)^n$ とおくと，二項定理により

$$f(x) = (x+c)^n = \sum_{k=0}^{n} \binom{n}{k} x^k c^{n-k}$$

である．両辺を x で微分した後，x 倍すれば

$$xf'(x) = nx(x+c)^{n-1} = \sum_{k=0}^{n} k\binom{n}{k} x^k c^{n-k}$$

が得られる．これに $x=p, c=1-p$ を代入すれば

$$pn = \sum_{k=0}^{n} k\binom{n}{k} p^k (1-p)^{n-k}$$

となり，これは表の出る確率が p のコインを n 回投げたときに表の出る回数の期待値と等しい．

A.5 各問いの解答に入る前に，いくつかの計算を準備する．自然数 n に対して，

$$a_n = \sum_{k=1}^{n}\left(\frac{5}{6}\right)^{k-1}, \quad b_n = \sum_{k=1}^{n} k\left(\frac{5}{6}\right)^{k-1},$$

$$c_n = \sum_{k=1}^{n} k(k+1)\left(\frac{5}{6}\right)^{k-1}, \quad d_n = \sum_{k=1}^{n} k(k+1)(k+2)\left(\frac{5}{6}\right)^{k-1}$$

とおく．さらに，$\lim_{n\to\infty} a_n = a$, $\lim_{n\to\infty} b_n = b$, $\lim_{n\to\infty} c_n = c$, $\lim_{n\to\infty} d_n = d$ とおき，a, b, c, d をあらかじめ求めておく．まず
$$a_n = \frac{1-(5/6)^n}{1-(5/6)} = 6\left\{1-\left(\frac{5}{6}\right)^n\right\}$$
であるので，$a = 6$ が得られる．次に
$$\frac{5}{6}b_n = \frac{5}{6}\sum_{k=1}^n k\left(\frac{5}{6}\right)^{k-1} = \sum_{k=1}^n k\left(\frac{5}{6}\right)^k$$
であるが，ここで $k+1 = K$ とおき，K をあらためて k と書き直せば
$$\frac{5}{6}b_n = \sum_{K=2}^{n+1}(K-1)\left(\frac{5}{6}\right)^{K-1} = \sum_{k=2}^{n+1}(k-1)\left(\frac{5}{6}\right)^{k-1}$$
が得られる．さらに $k=1$ のとき $k-1=0$ であることに注意すれば
$$\frac{5}{6}b_n = \sum_{k=1}^{n+1}(k-1)\left(\frac{5}{6}\right)^{k-1}$$
となる．この式の左辺と右辺を b_n の定義式の両辺からそれぞれ引くことにより
$$\frac{1}{6}b_n = \sum_{k=1}^n \left(\frac{5}{6}\right)^{k-1} - n\left(\frac{5}{6}\right)^n = a_n - n\left(\frac{5}{6}\right)^n \to a \quad (n\to\infty)$$
となるので，$b = 6a = 36$ が得られる．次に
$$\frac{5}{6}c_n = \sum_{k=1}^n k(k+1)\left(\frac{5}{6}\right)^k = \sum_{k=2}^{n+1}(k-1)k\left(\frac{5}{6}\right)^{k-1} = \sum_{k=1}^{n+1}(k-1)k\left(\frac{5}{6}\right)^{k-1}$$
の左辺と右辺を c_n の定義式の両辺からそれぞれ引くことにより
$$\frac{1}{6}c_n = \sum_{k=1}^n 2k\left(\frac{5}{6}\right)^{k-1} - n(n+1)\left(\frac{5}{6}\right)^n \to 2b \quad (n\to\infty)$$
となるので，$c = 12b = 432$ が得られる．最後に
$$\frac{5}{6}d_n = \sum_{k=1}^n k(k+1)(k+2)\left(\frac{5}{6}\right)^k = \sum_{k=1}^{n+1}(k-1)k(k+1)\left(\frac{5}{6}\right)^{k-1}$$
の左辺と右辺を d_n の定義式の両辺からそれぞれ引くことにより
$$\frac{1}{6}d_n = \sum_{k=1}^n 3k(k+1)\left(\frac{5}{6}\right)^{k-1} - n(n+1)(n+2)\left(\frac{5}{6}\right)^n \to 3c \quad (n\to\infty)$$
となるので，$d = 18c = 7776$ が得られる．

(1) n 回目に初めて 1 の目が出ることは，最初の $(n-1)$ 回目までは 1 以外の目が出て，かつ，n 回目に 1 の目が出ることであるので，その確率を p_n とおけば，
$$p_n = \left(\frac{5}{6}\right)^{n-1}\frac{1}{6} = \frac{5^{n-1}}{6^n}.$$

(2) 1 の目が 1 回出るまでサイコロを投げ続ける回数を表す確率変数を X とすると，その期待値 $E(X)$ は
$$E(X) = \sum_{n=1}^\infty n p_n = \sum_{n=1}^\infty n\cdot\frac{5^{n-1}}{6^n} = \frac{1}{6}\sum_{n=1}^\infty n\left(\frac{5}{6}\right)^{n-1} = \frac{1}{6}b = 6.$$

(3) X の分散を $V(X)$ とすると，$V(X) = E(X^2) - \bigl(E(X)\bigr)^2$ である．そこで X^2 の期待値 $E(X^2)$ を求めると

$$E(X^2) = \sum_{n=1}^{\infty} n^2 p_n = \frac{1}{6}\sum_{n=1}^{\infty} n^2 \left(\frac{5}{6}\right)^{n-1}$$

であるが，$n^2 = n(n+1) - n$ に注意すれば

$$E(X^2) = \frac{1}{6}\sum_{n=1}^{\infty} n(n+1)\left(\frac{5}{6}\right)^{n-1} - \frac{1}{6}\sum_{n=1}^{\infty} n\left(\frac{5}{6}\right)^{n-1} = \frac{1}{6}c - \frac{1}{6}b = 66$$

が得られる．よって $V(X) = 66 - 6^2 = 30$ である．

(4) 試行 B において，最初に 1 の目が出るまでにサイコロを投げた回数を表す確率変数を X_1 とし，最初に 1 の目が出た後に 2 回目に 1 の目が出るまでにサイコロを投げた回数を表す確率変数を X_2 とすると，X_1, X_2 の定める確率分布は X の定める確率分布と一致する．試行 B において，2 回目に 1 の目が出るまでにサイコロを投げた回数を表す確率変数を Y とすると，$Y = X_1 + X_2$ である．したがって

$$E(Y) = E(X_1) + E(X_2) = 2E(X) = 12$$

である．さらに，2 つの確率変数 X_1, X_2 は独立であるので

$$V(Y) = V(X_1) + V(X_2) = 2V(X) = 60$$

である．よって求める期待値は 12，分散は 60 である．

(5) サイコロを n 回投げたとき，n 回目に 2 度目の 1 の目が出る確率を q_n とする（$n \geq 2$）．この確率は，1 回目から n 回目の間に，k 回目と n 回目を除く $(n-2)$ 回は 1 以外の目が出て，かつ，k 回目と n 回目の 2 回は 1 の目が出る確率を，$k = 1, \cdots, n-1$ にわたって総和をとったものに等しいので

$$q_n = (n-1)\left(\frac{1}{6}\right)^2\left(\frac{5}{6}\right)^{n-2} = \frac{1}{36}(n-1)\left(\frac{5}{6}\right)^{n-2}$$

である．したがって，Y の期待値 $E(Y)$ は

$$E(Y) = \sum_{n=2}^{\infty} \frac{1}{36}n(n-1)\left(\frac{5}{6}\right)^{n-2} = \frac{1}{36}\sum_{n=1}^{\infty} n(n+1)\left(\frac{5}{6}\right)^{n-1} = \frac{1}{36}c = 12$$

となる．これは小問 (4) で求めたものに等しい．また，

$$E(Y^2) = \sum_{n=2}^{\infty} \frac{1}{36}n^2(n-1)\left(\frac{5}{6}\right)^{n-2} = \frac{1}{36}\sum_{n=1}^{\infty} n(n+1)^2\left(\frac{5}{6}\right)^{n-1}$$

であるが，$n(n+1)^2 = n(n+1)(n+2) - n(n+1)$ に注意すれば

$$E(Y^2) = \frac{1}{36}\sum_{n=1}^{\infty} n(n+1)(n+2)\left(\frac{5}{6}\right)^{n-1} - \frac{1}{36}\sum_{n=1}^{\infty} n(n+1)\left(\frac{5}{6}\right)^{n-1}$$

である．よって

$$E(Y^2) = \frac{1}{36}d - \frac{1}{36}c = \frac{1}{36}(7776 - 432) = 204$$

が得られる．したがって

$$V(Y) = E(Y^2) - \bigl(E(Y)\bigr)^2 = 204 - 12^2 = 60$$

となり，小問 (4) で求めたものと一致する．

B.1 n は自然数とする．i, j, k は 1 から 4 までの相異なる自然数とする．n 回くじを引いてすべて番号 i を引く確率は $(1/4)^n$ である．n 回くじを引いてすべて番号 i または j を引く確率は $(1/2)^n$ である．n 回くじを引いてすべて番号 i, j, k のいずれかを引く確率は $(3/4)^n$ である．n 回くじを引いたとき，引いた番号がすべて番号 i, j, k のいずれかであって，かつ，i, j, k すべての番号について必ず 1 回以上引く確率は

$$\left(\frac{3}{4}\right)^n - 3\left(\frac{1}{2}\right)^n + 3\left(\frac{1}{4}\right)^n$$

である．実際，包除原理により，その確率は，n 回くじを引いて，引いた番号がすべて i, j, k のいずれかである確率から，番号がすべて i または j である確率と，j または k である確率と，i または k である確率を引き，それに，番号がすべて i である確率と，j である確率と，k である確率とを加えたものである．

次に，$n \geq 4$ とし，n 回目に初めて 4 種類の景品がそろう確率を求める．n 回目に番号 4 を引いて，そこで初めて 4 種類の景品がそろうのは，$(n-1)$ 回くじを引いたとき，引いた番号がすべて $1, 2, 3$ のどれかであり，かつ $1, 2, 3$ ともに 1 回以上引いており，かつ，n 回目に番号 4 を引く場合であるので，その確率は

$$\frac{1}{4}\left\{\left(\frac{3}{4}\right)^{n-1} - 3\left(\frac{1}{2}\right)^{n-1} + 3\left(\frac{1}{4}\right)^{n-1}\right\}$$

である．n 回目に番号 1 を引いて，そこで初めて 4 種類の景品がそろう確率や，n 回目に番号 2 を引いて，そこで初めて 4 種類の景品がそろう確率，n 回目に番号 3 を引いて，そこで初めて 4 種類の景品がそろう確率も，すべて等しい．よって，結局，n 回目に初めて 4 種類の景品がそろう確率は

$$\left(\frac{3}{4}\right)^{n-1} - 3\left(\frac{1}{2}\right)^{n-1} + 3\left(\frac{1}{4}\right)^{n-1}$$

である．このときにかかった費用は $300n$ 円である．よって，求める期待値を E とすれば，

$$E = \sum_{n=4}^{\infty} 300n \left\{\left(\frac{3}{4}\right)^{n-1} - 3\left(\frac{1}{2}\right)^{n-1} + 3\left(\frac{1}{4}\right)^{n-1}\right\}. \quad (*)$$

そこで，$0 < \alpha < 1$ なる α および 4 以上の自然数 n に対して

$$S_n(\alpha) = \sum_{k=4}^{n} k\alpha^{k-1}, \quad S(\alpha) = \lim_{n \to \infty} S_n(\alpha)$$

とおいて，$S(\alpha)$ を計算する．

$$\alpha S_n(\alpha) = \sum_{k=4}^{n} k\alpha^k = \sum_{k=5}^{n+1}(k-1)\alpha^{k-1}$$

であるので，この左辺と右辺を $S_n(\alpha)$ の定義式の両辺から辺々引けば

$$(1-\alpha)S_n(\alpha) = 4\alpha^3 - n\alpha^n + \sum_{k=5}^{n}\alpha^{k-1} = 4\alpha^3 - n\alpha^n + \frac{\alpha^4 - \alpha^n}{1-\alpha}$$

となるので

$$S(\alpha) = \lim_{n \to \infty} S_n(\alpha) = \frac{4\alpha^3}{1-\alpha} + \frac{\alpha^4}{(1-\alpha)^2} = \frac{4\alpha^3 - 3\alpha^4}{(1-\alpha)^2}$$

が得られる．この式に $\alpha = 3/4, 1/2, 1/4$ をそれぞれ代入すれば

$$S(3/4) = 189/16, \quad S(1/2) = 5/4, \quad S(1/4) = 13/144$$

となる．(∗) より

$$E = 300\,S(3/4) - 900\,S(1/2) + 900\,S(1/4)$$
$$= 300 \times \frac{189}{16} - 900 \times \frac{5}{4} + 900 \times \frac{13}{144} = 2500$$

が得られる．よって求める期待値は 2500 円である．

B.2 (1) 1 試合目に A が勝った場合，2 試合目にも A が勝てば A は優勝する．その確率は $\frac{1}{2} \times \frac{1}{2} = \frac{1}{4}$ である．
1 試合目に A が勝ち，2 試合目に A が負けた場合，3 試合目には A は出場しないので，それ以降連勝する可能性があるのは 5 試合目以降となる．したがって，4 試合以内に A が優勝することはない．
1 試合目に B が勝って A が負けた場合，2 試合目の B と C の試合において B が勝てば B が優勝となる．1 試合目に B が勝ち，2 試合目に C が勝った場合，3 試合目に A が勝ち，かつ，4 試合目にも A が勝てば，4 試合以内に A が優勝することになるので，その確率は $\left(\frac{1}{2}\right)^4 = \frac{1}{16}$ である．
4 試合以内に A が優勝する場合は，以上の 2 つに限られるので，その確率は $\frac{1}{4} + \frac{1}{16} = \frac{5}{16}$ である．

(2) 何試合目かの段階で，その前の試合に勝った X (この X を「優勝候補」とよぶことにする) と，その前には試合のなかった Y (この Y を「挑戦者」とよぶことにする) とが試合をし，残りの Z は試合をしない (この Z を「待機者」とよぶことにする) という状況を考える．この条件のもと，優勝候補 X が最終的に優勝する条件付き確率を p とし，挑戦者 Y が最終的に優勝する条件付き確率を q とし，待機者 Z が最終的に優勝する条件付き確率を r とする．
その試合において X が勝った場合，その時点で X が優勝となる．Y が勝った場合，その時点で X が待機者となり，Y が優勝候補となり，Z が挑戦者となる．よって，その段階で，最終的に X が優勝する条件付き確率は r，Y が優勝する条件付き確率は p，Z が優勝する条件付き確率は q となる．したがって，次の式が得られる．

$$p = \frac{1}{2} + \frac{1}{2}r, \quad q = \frac{1}{2}p, \quad r = \frac{1}{2}q.$$

これを解けば $p = 4/7, q = 2/7, r = 1/7$ となる．
いま，1 試合目の A 対 B の試合において A が勝てば，その時点で A が優勝候補となるので，その後，最終的に A が優勝する条件付き確率は $4/7$ である．1 試合目に A が負ければ，その時点で A は待機者となるので，その後，最終的に A が優勝する条件付き確率は $1/7$ である．したがって，A が優勝する確率は

$$\frac{1}{2} \times \frac{4}{7} + \frac{1}{2} \times \frac{1}{7} = \frac{5}{14}.$$

B.3 (問 1) $E(X) = \int_{-\infty}^{\infty} x f(x) dx$ である．分散 $V(X)$ は

$$V(X) = \int_{-\infty}^{\infty} (x - E(X))^2 f(x) dx = \int_{-\infty}^{\infty} x^2 f(x) dx - \left(\int_{-\infty}^{\infty} x f(x) dx\right)^2.$$

(問 2) (a) cX_1 の期待値については

$$E(cX_1) = \int_{-\infty}^{\infty} cx_1 f_1(x_1) dx_1 = c \int_{-\infty}^{\infty} x_1 f_1(x_1) dx_1 = cE(X_1).$$

cX_1 の分散については

$$V(cX_1) = \int_{-\infty}^{\infty} (cx_1)^2 f_1(x_1)dx_1 - \left(\int_{-\infty}^{\infty} cx_1 f_1(x_1)dx_1\right)^2$$
$$= c^2 \left\{ \int_{-\infty}^{\infty} x_1^2 f_1(x_1)dx_1 - \left(\int_{-\infty}^{\infty} x_1 f_1(x_1)dx_1\right)^2 \right\}$$
$$= c^2 V(X_1).$$

(b) 確率ベクトル (X_1, X_2) の確率密度関数を $f(x_1, x_2)$ とすると,確率変数 X_1, X_2 が互いに独立であるという仮定により $f(x_1, x_2) = f_1(x_1)f_2(x_2)$ が成り立つ.
このとき,$E(X_1 + X_2)$ については

$$E(X_1 + X_2) = \int_{-\infty}^{\infty} \int_{-\infty}^{\infty} (x_1 + x_2) f_1(x_1) f_2(x_2) dx_1 dx_2$$
$$= \int_{-\infty}^{\infty} x_1 f_1(x_1)dx_1 \cdot \int_{-\infty}^{\infty} f_2(x_2)dx_2 + \int_{-\infty}^{\infty} f_1(x_1)dx_1 \cdot \int_{-\infty}^{\infty} x_2 f_2(x_2)dx_2$$

となるが,

$$\int_{-\infty}^{\infty} f_i(x_i)dx_i = 1, \quad \int_{-\infty}^{\infty} x_i f_i(x_i)dx_i = E(X_i) \qquad (i = 1, 2)$$

であるので,結局 $E(X_1 + X_2) = E(X_1) + E(X_2)$ が得られる.
次に,$E\big((X_1+X_2)^2\big)$ については

$$E\big((X_1+X_2)^2\big) = \int_{-\infty}^{\infty}\int_{-\infty}^{\infty}(x_1+x_2)^2 f_1(x_1)f_2(x_2)dx_1 dx_2$$
$$= \int_{-\infty}^{\infty} x_1^2 f_1(x_1)dx_1 \cdot \int_{-\infty}^{\infty} f_2(x_2)dx_2 + 2\int_{-\infty}^{\infty} x_1 f_1(x_1)dx_1 \cdot \int_{-\infty}^{\infty} x_2 f_2(x_2)dx_2$$
$$+ \int_{-\infty}^{\infty} f_1(x_1)dx_1 \cdot \int_{-\infty}^{\infty} x_2^2 f_2(x_2)dx_2$$
$$= E(X_1^2) + 2E(X_1)E(X_2) + E(X_2^2)$$

が得られる.したがって次が成り立つ.

$$V(X_1+X_2) = E\big((X_1+X_2)^2\big) - \big(E(X_1+X_2)\big)^2$$
$$= E(X_1^2) + 2E(X_1)E(X_2) + E(X_2^2) - \big(E(X_1) + E(X_2)\big)^2$$
$$= \left\{E(X_1^2) - \big(E(X_1)\big)^2\right\} + \left\{E(X_2^2) - \big(E(X_2)\big)^2\right\} = V(X_1) + V(X_2).$$

(問 3) $E(\overline{X}_n)$ については $E(\overline{X}_n) = E\left(\dfrac{1}{n}\sum_{i=1}^{n} X_i\right) = \dfrac{1}{n}\sum_{i=1}^{n} E(X_i) = \mu$.

また,$V(\overline{X}_n)$ については $V(\overline{X}_n) = V\left(\dfrac{1}{n}\sum_{i=1}^{n} X_i\right) = \dfrac{1}{n^2}\sum_{i=1}^{n} V(X_i) = \dfrac{1}{n}\sigma^2$.

したがって,$n \to \infty$ とすれば次が得られる.

$$\lim_{n\to\infty} E(\overline{X}_n) = \mu, \quad \lim_{n\to\infty} V(\overline{X}_n) = 0.$$

B.4 (1) 最短経路は右向きに n ステップ,上向きに n ステップ,合計 $2n$ ステップ進む.$2n$ 個のステップから n 個を選び出して,それらを右向きと定め,残りを上向きと定めることにより経路が 1 つ決定するので,その総数は $2n$ 個の中から n 個取り出す組合せの総数に等しく,それは

$$\binom{2n}{n} = \frac{(2n)!}{(n!)^2}.$$

(2) 動点 A が点 Q(i,j) を通過する経路の総数を求める．点 O$(0,0)$ から点 Q(i,j) までの経路の総数は，$(i+j)$ 個のステップから i 個を取り出す総数に等しく，$\binom{i+j}{i}$ である．点 Q(i,j) から点 P(n,n) までの経路の総数は，$(2n-i-j)$ 個のステップから $(n-i)$ 個を取り出す総数に等しく，$\binom{2n-i-j}{n-i}$ である．したがって，求める確率は

$$\frac{\binom{i+j}{i}\binom{2n-i-j}{n-i}}{\binom{2n}{n}} = \frac{(n!)^2 (i+j)! (2n-i-j)!}{(2n)!\, i!\, j!\, (n-i)!\, (n-j)!}.$$

(3) $0 \le i+j \le n$ の場合と $n+1 \le i+j \le 2n$ の場合に分けて考える．

場合 1 : $0 \le i+j \le n$ のとき

$(i+j)$ ステップ進んだときに点 Q(i,j) に動点 A がいるような経路の総数は，$\binom{i+j}{i}$ である．一方，$(i+j)$ ステップ進んだときに動点がいる可能性のある点は，$(l, i+j-l)$ $(l=0,1,\cdots,i+j)$ であるので，$(i+j)$ ステップ進む経路の総数は

$$\sum_{l=0}^{i+j} \binom{i+j}{l} = 2^{i+j}$$

である．ここで，上の等式は，二項定理の等式

$$(x+1)^{i+j} = \sum_{l=0}^{i+j} \binom{i+j}{l} x^l$$

に $x=1$ を代入することによって得られる．したがって，この場合，求める確率は

$$\frac{\binom{i+j}{j}}{2^{i+j}} = \frac{(i+j)!}{2^{i+j} i!\, j!}.$$

場合 2 : $n+1 \le i+j \le 2n$ のとき

$(i+j)$ ステップ進んだときに点 Q(i,j) に動点 A がいるような経路の総数は，$\binom{i+j}{i}$ である．一方，$(i+j)$ ステップ進んだときに動点がいる可能性のある点は，x 座標および y 座標が 0 以上 n 以下であることに注意すれば，$(l, i+j-l)$ $(l=i+j-n, i+j-n+1, \cdots, n)$ である．よって，この場合，求める確率は

$$\frac{\binom{i+j}{i}}{\displaystyle\sum_{l=i+j-n}^{n} \binom{i+j}{l}}.$$

注意 問題文の「動点 A がどの経路をとるかの確率はすべて等しいものとして」という条件についてであるが，ここでは，「動点 A の最終目的地あるいはステップの回数が設定されて初めて経路の総数 N が確定し，各々の経路を選ぶ確率が $1/N$ となる」と解釈した．すると，ある時点において経路を選択する確率が，未来（最終目的地やステップの回数の選び方）に応じて予定調和的に決定されるということになり，現実問題としては，やや不自然である．そのため，小問 (2)

と小問 (3) とでは，対象とする「確率」の意味が本質的に異なっている．解釈の仕方によっては，小問 (2) の結果をそのまま小問 (3) の解答とする答案もあり得る．

(4) 図より，$a_1 = 1, a_2 = 2, a_3 = 5, a_4 = 14$ である．ここで，各頂点にある数は，そこまでに至る経路の総数を表す．経路が交わる点については，その前の点に至るまでの経路の総数を足し合わせた数が，その点に至る経路の総数である．

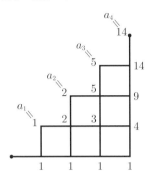

(5) 便宜上，$a_0 = 1$ とする．これは，0 回のステップで点 $(0,0)$ から点 $(0,0)$ に至る「経路」の総数を表す．

いま，問題文の図 (b) のような経路によって，点 $\mathrm{O}(0,0)$ から出発し，点 $\mathrm{P}(n,n)$ に到着する前に，最後に直線 $y = x$ 上に動点があった場所に着目する．直線 $y = x$ 上に最後に動点 A があった場所として可能性があるのは，点 (k,k) $(k = 0, 1, \cdots, n-1)$ である．ここで，最後に $y = x$ 上に動点があったのが $(0,0)$ である，ということは，最初に右方向にステップし，それ以降，1 度も直線 $y = x$ 上に来ることなく，点 $(n, n-1)$ に到着し，最後のステップで点 $\mathrm{P}(n,n)$ に来たことを意味する．

点 $\mathrm{O}(0,0)$ から出発し，$2k$ 回のステップの後に点 (k,k) に到達し，それ以降，1 度も直線 $y = x$ 上に来ることなく最後に点 $\mathrm{P}(n,n)$ に到達する経路の総数を求める．

まず，点 $\mathrm{O}(0,0)$ から $2k$ 回のステップの後に点 (k,k) に到達するまでの経路の総数は，その定義から a_k である．

さらに，点 (k,k) を出発し，それ以降，1 度も直線 $y = x$ 上に来ることなく，最後に点 $\mathrm{P}(n,n)$ に到達するには，まず最初に右方向に進んで点 $(k+1, k)$ に到達し，その後 1 度も直線 $y = x$ 上に来ることなく，$(2n-2k-2)$ 回のステップの後に点 $(n, n-1)$ に到達し，最後に上方向に進んで点 $\mathrm{P}(n,n)$ に到達することを意味する．この場合，点 $(k+1, k)$ から点 $(n, n-1)$ までは問題文の図 (b) と同じ形状の経路を通ることになるので，その経路の総数は a_{n-1-k} と等しい．したがって，点 $\mathrm{O}(0,0)$ から点 $\mathrm{P}(n,n)$ までの，このような経路の総数は $a_k a_{n-1-k}$ である．

これを $k = 0, 1, \cdots, n-1$ について足し合わせれば，点 $\mathrm{O}(0,0)$ から点 $\mathrm{P}(n,n)$ まで，問題文の図 (b) のような経路を通る経路の総数 a_n と等しいので，結局，次の等式が得られる．

$$a_n = \sum_{k=0}^{n-1} a_k a_{n-1-k} = 2a_{n-1} + \sum_{k=1}^{n-2} a_k a_{n-1-k}.$$

B.5 (問 1) 時刻 $t = 2$ のときに $x = 0$ にあるためには，最初に $+1$ 移動し，次に -1 移動するか，または最初に -1 移動し，次に $+1$ 移動するという 2 通りの場合がある．したがって，求める確率は $2p(1-p)$ である．

(問 2) (a)　$+1$ 移動することは，tx 平面において右上方向に進む，すなわち $(1,1)$ 進むことに対応し，-1 移動することは，tx 平面において右下方向に進む，すなわち $(1,-1)$ 進むことに対応する．求める経路は，右上に m 回，右下に m 回進む経路であるので，その個数は，$2m$ 個の中から m 個取り出す組合せの総数に等しく，それは $\binom{2m}{m} = \dfrac{(2m)!}{(m!)^2}$.

(b)　問 2 (a) の結果より

$$\alpha(m) = \binom{2m}{m} p^m (1-p)^m = \frac{(2m)!}{(m!)^2} p^m (1-p)^m.$$

(問 3) (a)　点 $(1,1)$ から点 $(2m-1,1)$ への経路は，それを右向きに -1，上向きに -1 だけ平行移動すれば，点 $(0,0)$ から点 $(2m-2,0)$ への経路となるので，その個数は，上の問 2(a) で求めたものの m のところに $m-1$ を代入したものである．よってその個数は

$$\binom{2m-2}{m-1} = \frac{(2m-2)!}{\{(m-1)!\}^2}.$$

(b)　点 $(1,-1)$ から点 $(2m-1,1)$ への経路は，右上に m 回，右下に $(m-2)$ 回進む経路である．よってその個数は，$(2m-2)$ 個の中から m 個取り出す組合せの総数に等しく，

$$\binom{2m-2}{m} = \frac{(2m-2)!}{m!(m-2)!}.$$

(c)　点 $(1,1)$ から $x=0$ を経由して点 $(2m-1,1)$ へ向かう経路において，点 $(1,1)$ から最初に直線 $x=0$ と交わる点 $Q(q,0)$ までの経路を A とし，その点 Q から点 $(2m-1,1)$ までの経路を B とする．経路 A を t 軸を軸として対称に折り返した経路を A′ とすると，経路 A′ は，点 $(1,-1)$ から点 $Q(q,0)$ へと向かう経路であり，途中，$x=0$ を経由しない．この経路 A′ と B とをつなぎ合わせると，点 $(1,-1)$ から点 $(2m-1,1)$ へと向かう経路となる．

逆に，点 $(1,-1)$ から $(2m-1,1)$ までの経路は，必ず，途中で直線 $x=0$ と交わる．はじめて直線 $x=0$ と交わる点 $R(r,0)$ までの経路を C とし，その点 R から点 $(2m-1,1)$ までの経路を D とする．経路 C を t 軸を軸として折り返した経路を C′ とすると，経路 C′ は点 $(1,1)$ から点 $R(r,0)$ までの経路であり，途中 $x=0$ を経由しない．この C′ と D をつなぎ合わせると，点 $(1,1)$ から途中 $x=0$ を経由して点 $(2m-1,1)$ へと向かう経路が得られる．

このようにして，点 $(1,1)$ から $x=0$ を経由して点 $(2m-1,1)$ へ向かう経路全体の集合と，点 $(1,-1)$ から点 $(2m-1,1)$ へ向かう経路全体の集合との間に一対一の対応がつく．

したがって，両者の経路の個数は等しい．

(d)　点 $(0,0)$ から $x=0$ を経由せずに $(2m,0)$ へ向かう経路は次の 2 通り考えられる．
(i)　点 $(0,0)$ からまず点 $(1,1)$ へ行き，そこから $x=0$ を経由せずに点 $(2m-1,1)$ へ行き，その後，点 $(2m,0)$ へと向かう経路．
(ii)　点 $(0,0)$ からまず点 $(1,-1)$ へ行き，$x=0$ を経由せずに点 $(2m-1,-1)$ へ行き，その後，点 $(2m,0)$ へと向かう経路．
この 2 種類の経路は，t 軸を軸として折り返すことにより，互いに一対一の対応がつくので，その個数は等しい．そこで，(i) の経路の個数を求めると，それは，問 3 (a) で求めたもの（点 $(1,1)$ から点 $(2m-1,1)$ までの経路の個数）から問 3 (b) で求めたもの（それは問 3 (c) により，点 $(1,-1)$ から $x=0$ を経由して点 $(2m-1,1)$ へと向かう経路の個数と等しい）を差し引いたものであるので，それは

$$\binom{2m-2}{m-1} - \binom{2m-2}{m}.$$

よって，求める経路の個数は
$$2\left\{\binom{2m-2}{m-1}-\binom{2m-2}{m}\right\}=2\left[\frac{(2m-2)!}{\{(m-1)!\}^2}-\frac{(2m-2)!}{m!\,(m-2)!}\right]$$
$$=2\frac{(2m-2)!}{m!\,(m-1)!}\{m-(m-1)\}=2\frac{(2m-2)!}{m!\,(m-1)!}.$$

(問 4) (a) 問 3 (d) の結果より
$$\beta(m)=2\frac{(2m-2)!}{m!\,(m-1)!}p^m(1-p)^m.$$

(b) $\quad\dfrac{1}{p^m(1-p)^m}\{4p(1-p)\alpha(m-1)-\alpha(m)\}$

$=\dfrac{4\alpha(m-1)}{p^{m-1}(1-p)^{m-1}}-\dfrac{\alpha(m)}{p^m(1-p)^m}$

$=4\dfrac{(2m-2)!}{\{(m-1)!\}^2}-\dfrac{(2m)!}{(m!)^2}=\dfrac{(2m-2)!}{(m!)^2}\{4m^2-2m(2m-1)\}$

$=\dfrac{(2m-2)!}{(m!)^2}\cdot 2m=2\dfrac{(2m-2)!}{m!\,(m-1)!}=\dfrac{1}{p^m(1-p)^m}\beta(m)$

であるので，$\beta(m)=4p(1-p)\alpha(m-1)-\alpha(m)$ が示される．

参考文献

[1] 高木貞治,『初等整数論講義第 2 版』, 共立出版, 1971 年.

[2] 遠山啓,『初等整数論』, 日本評論社, 1972 年.

[3] 宮島静雄,『微分積分学 I—1 変数の微分積分—』, 共立出版, 2003 年.

[4] 宮島静雄,『微分積分学 II—多変数の微分積分—』, 共立出版, 2003 年.

[5] 杉浦光夫,『解析入門 II』東京大学出版会, 1985 年.

[6] 鈴木武・山田義雄・柴田良弘・田中和永,『理工系のための微分積分学 II』内田老鶴圃, 2007 年.

[7] 小澤徹,『非有界区間に於ける広義リーマン積分の条件収束』
http://www.ozawa.phys.waseda.ac.jp/pdf/hiyukaikukan.pdf

[8] 一松信,『解析学序説 (新版) 下巻』裳華房, 1982 年.

[9] 大谷光春,『理工基礎常微分方程式論』サイエンス社, 2011 年.

[10] 高橋礼司,『[新版] 複素解析』東京大学出版会, 1990 年.

索　引

─── あ 行 ───

位数　175, 182
1次結合　23
1次従属　23
1次独立　23, 50
位置ベクトル　35
一様収束　109, 135
一様収束性　135
一様連続　109
一様連続性　135
1階線形微分方程式　120, 146, 150
ε-δ 形式　136
陰関数　133

ヴァンデルモンド行列　61
ヴァンデルモンドの行列式　62
ウィルソンの定理　8
上三角行列　33

エルミート行列　30
エルミート多項式　188
エルミート変換　44

オイラー関数　7
オイラーの公式　121, 173, 176
オイラーの定理　8
オイラーの微分方程式　147

─── か 行 ───

階数　27
外積　36, 198, 200
回転　198, 200
解の存在と一意性　156
ガウス　60
ガウス積分　113
ガウスの発散定理　199
核　40
拡大係数行列　28, 59
各点収束　109, 135

確率　244
確率関数　248
確率空間　244
確率実験　244
確率測度　244
確率分布　247
確率ベクトル　248
確率変数　247
確率法則　247
確率密度関数　248
確率モデル　244
重ね合わせの原理　166
合併事象　244
合併集合　1
加法定理　245
完全加法性　245

期待値　249, 257
奇置換　31
基底　38, 72
基本解　234, 237
基本行列　26, 56
基本事象　244
基本ベクトル　23
基本変形　27, 56
逆行列　25
逆元　37
逆三角関数　101
逆写像　3
逆像　3
求積法　150
球対称　166
行　24
行基本変形　27
共通事象　244
共通部分　1
共分散　250
共役　24
共役行列　24
行列　24

索　引

行列式　31
極　175, 182
極座標変換　114
局所解の一意存在定理　158

空事象　244
空集合　1
偶置換　31
区分的に滑らか　230
組合せ　4
クライン–ゴルドン方程式　160
グラム–シュミットの直交化法　42, 66, 73
クラメールの公式　35

係数行列　28, 59
係数体　85
計量線形空間　41, 65
計量同型　41
計量同型写像　41
ケーリー–ハミルトンの定理　47, 91
元　1
原始関数　102

広義積分　126
広義リーマン積分　116, 124
合成写像　2
合成数　6
合成積　213
交代性　32
合同　8, 18
合同式　8, 18
恒等写像　3
勾配　198, 200
公倍数　5
項別積分　111
項別微分　111
公約数　5
コーシーの積分公式　173, 181, 183, 187
コーシーの積分定理　173, 176, 180
コーシー–リーマンの方程式　166, 172
互換　31
固有空間　43, 72
固有多項式　43, 72, 90
固有値　42, 43, 72
固有ベクトル　42, 43
固有方程式　43

孤立特異点　174, 182

───── さ 行 ─────

最小公倍数　5
最小多項式　47, 90
最大公約数　5
差集合　1
サラスの規則　33
三角不等式　30

次元　38
次元公式　40, 64
次元定理　40, 64
試行　244
試行実験　244
事象　244
下三角行列　33
実行列　24
実数の公理　135
実線形空間　37
実線形写像　37
実ベクトル　23
実ベクトル空間　37
自明な解　29
写像　2
周期条件　230
集合　1
集合族　1
周辺分布関数　248
シュミットの直交化法　66
主要部　174
シュワルツの不等式　30, 123
順列　4
小行列　35
小行列式　35
上限　135
条件付き確率　246, 254
条件付き極値問題　134
常微分不等式　157
剰余項　104
初期値問題　147
除去可能な特異点　175
ジョルダン行列　47
ジョルダン細胞　47, 90

ジョルダン標準形　47, 83, 90
ジョルダンブロック　47, 90
シルベスタの慣性法則　86
シルベスタ標準形　45, 87
真性特異点　175, 189

推移律　8
随伴行列　30
随伴変換　44
スカラー　37
スカラー乗法　65
ストークスの定理　199

正規行列　44
正規直交基底　41, 65
正規変換　44
正項級数　110
斉次連立1次方程式　29
生成された（生成される）　37, 39
正則　172
正則関数　172
正則行列　25, 35
正定値　46
正の相関　250
成分　23, 24
正方行列　24, 76
積　31
積事象　244
積の公式　246
積分定数　102
積分の平均値の定理　138
絶対収束　105, 110, 126
零行列　24
零元　37
零ベクトル　23
全確率の公式　246
線形空間　37
線形結合　23, 37
線形写像　37, 81
線形従属　23, 37
線形独立　23, 37, 50, 75
線形独立性　74
線形部分空間　38
線形変換　42
全事象　244

全射　2
線積分　199
全単射　2
素因数分解　6
像　2, 3, 40
相関係数　250
双曲線関数　101
属する　1
素数　6

──── た 行 ────

体　56
第1種ベッセル関数　190
対角化　50
対角化可能　42
対角行列　25, 33
対角成分　25
対称行列　30, 85
対称群　31, 62
対称変換　44
対称律　8
互いに素　5
多項定理　5
多重線形性　32
たすきがけ　33
畳み込み　213, 228
縦線集合　107
縦ベクトル　23
ダランベールの公式　148, 160
単位階段関数　222
単位行列　24, 33
単位ベクトル　23
単射　2
単調性　245

置換　31
置換積分　103
中間値の定理　100
中国剰余定理　9
重複組合せ　5
重複順列　4
直積　2
直積集合　2

直和 39, 46, 90
直交関係 188
直交行列 30, 41, 69
直交性 230
直交標準形 45, 86
直交変換 44
直交補空間 42

定数項ベクトル 28
定積分 103
テイラー級数展開 104
テイラー展開 174, 177
テイラーの定理 104, 133
停留点 107, 131
デルタ関数 235
転置行列 24

導関数 100
同型 37
同型写像 37
同次形 146
同時分布関数 248
同時密度関数 249
特性多項式 43, 72, 90
特性方程式 43
独立 246, 248, 255
トレース 43

──── な 行 ────

内積 30, 41, 65, 198
内積の公理 41
長さ 41

2階線形微分方程式 147, 151
二項定理 5
2次形式 45, 83, 85
2次超曲面 86
熱伝導方程式 230
熱方程式 148, 162, 230
ノルム 30, 41

──── は 行 ────

パーセバルの等式 161, 227, 228

倍数 5
排反 244
排反事象 244
発散 198, 200
波動方程式 148
張られた（張られる） 37, 39
反射律 8
半正定値 46
反転公式 7

非交和 4
左基本変形 27
等しい 1
微分可能 172
微分係数 100
微分積分学の基本定理 103
表現行列 40
標準形 86
標準内積 66
標準偏差 250
標本 244
標本空間 244, 255
標本点 244
フーリエ逆変換 227
フーリエ級数 163, 226
フーリエ係数 189
フーリエ変換 119, 160, 227
フェルマの小定理 8
複素共役 24, 30
複素行列 24
複素積分 173
複素線形空間 37, 65
複素線形写像 37
複素ベクトル 23
複素ベクトル空間 37
含まれる 1
含む 1
符号 31, 46, 62, 87
不定積分 102
負の相関 250
フビニの定理 124, 217
部分集合 1
部分積分 103, 162
部分分数分解 220

索　引

部分ベクトル空間　38
分散　250
分布　247
分布関数　247
分布法則　247

平均値　249
平均値の定理　102, 104
ベイズの定理　246
平方完成　45
べき集合　2
ベクトル　23
ベクトル空間　37
ベクトル積　36
ヘッセ行列　107
ヘビサイド関数　213, 222
ベルヌーイの微分方程式　146, 150, 151
変換行列　38
変数分離型　120, 146, 158
偏微分可能　106
偏微分係数　106

ポアソン核　149
ポアソン方程式　164
包含写像　3
包除原理　4
母関数　188, 190
ポテンシャル関数　198, 202

──── ま 行 ────

交わり　1

右基本変形　27
未知数ベクトル　28

無限集合　3
無相関　250

メビウス関数　7
面積分　199

──── や 行 ────

約数　5
ヤコビアン　108

有限加法性　245
有限次元　38
有限集合　3
有限生成　38
湯川ポテンシャル　237
ユニタリ行列　30, 41, 69
ユニタリ変換　44

余因子　34
余因子行列　34
横線集合　108
余事象　244

──── ら 行 ────

ラグランジュの未定乗数法　134
ラプラシアン　198, 207
ラプラス逆変換　212, 218
ラプラス変換　212
ラプラス変換の一意性　218
ラプラス方程式　149, 164
ランク　27
ランダウの記号　133

離散型確率分布　248
離散型確率ベクトル　249
離散型確率変数　247
離散型確率モデル　245
リッカチの微分方程式　146, 151
リプシッツ連続　137
留数　175, 182
留数定理　175, 180–182, 236
臨界点　131

累積分布関数　247
ルジャンドル多項式　155
ルジャンドルの微分方程式　154
ルベーグ積分　116
ルベーグ積分論　124, 217

零行列　24
零元　37
零ベクトル　23
列　24
列基本変形　27
連続　100, 109, 136

連続型確率分布　248
連続型確率ベクトル　249

ローラン展開　174, 182

──────── わ 行 ────────

和　37

ワイエルシュトラスの M 判定法　111, 139
ワイエルシュトラスの最大値定理　132
和空間　39
和事象　244
和集合　1
割り切れる　5

著者略歴

海老原　円
えびはら　まどか

1987 年　東京大学大学院理学系研究科修士課程数学専攻修了
　　　　学習院大学理学部助手，埼玉大学理学部講師を経て
現　在　埼玉大学大学院理工学研究科准教授
　　　　博士（理学）（東京大学）
　　　　専門は代数幾何学

主要著書
『線形代数』（数学書房）
『14 日間でわかる代数幾何学事始』（日本評論社）

太田　雅人
おおた　まさひと

1996 年　東京大学大学院数理科学研究科博士課程修了
　　　　静岡大学工学部助教授，埼玉大学理学部助教授を経て
現　在　東京理科大学理学部教授
　　　　博士（数理科学）（東京大学）
　　　　専門は非線形偏微分方程式論

詳解と演習 大学院入試問題〈数学〉
―大学数学の理解を深めよう―

2015 年 3 月 25 日 ©　　　　　　　初　版　発　行
2025 年 2 月 10 日　　　　　　　　初版第 9 刷発行

著　者　海老原　円　　　発行者　田島伸彦
　　　　太田　雅人　　　印刷者　山岡影光
　　　　　　　　　　　　製本者　小西惠介

【発行】　株式会社　数　理　工　学　社
〒151–0051 東京都渋谷区千駄ヶ谷 1 丁目 3 番 25 号
☎(03) 5474–8661（代）　　　サイエンスビル

【発売】　株式会社　サイエンス社
〒151–0051 東京都渋谷区千駄ヶ谷 1 丁目 3 番 25 号
営業 ☎(03) 5474–8500（代）　振替 00170–7–2387
FAX ☎(03) 5474–8900

印刷　三美印刷　　　製本　ブックアート

《検印省略》

本書の内容を無断で複写複製することは，著作者および
出版者の権利を侵害することがありますので，その場合
にはあらかじめ小社あて許諾をお求め下さい．

ISBN978–4–86481–027–2

PRINTED IN JAPAN

サイエンス社・数理工学社の
ホームページのご案内
https://www.saiensu.co.jp
ご意見・ご要望は
suuri@saiensu.co.jp まで．

新版 演習線形代数
寺田文行著　2色刷・A5・本体1980円

新版 演習微分積分
寺田・坂田共著　2色刷・A5・本体1850円

新版 演習微分方程式
寺田・坂田共著　2色刷・A5・本体1900円

新版 演習ベクトル解析
寺田・坂田共著　2色刷・A5・本体1700円

詳解演習 線形代数
水田義弘著　2色刷・A5・本体2100円

詳解演習 微分積分
水田義弘著　2色刷・A5・本体2200円

詳解演習 確率統計
前園宜彦著　2色刷・A5・本体1800円

＊表示価格は全て税抜きです．

サイエンス社